# Dinero

# Dinero

## Un viaje desde Mesopotamia hasta el Bitcoin

**DANIEL FERNÁNDEZ**

EDICIONES DEUSTO

Deusto es un sello editorial de Centro de Libros PAPF, SLU.
Av. Diagonal, 662-664
08034 Barcelona
www.planetadelibros.com

Diseño de la colección: Sylvia Sans Bassat

Primera edición: marzo de 2025
Segunda edición: mayo de 2025
Depósito legal: B. 2.425-2025
ISBN: 978-84-234-3867-9
Composición: Realización Planeta
Impresión y encuadernación: Huertas Industrias Gráficas, S. A.
*Printed in Spain* - Impreso en España

*A mi hija, Isabel*

Hoy, como ayer, el porvenir del hombre depende de la moneda.

JACQUES RUEFF

# Sumario

Introducción . . . . 11

Capítulo 1. Un pequeño repaso teórico: las múltiples dobles caras del dinero . . . . 17
Capítulo 2. Edad Antigua: el origen del dinero en Mesopotamia . . . 41
Capítulo 3. Grecia antigua . . . . 85
Capítulo 4. Antigua Roma . . . . 125
Capítulo 5. Edad Media . . . . 177
Capítulo 6. Edad Moderna . . . . 233
Capítulo 7. Edad Contemporánea . . . . 323

Agradecimientos . . . . 431
Bibliografía . . . . 433

# Introducción

> ¿Qué sucede cuando el espíritu tiene lo que quiere? Su actividad ya no es excitada; su alma sustancial ya no entra en actividad... Sólo tengo interés por algo, mientras este algo permanece oculto para mí.
>
> José Ortega y Gasset

El estudio del dinero y la moneda ha sido históricamente, y sigue siendo en la actualidad, uno de los campos más fértiles de la economía. A mi entender, la razón de esta fecundidad radica en su mayor nivel de abstracción en comparación con otras ramas de la economía. El mayor nivel de abstracción de la subdisciplina monetaria provoca, por seguir con la terminología de la cita de Ortega y Gasset, una inquietud de espíritu en sus estudiosos. Sí, como decía Ortega, algo suscita interés en la medida en que permanece oculto, la mayor abstracción y dificultad del campo monetario provoca muchos intentos infructuosos de aprenderlo. Mientras el conocimiento de la materia monetaria permanece parcialmente en la oscuridad, el alma de su estudioso se ve excitada y genera ardiente actividad.

La ardiente actividad derivada del conocimiento incompleto de los asuntos monetarios (o de cualquier asunto) se caracteriza por una sed insaciable de lectura, pero también por un afán de escritura y enseñanza. La lectura incrementa el conocimiento del que la ejercita. La escritura ayuda a ordenar los pensamientos sobre lo que se aprende leyendo. La enseñanza, por su parte, pone a prueba el conocimiento adquirido mediante la lectura y sistematizado mediante la escritura. Leer, escribir, enseñar: las tres singulares labores del intelectual.

Por lo tanto, es lógico que la actividad de cualquier persona cuya alma se ve excitada por el desconocimiento de una materia se inicie con una ávida lectura, se afiance mediante la escritura y se perfeccione gracias a la enseñanza.

Después de haber dedicado gran parte de mi vida intelectual a leer, escribir y enseñar principios sobre dinero y moneda, creo estar en disposición de sistematizar en un todo coherente las ideas que he ido adquiriendo a lo largo de años de actividad intelectual en el campo monetario. Pero este intento de sistematización no es más que un paso más en el viaje del aprendizaje de una materia que, por fortuna, permanece parcialmente oculta y sigue excitando la actividad típica de un alma intranquila.

Este libro también puede ser entendido como un intento, espero que fructífero, de iluminar a los lectores en la a veces oscura materia monetaria. Por supuesto, esperaría que tú, querido lector, después de terminar este libro, quedes todavía más ávido de incrementar tu conocimiento de economía monetaria. En otras palabras, espero que una vez que finalices este libro, la materia monetaria siga excitando tu alma, excitación provocada, cómo no, por la sensación de no haber obtenido aún un conocimiento completo.

El libro comienza con un primer capítulo en el que vamos a repasar los principales principios monetarios que voy a utilizar más adelante para analizar la historia monetaria (no te asustes, esto no es un aburrido tratado de teoría monetaria). Si crees estar familiarizado con los principios monetarios más básicos, te sugiero que te saltes el capítulo 1 y empieces a leer directamente el capítulo 2. Desde el capítulo 2 me centraré en especial en el objeto principal de este libro: el análisis de la historia del dinero. A pesar de ello, tocaré, aunque sea tangencialmente y de forma didáctica, algunos elementos teóricos indispensables para entender el fenómeno histórico bajo estudio en cada momento.

Por consiguiente, será en el capítulo 2 donde iniciaremos nuestro viaje en el tiempo. En el capítulo 1 nos detendremos en la Mesopotamia en el período Uruk, hacia el año 4000 a. C. En concreto, daremos comienzo a nuestra aventura explicando cómo el inicio de la contabilidad y de la escritura están estrechamente relacionados con las primeras formas de dinero en el Creciente Fértil.

En el capítulo 3 daremos un pequeño salto temporal hasta la Grecia antigua. Este tercer capítulo empieza en el siglo VII a. C., momento en que nace la moneda acuñada, desarrollo que tuvo lugar en la civilización de Lidia, vecinos de los griegos También veremos cómo los famosos templos griegos dedicados a los inmortales dioses tenían, además de una función política y religiosa, una función monetaria crítica en forma de reserva de metales preciosos para emergencias. Asimismo veremos cómo Alejandro Magno, además de conquistar y llevar la cultura helénica a casi todos los rincones conocidos del planeta, también llevó a gran parte del planeta la institución de la moneda acuñada, desde entonces las monedas de metal nos han acompañado hasta el día de hoy.

En el capítulo 4 estudiaremos la moneda en la inmortal Roma antigua. Roma no sólo copiará culturalmente a Grecia, sino que también lo hará monetariamente. Gran parte de las instituciones monetarias romanas encuentran su origen en Grecia. Analizar la historia monetaria de Roma será en extremo interesante, ya que la inflación aparecida en los últimos siglos del Imperio es tratada por la historiografía como uno de los elementos que contribuyó sobremanera a la caída de Roma. Y es posible que la caída de Roma sea la tragedia histórica que más ha excitado la imaginación de los hombres de todas las épocas posteriores.

En el capítulo 5 veremos el período de la Edad Media, período que abarca nada menos que un milenio (del siglo V al siglo XV). En casi toda Europa, el sistema monetario que implementó el célebre Carlomagno en el año 811 perduró mil años (y sobrevivió a la propia Edad Media). Una parte considerable de las monedas actuales europeas nació, o son herederas, del sistema monetario carolingio. Pero la Edad Media también es el origen de la banca moderna. Aunque la Antigüedad conoció los bancos, cayeron en el olvido, y no serían redescubiertos hasta las ferias medievales de la Champaña francesa en el siglo XII. Al menos desde el siglo XII, la Edad Media fue un foco de innovación en lo que a instituciones monetarias se refiere.

En el capítulo 6 entraremos ya en la Edad Moderna, período que tiene lugar entre los años 1476 y 1789. La era de los descubrimientos y la centralización del poder político en manos de los monarcas desde el inicio de este período determinarán gran parte de los sucesos monetarios de los siglos siguientes. En el siglo XVI ocurre una «revolución de los precios» en Europa, revolución que la historiografía suele atribuir al flujo masivo de oro y plata de América a Europa (a pesar de que en el siglo XVI los precios crecieron aproximadamente lo mismo que en la actualidad, para la época este crecimiento fue realmente una revolución). En la Edad Moderna, el sistema bancario fue intervenido por los nacientes Estados nación, Estados que siempre cortos de fondos para llevar a cabo guerras concedieron monopolios a algunos bancos para conseguir créditos baratos: fue el inicio de la banca central y de una nueva era monetaria, la del poder político manipulando la moneda mediante el crédito.

En el último capítulo, el séptimo, llegamos a la Edad Contemporánea, período que surge de la Revolución francesa (o de la Revolución americana) y que se extiende hasta nuestros días. La Edad Contemporánea es una época de grandes contrastes monetarios. Por un lado, el «largo siglo XIX», siglo que no termina hasta el año 1914, es una época de estabilidad monetaria mayúscula. El patrón oro, que regía las relaciones monetarias internas y externas de cada país, ha sido el patrón monetario más estable que ha conocido la humanidad. Pero la Primera Guerra Mundial lo cambiaría todo, y a la época de estabilidad monetaria le sucedió el monetariamente convulso siglo XX. El siglo XX será recordado como uno de los períodos más turbulentos de la historia monetaria. El último tercio del siglo XX verá nacer una época monetaria inexplorada, una época en la que la moneda no se encuentra «anclada» al oro ni a la plata ni a ningún otro bien real, sino que sólo está vinculada a la voluntad de la política de estabilizar su poder adquisitivo. Este experimento, que se inició de manera muy convulsa en 1971, cosechó un éxito relativo desde los años ochenta. Sin embargo, el siglo XXI ha visto cómo las convulsiones monetarias y financieras vuelven a aparecer con nueva fuerza y cada vez más ponen en jaque al sistema monetario contemporáneo. Por este motivo, la última parada de nuestro fascinante viaje por la historia del dinero será la emergencia del bitcoin en la escena monetaria ya entrado el siglo XXI.

Un último consejo a navegantes. Es recomendable tener en cuenta que el libro está escrito de forma que se puedan obviar completamente la lectura de las notas a pie de página. He utilizado las notas a pie para introducir o explicar algunos detalles o tecnicismos que pueden ser pertinentes sólo para los lectores más interesados en los pormenores de la materia monetaria o para introducir elementos históricos secundarios. Por lo tanto, te ruego, querido lector, que no te agobies si las notas a pie de página te parecen engorrosas y que, en caso de que así sea, simplemente dejes de leerlas. Aunque puede que las notas a pie de página te resulten de gran interés, leerlas no es en absoluto necesario para comprender la historia del dinero que aborda este libro.

Espero que disfrutes la lectura de las siguientes páginas tanto como yo disfruté escribiéndolas.

# Capítulo 1

# Un pequeño repaso teórico: las múltiples dobles caras del dinero

En la disciplina de la historia existe una célebre frase que no pocos historiadores han hecho suya:

> Cada generación de historiadores
> tiene derecho a reescribir la historia.

## Economía, historia y metodología

En mi humilde opinión, la cita con la que se inicia este capítulo es un reconocimiento tácito que hacen muchos historiadores de que los hallazgos históricos son mucho menos objetivos de lo que parece en un primer momento. La historia no habla, sino que los historiadores hacen hablar a la historia. De un mismo conjunto de evidencias, diferentes historiadores pueden llegar a muy diversas conclusiones sobre el funcionamiento de las sociedades que poblaron nuestros antepasados.

Por lo tanto, la postura metodológica con la que me siento más cómodo es la que asegura que los historiadores hacen hablar a la historia desde diferentes teorías, y estas teorías generan una precomprensión del mundo. Bajo este enfoque, la causa del desacuerdo entre historiadores residiría en la falta de un marco referencial común. Quizás conviene aclarar que éste no es un problema exclusivo de la historia, sino de todas las ciencias sociales. La interpretación que hacen los científicos sociales de los eventos está, por utilizar la célebre expresión de James Buchanan, «coloreada» por las teorías que dominan la mente de esos científicos sociales.[1]

En consecuencia, la introducción de este libro puede ser vista como un «sinceramiento teórico»; es decir, como una exposición de mi propio marco referencial. El análisis de los eventos históricos incluidos en los siguientes episodios de este libro está «coloreado» por la teoría del dinero que el autor considera más correcta. Por consiguiente, considero un ejercicio de honestidad intelectual explicitar la posición teórica desde la que se escriben los capítulos históricos. Los lectores ya versados en teoría monetaria o aquellos a los que los que los principios y disputas teóricas no les interesen, pueden omitir la lectura del resto de este capítulo introductorio y empezar a leer directamente el capítulo 2.

En esta introducción, por tanto, repasaremos las principales características del dinero. El reducido espacio dedicado a los asuntos teóricos del concepto e institución del dinero me obligan a ser lo más breve y conciso posible. Como el libro dista mucho de ser un tratado teórico sobre el concepto e institución del dinero, he preferido redactar esta introducción de la forma más amena posible, dejando los detalles más técnicos en las notas a pie de página.

## El dios romano Jano, la doble cara del dinero y la habilitación de opciones

La cultura popular, al igual que el distinguido filósofo, suelen coincidir a la hora de catalogar al dinero como «la raíz de todos los males». La historia está repleta de hombres ilustres que han prostituido sus

1. Mi posición metodológica es, empero, la de un realista ontológico *a la Popper*. De forma resumida: el realismo ontológico afirma la existencia de una realidad objetiva. El realismo ontológico defiende que el ser humano, ayudado por la razón y sus instrumentos, entre los que se encuentra la ciencia, puede acercarse a comprender la realidad. El realismo ontológico también declara que pueden existir interpretaciones en disputa y, con ellas, la posibilidad de error al describir la realidad. Por consiguiente, con la frase de Buchanan «colorear los eventos», nos queremos referir a las interpretaciones en disputa sobre la forma que toma la realidad objetiva.

ideales y cometido las más hondas fechorías por un puñado de monedas de plata. En el imaginario popular, las emociones humanas más bajas, como la avaricia y la codicia, están estrechamente ligadas a la idea de dinero.

Sin embargo, no existe en la actualidad, ni ha existido en el pasado, civilización avanzada que no poseyera alguna forma, aunque sea primitiva, de dinero. Un estudio pormenorizado de la historia de la Antigüedad nos enseña que ni siquiera existe una civilización propiamente dicha sin instrumentos específicamente empleados[2] para intercambiar, instrumentos que, en sus formas más primitivas, podemos perfectamente denominar como protodinero, como veremos en el capítulo 2.

El dinero se nos muestra, por tanto, como el dios romano Jano; es decir, el dinero tiene una doble cara. Por un lado, el dinero se vincula a los instintos menos nobles del ser humano. Por otro, el dinero es un instrumento indispensable para que florezca la civilización.

¿Cómo puede un instrumento que parece tan bajo, tan moralmente despreciable, ser a la vez tan imprescindible para la vida en una sociedad civilizada?

Una posible respuesta, también avanzada por algunos filósofos, es que la vida en civilizaciones o sociedades extendidas,[3] vida que posibilita la existencia del dinero, es tan despreciable como el propio dinero.

Los economistas, de forma más pragmática, suelen dar una respuesta diferente al aparente *conundrum* de la naturaleza contradictoria del dinero: el dinero es un instrumento, y como tal debe ser tratado. En su condición de instrumento, el dinero se asemeja a, por ejemplo, un martillo. Un martillo puede ser un instrumento creador,

2. Se ha evitado utilizar la palabra *diseñados* y se ha preferido la palabra *empleados* de forma consciente. Siguiendo la tesis de Juan Ramón Rallo, considero que la tesis defendida por el neochartalismo es sólo un caso especial de la teoría evolutiva del dinero. Véase Rallo (2015).

3. El concepto de sociedad extendida se refiere a la vida en sociedad en grupos mayores al número de Dunbar. Es decir, en sociedades no tribales, típicamente sociedades mayores de 150 personas (aunque el psicólogo y biólogo evolucionista Robin Dunbar establece varios posibles números que a su vez hacen referencia a diferentes círculos de relaciones con diverso grado de «intimidad»). Por tanto, la sociedad extendida es la sociedad más allá de la tribu. Véase Dunbar (2005).

pero también puede ser un instrumento destructor. La forma en que se utiliza el martillo determina su carácter creador o destructor. El uso del martillo depende de la voluntad de la persona que lo maneja. Con el dinero ocurre algo muy similar: el dinero es un instrumento que habilita a su poseedor opciones creadoras y opciones destructoras. De la misma forma que no es consecuente atribuir bondad o maldad intrínseca a un martillo, tampoco es consecuente atribuir cualidades morales positivas o negativas al dinero. Los instrumentos no son sujetos morales, por lo que carece de sentido intentar asignarles conceptos morales. En lenguaje económico decimos que el dinero, al igual que el martillo, es un medio que habilita la persecución de fines.[4] Por tanto, serían los fines los que pueden ser juzgados moralmente y no los instrumentos o medios que habilitan la persecución de los fines. El dinero, como el martillo, no es un instrumento intrínsecamente malvado, ni «es la fuente de todos los males».

La doble cara del dinero, por consiguiente, sólo estriba en su carácter de instrumento que permite obrar bondades o maldades a sus poseedores (y también, cómo no, habilita la tercera opción: llevar a cabo acciones amorales). En su función de instrumento más importante para el intercambio (o medio de cambio generalmente aceptado, como les gusta definirlo a los economistas), el dinero permite, mejor que cualquier otro instrumento, a los malhechores llevar a cabo sus maldades y a los bienhechores llevar a cabo sus bondades. El dinero es un potenciador de las capacidades humanas, sean éstas las que fueren.

Entonces, el dinero puede ser visto como un habilitador de opciones. El dinero está casi siempre presente en una de las partes del intercambio, tan común se vuelve el intercambio de otros bienes contra el dinero que éste se torna casi invisible al estudiar el acto de la compraventa. Y es que podemos razonar de la siguiente manera: la persona que compra cualquier objeto está, a la vez, vendiendo dinero. Análogamente, la persona que vende cualquier objeto estaría, en este caso, comprando dinero. Una consecuencia de la omnipresencia del dinero en el intercambio es que las personas lo aceptan sin rechistar a cambio de sus riquezas. Otra de las consecuencias de la habitual

4. O un bien que permite cubrir necesidades. Aunque familiar para los economistas, medios-fines es un lenguaje más cercano a otras disciplinas. Bienes-necesidades es un lenguaje más cercano a los economistas. Véase Mises (1949).

presencia del dinero en una de las partes del intercambio es que las personas que lo poseen no se tienen que preocupar de convencer a los demás de que acepten su dinero.[5] En definitiva, al estar el dinero casi siempre presente en una de las partes del intercambio, poseer dinero es poseer la capacidad de demandar cualquier objeto en la sociedad que utiliza ese dinero.

En conclusión, el dinero compra todo lo que se puede comprar,[6] pero el dinero no juzga ni puede ser juzgado. El dinero no es la raíz de todos los males, como tampoco es la raíz de todas las bondades. El dinero es el habilitador universal de opciones, ésa es la naturaleza del dinero. Júzguese las opciones y no el instrumento que las habilita. Júzguese a las personas y no al dinero.

## Dinero y tiempo: el principio y el fin de las cosas

El paralelismo entre la naturaleza del dinero y la del dios romano Jano no acaba aquí. En el politeísmo romano, Jano era dios de una multitud de aspectos, entre los cuales se encuentra, por ejemplo, el paso del tiempo o también ser el dios de los principios y los finales de diferentes actividades.[7] Curiosamente, estos dos aspectos en los que rige Jano son consustanciales a la naturaleza del dinero.

Algunos autores se refieren al dinero como un instrumento que permite separar el acto de compra del acto de venta.[8] En relaciones

5. Salvo cuando se utiliza un dinero fuera de la comunidad en la que éste ejerce la función de medio de cambio generalmente aceptado.

6. En terminología hayekiana, las relaciones mercantiles son relaciones pertenecientes al macrocosmos; es decir, relaciones típicamente impersonales. Todo lo que el dinero puede comprar pertenece a estas relaciones mercantiles. Las relaciones personales, aquellas que Hayek denominaría como pertenecientes al microcosmos, no pueden ser compradas con dinero ni pueden ser mercantilizadas (y el mero intento de mercantilizar las relaciones personales las destruiría). Véase Hayek (1979).

7. Razón por la que los romanos incluyeron a Jano como el primer mes del año (desde el siglo II a. C.). También la doble cara de Jano está relacionada con ser el dios de los principios y de los finales (las caras eran las de un niño, simbolizando el inicio, y la de un anciano, simbolizando el final).

8. John Stuart Mill, entre otros muchos, razonaba de idéntica forma al afirmar que el dinero permite separar el acto de compra del acto de venta. Podemos reformular la ruptura en dos del acto de compraventa que permite el dinero en términos de

de trueque, el acto de comprar y el acto de vender ocurren de forma simultánea.[9] Sin embargo, cuando la compraventa no es instantánea, es decir, en ausencia de trueque y presencia de dinero, el acto de venta precede, temporal y lógicamente, al acto de compra.[10] No se puede comprar un objeto sin haber producido o vendido otro objeto con anterioridad. Por tanto, el dinero permite que algunas personas puedan vender objetos sin necesidad de comprar en ese mismo instante otro objeto. El dinero permite que una persona produzca y entregue un objeto valioso a la comunidad en que se utiliza el dinero sin retirar nada de valor de esa misma comunidad en el momento presente. El poseedor de dinero se guarda para sí mismo la capacidad para retirar un objeto de valor de la comunidad en un momento futuro.[11] Bajo este prisma, el dinero sería el instrumento en el que se plasma el valor económico de una venta que todavía no ha generado una compra.

---

la ley de Say; toda oferta es, en realidad, una demanda de otra mercancía (vender para comprar). También podemos reformularlo en términos de Karl Marx; movimiento CMC (*commodity-money-commodity*).

9. A pesar de la hoy omnipresente crítica de la teoría monetaria moderna (TMM) que afirma la inexistencia o irrelevancia histórica del trueque, existe evidencia empírica que atestigua que en comunidades primitivas el trueque convivió con otras formas de intercambio. En concreto, el trueque era utilizado para intercambios entre comunidades primitivas y el crédito premonetario para intercambios dentro de las comunidades primitivas. Véanse Graber (2011) y Rallo (2015).

10. La existencia de crédito puede invertir, de forma temporal, la relación «venta-compra», si bien la relación lógica se mantiene intacta. Una persona que recibe crédito puede comprar una mercancía sin haber vendido o producido algo anteriormente. Pero la persona que extiende un crédito, lo hace porque existe una expectativa de que el crédito será repagado en el futuro. En consecuencia, la persona que recibe el crédito venderá (o producirá) algo de valor en el futuro, y esa venta le permitirá redimir el crédito que hoy contrae. Como la expectativa de venta y redención del crédito es anterior a la formación del propio crédito, podemos concluir que la relación lógica venta-compra se mantiene lógicamente intacta a pesar de que en el espacio temporal ocurre la compra con anterioridad a la venta. Como el crédito es una parte imprescindible para comprar sin haber vendido, y como el crédito presupone la venta en el futuro, lógicamente la relación «la venta antecede a la compra» se mantiene.

11. Tal como argumenta Juan Ramón Rallo (2015), el dinero no es el único instrumento que permite hacer esto. Algunos intercambios a crédito, que Rallo denomina trueque diferido, permiten realizar esta misma función de separar el acto de comprar y el acto de vender.

Ya hemos mencionado que el dios Jano es la deidad del paso del tiempo y de los principios y los finales de actividades. Siguiendo con nuestra analogía con el dios Jano, el dinero estaría, por un lado, íntimamente vinculado al paso del tiempo que separa el acto de vender del acto de comprar y, por otro, marcaría el inicio de una transacción para una persona, la persona que compra, y el final de otra transacción para otra persona, la persona que vende.[12]

La posibilidad de separar el acto de compra y el acto de venta permite mejorar lo que los economistas suelen denominar «coordinación temporal» de la sociedad. Las personas pueden producir bienes en un momento determinado para otros miembros de la sociedad, pero nada obliga a que la contraprestación tenga que ser instantánea. Es decir, las personas que en el presente generan bienes para el resto, pueden exigir a otros miembros de la sociedad su pago en forma de bienes en un momento diferente del tiempo. Por consiguiente, la existencia de dinero permite a una sociedad mejorar la coordinación de esfuerzos productivos en el tiempo.[13]

Por este motivo, al ser el dios de los principios y de los finales, el dios Jano es también considerado el dios que está «en medio de todas las cosas». Ya hemos visto que una de las funciones del dinero es la de ser medio de cambio generalmente aceptado. En este sentido, de nuevo a imagen del dios Jano, el dinero sería el instrumento que está «en medio del resto de los bienes». El dinero separa el acto de venta del acto de compra; es decir, el dinero está «en medio» de los bienes que intercambia una persona.

El tiempo que el dinero «se queda en medio» es lo que los economistas denominan *demanda de saldos de caja*, *demanda de atesoramiento* o *demanda monetaria*. Como deidad relacionada con el paso

12. Al introducir relaciones de crédito, la ecuación se complica de manera notable, ya que la propia transacción de crédito puede involucrar el movimiento de dinero en el presente y también en el futuro. Otras transacciones de crédito sirven para aplazar pagos, por lo que en su origen no conllevan intercambio de dinero, aunque sí en su final.

13. El dinero no es la única institución de intercambio que permite mejorar la coordinación temporal. La existencia de crédito no monetario en comunidades pequeñas también permite mejorar la coordinación temporal de una sociedad. El dinero permite extender esta coordinación temporal allí donde el crédito y la confianza no pueden llegar. Véase Rallo (2015).

del tiempo, Jano es similar al dinero en la segunda gran función que los economistas le atribuyen; esto es, el dinero funciona como un depósito de valor líquido.[14,15] El dinero tiene la función de retener valor en el tiempo, pero la retención de valor no se produce de cualquier forma. El dinero sirve para preservar un poder adquisitivo que está dispuesto para ser utilizado en cualquier momento. Es una forma de mantener el patrimonio listo para ser utilizado de la forma más rápida posible, ya que, como hemos visto, todo el mundo lo acepta sin rechistar. Por tanto, en su función de depósito líquido de valor, el dinero vincula el pasado con el futuro.

Un elemento crucial de la función de depósito de valor líquido del dinero es el servicio que proporciona a su poseedor. En la medida en que el dinero sirve como patrimonio disponible para ser utilizado de la forma más rápida posible, permite hacer frente a la incertidumbre sobre el futuro de la manera más perfecta posible. A los seres humanos les preocupa planificar para su futuro (tanto es así que planificamos para el futuro de nuestra progenie). Pero no todas las eventualidades del futuro son previsibles; por tanto, la mejor manera de prepararse para lo inesperado es dejar una parte del patrimonio «sin forma». Al ser convertible con rapidez en cualquier otro bien, la forma monetaria es la mejor aproximación que existe a dejar el patrimonio «sin forma».

Al ser el habilitador universal de opciones, el dinero proporciona la capacidad de acceder a cualquier bien en una sociedad. Así pues, ahorrar en dinero nos permite anticipar soluciones a problemas que no sabíamos ni que pudiesen llegar a existir. Los economistas consi-

14. La mayoría de los libros de texto y autores monetarios definen esta función como «depósito de valor» sin hacer mención al concepto de liquidez. Sin embargo, tal como señala Bondone (2012), todo bien económico es en sí mismo un depósito de valor. Cuando un bien no tiene valor, es un bien libre, no uno económico. Por tanto, nada de especial tendría el dinero si definimos como una de sus funciones la de ser un depósito de valor cuando es una característica coincidente con la del resto de los bienes económicos. Por consiguiente, hemos decidido incluir el adjetivo *líquido* a la función clásica del dinero de ser depósito de valor.

15. El concepto de liquidez es algo escurridizo, aquí simplemente lo utilizaremos, siguiendo a Bondone (2012), como sinónimo de inmediatez temporal por ser el dinero el bien que en mayor cuantía posee la cualidad de la inmediatez temporal.

deran que una de las fuentes más importantes de la demanda de dinero por parte de la población es precisamente hacer frente a la incertidumbre.[16]

## Naturaleza divina del dinero: la alternancia entre materialidad e inmaterialidad

Podemos continuar la correspondencia entre elementos divinos y la naturaleza del dinero con la posibilidad de que el dinero consiga una forma inmaterial. Aquí también aparece la doble cara del dinero al existir la posibilidad de que el dinero sea una entidad material o, alternativamente, que sea una entidad inmaterial. También existe la posibilidad de que coexistan en el mismo espacio y tiempo formas de dinero materiales y formas de dinero inmateriales.

El carácter duradero de los objetos materiales que fungían como dinero en el pasado ha provocado que los arqueólogos e historiadores tengan una idea bastante completa de los múltiples dineros materiales que usaron nuestros antepasados. Debido a su alto nivel de abstracción, con el dinero inmaterial no tenemos tanta suerte, ya que su impronta en la tierra ha tendido a desaparecer. Además, el carácter abstracto del dinero inmaterial necesita de un esfuerzo, a veces titánico, a la hora de descifrar el sentido de las instituciones del pasado.[17]

16. Otras fuentes de demanda de dinero, como la demanda para transacción que tanto estudian los economistas son, en realidad, una especie de demanda «derivada»: el dinero no se demandaría por sí mismo, sino como vehículo intermedio para conseguir otras mercancías. La demanda con motivo de precaución o para hacer frente a la incertidumbre es una demanda de dinero como entidad valiosa en sí misma (a pesar de todo, siempre se puede argumentar que facilitar el intercambio es valioso en sí mismo y, por tanto, útil, por lo que la demanda de dinero con motivo de transacción también sería una demanda como entidad valiosa en sí misma).

17. Éste es el problema de la hermenéutica o interpretación del pasado. Para entender las acciones de nuestros antepasados necesitamos entender sus motivaciones. A su vez, para entender las motivaciones de nuestros antepasados necesitamos conocer lo que John Stuart Mill denominaba «el espíritu de la época». El espíritu de la época es el conjunto de los valores éticos y estéticos de una sociedad en un período histórico determinado (Ortega y Gasset denominaba, de manera similar, a este concepto «la altura de las ideas del tiempo»). Si las motivaciones de nuestros antepasados y el espíritu de la época han cambiado radicalmente, nuestro entendimiento de

La existencia de un dinero abstracto y su uso ha provocado, y provoca, debates académicos sobre la significación económica que tenían las instituciones monetarias del pasado.

De lo que no existe duda es de la existencia de múltiples dineros físicos a lo largo de la historia. De modo que, como mínimo, podemos decir que el dinero puede ser un objeto físico. La lista de dineros físicos es bastante extensa. Los objetos que han sido utilizados como dinero han estado constituidos por los más diversos materiales. Hay muchos bienes que han sido utilizados como dinero en diferentes épocas y civilizaciones: conchas, pieles, collares, sal, ganado, bolsas de cacao, piedras talladas, discos de arcilla y, cómo no, los casi omnipresentes metales preciosos.

Del estudio de las instituciones monetarias del presente sabemos que el dinero también puede consistir en abstracciones. Pensemos que un depósito en un banco no es más que un apunte contable que registra una deuda del banco con el depositante. Lo que no está tan claro para los académicos es si la forma abstracta del dinero siempre estuvo con nosotros o si ha sido un proceso evolutivo, de desarrollo de instituciones monetarias. Personalmente, y siguiendo la tradición evolutiva del dinero, me decanto por la segunda opción: el dinero es una institución evolutiva y su inmaterialidad completa es una característica sobrevenida, es un rasgo institucional útil (y como es útil, confiere una ventaja a las sociedades que lo adoptan).

La primera abstracción por la que probablemente atravesó el dinero fue la representación. El dinero representativo mantiene un sustrato físico, pero su valor se deriva de la vinculación simbólica con otro objeto físico. El papel moneda es la forma más común y fácil de entender el dinero representativo. En sus orígenes, el papel moneda era una simple representación de un objeto físico. Una posible forma de papel moneda (la predominante en el siglo XIX) es una representación de una cantidad de oro. La representación del papel moneda puede tomar varias formas jurídico-económicas, puede consistir en un recibo

---

la historia se complica y es, por necesidad, más limitado. Reconstruir la historia es más, mucho más, que la simple recolección de los hechos materiales del pasado. Hacer historia es reconstruir el *significado* del pasado, y para ello es necesario conocer también el espíritu de la época y las motivaciones de las personas que realizan los hechos materiales.

de resguardo (banca con reserva cien por cien) o en un préstamo a la vista al banco (banca con reserva fraccionaria). Las formas concretas en las que se materializa la representación del papel moneda no nos interesan tanto ahora como subrayar que en sí mismo el propio papel moneda es una abstracción, es un dinero representativo de un objeto físico. En el momento en que el papel moneda circula, sustituye, al menos parcialmente, la circulación del objeto físico que representa.[18]

Pero el dinero representativo hunde sus raíces mucho más atrás, si nos trasladamos suficientemente atrás en el tiempo, en las culturas anteriores a Sumeria en Mesopotamia, los arqueólogos han descubierto la presencia de dineros primitivos en forma de *tokens* de cerámica que tomaban la forma de los bienes objeto de intercambio.[19] Probablemente, el dinero como representación de un objeto físico ha estado con nosotros desde fecha tan temprana como el propio dinero físico, los dineros físicos y representativos han convivido durante miles de años. Los *tokens* de cerámica mesopotámicos, empero, seguían teniendo un sustrato físico.

El siguiente nivel de abstracción es la inmaterialidad completa del dinero, la conversión completa en un signo o símbolo sin representación material alguna. Para entender este nuevo nivel de abstracción en el desarrollo del dinero, la evolución del sistema bancario, y el ejemplo de la institución del depósito bancario, vienen de nuevo en nuestra ayuda. Al igual que los *tokens* mesopotámicos, el billete bancario sigue teniendo un sustrato físico. A pesar de su carácter representativo de un objeto físico, el billete bancario sigue siendo un objeto físico en sí mismo. Pero el dinero bancario también toma la forma de depósitos y estos depósitos no tienen un sustrato físico. En la actualidad, y desde hace siglos, el depósito bancario es una forma de dinero inmaterial. El depósito bancario es una simple anotación contable. El depósito bancario es la promesa de un banco de entregar una cantidad de dinero físico (y, a su vez, este dinero físico puede ser un dinero representativo

18. Por este motivo, Mises denominaba a este tipo de dinero representativo (junto a otros tipos de dinero) sustitutos monetarios. Véase Mises (1934). Aunque es muy posible, tal como veremos a lo largo de todo el libro, con especial relevancia en la controversia bullionista del siglo XIX inglés, que el dinero representativo pueda ser un sustituto parcial del dinero físico, su función más importante es la de ser su complementario.

19. Y también eran utilizados como forma de contabilidad.

de otro objeto físico). Por tanto, al menos en su forma actual, los depósitos bancarios son una forma de dinero inmaterial basado en deuda.

Hasta hace muy poco, el dinero inmaterial estaba prácticamente restringido a una forma de deuda monetaria, como los depósitos bancarios. Pero la inmaterialidad del dinero se ha ido moviendo desde ser un pasivo de un agente económico (es decir, una forma de deuda) a ser un activo real. Bitcoin constituye la culminación de esta transformación de la inmaterialidad del dinero desde deuda a activo real. Bitcoin es un activo real inmaterial. A imagen y semejanza del oro, Bitcoin es un activo con funciones monetarias que no es el pasivo de nadie más. Pero a diferencia del oro, Bitcoin es totalmente inmaterial. Al igual que Bitcoin, los depósitos bancarios tienen una naturaleza inmaterial, pero a pesar de ser un activo para su poseedor son, a su vez, un pasivo de un banco, cosa que no le ocurre a Bitcoin. Bitcoin será la última parada de nuestra historia monetaria de los siglos xx y xxi porque, en esencia, constituye algo nuevo, algo inédito en la historia monetaria: un activo real (no es deuda) e inmaterial (carece de sustrato físico).

A lo largo de la historia de las ideas, la naturaleza dual del dinero en lo relativo a su materialidad-inmaterialidad se ha plasmado en escuelas monetarias con ideas divergentes sobre lo que es —o debería ser— el dinero. Ejemplos de estas luchas teóricas son el metalismo frente al nominalismo o la escuela monetaria contra la escuela bancaria.[20]

## Mefistófeles creando inflación: la inflación mantiene las apariencias y destruye las realidades[21]

Goethe desarrolló parte de su *magnun opus*, *Fausto*, mientras acontecían las primeras hiperinflaciones a gran escala de la historia, las

20. El metalismo afirma que el dinero es un bien presente mientras que el nominalismo defiende que el dinero es un signo, que puede ser un bien presente, pero también puede no serlo. La escuela monetaria afirma que el dinero debe ser escaso, generando una preferencia por los metales preciosos (aunque no una necesidad de utilizar metales preciosos) mientras que la escuela bancaria defiende la regulación del papel moneda en función de las necesidades del comercio (mediante el descuento de letras reales).

21. Esta frase, así como la idea de este epígrafe provienen del genial economista Jacques Rueff (1967).

ocurridas en la segunda mitad del siglo XVIII: el episodio más famoso fue el de los asignados franceses en la Revolución francesa, pero casi contemporáneas fueron las inflaciones provocadas por la emisión descontrolada de papel moneda en algunas colonias británicas en Norteamérica y, algo más tarde, también en Norteamérica con los continentales en la Revolución de las Trece Colonias contra el Imperio británico. Por lo tanto, Goethe tenía muchos motivos para desconfiar del papel moneda, motivos que plasmaría en su genial obra *Fausto*. Pero el conocimiento de asuntos monetarios y financieros de Goethe no era únicamente académico e histórico, sino también práctico, ya que también desarrolló algunas de las ideas monetarias incluidas en *Fausto* mientras era ministro de finanzas del ducado de Sajonia-Weimar, que en ese momento todavía era parte del Sacro Imperio Romano Germánico, antecesor de la Alemania contemporánea.

Goethe nos explica cómo Mefistófeles (el diablo) se camufla en la corte del rey y mediante argucias consigue introducir una potente idea en la corte: emitir papel moneda con la garantía de «los bienes todavía hundidos en el suelo del imperio». Este giro de Goethe es una alusión directa a la inflación que creó la emisión descontrolada de papel moneda (los asignados) por las autoridades revolucionarias francesas. La emisión de papel moneda en la Francia revolucionaria se realizó mediante el respaldo de tierras que fueron confiscadas a la Iglesia católica y a algunos nobles. Como veremos en el capítulo 6, los asignados franceses fueron emitidos desde diciembre de 1790, y ya en 1792 Francia se encontraba en una hiperinflación.

La teoría monetaria nos enseña que la emisión de papel moneda con el respaldo de tierras es una pésima idea. La moneda es el bien más fácilmente movible en una economía, mientras que las tierras representan todo lo contrario: la tierra es el bien inmueble por excelencia. La historia, por su parte, nos muestra lo que la teoría ilustra —la emisión de papel moneda con el respaldo de tierras— ha sido con frecuencia seguida de inflaciones descontroladas y, por último, de un rechazo del público al papel moneda. En *Fausto*, Goethe es perfectamente consciente del mecanismo económico subyacente que explica la inflación en la Francia revolucionaria. Es aquí, por supuesto, donde radica la nobleza de los grandes literatos de la historia, no sólo nos entretienen, sino que nos enseñan verdades universales, tan válidas hoy como hace doscientos o dos mil años.

La exposición de Goethe sobre los efectos de la inflación es magistral: durante un tiempo, nos cuenta el autor, el papel moneda de Mefistófeles genera prosperidad, todo el mundo disfruta de festines y vestidos nuevos. El trabajo rebosa, los profesionales no dan abasto para satisfacer todas las demandas que reciben. Los vítores al emperador son incesantes. Pero más pronto que tarde, la situación da un giro copernicano, y lo que antes era júbilo, ahora son llantos. La inflación no tarda en aparecer empobreciendo al grueso de la población. Donde antes había vítores, las gentes ahora piden la cabeza del monarca. Mefistófeles ha conseguido su cometido, ha destruido la opulencia del reino.[22] Goethe nos muestra que la inflación es un engaño del diablo, ya que mientras destruye la realidad, respeta las apariencias. Muy al estilo de Dorian Gray, la inflación corroe el alma económica de la nación mientras respeta el aspecto saludable de la economía.

La inflación no sólo engaña a la población y, en último término, la empobrece. Para regocijo de Mefistófeles, la inflación tiene efectos redistributivos en la sociedad. Ya hemos comentado que el dinero tiene una dimensión temporal: el dinero tiende una especie de «puentes monetarios» entre los momentos en los que las personas deciden vender y los momentos en los que deciden comprar. Como diferentes personas tienen diferentes puentes monetarios, la inflación impacta de forma diferente a diferentes personas. Las personas con puentes monetarios más largos (es decir, las personas para las que más tiempo transcurre entre la venta y la compra de bienes) serán las más empobrecidas por la inflación. Las personas con puentes monetarios más cortos (menos tiempo entre la venta y la compra) serán empobrecidas en menor medida. Pensemos que existen personas con «puentes monetarios negativos» (aquellas que primero compran y luego venden; es decir, las personas que se endeudan) y éstas serán las beneficiadas por la inflación. No es casualidad, ni mucho menos, que los Estados modernos sean los principales agentes con puentes monetarios negativos. Habitualmente, los Estados son los principales deudores de una economía y, a la vez, los principales causantes de la inflación. En la medida en que es el agente económico con el puente monetario negativo más acusado, el Estado es también el mayor beneficiado por la

22. La exposición no es una cita textual de *Fausto*, sino la idea general expresada por Goethe en dicha obra.

inflación. No es de extrañar, entonces, que los Estados, o las personas que los dirigen, vean con buenos ojos la inflación.

Como nos recuerda Rueff en *La época de la inflación*:

> La inflación no es más que una técnica fiscal, pero la más ciega de todas, puesto que deja al azar los retrasos del ajuste y el cuidado de repartir los ingresos, que son misiones que le incumben. Carece, pues, de toda justicia y, por ello, proporciona al diablo una amplia cosecha de rencor social.

El Mefistófeles de Goethe está encantado con la inflación porque consigue, de manera subrepticia, generar rencor social.

En definitiva, el poeta alemán relata, de manera soberbia, varios efectos monetarios que, todavía en el siglo XXI, los economistas nos afanamos por explicar al gran público (e incluso debatir entre nosotros). Goethe nos explica la prosperidad temporal que generan las medidas inflacionarias, los efectos políticos positivos de las medidas inflacionarias, así como el inevitable efecto de empobrecimiento generalizado que al final genera la inflación. La existencia de un ente malvado sobrenatural forma parte de la propaganda y en nuestra historia es lo de menos, el meollo del asunto son los efectos de destrucción y desmembramiento social que genera de forma oculta la inflación, meollo que difícilmente ha sido mejor tratado en una obra narrativa que en el inmemorial *Fausto*, de Goethe.

## Ortega y Gasset, la vanidad y el dinero como comparador universal

En su célebre *La rebelión de las masas*, Ortega y Gasset argumentaba que una de las características distintivas del hombre-masa, en contraposición al hombre excelente, era su ensimismamiento, su incapacidad para apelar a nada fuera de sí mismo. En otro ensayo,[23] el propio Ortega y Gasset afirma que la vanidad es el «impulso más tosco de cuantos nos llevan a mirar en derredor; pero, al fin y al cabo, un motivo para salir de sí mismo». Por tanto, en la interpretación de Ortega, la vanidad obliga al que la profesa a mirar hacia fuera. La vanidad

23. «Cuestiones novelescas». Véase Ortega y Gasset (1927).

será tosca, pero al menos el vanidoso no es un hombre-masa, el vanidoso no se encierra en sí mismo.

El dinero, tan vinculado en el folclore popular a la vanidad, también obliga a «mirar hacia fuera». En concreto, en su tercera función clásica, el dinero es designado por los economistas como la unidad de cuenta. El concepto de unidad de cuenta se puede entender como el comparador universal, es el bien que se compara con el valor del resto de los bienes.

La función de comparador universal es una consecuencia lógica de la primera función clásica del dinero, que como ya hemos visto es la de ser medio de cambio generalmente aceptado. Si un bien es aceptado e intercambiado con frecuencia, se encuentra habitualmente en una de las partes de todo intercambio y, en consecuencia, termina ocupando un lugar central en la psique de todos aquellos que lo intercambian. El lugar central que ocupa en la mente el bien que ejerce de dinero provoca, de forma casi inconsciente, que el valor del resto de los bienes se compare con él.

Algunos economistas explican la unidad de cuenta como la «vara de medir» de la economía, es el equivalente al metro para medir distancia o al litro para medir volumen. Aunque la analogía tiene una función didáctica manifiesta, es, como toda analogía en economía, peligrosa. La unidad de cuenta de los economistas, nuestra vara de medir, no es, a diferencia del metro o el litro, algo objetivo e inmutable. La vara de medir de los economistas, nuestro comparador universal, es algo que cambia de valor constantemente. Incluso los dineros más estables aparecidos en la historia del ser humano han mostrado un valor inestable en el tiempo. La alquimia de los economistas, la búsqueda de la piedra filosofal monetaria es conseguir un dinero estable en valor. De la misma manera que los antiguos alquimistas no pudieron convertir el plomo en oro ni conseguir la vida eterna, los economistas alquimistas han fallado a la hora de conseguir una unidad de cuenta completamente estable. Lo máximo que se ha conseguido es tener un dinero, una vara de medir, relativamente más estable que otros bienes, pero nunca absolutamente estable.

Entre las tres funciones clásicas del dinero que hemos visto (medio de cambio, depósito de valor líquido y unidad de cuenta), la función de comparador universal es lógicamente la última en aparecer. Sin embargo, probablemente la función de unidad de cuenta es la que genera repercusiones económicas más marcadas. Los economistas explican que la función de unidad de cuenta facilita y perfecciona el cálculo económico. El cálculo económico que facilita el dinero tiene dos dimensiones:

- Permite que, en su faceta de consumidores, las personas comparen de forma rápida y sin esfuerzo el sacrificio relativo que se tiene que hacer para conseguir un bien o para consumirlo. Es decir, facilita a los consumidores saber a qué se tiene que renunciar para consumir algo.
- En su faceta de productores, el cálculo económico permite que se comparen de forma fácil y rápida el valor añadido de diferentes planes productivos (es decir, el diferencial entre el precio que se recibe por lo que se produce y lo que se paga por los factores productivos o *inputs* en forma de trabajo, materias primas, etcétera).

La aparición del dinero y el perfeccionamiento del cálculo económico permite una explosión de la coordinación social, coordinación que alcanza niveles impensables bajo el régimen monetario al que sustituye el dinero.[24] En otras palabras, se produce una extensión de la división del trabajo y, con ella, incrementa el comercio y la especialización productiva. Esta explosión en la división del trabajo que genera el dinero es lo que los economistas suelen denominar «coordinación espacial»: el dinero actúa como sistema de información que habilita que más personas se comuniquen gracias a él. Ésta es una nueva forma de entender los «puentes monetarios» a los que nos referíamos antes. Al unir y coordinar a personas que no tienen contacto directo entre ellas, el dinero es un puente en el espacio.

La función de comparador universal también engendra lo que muchos consideran la cuarta función del dinero, la de ser patrón de cambios diferidos.[25] En su función de comparador universal, el dine-

24. Como ya hemos mencionado en otra nota a pie de página, el régimen monetario al que sustituye el dinero constaba de intercambios a crédito intracomunitarios e intercambios con trueque intercomunitarios. Véase Rallo (2015).

25. Prefiero incluir esta cuarta función en la función de unidad de cuenta. A pesar de todo, la taxonomía concreta (cuatro frente a tres funciones monetarias) no es algo que revista gran importancia teórica siempre que quede claro que el pa-

ro permite perfeccionar los intercambios a crédito. Un intercambio a crédito ocurre cuando una de las partes del intercambio entrega a la otra algo de valor mientras que no recibe algo de valor como contraprestación hasta pasado un período.[26] La mayor estabilidad relativa en el valor del dinero (aunque ya hemos visto que no absoluta), permite disminuir la indeterminación entre el valor de lo que se entrega en el momento de la constitución del crédito y el valor de lo que se recibe en el momento de la cancelación o repago del crédito. Dicho de otra manera, la estabilidad relativa del valor del dinero genera una explosión de los intercambios a crédito al disminuir la incertidumbre del valor que se entrega o recibe en las transacciones a crédito. Esto es lo que los economistas usualmente denominan «coordinación temporal», a la que ya nos hemos referido cuando analizábamos la posibilidad gracias al dinero de separar el acto de compra y el acto de venta. Algo más arriba comentamos el modo en que la existencia de dinero y su atesoramiento habilitaba la posibilidad de producir sin consumir. De forma similar, la existencia de crédito habilita la posibilidad de producir sin consumir y ceder temporalmente el poder de demandar a otros (a cambio de un precio en forma de interés) cosas útiles en la sociedad. Es decir, la existencia de crédito impulsa, todavía más, la coordinación temporal de la sociedad provocando que algunos puedan ofrecer sin demandar y otros puedan demandar sin ofrecer. La generación de valor en el tiempo se distribuye mejor cuando existe crédito que en su ausencia.

Por último, no podemos dejar de comentar brevemente la quinta función del dinero: la de ser liquidador último o liquidador universal de deuda. Esta función monetaria se deriva de la función patrón de

---

trón de pagos diferido es una función en sí misma o es una subfunción en la unidad de cuenta.

26. Algunos autores consideran que el dinero sólo es una forma de «crédito social». Véase Mitchell Innes (1913). La idea es que alguien entrega un objeto de valor y al recibir dinero, retiene un reclamo como la colectividad a recibir algo de valor. No creo que esta visión sea correcta, ya que considero que el dinero es algo valioso y con utilidad por sí mismo (ya hemos visto que permite, por ejemplo, hacer frente a la incertidumbre). En palabras del propio Mitchell Innes (1913): «El dinero, entonces, es crédito y nada más que crédito. El dinero de A es deuda que B tiene con él, y cuando B paga su deuda, el dinero de A desaparece. Ésta es toda la teoría del dinero» [traducción propia].

cambios diferidos que acabamos de explicar. Si los intercambios a crédito están denominados en un bien que hace de patrón de cambios diferido (función que podríamos denominar «comparador universal intertemporal»), la propia entrega de ese bien extingue la obligación crediticia.[27] A pesar de todo, el pago de una deuda se puede hacer de formas diferentes a la simple entrega del bien en el que está denominada. La deuda podría ser renovada si ambas partes así lo acuerdan (novación), la deuda podría ser pagada con otro activo si el acreedor está de acuerdo (canje) o la deuda podría ser pagada con otra deuda si el acreedor lo acepta (pago por compensación). Pero la entrega del bien que hace de patrón de pagos diferido es la forma en que el acreedor no puede rehusar la extinción final de la relación de crédito. En este sentido, el dinero es un liquidador final de deuda.

La imposibilidad de conseguir una vara de medir estable en el ámbito monetario genera un «ruido monetario» constante. De manera similar a lo que ocurre al sintonizar una emisora de radio, la existencia de excesivo ruido impide percibir la señal con claridad. En términos monetarios, el ruido es el cambio en el valor de la unidad monetaria. Por consiguiente, el ruido monetario dificulta la coordinación económica tanto en su dimensión espacial como en su dimensión temporal. En otras palabras, las ventajas de utilizar un dinero estable son menores cuanto menos estable es ese dinero. En este libro veremos que las instituciones monetarias diseñadas en los siglos XX y XXI han desconocido esta enseñanza económica.[28] La alquimia económica anterior al siglo XIX intentaba conseguir una vara monetaria completamente estable, la alquimia económica de los siglos XX y XXI ha intentado destruir por todos los medios posibles la vara de medir.

27. En este caso, también prefiero considerar la función monetaria de liquidador último como subfunción o función derivada de la de patrón de pagos diferidos, que a su vez sería parte de la función de unidad de cuenta. Una vez más, siempre que se expongan estas dos funciones monetarias como subfunciones de la unidad de cuenta, la taxonomía concreta no es lo relevante.

28. Aquí sí se hace referencia directa al diseño institucional. Las instituciones monetarias nacidas en el siglo XX no son fruto de una evolución espontánea, sino de un diseño consciente, motivo por el cual creo que son claramente inferiores a sus homólogas del siglo XIX.

## Nuestra última dualidad del dinero: aproximación *top-down* o aproximación *bottom-up*

Nuestra última dualidad no tiene que ver con la institución del dinero, sino con cómo ven el dinero los economistas monetarios y los historiadores de la moneda.

Los economistas llevan desde el siglo XVIII intentando compaginar dos visiones radicalmente diferentes sobre el origen del dinero: por un lado existen escuelas que afirman que el origen del dinero se encuentra en el mercado y que el dinero es una institución evolutiva no planeada (aproximación *bottom-up*; por otro lado, existen escuelas que afirman que el dinero es una criatura de la ley y que su origen hay que buscarlo en el Estado (aproximación *top-down*).[29]

Los economistas cercanos a la teoría evolutiva del dinero afirman que el dinero es una consecuencia no planeada de la interacción humana. En esta interpretación, el dinero no es una invención de un gobernante, de hecho, no sería una invención de nadie en particular. El dinero surgiría de forma espontánea, el dinero no es creado, sino que es el resultado de la interacción humana en el mercado. Para los proponentes de la teoría evolutiva, el dinero surge gracias a la acción humana, no al diseño humano.[30] El economista Carl Menger fue el gran sistematizador de esta visión del dinero como institución evolutiva. El autor austríaco afirma que en un entorno de intercambios descentralizados, algunos bienes cuentan naturalmente con mayor vendibilidad que otros. Esta mayor vendibilidad es una consecuencia de ser demandados en mayor cuantía que otros bienes. La vendibilidad de algunos bienes confiere ciertas ventajas a quienes los poseen, la más clara es la facilidad para desprenderse de ellos sin quebrantos en su valor. De esta forma, al ser preferidos por estas ventajas, los bienes con mayor vendibilidad empiezan a ser demandados, en rea-

29. Estas controversias han cristalizado en escuelas económicas enfrentadas entre sí. En el siglo XVIII, las escuelas líderes eran el nominalismo y el metalismo. A finales del siglo XIX, la lucha era entre evolucionistas y neochartalistas; y en los siglos XX y XXI, el debate se da entre la TMM (teoría monetaria moderna) y diferentes versiones del cuantitativismo (la más famosa de las cuales es el monetarismo) y la teoría de la liquidez (que es una rama de la teoría evolutiva del dinero).

30. Ésta es una célebre frase de Hayek, que a su vez tomó prestada de Adam Ferguson. Véase Hayek (1967).

lidad no porque se pretenda consumirlos, sino porque se pretende intercambiarlos más adelante por otros bienes, es en este momento cuando se afirma que estos bienes adquieren una demanda monetaria.[31] Conforme se acumula una mayor demanda monetaria en un bien, éste podría terminar coronándose como dinero si llega a ser utilizado como medio general de intercambio.

Los economistas cercanos a la teoría neochartalista del dinero afirman que el dinero no es más que un signo, algo que no necesariamente tiene valor por sí mismo, pero que sí representa valor en una sociedad. El dinero obtiene su utilidad no por ser un bien con un valor económico, sino por ser reconocido como dinero por terceros. En el esquema neochartalista es la colectividad la que otorga a una determinada entidad su característica de dinero. Aunque la teoría neochartalista es compatible con la existencia de dineros que surgen evolutivamente, la elección de dinero no es única ni necesariamente, y ni siquiera preferiblemente, un proceso evolutivo. La colectividad, o sus líderes, puede elegir cualquier bien o signo como representación del valor. Por esto los autores neochartalistas afirman que el dinero es una criatura de la ley. Y es que cuando existe un Estado como forma de organización política, la sanción de una entidad concreta como dinero ocurre bajo el auspicio de una ley emitida por la autoridad competente en ese Estado.

A veces, estas concepciones contrapuestas de la naturaleza del dinero han sido expuestas con relación al valor intrínseco del dinero. Desde la teoría evolutiva se afirmaría que el dinero es un bien con valor intrínseco, mientras que desde la teoría neochartalista se afirmaría que el dinero es un bien sin valor intrínseco. Sin embargo, creo que esta forma de abordar esta dualidad es incapaz de captar algunas de las sutilezas de las controversias. Sin duda alguna, los metalistas del siglo XVIII consideraban que el dinero debía ser un bien material,[32] pero ni la teoría evolutiva ni la teoría de la liquidez lo exigen así. La teoría evolutiva del dinero es totalmente compatible con que un

31. Menger considera tan importante la característica de demandar un bien con el objeto de venderlo que llama a este tipo de bienes «mercancías», estableciendo una categoría separada del resto de los bienes para denominar esta característica. Véase Menger (1871).

32. Véase Möll (1938).

derecho a recibir un bien en el futuro (crédito) pueda exhibir perfectamente más vendibilidad que otros bienes en una economía y adquirir funciones monetarias o incluso ser el bien más transado en una economía, por lo que satisfaría la definición más utilizada de dinero por la mayoría de los economistas.

Por otro lado, también es reduccionista en extremo la visión defendida por el neochartalismo de que el Estado es el origen de la moneda. Los neochartalistas argumentan que el dinero nace de la autoridad, pero esta autoridad no tiene que ser un Estado moderno. Existen formas de organización política pre-Estado que podrían elegir su propia moneda (en el capítulo 2 veremos el ejemplo de los templos mesopotámicos).

A pesar del aparente cisma entre economistas, la teoría evolutiva del dinero es en parte compatible con la teoría neochartalista del dinero, veamos cómo. Con su poder, la autoridad política podría dar gran vendibilidad a un bien al designarlo como liberador de cualquier deuda. Si la autoridad política puede establecer impuestos u otro tipo de reclamaciones y es capaz de imponer sanciones ante la negativa al pago de estas reclamaciones, entonces podemos decir que los ciudadanos tienen una deuda u obligación con la autoridad política. Si la autoridad política exige el pago de estas deudas en un bien determinado, es normal que el bien designado incremente su vendibilidad en el mercado (precisamente adquiere demanda por su capacidad para descargar la deuda con la autoridad política). Para la teoría evolutiva del dinero es perfectamente posible que un bien adquiera demanda monetaria derivada de la vendibilidad que le confiere su característica de descargar deudas con la autoridad política. Para la teoría evolutiva también es posible que la demanda monetaria derivada del bien designado para realizar el descargo de reclamos de la autoridad política sea lo suficientemente intensa como para que el bien desplace a otros competidores y sea considerado dinero.

Por lo tanto, la teoría evolutiva admite sin demasiados reparos que el bien designado por el Estado puede convertirse en dinero. Lo que no se admite desde la teoría evolutiva del dinero es que un bien se convierta necesariamente en dinero porque así lo exige una ley. Para la teoría evolutiva, el mecanismo clave para seleccionar un dinero es un mecanismo descentralizado, el potencial protodinero elegido por la autoridad política para descargar las deudas que los ciudadanos tienen con ella compite con otros bienes por convertirse en dinero. Bien podría ocurrir que el bien seleccionado por la autoridad política no termine emergiendo como dinero (si no es el que más vendibilidad posee). En claro contraste, para la teoría neochartalista una vez que la autoridad política designa un bien como forma de descargar deudas con él, ese bien se convertirá en dinero. Para el neochartalismo, el criterio de selección de dinero es centralizado, mientras que para la teoría evolutiva es descentralizado. De modo que en lo que no concuerdan estas teorías es en el método de selección social del bien o ente que ejerce de dinero. Para el neochartalismo, la elección es centralizada por la autoridad política. Para la teoría evolutiva, la elección es descentralizada, mediante el mercado.

A pesar de las diferencias, también algunos autores neochartalistas admiten que la teoría evolutiva del dinero podría haber sido correcta antes de que históricamente apareciera la autoridad política. Por ejemplo, se admite que el dinero podría haber nacido de forma privada, pero que, una vez establecida la autoridad política, eleva la naturaleza del dinero a nuevas alturas.[33]

En resumen, estas teorías difieren en la función que la autoridad política imprime al dinero. Para el neochartalismo y la teoría monetaria moderna, la autoridad política decide qué objeto será dinero; mientras que, para la teoría evolutiva, el mercado decide qué bien es el dinero (entendiendo que el Estado es un agente económico con mucho peso).

Con esto terminamos el sinceramiento teórico prometido en los primeros compases de este capítulo introductorio. Una vez desnudado doctrinalmente el autor, es decir, una vez expuestos los principios teóricos que creo que mejor describen la realidad, pasamos a iniciar nuestro apasionante viaje histórico: la primera parada de nuestro viaje en el tiempo será la Mesopotamia de hace seis milenios, acompáñame a visitar los albores de la civilización, acompáñame a explorar la época que hace hombre al hombre y veamos cómo se desarrollaron sus instituciones monetarias.

33. Véase Knapp (1905).

## Capítulo 2

# Edad Antigua: el origen del dinero en Mesopotamia

> No podemos aceptar las cosas como son mientras pensemos que deberían ser diferentes. Cuéntanos cómo dejar de creer en lo que creemos, y tal vez podamos escuchar.
>
> *La epopeya de Gilgamesh*

En este capítulo 2 iniciamos ya propiamente nuestro viaje histórico. Nuestra primera parada es en la Mesopotamia antediluviana.[34]

Las civilizaciones tempranas mesopotámicas se encuadran en lo que se podrían denominar «civilizaciones hidráulicas».[35] Entre las civilizaciones hidráulicas tempranas que se establecen en la cuenca de grandes ríos a lo largo y ancho del planeta se destacan cuatro:[36]

- Mesopotamia y el valle del Tigris-Éufrates (inicio 4000 a. C.).
- Egipto y el valle del Nilo (inicio 3100 a. C.).

34. El diluvio universal tiene raíces históricas reales. Una de las hipótesis más aceptadas es la que defiende que sobre el 2900 a. C. hubo una gran crecida de los ríos Tigris y Éufrates que causó enormes estragos en la llanura Mesopotámica. Véase Crawford (1991).

35. Véase Wittfogel (1957).

36. Todas las fechas de la Antigüedad distan mucho de ser fechas exactas y deben ser tomadas como aproximaciones. Véase Liverani (2014).

- India/Pakistán y el valle del Indo (inicio 2600 a. C.).
- China y el valle del río Amarillo (inicio 1700 a. C.).

Todas estas civilizaciones provienen de pueblos primitivos, pero todas desarrollaron características de civilización aproximadamente en las fechas señaladas.[37]

De entre todas estas civilizaciones, Mesopotamia se adelanta en novecientos años a la siguiente civilización hidráulica, razón por la cual daremos comienzo a nuestro estudio de la historia del dinero en Mesopotamia. Además, algunos desarrollos que aparecen inicialmente en Mesopotamia se extienden más tarde a otras civilizaciones. Por ejemplo, la escritura o varias formas de dinero primitivo son instituciones que se desarrollan en el valle de Mesopotamia y que más tarde se extienden bajo formas similares a otras civilizaciones con las que Sumeria (civilización primigenia situada al sur de Mesopotamia) mantenía contactos comerciales. En Egipto, por ejemplo, la escritura jeroglífica se desarrolla inicialmente por contacto comercial con los pueblos mesopotámicos.[38]

Antes de empezar nuestra aventura, conviene recordar que antes de la aparición de la escritura, que como veremos ocurrió en Mesopotamia aproximadamente en el 3300 a. C., cualquier fuente de información sobre el pasado es, forzosamente, arqueológica.[39] Es decir, antes de esa fecha se cuenta con medios mucho más limitados para analizar el pasado. En el ámbito de nuestra investigación, esto será de importancia mayúscula, ya que, por ejemplo, no ha quedado evidencia de comercio de bienes no perecederos o de medios de intercambio cuyo sustrato físico fuese perecedero. Desde la aparición de la escritura en el cuarto milenio a. C., los estudiosos del pasado cuentan, ade-

37. La definición de civilización es algo controvertida. Aquí entenderemos como civilización una sociedad que desarrolla un exceso de producción agrícola sobre el nivel de subsistencia, que muestra cierto grado de urbanización, que además posee una división del trabajo relativamente desarrollada que cuenta con artesanos especializados dedicados a la producción de manufacturas no agrícolas, el desarrollo de un sistema de escritura y, por último, la existencia de relaciones permanentes entre una multitud de nodos (esto es, diferentes núcleos de población relevantes que tienen relaciones comerciales, religiosas o políticas permanentes entre ellos).

38. Véase Bauer (2007).

39. Véase Monroe (2005).

más de con registros arqueológicos, con fuentes escritas que pueden ser utilizadas para reconstruir nuestro pasado.

## Contexto histórico: desde Uruk (3800 a. C) hasta el Imperio persa aqueménida (330 a. C.)[40]

### *Mesopotamia: el inicio de (casi) todo*

Mesopotamia es una región geográfica situada en Oriente Próximo, en concreto entre los ríos Tigris y Éufrates.[41] Mesopotamia se encuentra en el territorio que ocupa el actual Irak y algunas zonas de los actuales Irán, Siria y Turquía.

En la cultura popular, Mesopotamia es conocida no sin razón como la cuna de la civilización. Algunos historiadores hablan de Mesopotamia como el inicio de (casi) todo. Mesopotamia ha visto nacer la escritura, la guerra, la contabilidad, el dinero, el primer colapso de un imperio, el primer héroe épico, el primer gran reformador, las primeras invasiones bárbaras, el primer desastre medioambiental, las primeras bibliotecas...[42]

Mesopotamia también es conocida, junto a algunas regiones circundantes, como el Creciente Fértil. El Creciente Fértil es la región donde se inició la revolución agrícola (o Neolítica) desde aproximadamente el año 9000 a. C. La revolución agrícola tiene como característica más distintiva el abandono de la vida nómada que había caracterizado la práctica totalidad de la existencia de la humanidad y su sustitución por la agricultura sedentaria.

Una posible explicación de por qué la revolución agrícola surgió en el Creciente Fértil tiene su raíz en la peculiar geografía mesopotámica, en concreto en las particularidades de los ríos Tigris y Éufrates. Todas

40. Las épocas repasadas aquí y los eventos históricos resaltados no pretenden ser exhaustivos, sólo se señalarán los acontecimientos indispensables para entender la historia del dinero y es posible que alguna época que puede destacar en la historiografía por motivos culturales o de otra índole no lo haga por motivos económico-monetarios.

41. El nombre de Mesopotamia proviene de los griegos, el significado de Mesopotamia en griego es «entre ríos».

42. Véanse Bauer (2007) y Murray (2009).

las ciudades de la Antigüedad mesopotámica se establecieron en las cuencas de estos dos ríos. El Tigris y el Éufrates proporcionaron una fuente de agua que se utilizó, entre otras cosas, para la irrigación agrícola y proporcionó acceso a transporte marítimo que fue utilizado para crear rutas comerciales fluviales a los múltiples pueblos que habitaron la Mesopotamia de la Antigüedad. Una particularidad de estos ríos eran sus enormes crecidas estacionales. Las crecidas de los ríos provocaban una regeneración constante de la capacidad productiva del suelo, lo que hacía a la región un candidato ideal para la agricultura sedentaria.[43] Y, efectivamente, el Creciente Fértil se convirtió en el primer lugar del mundo donde se estableció la agricultura sedentaria y sistemas avanzados de regadío que generaron una enorme productividad agrícola, lo que a su vez generó una división del trabajo nunca vista y una especialización y explosión de los intercambios y del comercio que dio lugar a organizaciones sociales (o tecnologías sociales) muy novedosas.[44] El dinero y los medios de intercambio, nuestro objeto de estudio, es una de esas novedosas tecnologías sociales nacidas de la revolución agrícola.

A pesar de que la revolución agrícola tiene lugar desde el 9000 a. C., hemos decidido iniciar nuestra historia del dinero en el año 3800 a. C. Antes de esa fecha, las comunidades agrícolas sedentarias en Mesopotamia mostraban un grado de homogeneidad muy elevado.[45] A pesar de la existencia de diferentes culturas que contaban con lenguas y cerámicas particulares, la existencia humana no era cualitativamente muy diferente entre diferentes asentamientos humanos. Esta homogeneidad se iba a romper con la llegada

43. La agricultura no sedentaria era conocida por los cazadores-recolectores desde hacía milenios. Véase Scott (2017).

44. Una vez establecida la irrigación, la productividad agrícola en el sur de Mesopotamia era entre dos y tres veces superior a la productividad agrícola de las sociedades vecinas. Véase Algaze (2008).

45. Esta afirmación no es cierta para los grupos nómadas. Los grupos sedentarios convivieron durante miles de años con grupos nómadas. Los grupos nómadas tenían una multiplicidad de fuentes de alimentación que iban cambiando estacional y esporádicamente, mientras que los grupos humanos sedentarios vivían casi exclusivamente de la agricultura y la ganadería. Durante milenios no pareció estar nada claro que la agricultura sedentaria fuese una opción preferible a otras formas de organización social. Véase Scott (2017).

de la primera civilización que ha conocido la humanidad: Sumeria. Por tanto, comenzaremos analizando la emergencia de la cultura Uruk en el cuarto milenio a. C.[46]

## *Primera civilización de la historia: Sumeria (Uruk y la Revolución urbana)*

El cuarto milenio a. C. vio multiplicar los desarrollos tecnológicos hasta el punto de que aparece la primera cultura digna de ser denominada civilización: la cultura Uruk (3800 a. C.-3000 a. C.). Esta cultura de Uruk se considera una rama de la milenaria cultura sumeria. La cultura de Uruk extendería su influencia desde el sur de Mesopotamia, de donde es originaria, hasta el norte de Mesopotamia y el sur de Anatolia (Turquía actual).

En el período sumerio de Uruk se desarrolla el gran invento civilizatorio: la escritura. La escritura pictográfica hace su aparición aproximadamente en el año 3800 a. C. La escritura silábica, mucho más potente que la pictográfica para representar conceptos abstractos, y que muchos estudiosos consideran el inicio de la escritura, y de la historia como tal, ocurre aproximadamente en el 3300 a. C. en el seno de la civilización sumeria de Uruk. Como veremos más abajo, el desarrollo de la escritura y el desarrollo de las instituciones monetarias están mucho más vinculadas de lo que parecería en un primer momento.

Además de la escritura, en el seno de la cultura de Uruk se desarrollan otros avances tecnológicos formidables. El descubrimiento de la rueda ocurre en torno al año 3500 a. C., lo que facilita el comercio mediante caravanas en rutas comerciales terrestres. También desde el año 3500 a. C. se inicia la Edad del Cobre mesopotámica y, desde el 3300 a. C., la Edad del Bronce. Los avances en la metalurgia permiten crear herramientas y armas mucho más resistentes y útiles (comenzó la Edad de los Metales y finalizó el período Neolítico).[47]

46. A pesar de esto, haremos algunos comentarios esporádicos sobre el comercio y los métodos de pago que existieron antes de la cultura de Uruk.

47. A pesar de todo, las herramientas de piedra no serían completamente sustituidas hasta la Edad del Hierro, edad que no dará inicio hasta aproximadamente el 1200 a. C. Véase Fullola y Nadal (2005).

Gracias a estos avances tecnológicos, que propiciaron una caída en el coste del transporte, tuvo lugar una explosión del comercio en Mesopotamia y, derivado de ello, también creció la división de trabajo. En el período de Uruk existe evidencia de una división del trabajo suficiente como para producir cerámica en talleres especializados, fuera de la propia vivienda como se hacía en períodos anteriores en culturas que antecedían a la de Uruk. El desarrollo de la cerámica ocurre a la vez que el de la agricultura sedentaria. Y es que los excedentes agrícolas tenían que ser resguardados en algún lugar. Por consiguiente, lo distintivo de Sumeria no es tanto la presencia de cerámica, que antecede en milenios a esta cultura, sino su producción en masa.

Mesopotamia era una región muy fértil, pero las materias primas eran prácticamente inexistentes en esta parte del planeta. La carencia de materias primas y el exceso de producción agrícola, unido a la acuciante necesidad de metales derivada de los avances en la metalurgia, originó una necesidad de comerciar con regiones donde se encontraban depósitos de cobre y de estaño, principalmente con el sur de Anatolia y con el sur de la península arábiga. El comercio mesopotámico con estas regiones creció de manera formidable. También en este período de Uruk, desde el año 3500 a. C. se desarrolló un comercio de larga distancia con Egipto. Probablemente el comercio mesopotámico con la civilización del valle del Indo precede a la civilización Uruk, pero era un comercio cuantitativamente mucho más modesto debido sobre todo a que se llevaba a cabo por tierra. Los avances en la tecnología de la navegación del período de Uruk permitieron un comercio mucho más vivo de Sumeria con los pueblos del valle del Indo mediante rutas marítimas que pasaban por el golfo Pérsico. También hubo un comercio constante de los sumerios con los pueblos semitas que habitaban la península arábiga hacia el sur. Por tanto, el comercio de larga distancia, comercio que precedía a la civilización Sumeria, se extendió sobremanera hacia los cuatro puntos cardinales: norte (Anatolia); este (Egipto); sur (Arabia); y este (India), alcanzando cotas cuantitativas nunca vistas.

Todas estas innovaciones, unido a que la cultura de Uruk fue capaz de diseminarse por decenas de ciudades Estado, junto a los contactos y relaciones comerciales permanentes entre estas ciudades al final del período, implican que ya podemos hablar de civilización propiamente dicha.

En el período de Uruk, y gracias a los desarrollos mencionados, se produjo un incremento enorme en la productividad agrícola, lo que, a su vez, provocó lo que algunos historiadores y arqueólogos llaman la «Revolución urbana». La división del trabajo fue lo suficientemente profunda como para, por primera vez en la historia, contar con trabajadores especializados que no se dedicaban a la agricultura. Estos trabajadores tendían a concentrarse en asentamientos cada vez más grandes, con una densidad de población creciente. La ciudad de Uruk, la más importante de este período, llegó a contar con entre 25.000 y 50.000 habitantes. A pesar de todo, siempre es buena idea contextualizar estas revoluciones: en la Mesopotamia de la Antigüedad, probablemente la proporción de la población urbana respecto a población total nunca superó el 10 por ciento.

En la época sumeria de Uruk, en especial al final del período (antes del año 3200 a. C.), se desarrolla el famoso complejo del templo mesopotámico que comentaremos de forma más detallada en los epígrafes siguientes de este capítulo. Como lugares de culto y centros cívicos, los templos existían desde hacía milenios, aunque en Uruk estos templos se convirtieron en algo más. Desde esta época, el complejo del templo mesopotámico adquirió una importancia capital, ya que además de seguir ejerciendo las funciones religiosas y cívicas que estas instituciones ejercían con anterioridad, el templo se convirtió también en un granero centralizado: el templo será desde este momento el lugar en que se almacenan los excedentes agrícolas, es el lugar donde se almacenan las cosechas y también es el lugar desde el que se puede redistribuir el grano a la población en caso de necesidad. No es de extrañar que, gracias a esta función de redistribución de alimentos, poco a poco el templo ganara poder político en la cultura sumeria. El desarrollo de los templos tendrá una importancia capital en el desarrollo de la moneda en Mesopotamia debido que empezaron a ejercer funciones monetarias y crediticias, como el préstamo a interés, el depósito y la transferencia de esos depósitos.

En la cultura de Uruk todavía no apareció el famoso complejo del palacio mesopotámico, el hogar del gobernante. De hecho, el complejo del templo en Mesopotamia antecede como mínimo en trescientos años al complejo del palacio. Veremos en detalle también esta institución más abajo en este capítulo.

En el período Uruk aparece el primer sistema de comercio interregional de la historia: existían intercambios recurrentes entre ciudades situadas a cientos de kilómetros unas de otras.[48] La forma en que este comercio tuvo lugar fue mediante el establecimiento de nuevas ciudades y asentamientos por parte de las ciudades sumerias del sur de Mesopotamia en las principales rutas comerciales que llegaban hasta el norte de Mesopotamia y Anatolia. Igual que ocurriría siglos más tarde en la expansión de Grecia por el Mediterráneo, asentamientos comerciales en lugares remotos eran promovidos por diferentes centros urbanos de la civilización Uruk, pero no eran controlados política ni administrativamente por ellos. Este patrón de fundación de ciudades puede ser denominado como diáspora mercantil, y la civilización Sumeria en el período de Uruk fue la primera instancia en la historia de una diáspora mercantil. Este período es lo suficientemente importante como para recibir el apelativo de «expansión de Uruk». Es de destacar también que el comercio de larga distancia en la época Uruk era llevado a cabo por comerciantes privados, comerciantes que eran financiados por otros ciudadanos privados o por el complejo del templo.[49]

La Uruk sumeria, la primera civilización de la historia, contaba con rasgos culturales relativamente homogéneos. La cultura y la lengua de las ciudades sumerias eran comunes, aunque también existían marcadas identidades culturales locales en forma de una deidad local y el templo dedicado a ella. Existía una constante comunicación cultural y económica entre ciudades, pero no existía un poder político centralizado sumerio. La primera civilización del mundo era una civilización eminentemente comercial en la que es probable que las ciudades Estado hayan tenido una coexistencia pacífica. Y es que la primera guerra registrada en la historia de la humanidad data del año 2700 a. C.[50]

48. La distancia entre las fuentes de cobre y madera de Anatolia y la ciudad de Uruk era de unos 1.300 kilómetros.

49. Véase Stein (2005).

50. La ausencia de evidencia no es evidencia de ausencia. Que no exista evidencia de una guerra en el período Uruk no necesariamente significa que no existiera una guerra en este período. En cualquier caso, parece que existe consenso entre arqueólogos en que la civilización de Uruk fue una civilización eminentemente pacífica, sobre todo en comparación con lo que ocurriría en Mesopotamia en los siguientes milenios.

Con el desarrollo de la civilización, la especialización, la división del trabajo y el comercio interregional, las necesidades de realizar pagos entre ciudadanos (ya sea en una ciudad o entre ciudades) se multiplican. Por tanto, los avances tecnológicos y sociales provocaron nuevas formas de comercio que a su vez se plasmaron en nuevas formas de intercambio, entre ellas la aparición de nuevas formas de protodinero.

## *Sumeria 2.0: el período dinástico arcaico (3000 a. C-2335 a. C.)*

La historiografía marca el fin del período de Uruk en el 3000 a. C., y es posible que su colapso haya estado causado por un excesivo uso del suelo o por la invasión de pueblos nómadas. A pesar del cambio de era, no hubo una ruptura radical con el período histórico precedente. Muchas de las características económicas y sociales del período de Uruk se mantuvieron en este período, por lo que podemos seguir hablando de civilización sumeria.[51]

Una gran diferencia entre este período y el anterior es la existencia de guerras constantes entre ciudades por la hegemonía política. De hecho, el final de este período y el inicio del siguiente, lo marca la hegemonía de un gobernante extranjero sobre las ciudades de sur de Mesopotamia (el legendario Sargón de Acad y su Imperio acadio).

En este período, el famoso complejo del templo adquiere más importancia en Sumeria. Es posible que en algunas ciudades sumerias de esta época, el templo poseyese grandes cantidades de tierra y fuese el mayor terrateniente de la ciudad. Algunos llegan incluso a afirmar que el templo llegó a ser un agente capaz de controlar centralizadamente los recursos agrícolas y los metales preciosos.[52] Sin duda, en este período el templo ganó relevancia, pero tendremos oportunidad de comprobar que el templo nunca controló centralizadamente todos los recursos económicos en Mesopotamia.

51. Véase Bauer (2007). A pesar de ello, la historiografía contemporánea suele incluir un período entre Uruk y el período dinástico arcaico: el período Yemdet Nasr (3200 a. C.-3000 a. C.). Para nuestro estudio de la moneda, la taxonomía concreta de los subperíodos sumerios carece de importancia.

52. Algunos autores incluso hablan de templo-Estado. Véase Charpin (1995).

En este período aparece el complejo del palacio mesopotámico, institución secular y hogar del gobernante. Desde este momento se puede hablar ya sin ambages de autoridad política, autoridad política que quizás nunca existió antes con los templos mesopotámicos.

Al analizar la historia del dinero, algunos autores mencionan a la institución del templo y del palacio mesopotámicos como si fuesen una, o su análisis implica que eran coetáneas. Pero la institución del templo precede en miles de años a la del palacio. Si consideramos el templo ya como institución central en la vida social de Sumeria, precede entre trescientos y quinientos años a la institución del palacio. Esto es de importancia capital a la hora de establecer si el desarrollo de la moneda y el crédito en Mesopotamia es un ejemplo histórico que atestigua que el Estado es el origen del dinero o es un ejemplo que atestigua que el dinero emergió del comercio privado.[53]

### *Estandarización de pesos y medidas en el Imperio acadio (2335 a. C.-2193 a. C.)*

Sargón de Acad tiene el mérito de haber fundado el primer imperio de la humanidad. Sargón fue el primero que consiguió unificar políticamente una parte sustancial de Mesopotamia.

La unificación política de Mesopotamia trajo consigo una unificación o estandarización de pesos y medidas. Esta estandarización de pesos generó el primer sistema monetario unificado de la historia. Hasta este momento, las ciudades sumerias habían comerciado entre ellas a pesar de no contar con un sistema integrado de pesos y medidas (aunque sin duda esto sería un inconveniente, no fue, ni mucho menos, un impedimento para que floreciera el comercio a larga distancia).

La estandarización acadia de pesos y medidas creó la unidad monetaria más longeva del mundo: el talento. La estandarización monetaria acadia sobrevivió durante toda la época mesopotámica e incluso llegó al mundo griego antiguo.[54]

53. Éste es uno de los puntos centrales del debate entre la escuela neochartalista/MMT y la escuela evolutiva.

54. Véase Davies (2002).

El sistema monetario acadio que implementó Sargón fue sexagesimal[55] y tenía la siguiente forma:

- Talento: 30 kg de metal (peso máximo que podría cargar un trabajador).
- Mina: 500 gramos (1/60 de talento).
- Siclo: 8,3 gramos (1/60 de mina).
- Siclo pequeño (1/60 siclo).
- Grano (1/180 siclo).

## *Las conquistas alejandrinas: la Persia aqueménida doblegada por Alejandro Magno (330 a. C.)*

En los siguientes milenios ocurren muchos eventos destacados, se suceden imperios, colapsa Sumeria y en adelante el peso político de Mesopotamia se moverá más al norte, sucediéndose los imperios asirio y babilónico en la hegemonía de la región (con permiso de hititas y algunos otros pueblos que puntualmente tuvieron algún poder a lo largo de los siglos siguientes). También se establecieron nuevas rutas comerciales con pueblos situados en el mar Mediterráneo y se cerraron otras rutas comerciales, por ejemplo, con la civilización del valle del Indo. Pero las principales características económicas de las civilizaciones mesopotámicas no cambiaron radicalmente. Las principales características institucionales, económicas, sociales y políticas de la civilización mesopotámica fueron forjadas en el período sumerio que ya hemos estudiado y tuvieron continuidad durante todo el período, con particularidades, pero sin grandes cambios.[56]

El final de nuestra aventura mesopotámica vino de la mano de Alejandro Magno, que en el año 330 a. C. consiguió doblegar al Imperio persa aqueménida (550 a. C.-330 a. C.) y tomar posesión de las milenarias culturas mesopotámicas. En el momento de las conquistas alejandrinas, la acuñación monetaria, de la que hablaremos en el si-

55. Los sistemas de contabilidad sexagesimal son muy útiles en ausencia de mecanismos auxiliares de cómputo, ya que permiten computar números relativamente elevados ayudándose de las falanges de las manos.

56. Véase Algaze (2008).

guiente capítulo, ya hacía más de dos siglos que había sido descubierta por la civilización de Lidia (situada en Asia Menor, en el territorio que ocupa la actual Turquía) y se había extendido a toda Grecia y parte del Mediterráneo.

El imperio mesopotámico del momento, la Persia aqueménida, había conquistado a la civilización Lidia poco después de que esta civilización inventara la acuñación monetaria. Lo curioso es que la institución de la moneda acuñada, que se extendió muy rápido a Grecia, lo hizo de forma muy lenta a Mesopotamia. Tanto es así que existe evidencia que muestra que la moneda de plata acuñada en el Imperio persa posteriormente a la conquista de Lidia era de tan mala calidad que seguía circulando por su peso y no por su valor nominal (lo que implica que, en realidad, la acuñación monetaria no era de gran ayuda).[57]

La Persia aqueménida sería conquistada por Alejandro Magno y, desde ese momento la acuñación monetaria nacida en Lidia y desarrollada en Grecia se extendería como la pólvora por los territorios mesopotámicos.

Una vez finalizado nuestro repaso por el contexto histórico, veamos el patrón comercial y de pagos de Mesopotamia.

## Patrón de comercio y pagos en Mesopotamia

El desarrollo del comercio y del dinero están profundamente ligados en la historia. No puede existir comercio sin alguna forma de instrumentar el pago. Por tanto, tiene sentido estudiar el patrón comercial y de pagos en la Mesopotamia de la Antigüedad con el objetivo de analizar si de este comercio surgió alguna forma de dinero o de protodinero.

### *Patrón comercial*

En los milenios que abarca la historia de Mesopotamia existió una enorme cantidad de diferentes esquemas de organización social, for-

57. Véase Moorey (1994).

mas de gobierno y desarrollo de nuevas instituciones. A pesar de ello, en la historia de Mesopotamia los patrones de comercio e intercambio fueron relativamente estables. Para los habitantes de la llanura mesopotámica, la escasez de materias primas muy demandadas en la parte central y sur de Mesopotamia, como la piedra, minerales y metales, madera, lapislázuli, plata u oro, y la existencia de esas materias primas en las regiones vecinas de Anatolia, los montes Zagros, Arabia, el valle del Indo o Egipto marcó una necesidad de comerciar. Desde tiempos muy tempranos, la posibilidad de controlar las crecidas de los ríos mediante obras hidráulicas hizo muy fértil a la llanura de Mesopotamia, lo que provocó un exceso de producción agrícola que a su vez generó asentamientos humanos más numerosos y la oportunidad de comerciar los productos excedentes típicos de sociedades agrícolas como granos, tejidos, pieles y cerámica a cambio de las materias primas que no existían en Mesopotamia.[58]

Por tanto, para los habitantes de Mesopotamia en la Antigüedad comerciar no parecía una posibilidad, sino más bien una necesidad. Incluso cuando los intentos de establecer la hegemonía en ciudades sumerias mediante la guerra, intentos que ya hemos visto que aparecen desde el año 2700 a. C., el panorama político-institucional no cambió en absoluto la necesidad de comerciar, sólo cambiaron sus reglas: lo que antes era comercio entre ciudades libres se tornó un comercio regional bajo una misma autoridad política.[59] El ambiente institucional cambió, pero los comerciantes, en su mayor parte privados y movidos por el ánimo de lucro, siguieron intercambiando el mismo tipo de bienes en el tráfico comercial.[60]

Derivado de la necesidad de comerciar, muy pronto nació en Mesopotamia una nueva clase social en las sociedades mesopotámicas:

58. Adicionalmente al excedente de producción agrícola, los habitantes de Mesopotamia producían piezas de cerámica de alta calidad y productos textiles muy valorados por los pueblos vecinos. Véanse Bauer (2007) y Butt y otros (2023).

59. Aunque un imperio realmente unificado de toda la región mesopotámica no se consiguió hasta el final de este período con la formación del Imperio persa aqueménida bajo Ciro el Grande, otros imperios mesopotámicos como el Imperio neobabilónico o el Imperio asirio sí lograron establecer una hegemonía política sobre sus vecinos que les dio acceso directo a algunas materias primas que no existían en la llanura mesopotámica. Véase Liverani (2014).

60. Véase Algaze (2008).

los mercaderes. Estos mercaderes eran los encargados de mover bienes entre el corazón de Mesopotamia y las regiones vecinas y también entre ciudades mesopotámicas.[61] Hay incluso quien sostiene que en Mesopotamia acaeció una revolución comercial y que precedió y posibilitó la revolución urbana de Uruk, lo que a su vez provocó el desarrollo de Sumeria como civilización. Bajo esta interpretación, el comercio sería la primera causa de la emergencia de la primera civilización de la historia.

Los comerciantes de Mesopotamia utilizaban rutas terrestres en forma de caravana, en especial desde el invento de la rueda, que como ya hemos visto ocurrió en el 3500 a. C. Sin embargo, el método de transporte más utilizado en el comercio de larga distancia eran las rutas marítimas, que desde fecha muy temprana utilizaron los ríos (y canales) de Mesopotamia como forma de transporte.[62]

Conforme la estructura social en Mesopotamia se hacía más compleja, también lo hacían las rutas comerciales que crecieron tanto en volumen de rutas como en cantidad de bienes transados. En el segundo milenio a. C., Mesopotamia empezó a intercambiar con pueblos del Mediterráneo, como Chipre o Grecia, en especial cuando colapsó la civilización del valle del Indo y los comerciantes de Mesopotamia tuvieron que buscar una fuente alternativa donde procurarse las materias primas que ya no llegaban desde el este.

Esta necesidad de comerciar de los pobladores de Mesopotamia provocó que sobre el siglo IX a. C., bajo el Imperio neoasirio (911 a. C.-612 a. C.), se establecieran las ciudades fenicias en la costa de lo que hoy es Siria. Estas ciudades fenicias serían conocidas por su comercio en todo el mar Mediterráneo y por la extensión de asentamientos en forma de puestos comerciales por toda la costa mediterránea (mediante el método de diáspora mercantil que ya vimos en el período sumerio).[63]

61. Véase Bertman (2003).

62. Desde el período El Obeid (5500 a. C.-4000 a. C.) existían rutas marítimas en Mesopotamia en pequeñas canoas de madera o caña. A pesar de todo, la conexión comercial marítima de Mesopotamia con el valle del Indo no ocurre hasta el tercer milenio a. C.

63. En un inicio, estas ciudades no fueron pensadas como ciudades comerciales, sino como puestos militares y de recolección de impuestos y tributos más allá de las fronteras del Imperio neoasirio. Ciudades como Sidón o Tiro más tarde conseguirían

El comercio en Mesopotamia solía estar sujeto a impuestos, tanto de exportación como de importación. La práctica imposibilidad de perseguir fuentes de ingreso directas por parte del poder político, así como la dificultad de saber con precisión qué comercio ocurría dentro de la ciudad, provocaba que virtualmente la única fuente de ingreso posible del gobernante fuesen los impuestos al comercio exterior junto a concesiones o rentas del uso de tierras.[64] A pesar de todo, en algunos períodos la multiplicidad de ciudades Estado llevó a cierta «competencia fiscal» entre ellas. Por ejemplo, los reyes del Imperio asirio antiguo (circa de 1930 a. C.) establecieron exenciones de impuestos para comerciantes provenientes del sur de Mesopotamia con el objeto de atraer hacia sus tierras a estos comerciantes.

El comercio interregional fue a veces llevado a cabo por el complejo del templo o complejo del palacio, en lo que podría ser un comercio oficial llevado a cabo o bien directamente por el poder político, o bien en su nombre por parte de comerciantes privados. Empero, el comercio privado de larga distancia antecedió al comercio oficial, como es el caso del comercio privado llevado a cabo mediante el establecimiento de puestos y ciudades comerciales en los destinos comerciales mediante la diáspora mercantil, a la que hemos hecho alusión más arriba bajo la civilización sumeria de Uruk. La aparición del comercio «oficial» no impidió que se siguiera llevando a cabo simultáneamente un comercio privado (comercio que, dependiendo de la época, sería el tipo de comercio dominante o sería un comercio marginal en comparación con el comercio «oficial»). Existía también un tercer tipo de comercio que podríamos denominar mixto, en el que los comerciantes privados actuaban por cuenta propia, pero tenían como socio inversor al poder político. En cualquier caso, parece bastante claro que

---

su independencia del Imperio asirio y alcanzarían notoriedad gracias a su prácticas mercantiles. Véase Stein (2005).

64. Véase Burt y otros (2023). Al igual que ocurriría en períodos posteriores, los impuestos no se establecían en función de ningún principio económico, sino en función de la capacidad de la autoridad para establecer gravámenes a los ciudadanos. A este respecto, North (1981) explica que en la historia, la estructura de derechos de propiedad que produce crecimiento económico ha sido la excepción, y la tendencia natural del poder político es establecer los derechos de propiedad que maximizan sus ingresos a corto plazo.

la mayoría de los gobernantes mesopotámicos no monopolizaron el comercio con otras ciudades o regiones.[65]

En cualquier caso, el poder político en Mesopotamia intentaba fomentar el comercio mediante su protección (protección que garantizaba el derecho de paso una vez que se pagaban los tributos) y mediante la atracción de comerciantes extranjeros. Sargón de Acad (2335 a. C.-2279 a. C.), por ejemplo, facilitó e impulsó el establecimiento en sus tierras de traductores y de puestos comerciales permanentes de comerciantes extranjeros.

## *Patrón de pagos*

Desde al menos el año 6000 a. C., los metales preciosos como la plata y el oro fueron utilizados en Mesopotamia como forma de intercambio y de pago en el comercio de larga distancia. Incluso formas primitivas de dinero cuasiamonedado hicieron su aparición de manera muy temprana en Mesopotamia, como fue el caso de las espirales de metales preciosos. Estas espirales permitían ser cortadas de un modo simple y bastante preciso para adaptar el pago a la cantidad de valor deseada. Es decir, el uso en el tráfico mercantil de metales preciosos como forma de pago, incluso en formas no tan diferentes a las del metal acuñado, precedieron al desarrollo de la civilización sumeria.[66]

Junto a los metales preciosos, el trueque fue utilizado en Mesopotamia como como forma de intercambio en el comercio a larga distancia desde al menos el 5000 a. C. A pesar de que existe cierta controversia entre historiadores y arqueólogos sobre el rol del trueque como forma de intercambio en la antigua Mesopotamia,[67] sí parece claro que el trueque ha existido desde la Antigüedad como modalidad de intercambio, lo que no está tan claro es cuán frecuente era esta forma de intercambio en comparación con otras.[68] Sobre lo que no

65. Véanse Stein (2005) y Algaze (2008).

66. Véase Powell (1996).

67. Algunos historiadores incluso afirman que no hay evidencia de que haya existido una sociedad en la que el trueque fuese el principal medio de intercambio. Véase Humphrey (1985).

68. Muchos bienes utilizados en transacciones de trueque no han dejado evidencia arqueológica debido a su doble uso (como medio de intercambio y como mercan-

hay ninguna duda es que en Mesopotamia el trueque existió y que fue utilizado por los seres humanos durante milenios.

En el comercio a pequeña escala, en los límites de un asentamiento y antes de la revolución civilizatoria de Uruk (3800 a. C.), el trueque a crédito o trueque diferido era una forma común de intercambio. En pequeños asentamientos en los que las relaciones predominantes son de parentesco y todo el mundo puede llevar la cuenta de quién debe a quién, no necesariamente los intercambios de mercancías basados en el trueque debían ocurrir de forma sincrónica.[69]

Desde el final del período de Uruk (c. 3200 a. C.) y con el desarrollo de la institución del templo y más tarde del palacio mesopotámicos, las relaciones de intercambio a crédito se hicieron más verticales y jerárquicas. La autoridad moral de los templos y su función de granero centralizado y la autoridad política de los palacios con su capacidad para imponer tributos hicieron que aparecieran nuevas formas de crédito en la sociedad. Tanto templo como palacio emitieron crédito en forma de tablillas de arcilla. Estas formas de crédito llegaron a ser transferibles y a realizar la función de ser medios de pago en la economía. Es decir, las personas empezaron a intercambiar entre ellas deudas originadas en las instituciones del templo y del palacio. Éste es el origen más antiguo que existe de actividades de intermediación financiera.

El Palacio mesopotámico se desarrolló como forma de gobierno explícita a partir del 2700 a. C. Desde ese momento, se produce la introducción por parte de esta institución de una unidad de cuenta; es decir, de un bien que sirve como forma de computar valor, pero que no necesariamente realiza la función de ser medio de intercambio.

Uno de los problemas que los economistas atribuyen al trueque es la enorme multiplicidad de relaciones de intercambio y su crecimien-

cía útil fuera del ámbito comercial). Muchas mercancías utilizadas como trueque fueron «recicladas» y utilizadas para otros propósitos no monetarios (incluso formas primitivas de dinero no amonedado, como espirales o trozos de metal, fueron fundidos y reutilizados para otros propósitos). Véase Svizzero y Tisdell (2019).

69. Véanse Rallo (2015) y Svizzero y Tisdell (2019). El número de Dunbar (2005) que vimos en el capítulo 1 viene de nuevo en nuestra ayuda. Como ya argumentamos en el primer capítulo, 150 parece ser el número máximo de relaciones personales sustantivas que un ser humano puede mantener, y coincidiría con el número máximo de relaciones de trueque diferido que una persona puede mantener.

to exponencial cuando crece el número de bienes intercambiados.[70] Por esta razón, los economistas presumen que conforme la economía se hace lo suficientemente compleja, la imposibilidad del ser humano de llevar la cuenta del número de relaciones de intercambio por parte de los individuos hace que surja de manera espontánea un bien que se corone como dinero. Es más sencillo computar todas las relaciones de intercambio contra un bien que bilateralmente entre cada par de bienes, por lo que el dinero resolvería este problema de cómputo. La dificultad de esta interpretación es que el tema del cálculo es un asunto macroeconómico, no microeconómico: ni los pequeños intercambios ni el comercio regional mesopotámico tuvo nunca ningún problema con el trueque, ya que la cantidad de bienes intercambiados por cada comerciante o por cada persona era relativamente pequeña. Es posible que el trueque haya sido el primer problema macroeconómico que tuvo que enfrentar un gobernante en la Antigüedad. Con la aparición del Palacio y del gobierno secular, era crucial para la administración conocer todos los precios relativos para computar los pagos recibidos que imponían las obligaciones sociales en forma de impuestos o de trabajo en especie recibido. Es en este momento, no antes, cuando la unidad de cuenta es introducida como forma de computar el valor, sin que necesariamente los tributos u obligaciones que el Palacio recibía fueran entregadas en la unidad de cuenta.[71]

Por consiguiente, los instrumentos de pago en el comercio de la Mesopotamia de la Antigüedad eran varios: tenemos una coexistencia de un trueque «tradicional» con dineros primitivos metálicos en el comercio de larga distancia. En el comercio de corta distancia y en los intercambios dentro de las poblaciones antes de la aparición del templo y palacio mesopotámicos, tenemos una coexistencia de trueque

70. Dos bienes tienen una relación de intercambio entre ellos, tres bienes tienen tres relaciones de intercambio, cuatro bienes tienen seis relaciones de intercambio, cinco bienes tienen diez relaciones de intercambio y así sucesivamente (10 bienes terminan con 45 relaciones de intercambio). De forma más técnica, decimos que en una economía de trueque puro cada bien tiene una relación de intercambio con (n-1) bienes, donde n es el número de bienes en una economía. Entonces, el número de relaciones de intercambio en una economía de trueque es igual a (n-1)(n/2), mientras que en una economía con dinero, las relaciones de intercambio contra el dinero son mucho menores, en concreto de n-1.

71. Véase Svizzero y Tisdell (2019).

«tradicional» con trueque diferido. En el comercio de corta distancia y en los intercambios en las ciudades, una vez que aparecen las instituciones del templo y el palacio, tenemos trueque tradicional, dineros primitivos y relaciones de crédito centralizadas.

En definitiva, la aparición del dinero y de los medios de intercambio fue menos lineal de lo que parece en un primer momento. Y durante milenios coexistieron diferentes métodos de pago, cada uno de ellos adaptados a un tipo de intercambio particular.

Visto el régimen de intercambio general de la Mesopotamia de la Antigüedad, veamos ahora aspectos concretos del intercambio y su vinculación con el desarrollo de las instituciones monetarias mesopotámicas, empezamos analizando el rol de los *tokens* mesopotámicos.

## *Tokens* como forma de registro del intercambio y como antecedente de la escritura

Poco tiempo después de la revolución agrícola se desarrolló una forma incipiente de contabilidad mediante *tokens*. Estos *tokens* pueden ser caracterizados como los primeros antecesores del dinero y de la escritura. Los primeros rastros de estos *tokens* aparecen sobre el 7500 a. C., por tanto, muy poco después de la aparición de los primeros asentamientos neolíticos (que como ya hemos visto ocurren desde el 9000 a. C.).

Los *tokens* eran pequeñas fichas con diferentes formas (conos, esferas, cilindros, discos, pirámides, etcétera) que servían como forma de registrar y llevar la cuenta de bienes agrícolas. Cada *token* representaba un bien diferente. Los *tokens* servían para expresar cantidades numéricas de bienes. Los *tokens* neolíticos son una evolución natural de otro desarrollo contable anterior: en el paleolítico, la «contabilidad» se llevaba a cabo mediante marcas en las paredes de las cuevas. Los *tokens*, empero, eran una forma más elaborada de contabilidad porque a diferencia de las marcas paleolíticas, eran movibles. En consecuencia, la función que cumplían los *tokens* no era nueva, aunque su funcionalidad sí era superior a la de la tecnología contable a la que suplantó (como cabría esperar de una economía con mayor complejidad y una división del trabajo más profunda). Algo similar ocurrió más adelante cuando los *tokens* fueron sustituidos por la escritura.

Los *tokens* se usaron durante más de cuatro mil años hasta que en el período Uruk fueron sustituidos por la escritura en tablillas de arcilla.[72] En su origen existieron doce *tokens* diferentes. Los *tokens* primitivos eran planos, no tenían ninguna inscripción y sólo simbolizaban bienes agrícolas. Al final de su vida como sistema de contabilidad mesopotámico, ya en el período Uruk[73] y antes de ser sustituidos por la escritura cuneiforme silábica en el 3300 a. C., los *tokens* llegaron a ser más de 250. En las últimas fases del período Uruk, los *tokens* tenían formas muy variadas y contenían inscripciones en su superficie. El crecimiento en la complejidad de la economía mesopotámica y en la cantidad de bienes disponibles explica la cada vez mayor cantidad de *tokens* y su creciente diversidad (cada *token* representaba una unidad concreta de un bien particular). Por tanto, el increíble incremento en el comercio y en la cantidad de bienes intercambiados en el período Uruk explica, en primer lugar, el enorme crecimiento en la cantidad de *tokens* y, en segundo lugar, la necesidad de su sustitución por un sistema de registro más potente: había llegado la hora de la escritura.[74]

Los *tokens* no fueron utilizados directamente para el intercambio; es decir, no cumplieron la función monetaria de ser medio de cambio al menos hasta el desarrollo de la bulla, no antes del 3700 a. C. (en el siguiente epígrafe explicamos el desarrollo y función de la bulla). Una vez que los *tokens* eran utilizados para llevar la contabilidad, eran guardados en un lugar seguro con acceso restringido. Por tanto, los *tokens* no se utilizaron como medio de intercambio y tampoco existe nada en su uso que nos haga pensar que cumplían alguna función monetaria durante sus primeros cuatro mil años de existencia.

72. Previamente apareció la bulla como envoltorio de los *tokens*. Como veremos más abajo, la propia bulla evolucionó hasta la tablilla de arcilla y la escritura.

73. Existen algunas ciudades de la antigua Mesopotamia donde el sistema de *tokens* pudo haber sobrevivido a la aparición de la escritura y fueron utilizados hasta el primer milenio a. C. Sin embargo, parece que existe cierta unanimidad entre historiadores a la hora de afirmar que los *tokens* desaparecieron de la mayor parte de Mesopotamia cuando apareció la escritura. La razón ya la hemos apuntado, y es que cumplen exactamente la misma función (contabilidad).

74. La hipótesis es que la economía y el intercambio generan una necesidad de llevar una contabilidad. Esta necesidad es cubierta en un primer momento con los *tokens*, y cuando la capacidad de este sistema contable se hace inadecuada para cumplir con las necesidades crecientes del comercio, aparece la escritura.

Los teóricos neochartalistas reclaman el uso de *tokens* como una forma primitiva de dinero estatal. En concreto, afirman que el complejo del templo y el complejo del palacio emitieron los *tokens* como forma de descargar deudas tributarias. Posteriormente, los ciudadanos habrían usado estos *tokens* como dinero en el intercambio comercial privado. Los *tokens* serían una especie de pasivo fiscal que proporcionaba a la población una forma de pagar o de descargar sus deudas tributarias con el poder político. Incluso si la interpretación neochartalista es cierta (profundizaremos más adelante en ello), esta teoría no nos explicaría el origen de los *tokens* que explicamos en este epígrafe. Desde el momento en que se desarrollan los *tokens* hasta el momento en que aparece la institución del templo y la institución del palacio transcurren milenios (los *tokens* aparecen sobre el 7500 a. C., y el templo mesopotámico no logra una preponderancia económica hasta como mínimo el 3200 a. C., el palacio tardará otros quinientos años en hacer aparición en la escena de la Mesopotamia de la Antigüedad). Es posible que los *tokens* fuesen adaptados por estas instituciones, pero desde luego no nacieron de ellas.

## La aparición de la escritura, *tokens*, bulla y el dinero crédito privado

En la época de Uruk, la civilización de sumeria tiene el mérito de ser la primera civilización alfabetizada de la historia. Los inicios de la escritura se encuentran en la economía y tienen conexiones profundas con el desarrollo del tema de este libro; es decir, con la historia del dinero.

Los primeros textos escritos de los que se tiene constancia son apuntes contables. Los primeros textos escritos de la humanidad son sobre algo tan prosaico como una lista de ganado y de equipamiento agrícola encontrado en la ciudad de Uruk. Los primeros textos escritos también recogían las deudas de personas con otras personas y de personas con el complejo del templo. La escritura fue desarrollándose paulatinamente hasta que en el mismo período Uruk podemos hablar de un alfabeto silábico mucho más desarrollado que el alfabeto pictográfico inicial. La escritura tardaría más de mil años en utilizarse para la narrativa (*La epopeya de Gilgamesh*, que es la primera pieza narrativa de la que tenemos constancia, data del año 2100 a. C., mientras que la escritura cuneiforme silábica data del año 3300 a. C.).

Se especula que la forma concreta en que apareció la escritura tiene su origen en los *tokens* que registraban el intercambio. Ya hemos visto que estos *tokens* preceden en miles de años a la aparición de la escritura. En la civilización Uruk, estos *tokens* empezaron a introducirse en una especie de sobre sellado realizado con arcilla y denominado bulla. La bulla tenía marcas en el exterior que informaban sobre la forma y el número de *tokens* que había en el interior. Estas marcas se irían perfeccionando poco a poco hasta que empezaron a representar primero pictogramas e ideogramas y, más tarde, escritura silábica. Con el desarrollo de las inscripciones en la bulla, paulatinamente se dejaron de introducir en el interior los *tokens* y quedó sólo la inscripción escrita del exterior. Cuando se dejó de introducir los *tokens*, la bulla pasó de ser un recipiente de los *tokens* a ser una tablilla plana de arcilla. Por consiguiente, la forma primitiva de registrar la contabilidad en forma de *tokens*, la bulla y el origen de la escritura cuneiforme están históricamente vinculados.[75]

En este punto, el lector podría estar preguntándose: ¿cuál es la razón de que los *tokens* se introdujeran en la bulla? Es decir, ¿por qué se introducían los *tokens* que registran intercambios en un sobre de arcilla sellado? ¿Cuál era la función de la bulla?

La bulla podría haber tenido tres funciones, y las tres cubrían las necesidades del crecimiento del comercio interno, regional e incluso internacional que ocurrió en Sumeria en el período Uruk. Veamos por separado cada una de estas tres funciones.

## *La bulla podría haber sido la primera letra de cambio de la historia*

Ya hemos comentado que en el período Uruk, el comercio entre ciudades se disparó, y testigo de ello fue la existencia de puestos comercia-

75. Estas tablillas con inscripciones son una de las principales fuentes de información con la que cuentan los historiadores a la hora de reconstruir el pasado de Mesopotamia y sería lo que daría soporte físico a la escritura en los milenios siguientes. Véase Postgate (1992).

les o colonias separadas políticamente de la ciudad que las patrocinaba (diáspora mercantil). También hemos comentado que el comercio era llevado a cabo principalmente por comerciantes privados. En este esquema, nos queda por resolver cómo se materializaba en concreto el intercambio a que daba lugar este comercio.

Una opción es el trueque simple o trueque *spot*, que ya sabemos que en Sumeria ocurría en los períodos precivilización anteriores. Otra opción que proponen algunos autores es que en el período Uruk se desarrolló el primer documento de crédito del que tenemos constancia: la letra de cambio.

Tanto en sus primeras formas (sobre) como en su evolución posterior (tablilla), la bulla era una forma de registrar el intercambio de mercancías. El registro se realizaba mediante los *tokens* contenidos en el interior de la bulla o mediante la inscripción en la tablilla. La bulla y la tablilla contenían los sellos (firmas) de los comerciantes. No se podía abrir ni manipular el contenido de la bulla sin romperla. Y si se rompía la bulla, el que manipulara su contenido no podría inscribir de nuevo en su superficie los sellos o firmas de los comerciantes. Esto evitaba el fraude en el movimiento de mercancías por parte de terceras personas (en el comercio terrestre, los comerciantes solían utilizar caravanas para mover mercancías, y es posible que quisieran protegerse del robo de los transportistas). Por tanto, bajo este esquema, la bulla y la tablilla en el comercio eran una forma primitiva de *bill of lading* (conocimiento de embarque).[76]

La bulla era utilizada también como forma de registrar deudas o de proveer crédito comercial. Para el acreedor, la bulla con los *tokens* en su interior era la prueba de que los bienes habían pasado de mano al deudor. Cuando el deudor pagaba los bienes, la bulla se rompía y quedaba inutilizada. En diferentes sociedades mesopotámicas, antes de ser abiertas, estas bullas circulaban como si fuesen dinero entre comerciantes y personas de alto estatus.[77]

De este modo, la bulla contenía todos los elementos presentes en una letra de cambio moderna: dos partes de un intercambio con sus respectivas firmas (sellos), unos bienes objeto de intercambio

76. Véase McBride (1977). El conocimiento de embarque es el documento legal contemporáneo que especifica tipo, cantidad y destino de las mercancías transportadas.

77. Véase Graeber (2011).

(representados por los *tokens*), un período y la liquidación/destrucción del documento de crédito cuando la deuda es finalmente pagada.[78]

Por tanto, en el cuarto milenio a. C., la bulla podría haber servido no sólo para registrar el comercio, sino también como forma de financiación del comercio entre los puestos comerciales y las ciudades del sur de Mesopotamia. Es posible, aunque no hay evidencia de ello, que los intercambios de mercancías pudieran ser compensados mediante el crédito que proveía la bulla, y esto podría haber hecho menos necesario recurrir al trueque *spot* en el comercio a media y larga distancia.

## *La bulla podría haber sido una forma de registrar el trueque diferido dentro de un asentamiento*

No necesariamente la potencialidad de la bulla como forma de crédito tuvo que estar restringida al comercio de media y larga distancia. Ya vimos en este capítulo cómo se podía articular un intercambio por medio del trueque diferido. Al inicio de este capítulo también vimos que los intercambios por trueque diferido en una economía con una escasa división del trabajo e intercambios basados en el parentesco podrían funcionar sin necesidad de un registro físico.

Cuando la economía crece, los intercambios basados en el parentesco disminuyen mientras que se incrementan los intercambios comerciales. En esta tesitura, surge la necesidad de registrar los intercambios diferidos debido principalmente a la incapacidad de la memoria humana de registrarlos convenientemente. Una forma de registrar el trueque diferido es el dinero primitivo en forma de *tokens* que toman la forma de los bienes intercambiados. Un problema de esta forma de registro es la dificultad para sellar/firmar los *tokens*. El

78. La letra de cambio moderna incluye un tercer sujeto: el beneficiario. El beneficiario puede ser la misma persona que el librador (acreedor) o no. En este sentido, la bulla es un documento más simple que una letra de cambio. A pesar de esta diferencia, las similitudes entre la letra de cambio moderna y la bulla son tan numerosas que está más que justificado hablar, como mínimo, de la bulla como antecesor de la letra de cambio.

*token* puede registrar que un bien fue objeto de intercambio, pero es mucho más complicado que el *token* registre qué personas concretas fueron las involucradas en un intercambio determinado. A este respecto, la bulla viene en nuestra ayuda. La bulla soluciona el problema del sello o firma: se introducen los bienes en el «sobre» y el sello o firma se coloca sobre el propio sobre. De esta forma, los bienes objeto de intercambio quedan registrados con los *tokens* y las partes del intercambio quedan registradas en la bulla. Puede que no sea una casualidad que el sello privado, la bulla y la escritura sean contemporáneos.

Así que la bulla pudo ser una forma de registro que permitía que el trueque diferido tuviera lugar dentro de un asentamiento. Que después del intercambio la bulla se rompiera podría ser la prueba de que, en efecto, el trueque diferido había finalizado, y que la ruptura de la bulla fuese el momento en que la segunda parte del trueque diferido tenía lugar.

## *La bulla también podría ser la primera forma de contrato escrito de la historia*

Derivado de lo anterior, la bulla podría ser vista como un contrato en el que dos partes se obligan a sí mismas a entregar o proveer unos bienes determinados.

Es evidente que esta visión es complementaria de las dos anteriores. Un intercambio que conlleva que la entrega de un bien sea realizada en un momento diferente a su pago (en una forma de protodinero o en otro bien) conlleva unas condiciones que cada parte debe aceptar. Esas condiciones se encuentran en las inscripciones de la bulla. Como ya hemos comentado, los sellos de las partes son las firmas del contrato.

Lo interesante aquí es constatar cómo, de igual forma que ya hemos argumentado que la economía y las necesidades de un creciente comercio se encuentran detrás de la aparición de la escritura, también la economía y el intercambio se encontrarían detrás de la aparición de los contratos escritos entre particulares.

En definitiva, la bulla podría haber sido la primera forma de la historia de intercambio comercial basado en crédito, y es una forma de crédito que no sólo convivió con el trueque, sino que precisamente lo habilitó allí donde la memoria humana no era capaz de llegar. La bulla habilitó el trueque diferido entre personas fuera de los círculos más íntimos de confianza.[79] La bulla y el truque convivieron también con formas de protodinero, como las espirales de metales preciosos y los metales preciosos no amonedados que circulaban por su peso.

Es de destacar que todo esto ocurrió antes de que se desarrollaran el templo y el palacio mesopotámicos como instituciones centrales en la vida sumeria, instituciones que vamos a analizar en el siguiente epígrafe.

## El rol de los templos y palacios mesopotámicos: poder como origen del dinero

Las instituciones del templo y palacio mesopotámicos y su función en las sociedades mesopotámicas de la Antigüedad son cruciales para comprender el desarrollo de las instituciones monetarias. El problema es que la sumerología y la asiriología no tienen demasiado claro hasta dónde llegaba el poder de estas instituciones en el ámbito económico y, por lo tanto, los historiadores de la economía tampoco tienen demasiado claro cómo abordar el estudio de las instituciones monetarias surgidas en la Mesopotamia de la Antigüedad.[80] Algunos autores atribuyen un papel tan preponderante a estas instituciones, sobre todo en Sumeria, que apenas cabía espacio para la iniciativa y el intercambio comercial privado. Otros autores afirman que, a pesar de la importancia del templo y el palacio mesopotámicos, existían comerciantes privados sin vínculos directos con el templo. Pero antes de intentar contestar esta pregunta, veamos cuál es la función económica de los templos y por qué aparecen en un primer lugar.

79. Desde Karl Polanyi (1944) los historiadores y antropólogos suelen referirse a este tipo de intercambios con los miembros íntimamente más cercanos como intercambios basados en el parentesco.

80. La sumerología y la asiriología son las subdisciplinas de la historia que se dedican a estudiar la historia de Mesopotamia en la Antigüedad.

## *La función económica del complejo del templo mesopotámico*

Además de para ejercer una función religiosa-espiritual,[81] los templos aparecen para cumplir una función económica. La razón económica por la que nacen estos templos es una adaptación a las cambiantes condiciones del sur de Mesopotamia donde se desarrollaron las polis o ciudades Estado sumerias. La institución del templo mesopotámico sobrevivirá durante milenios debido a que fue una adaptación útil al entorno geográfico en el que se desarrollaron las diferentes civilizaciones mesopotámicas. En el sur de Mesopotamia, lugar donde se desarrolla la civilización sumeria, si bien muy ventajosas con relación a otras latitudes, las condiciones agrícolas eran también muy inestables. Las crecidas de los ríos Tigris y Éufrates provocaban inundaciones que regeneraban periódicamente la capacidad productiva del suelo, lo que a su vez ocasionaba una productividad agrícola enorme. Los sistemas de regadío y de canales aprovechaban esta abundancia de agua dulce, generando todavía mayor productividad agrícola. La parte negativa era que las crecidas del Tigris y Éufrates eran muy volubles, por lo que la producción agrícola era elevada, pero relativamente variable. Las crecidas de estos ríos también provocaban destrucciones a veces mayúsculas (recordemos que el diluvio universal tiene una base histórica real). En este contexto geográfico, era útil contar con un granero comunitario que fuese capaz de guardar grandes cantidades de grano para ser utilizado en caso de emergencia y de carestía de alimentos. La función económica que proveía el templo mesopotámico era precisamente la de ser el depósito o granero centralizado. La función de granero centralizado que los templos mesopotámicos llevaban a cabo fue una adaptación evolutiva al carácter estocástico de la producción agrícola en el valle de Mesopotamia. Los templos tomaron la función de centralizar el depósito de grano y, sobre todo, de redistribuirlo en momentos de crisis agrícola. Por supuesto, y como toda institución sujeta a presiones evolutivas, los templos tomarían vida propia y desarrollarían rasgos y competencias más allá de las que originalmente tenían encomendadas. Algunos histo-

81. Función que cumplen desde al menos la cultura Ubaid, surgida en el 5000 a. C. Véase Postgate (1992).

riadores afirman que a pesar de las similitudes entre el desarrollo de Egipto y de Mesopotamia en la Antigüedad, la civilización egipcia se construye en torno y gracias al río que provee sustento, mientras que la civilización mesopotámica se construye como protección frente a los ríos que, además de proveer sustento, eran una fuente de destrucción periódica.[82]

## *El poder del templo en Mesopotamia*

El desarrollo de la agricultura con regadío en Mesopotamia data del año 4700 a. C., bajo la cultura Ubaid. Es esta misma cultura la que desarrolló otros avances agrícolas como el arado o el uso de animales como tracción y la institución del templo como granero centralizado.[83] Por consiguiente, la institución del templo precede a la urbanización, al comercio a gran escala y al desarrollo de la escritura y de la civilización, que como ya hemos visto aparecen en la cultura Uruk que se desarrolla desde el 3800 a. C. Pero estos templos precivilización carecían de la importancia social que tendrían más adelante.

La institución del templo ganó notoriedad social al final de la civilización de Uruk (desde el 3200 a. C.).[84] Desde este momento, la institución del templo pasó a ocupar un lugar central en la vida social y comunitaria en diferentes culturas de Mesopotamia.[85] Pero ¿cuán

82. Véase Tobalina (2021).

83. Las primeras obras hidráulicas se realizaron a una escala muy pequeña y fueron llevadas a cabo por pequeñas comunidades. Un poblado típico de esta época tenía aproximadamente 800 personas. Sólo más tarde, bajo la cultura Uruk, se llevarían a cabo obras hidráulicas de mayor envergadura, como canales navegables. Véase Liverani (2014).

84. Véase Postage (1992). A partir de esta fecha, el templo crece en complejidad y tamaño, y se desarrollan los zigurats, torres con forma de pirámide escalonada en cuya cúspide los sacerdotes recibían a la deidad a la que el templo hacía honor.

85. La institución del Palacio mesopotámico aparece aproximadamente en el año 2700 a. C. Lo que deja más de mil años entre la aparición del templo y unos quinientos años desde que el templo gana una notoriedad mayúscula en la vida social hasta que aparece un poder político centralizado. Tampoco debe ser casualidad que la primera guerra de la que tenemos conocimiento en la historia sea contemporánea a la aparición del Palacio. Esto deja abierta la posibilidad de que hubiera una centralización de recursos en el templo sin que apareciera un poder político centralizado.

central era la institución del templo? Los historiadores y arqueólogos mantienen un debate abierto sobre la preponderancia del templo en la vida social en el tercer milenio a. C. en Mesopotamia.

La idea original de la sumerología/asiriología en los años veinte del siglo XX era que el templo era una forma incipiente de Estado, y la casta sacerdotal eran los gobernantes de este Estado. Pero esta suposición original ha sido revisada debido a múltiples hallazgos modernos, principalmente gracias a los avances al descifrar el idioma sumerio. Aunque este asunto sigue siendo objeto de debate, es posible que el complejo de templos y su importancia económica fuese una institución paralela al poder político y no parte del poder político.[86]

En la década de los veinte del siglo pasado, la sumerología/asiriología también consideraba que en Sumeria la institución del templo era omnipresente, contraponiendo un supuesto estatismo sumerio a un modelo más capitalista y privado que con posterioridad aparecería en el Imperio babilónico antiguo (1800 a. C.-1590 a. C.). Esta hipótesis también ha sido revisada, y además del más que probable mal uso de los términos económico-políticos de *capitalismo* y *estatismo*, hoy es una visión ampliamente aceptada entre historiadores que los templos no eran entes todopoderosos ni en Sumeria ni en otras civilizaciones mesopotámicas.[87] Esto implica que al lado de un comercio dirigido o promocionado por el templo existía un vibrante comercio llevado a cabo por comerciantes privados que no tenían vínculos directos con el templo y cuyo propósito principal era obtener un beneficio monetario de su actividad comercial.[88]

La famosa hipótesis hidráulica de Wittfogel,[89] hipótesis que asegura que los Estados tempranos crecieron en la cuenca de los ríos por la necesidad de centralizar recursos materiales y humanos para la construcción de sistemas de irrigación, ha sido criticada y, desde luego, parece no ser aplicable al caso de Mesopotamia. En Mesopotamia, los canales de irrigación anteceden a la civilización, y admi-

86. Véase Powell (1977).

87. Desde los años cincuenta, la hipótesis de que el templo es un Estado que controla completamente la vida política y económica de Sumeria ha sido falsada. Véase Postgate (1992).

88. Y no el cumplimiento de una obligación social impuesta por el templo. Véanse Powell (1977) y Algaze (2008).

89. Véase Wittfogel (1957).

nistrados por las autoridades locales, no por el templo ni por ninguna autoridad central, se mantuvieron durante el período ya civilizado de Uruk.[90] Esto implica que la institución del templo no tenía una función política derivada de la administración de recursos centralizados dedicados a grandes obras hidráulicas como sugiere la hipótesis de Wittfogel.

Hoy sigue siendo objeto de debate entre historiadores y arqueólogos la presencia de instituciones de mercado en las economías de la Antigüedad.[91] A pesar de ello, existe evidencia de que los pueblos mesopotámicos contaban con un sistema funcional de precios en algunas mercancías desde al menos el tercer milenio a. C. En un estudio sobre precios en el Imperio babilónico antiguo (1894 a. C.-1595 a. C.) se muestra que sólo la lana era un precio controlado políticamente, mientras que el resto de los precios analizados (salarios, alquileres, esclavos, cebada, ganado, aceite y madera) eran determinados por el mercado.[92] Esto implica que la capacidad para establecer políticamente precios por parte de las instituciones del templo y del palacio era, en el mejor de los casos, limitada.

Por tanto, podemos afirmar que en la sociedad y economía mesopotámica de la Antigüedad el rol del templo, aunque sin duda importante, no era, ni mucho menos, absoluto.

90. Véase Postgate (1992).

91. Los debates entre historiadores y arqueólogos a este respecto son entre corrientes de pensamiento enfrentadas: existen dos grandes debates; entre primitivistas y modernistas y entre formalistas y sustantivistas. El primitivismo afirma que las economías de la Antigüedad son cualitativamente diferentes a las economías modernas. Los académicos de las facultades de Antropología y de Historia suelen ser lo más cercanos al primitivismo. Por su parte, el modernismo afirma que las economías de la Antigüedad son cualitativamente similares a las contemporáneas. Para el modernismo, las economías de la Antigüedad y las economías contemporáneas son cuantitativamente diferentes, pero cualitativamente similares. Los académicos de las facultades de Economía tienden a ser más cercanos al modernismo. Los formalistas afirman que la racionalidad económica y las leyes de la economía moderna son universales y pueden aplicarse a cualquier época histórica. Los sustantivistas afirman que las economías están incorporadas en los parámetros socioculturales e ideologías y que no son independientes de ellos. Para los sustantivistas, las personas nacidas en sociedades contemporáneas, hijas de la Revolución Industrial, no pueden entender los principios rectores de otras sociedades.

92. Véase Algaze (2008).

## *El palacio mesopotámico*

La institución del palacio mesopotámico hace su aparición no antes del 2700 a. C., milenios después de los primeros templos y unos quinientos años después de que los templos empezaran a tener una posición central en la vida de las ciudades sumerias.

El palacio mesopotámico se construirá a imagen y semejanza del templo, imitando la arquitectura monumental de los templos. Esto hace pensar a algunos historiadores económicos que en lo que a poder político se refiere, hubo una continuidad entre la institución del templo y la del palacio. Esto podría sugerir que carecen de importancia los cientos de años que transcurren entre la aparición de una y otra institución. Sin embargo, la historia es algo más compleja.

El palacio mesopotámico era el hogar del gobernante de la ciudad Estado mesopotámica. El gobernante del palacio comenzó a acumular un poder político que con anterioridad no se encontraba centralizado.

*La epopeya de Gilgamesh* está ambientada en el año 2700 a. C.[93] El primer documento literario del mundo nos cuenta una historia que ocurre a la vez que hace su aparición el palacio mesopotámico. En la historia, Gilgamesh, rey de Uruk, pretende ir a la guerra en numerosas ocasiones, pero una asamblea de ancianos es capaz de ponerle freno e incluso obligó a que Gilgamesh finalizara una guerra que estaba desgastando a la ciudad de Uruk. Gilgamesh acude a otra asamblea, formada esta vez por jóvenes, para que le diera permiso para continuar la guerra hasta conquistar a una ciudad rival.[94] De aquí podemos deducir que el rey de la ciudad sumeria en realidad estaba muy limitado en su poder por asambleas de ciudadanos. Incluso un rey tan enérgico y con características divinas como Gilgamesh tenía límites

93. *La epopeya de Gilgamesh* es el documento literario más antiguo que ha sobrevivido al paso del tiempo y, aunque está ambientado en el 2700 a. C., data del 2100 a. C. Esto implica que pasaron más de mil años entre el desarrollo de la escritura cuneiforme silábica y el uso de la escritura con fines literarios. Véase Postgate (1992).

94. Ésta era la ciudad de Kish. Esta ciudad estaba situada en un punto geográfico privilegiado que le permitía establecer impuestos al tráfico mercantil fluvial que cruzaba Mesopotamia desde el norte hacia las ciudades sumerias situadas en el sur de la llanura mesopotámica. Por este motivo, la ciudad de Kish ocupaba un rol central en la cultura sumeria y era codiciada por otros gobernantes mesopotámicos. Véase Bauer (2007).

estrictos a cómo podía ejercer el gobierno. Algunos autores llegan a afirmar incluso que este sistema político sumerio formado por un rey y dos asambleas implicaba una forma incipiente de democracia.[95] Antes de la aparición del Palacio mesopotámico, existen instancias en las que estas asambleas eligieron a su rey (aunque no era lo más común).

En consecuencia, el poder político en las ciudades sumerias estaba dividido, al menos hasta el 2700 a. C. (momento en que hace aparición la institución del palacio), entre el rey y dos asambleas. Esta forma institucional perduró como mínimo hasta el Imperio babilónico antiguo (1800 a. C.-1596 a. C.).[96] Por tanto, parece que en sus inicios, la institución del templo y la del palacio eran mucho menos todopoderosas de lo que muchos autores contemporáneos presuponen. Posiblemente, el templo careció de poder político mientras que el palacio, que sí centralizó dicho poder, tuvo ciertos límites en su ejercicio.

Además de acumular poder político, el palacio mesopotámico fue tomando un rol cada vez más predominante en diversos aspectos de la sociedad sumeria. La institución del palacio mesopotámico primero imitó y después suplantó o absorbió muchas funciones sociales que llevaba a cabo la institución del templo. Un claro ejemplo de ello es la función de intermediación financiera que originalmente hacían los templos y que pasó a ser realizada por los palacios. Al final del período sumerio, en la época conocida como tercera dinastía de Ur (2112 a. C.-2004 a. C.), el palacio ya había tomado por completo el control de la institución del templo. En tiempos siguientes, como en el Imperio asirio antiguo (2025 a. C.-1364 a. C.), el templo ya había sido integrado como una institución completamente dependiente del Palacio.[97]

Además, los templos no tenían capacidad de imponer impuestos a la población, como sugieren algunos historiadores económicos cercanos a la teoría neochartalista. Los palacios, empero, sí tenían esta capacidad. Los templos ofrecían servicios que la población consideraba útiles y la población entregaba bienes de valor a cambio de esos

95. Es posible que esto sea una exageración, aunque sin duda conllevaba una separación de poderes y una limitación notable al poder político. Véase Postgate (1992).

96. Aunque en Babilonia la doble asamblea sólo se ocupaba de asuntos jurídicos y no políticos. Véase Postgate (1992).

97. Véase Bertman (2003).

servicios en forma de ofrendas. Al estar los dioses sumerios vinculados a distintas facetas del quehacer diario (al igual que en otros sistemas politeístas), era normal que los feligreses realizaran ofrendas a deidades y templos relacionados con los problemas concretos a los que buscaban solución. Aquí, una vez más, tenemos que recordar que entre sendas instituciones hay unos quinientos años de diferencia.

La hipótesis de que en Sumeria existían mercados, comerciantes privados no sujetos a las órdenes del templo, un vivo comercio de corta y larga distancia y una economía sujeta a las leyes de la oferta y de la demanda no sólo se deriva directamente de la evidencia arqueológica e histórica, sino también de la posible falsación de la hipótesis alternativa que afirma que los templos mesopotámicos eran entes todopoderosos que controlaban directamente todos los aspectos relevantes de la economía y del comercio sumerio. Ni siquiera el palacio mesopotámico, que sí concentró el poder político en sus manos, pudo reunir tanto el poder como para ahogar y evitar el comercio y los mercados privados.

## *El templo mesopotámico y el primer sistema bancario de la historia*

Ya hemos visto que hacia el final del período Uruk, sobre el 3200 a. C., el complejo del templo mesopotámico gana importancia. Con la ganancia de importancia del templo mesopotámico aparecen los primeros bancos de los que tenemos constancia de la historia. Veamos cómo se desarrolló el primer sistema bancario de la humanidad.

Los templos mesopotámicos obtenían ingresos de las ofrendas que realizaba la población. Las ofrendas eran de tres tipos:

1. Recurrentes y sistemáticas de feligreses.[98]
2. Por la existencia de festividades especiales que el templo organizaba.
3. Por algún tipo de servicio especial ofrecido por el templo (como por ejemplo profecías).

98. Las ofrendas recurrentes al templo eran incitadas desde el poder político como forma de legitimar al gobernante. Véase Postgate (1992).

Además, los templos mesopotámicos, acumulaban recursos derivados de su función de granero centralizado. También recibían ingresos de las rentas que pagaban los campesinos por las tierras que poseía el templo.

En vez de simplemente acumular riquezas, los templos empezaron a utilizarlas «productivamente». Los templos movilizaron la enorme cantidad de recursos con los que contaban, extendiendo crédito a interés a comerciantes privados con el objeto de importar las materias primas que no existían en Mesopotamia. Ésta es, posiblemente, la primera vez en la historia que apareció una deuda sujeta al pago de interés.[99] A partir de entonces, no sólo existe evidencia de un mercado de crédito privado, sino que el mercado privado llegó a superar y ser mucho mayor cuantitativamente que el crédito que extendían las instituciones del templo y del palacio mesopotámicos.[100]

En su función de granero centralizado, los templos extendían «recibos de depósito» a los ciudadanos. Estos recibos de depósito pueden ser considerados una forma de dinero-crédito y tendieron a circular entre la población local como un medio de pago. Éstos son los primeros depósitos de los que se tiene constancia en la historia de la humanidad. A pesar de todo, estos depósitos no son la primera forma de dinero-crédito que ha existido. Ya hemos visto que en Mesopotamia, en su función de letra de cambio primitiva, la bulla ya circulaba como medio de pago.

Por tanto, de forma primitiva, los templos mesopotámicos realizaban la función bancaria clásica de intermediar en el mercado de crédito. Los templos se financiaban mediante depósitos (y otras vías) y hacían préstamos con interés con propósitos productivos, adelantando a los comerciantes el valor de las mercancías que todavía no se encontraban en la comunidad. En consecuencia, los templos mesopotámicos pueden ser considerados los primeros bancos de la historia.

Además, las riquezas del templo ejercían la función de reserva social de última instancia que sólo se utilizaba en caso de amenaza para la supervivencia de la colectividad. Quizás abusando ligeramente del sentido del término, podríamos decir que los templos mesopotámicos

99. La deuda sin interés como forma de establecer lazos sociales es probablemente tan antigua como la propia humanidad. Véase Graeber (2011).

100. Véase Postgate (1992).

tenían una función comparable a la que adquiriría la banca central milenios más adelante.[101]

Los palacios mesopotámicos copiaron y suplantaron actividades de los templos, entre ellas la intermediación financiera. A pesar de las similitudes, existen algunas diferencias entre la forma de emitir crédito monetario de los palacios y de los templos. La primera es que al contrario que los templos, los palacios mesopotámicos sí podían imponer obligaciones fiscales de forma explícita a la población. La intermediación crediticia de los palacios tuvo vinculación con esta capacidad de imponer obligaciones tributarias a la población.[102] En las ciudades situadas al norte de Mesopotamia y en el Imperio asirio antiguo (2025 a. C.-1364 a. C.), el palacio utilizó *tokens* con forma de hachas o copas que fueron utilizados para descargar deudas tributarias con el propio palacio. Estos *tokens* eran una forma de dinero signo, muy diferente a los *tokens* que vimos antes y que se utilizaban como forma de registrar el intercambio. Es remarcable que estos *tokens* no fueron emitidos por la institución del templo, sino por la del palacio, lo que es compatible con la idea ya expresada de la ausencia de un poder político en manos de los templos.

A pesar de la emergencia de este sistema bancario primitivo que era capaz de emitir formas de dinero-crédito, su uso nunca estuvo muy extendido en la sociedad mesopotámica. El mundo tendría que esperar hasta el Egipto ptolemaico para ver el primer sistema bancario realmente popular de la historia.[103]

## *Templo, palacio y la emergencia del dinero*

Por tanto, los templos mesopotámicos ejercieron funciones bancarias, pero muy difícilmente pueden ser considerados como una instancia

101. La analogía debe ser tomada de la forma más ligera posible. La banca central nació como una institución eminentemente financiera mientras que los templos mesopotámicos eran una institución cuya función financiera es sobrevenida y secundaria.

102. Esto implica que la teoría neochartalista sobre el origen del dinero como forma de descargar deuda tributaria con el poder político sí se aplica en el caso del palacio, pero no en el del templo.

103. Véase Davies (2002).

de poder político. De esta manera, se hace complicado atribuir el origen del dinero al poder político, y mucho menos al propio Estado.

La teoría neochartalista sobre el origen del dinero afirma que el Estado emite *tokens* que son una forma de descargar deudas tributarias. Esta explicación neochartalista es aplicable a la institución del palacio mesopotámico, pero no a la del templo. Los palacios sí formaban parte del poder político y tenían capacidad para imponer tributos y obligaciones a la población. Los palacios también tomarán funciones de intermediación financiera similares a las de los bancos. Los palacios sí establecieron un bien determinado en el que pagar tributos, impulsando su demanda monetaria y potencialmente convirtiéndolo en dinero. Lo que no explica tan bien la teoría neochartalista es el período de cientos de años que transcurren entre la emergencia social del templo mesopotámico y la emergencia del palacio mesopotámico.

En lo que al origen del dinero en Mesopotamia se refiere, ya sabemos que existió el trueque como forma de intercambio, tanto en los asentamientos como en el comercio de larga distancia. También sabemos que coexistieron con el trueque varias formas de dinero, como trozos de metales preciosos y espirales de metales preciosos divisibles con facilidad. También existieron en Mesopotamia otros dineros de bajo valor como la cebada. También sabemos que existió crédito monetario privado en forma de bulla y depósitos de una institución central no política (templo) y de una institución central política (palacio).

Por tanto, parece que tenemos una multiplicidad de medios de pago en Mesopotamia, y que cada uno de ellos es un potencial candidato a ser considerado dinero propiamente dicho. De modo que parece que la historia que nos cuentan desde el neochartalismo es, en el mejor de los casos, parcial. Sí, el palacio mesopotámico era una instancia del poder político y sí, emitió una forma de dinero-crédito, pero este dinero-crédito de los palacios fue precedido por otras muchas formas de dinero privadas, algunas como bien presente y otras como crédito.

## El rol del dinero físico en las primeras civilizaciones: ¿Estado o mercado como origen del dinero?

En la antigua Mesopotamia, la plata y la cebada fueron los dineros o las formas de pago predominantes. La plata era utilizada como un dinero de alto poder adquisitivo, principalmente empleada por comerciantes para realizar grandes pagos. La plata fue en especial importante en el comercio de larga distancia entre ciudades o imperios. La cebada, por su parte, fue utilizada principalmente como dinero menudo, como dinero para el comercio minorista y para pequeñas transacciones. Junto a la plata y la cebada, otras mercancías ejercieron la función monetaria de ser una forma de pago, en orden de menor a mayor valor, los principales bienes utilizados como forma de pago en Mesopotamia fueron:[104] cebada-plomo-cobre-bronce-estaño-plata-oro.

Debido a su alto poder adquisitivo, el oro no fue nunca muy utilizado como forma de intercambio en el comercio interno en Mesopotamia. Durante la historia de la Mesopotamia de la Antigüedad, el poder adquisitivo del oro fluctuó entre 2 y 15 veces el valor de la plata. Incluso la plata era ya un dinero de muy alto poder adquisitivo: durante gran parte del período mesopotámico de la Antigüedad, un *shekel* o siclo de plata tenía un poder adquisitivo de aproximadamente un mes de salario de un trabajador. Además, a mediados del segundo milenio a. C., un siclo era la pieza mínima que la metalurgia disponible podía dividir de forma relativamente precisa, característica que hacía a la plata un dinero poco adecuado para intercambios minoristas. El alto poder adquisitivo y la escasa divisibilidad por motivos tecnológicos de la plata implicaban que este metal no era la mejor opción para ser utilizado como dinero «menudo»; es decir, como dinero utilizado en el comercio minorista y en el tráfico mercantil de pequeña escala. Si la plata sólo era utilizada como dinero en transacciones relativamente grandes, mucho menos utilizado era el oro, cuya función monetaria se restringió durante casi todo este período al tráfico mercantil interregional de gran escala. A pesar de esto, existe una excepción. Durante el Imperio casita babilónico (1595 a. C.-1154 a. C.) el oro sí fue utilizado como dinero en el comercio interno.[105]

Para la visión neochartalista, que el siclo de plata fuese equivalente a un mes de salario es prueba de que la unidad monetaria «siclo» no nació de transacciones monetarias, sino que fue creada por burócratas de la institución del templo para llevar la contabilidad de los recursos. Si tenemos en cuenta que el siclo de plata era igual a 60 minas, y sabe-

104. Véase Monroe (2005).

105. Véase Powell (1996). Es probable que por un fuerte flujo de este metal desde Egipto, véase Bauer (2007).

mos que una mina era igual a una ración de cebada y que los trabadores de los templos recibían dos raciones de cebada por día de trabajo, parece que todo encaja de manera tan perfecta que es una posibilidad que el siclo tuviera como padre intelectual a la burocracia mesopotámica. Bajo esta interpretación, por tanto, el siclo habría salido de una «oficina» del templo mesopotámico para llevar la contabilidad de los recursos, pero no constituía una unidad monetaria real. Sin embargo, y como ya hemos comentado, la metalurgia mesopotámica no permitía dividir de manera precisa una cantidad de plata menor a un siclo (ni a las básculas del momento, manufacturadas con piedras, medirlo), por lo que la elección del siclo como unidad monetaria podría deberse a este motivo. Adicionalmente, el siclo era una unidad de peso, por lo que tiene sentido que la plata circulase de manera mercantil por su peso y que fuese simplemente una medida en siclos de peso. Por último, sí existe evidencia de que en el comercio mayorista en Mesopotamia, la plata pasaba con regularidad de manos como forma de pago.[106]

Es curioso que desde el propio neochartalismo se admita que en Mesopotamia la plata circulaba en forma no amonedada. Pero también se afirma que no había un sistema para garantizar su pureza ni para estandarizar su peso.[107] Sin embargo, desde al menos el Imperio asirio antiguo (2025 a. C.-1364 a. C.), los documentos de crédito hacían referencia a la calidad de la plata, considerando que una plata «más sucia» (con mayor aleación de otros metales) equivalía a una reducción de su peso.[108] También hay evidencia de que al final del período mesopotámico sí existía un sistema para garantizar la pureza del metal de plata en el Imperio neobabilónico (626 a. C.-539 a. C.) y en la Persia aqueménida (550 a. C.-330 a. C.). Además, esperaríamos que la plata fuese poco utilizada por el común de los mortales por su gran poder adquisitivo; sin embargo, hay evidencia de que la cebada fue muy empleada como medio de intercambio. Que la plata no fuese muy utilizada no significa que el crédito monetario en forma de depósitos sí lo fuese, sino que la función de dinero menudo, de dinero para intercambios de bienes de pequeño valor, era llevado a cabo por la cebada. Desde las filas neochartalistas se admite que el crédito monetario fue utili-

106. Véanse Foster (1977) y Algaze (2008).
107. Véase Graeber (2011).
108. Véase Veenhof (2014).

zado principalmente entre comerciantes (al igual que en otras épocas históricas) y con excepción de las cuentas por pagar en las cervecerías, se desconoce si el crédito fue el principal medio de intercambio para los ciudadanos comunes de Mesopotamia.

Los diferentes bienes que ejercían alguna función monetaria fluctuaron de precio contantemente. Ya hemos mencionado que el valor del oro fue de entre 2 y 15 veces el valor de la plata. A su vez, en la Mesopotamia de la Antigüedad, el valor de un siclo de plata fue de entre 150 y 300 litros de cebada. Como es lógico en una materia prima agrícola con una limitada capacidad para ser almacenada, la cebada tendía a fluctuar de precio de forma más acusada que el resto de los bienes que ejercían alguna función monetaria. La mayor fluctuación en el valor de la cebada contra el resto de los bienes, en comparación con la plata, puede ser la causa de que el interés cobrado sobre la cebada fuese mayor (33 por ciento anual) que sobre la plata (20 por ciento anual).

En Mesopotamia hicieron aparición por primera vez en la historia los cambistas de moneda. Los cambistas se dedicaban a proporcionar el servicio de cambio de moneda pesando los dineros físicos y certificando su calidad. Para el negocio del cambio de moneda, siempre ha sido crucial poseer existencias de varios tipos de dinero (como en cualquier negocio de intermediación). La acumulación de inventarios de dinero permitía a los cambistas realizar préstamos de dinero a interés. Los cambistas eran una pieza fundamental a la hora de realizar intercambios entre comerciantes que provenían de regiones que utilizan diferentes estándares monetarios (como era el caso de la Mesopotamia presargónica).

Por tanto, todo parece indicar que es probable que, en la Mesopotamia de la Antigüedad, el dinero físico fuese más utilizado que el dinero crédito emitido por las instituciones centrales (templo y palacio). El dinero crédito y el dinero bancario, dineros que estuvieron en primera instancia desligados del poder político, tal vez tuvieron un carácter subsidiario con respecto al dinero físico.

## Desdoblamiento monetario: unidad de cuenta contra otras funciones del dinero

Existen múltiples historias sobre el origen del dinero, en parte porque existen varias teorías que nos explican qué es el dinero y, a veces, los estudiosos del pasado tienden a buscar, seleccionar e interpretar las evidencias del pasado en función de estas teorías.[109]

También podrían existir varias teorías sobre el origen del dinero simplemente porque el dinero tiene múltiples funciones y diferentes estudiosos del pasado podrían estar reconstruyendo el desarrollo de cada una de estas funciones por separado. En este supuesto, es posible que diferentes funciones del dinero se hayan desarrollado de forma paralela, lo que implica que dos teorías en apariencia contrapuestas sobre el origen del dinero sean en realidad perfectamente compatibles por estar informándonos sobre la evolución histórica de dos funciones diferentes del dinero que han cumplido dos bienes diferentes.[110] Las diferentes historias de las funciones monetarias pueden ser todavía más difíciles de compatibilizar cuando algún bien que hasta un momento desempeñaba una función monetaria, comienza de forma repentina a desempeñar alguna otra función monetaria.

Ya hemos visto que el neochartalismo asegura que el origen del dinero como institución se encuentra en el poder político. Algunos de los argumentos neochartalistas son que durante parte del período civilizatorio mesopotámico, el dinero era una simple anotación en cuenta en el templo que sólo fungía como unidad de cuenta y no como medio de intercambio. Estos autores muestran que la cebada y la plata tenían estas características: las personas intercambiaban los depósitos de cebada o de plata en el templo y no directamente la cebada y la plata.

Otros autores, más cercanos a las tesis metalistas o incluso a las tesis evolucionistas, afirman que los dineros mesopotámicos siempre fueron sustancias físicas, siendo la prueba de ello la inexistencia de procesos inflacionarios notables, procesos que tienden a ocurrir

109. Como ya mencionamos en el primer capítulo, los eventos del pasado están «coloreados» por las teorías a las que se adscribe el estudioso del pasado.

110. O derechos sobre bienes en el caso del dinero crédito. El dinero crédito tiene valor no por su capacidad de satisfacer necesidades humanas (lo que hace difícil para la economía llamarlo bien o servicio), sino por el derecho a obtener un bien que a su vez satisface necesidades humanas. Por tanto, el dinero crédito puede ver mermado su valor, al igual que el dinero físico, por la menor capacidad para satisfacer necesidades humanas que el bien para recibir, pero también por el deterioro en la posibilidad de recuperar el bien físico (posible impago del deudor).

con cierta asiduidad allí donde la base del dinero es el crédito público. El reclamo de las escuelas metalistas es que la cebada y la plata sí fueron dineros que se intercambiaban físicamente en Mesopotamia. Que las unidades monetarias fueran originalmente unidades de peso sería una prueba adicional de que el dinero circulaba por su peso, y si circulaba por su peso era porque se intercambiaba físicamente.

De lo que hemos visto en este capítulo, podemos concluir que los autores metalistas tienen razón en lo que a origen del dinero se refiere. En términos temporales, el dinero físico apareció antes que el dinero crédito, y el dinero-crédito privado nació antes que el dinero-crédito público. Además, en Mesopotamia el dinero físico nunca fue desplazado por el dinero-crédito, sino que estas formas de dinero convivieron durante miles de años. Por consiguiente, parece que el argumento neochartalista que defiende que el Estado es el origen del dinero carece de evidencia sólida que lo respalde.

Los autores neochartalistas tienen razón en que el palacio mesopotámico estableció como unidad de cuenta un peso de plata y exigió el pago de obligaciones a los ciudadanos en bienes diferentes de la plata. Sin embargo, la existencia de la función monetaria «unidad de cuenta» de la plata no estaba reñida con la existencia de la función monetaria «medio de intercambio» de la plata. La función de medio de intercambio de la plata tampoco estaba reñida con la existencia de otros medios de intercambio, como la cebada, más utilizada en algunos tipos de transacciones, como en el pago de impuestos.[111]

Por tanto, que el palacio reclamase pagos denominados en plata pero aceptara pagos en otros bienes no es prueba de que la plata no fuese utilizada en el intercambio mercantil ni de que no existieran dineros físicos no vinculados al poder político.

En consecuencia, parece que el argumento neochartalista que defiende la posibilidad de que el poder político cree unidades de cuenta abstractas derivadas de su capacidad para imponer tributos sí está sostenido por la evidencia empírica disponible.

111. Véase Warburton (2014).

## El dinero en el Egipto de la Antigüedad: patrones similares a las civilizaciones mesopotámicas

Aunque hemos dedicado este capítulo al estudio de Mesopotamia, no podemos dejar de hacer algunos comentarios sobre la otra gran civilización del Oriente Próximo de la Antigüedad: Egipto.

De igual manera que en Mesopotamia, los académicos mantienen debates abiertos sobre la existencia en el Egipto de la Antigüedad de una economía con mercados sujetos a las reglas de la oferta y la demanda o, alternativamente, de una economía dominada por los gobernantes y su entramado burocrático. Al igual que en las civilizaciones mesopotámicas, la respuesta a esta pregunta es crucial a la hora de determinar la naturaleza del dinero en Egipto. Parece que la evidencia empírica señala que Egipto atravesó un patrón de desarrollo similar al mesopotámico: la economía estaba influenciada por la autoridad política, aunque existía un campo para el comercio privado, tanto de corta como de larga distancia, lo que, a su vez, generó mercados privados con participantes movidos por el ánimo de lucro.[112]

A diferencia de lo que ocurrió en Mesopotamia (y más tarde en las culturas que anteceden a la Grecia clásica), la escritura egipcia no se desarrolló como una tecnología derivada del comercio. Parece que en su génesis, la escritura jeroglífica egipcia se vio fuertemente influenciada por el desarrollo de la escritura sumeria. Aunque sí fue el comercio lo que llevó la escritura sumeria hasta Egipto, en esta región no existe el vínculo dinero-escritura que existió en Mesopotamia.

En comparación con Mesopotamia, otra particularidad de Egipto era la mayor disponibilidad de materias primas en el valle del Nilo frente a la práctica ausencia de ellas en el valle mesopotámico. De modo que Egipto dependía mucho menos del comercio de larga distancia que las civilizaciones mesopotámicas. A pesar de todo, el comercio a larga distancia sí existió: por ejemplo, sabemos que Egipto exportaba piedra y oro a Mesopotamia y recibía a cambio cerámica. Pero en claro contraste con sus contrapartes mesopotámicas, las grandes ciudades egipcias eran centros eminentemente políticos, y no centros de comercio que desarrollaban actividades políticas.

112. Véase Monroe (2005).

Existe evidencia de comerciantes mesopotámicos afincados en Egipto y también de comerciantes egipcios residiendo en diferentes ciudades de Mesopotamia. Al ser el comercio menos importante en Egipto que en Mesopotamia, en su sociedad los comerciantes egipcios gozaban de mucho menos prestigio que su contraparte en las civilizaciones mesopotámicas.

Egipto sí comparte con Mesopotamia el uso de moneda metálica no acuñada que circulaba por su peso. Aunque tanto el oro como la plata eran muy codiciados en Egipto, tuvieron una importancia monetaria relativamente pequeña, en el intercambio comercial fue mucho más utilizado el cobre. Como para el comercio a larga distancia son ideales los metales preciosos con mayor cantidad de valor concentrado por unidad de peso (oro y plata), se entiende que tuvieran una importancia menos destacada en Egipto que en Mesopotamia, ya que como hemos comentado en Egipto el comercio a larga distancia era relativamente menos importante.

Como dinero menudo o dinero utilizado en el comercio minorista y para pequeñas transacciones, en Egipto se utilizó el pan y la cerveza. Estas mercancías también circulaban por su peso, al igual que la cebada en Mesopotamia.

La estandarización de pesos y la creación de unidades monetarias homogéneas que llevó a cabo Sargón de Acad en Mesopotamia no se produjo en Egipto, quizás porque el comercio nunca ocupó un lugar tan preponderante en Egipto como en Mesopotamia.

# Capítulo 3

## Grecia antigua

> Que a ti no te interese la política no significa que la política no se interese por ti.
>
> PERICLES

La Grecia antigua fue la primera civilización extensamente alfabetizada de la historia. Los griegos de la Antigüedad también serían los primeros en adoptar de manera extensiva un invento relativamente novedoso: la acuñación monetaria.

Los griegos no inventaron el alfabeto ni la acuñación monetaria, pero sí fueron los primeros en adoptar de forma extensiva estas incipientes tecnologías sociales. La adopción temprana por parte de las polis griegas de estas tecnologías sociales les permitió beneficiarse de sus frutos en mayor medida que cualquier civilización precedente o contemporánea, lo que les proporcionó una ventaja clave para ejercer una fugaz hegemonía militar en el Mediterráneo oriental y un dominio cultural que perdura hasta nuestros días en el mundo occidental.

Gracias a las conquistas de Alejandro Magno, la civilización griega llegó a todos los confines del universo conocido. Incluso si el dominio político de Grecia (o más bien de Macedonia) no fue muy longevo, su legado cultural sí lo fue, tanto es así que podemos considerar a la Grecia antigua como el antecesor más lejano de la cultura occidental (mérito tal vez compartido con el pueblo judío). En el mundo monetario, el legado griego es paralelo al del ámbito cultural: los desarrollos monetarios griegos resonaron durante siglos y siguen, al menos parcialmente, con nosotros en el siglo XXI. Por tanto, si se pretende comprender el mundo monetario contemporáneo, es de importancia mayúscula entender la historia monetaria de Grecia.

## Contexto histórico: Grecia antigua como germen de Occidente

### *Edad oscura: Grecia (Micenas) no ganó la guerra de Troya*

Poco después del final de la guerra de Troya, en el siglo XII a. C., la civilización «griega» del momento, esto es, la civilización micénica, colapsó fruto del desgaste de esta guerra, de una acumulación de malas cosechas y de una serie de devastadores incendios.[113]

El colapso de la Grecia micénica es la antesala de la Edad Oscura griega.[114] Las ciudades micénicas fueron destruidas por invasores dorios o abandonadas por sus pobladores. El pueblo invasor, el dorio, conquistó o colonizó gran parte del territorio que más tarde conformaría la Hélade (territorio poblado por helenos). A diferencia de sus antecesores micénicos, el pueblo invasor dorio no conocía la escritura y no había entrado todavía en la Edad del Bronce, lo que implicó, evidentemente, un atraso cultural y civilizatorio mayúsculo. Gran parte de los griegos de la Antigüedad son descendientes directos de este pueblo dorio.[115]

113. Se podría considerar a la civilización minoica, originaria de la isla de Creta, como la primera civilización de raíz griega o, al menos, como un antecesor de los propios micénicos. Véase Bauer (2007).

114. Los historiadores se refieren a los siglos o épocas oscuras a aquellos lapsos temporales que no han dejado documentos escritos. Son épocas oscuras porque contamos con información muy limitada sobre lo que acontecía en ellas. Como normalmente esas épocas coinciden con colapsos civilizatorios, la denominación «época oscura» ha adquirido, con razón, una connotación negativa.

115. Los griegos micénicos abandonaron la península griega y parte de ellos se instalaron en la costa de Asia Menor, siendo la génesis del pueblo jonio. Los jonios compartirán muchos rasgos culturales comunes con los griegos clásicos, tanto es así

La historiografía divide las épocas de la Grecia antigua en las siguientes:

- Edad Oscura (1200 a. C.-800 a. C.): desde el colapso de la civilización micénica hasta el renacimiento griego.
- Período arcaico (800 a. C.-499 a. C.): desde el renacimiento griego hasta la revuelta jonia contra la Persia aqueménida.
- Período clásico (499 a. C.-323 a. C.): desde la revuelta jonia hasta la muerte de Alejandro Magno.
- Período helenístico (323 a. C.-30 a. C.): desde Alejandro Magno hasta la conquista romana del Egipto ptolemaico.

### *Grecia arcaica (800 a. C.-499 a. C.): desde Homero hasta las guerras médicas*

A partir del 800 a. C. comienza el renacimiento griego y da inicio la época arcaica de la Grecia antigua. Desde esa fecha se produce una expansión enorme en el comercio que provocó una mejora notable en las condiciones materiales de vida, lo que a su vez generó un crecimiento poblacional acelerado y una expansión urbana sin precedentes en la Hélade.

El renacimiento griego fue lo suficientemente potente como para multiplicar por seis la población en el siglo transcurrido entre el 800 a. C. y el 700 a. C. La enorme expansión de la población, unida a la búsqueda de nuevas rutas comerciales, generó un éxodo de griegos que crearon múltiples colonias en la península itálica desde el año 740 a. C., esto será el inicio de la «magna Grecia» (territorio formado por asentamientos griegos en el sur de la península itálica y en Sicilia). Las ciudades griegas, a veces en solitario, a veces en conjunción con otras ciudades, patrocinaban expediciones que fundaban nuevas ciudades en Italia. La fundación de colonias griegas no se limitó al

---

que las costas de Asia Menor (actual Turquía) se consideraban parte de la Hélade. Otros micénicos que abandonaron la península griega formaron, junto a otros pueblos de origen desconocido, los «pueblos del mar», pueblos que atacaron con gran virulencia a los imperios más importantes del momento, como Egipto o Asiria. Véase Bauer (2007).

sur de Italia, sino que los griegos fundaron ciudades a lo largo y ancho de las costas del Mar Mediterráneo, desde Asia Menor, pasando por el norte de África hasta llegar a la península ibérica. Es posible que la escasez de tierras cultivables y el crecimiento de la población fuese también un motivo que empujó a la creación de colonias griegas por todo el mar Mediterráneo. La oleada de expansión colonial griega duró desde el siglo VIII a. C. hasta el siglo VI a. C. (es decir, toda la época arcaica).[116]

Aunque pasado un tiempo las colonias griegas exitosas se tornaban en ciudades independientes, los lazos culturales entre la antigua colonia y la metrópolis permanecían vivos, ya que habitualmente el dios que ejercía el patronazgo (y al que se dedicaba el templo de la ciudad) de ambas ciudades era el mismo. La permanencia de lazos culturales particulares entre ciudades griegas tendía a facilitar las alianzas políticas que se plasmaban en las múltiples «ligas» o coaliciones militares que se sucedían constantemente en la Grecia antigua.

La Grecia antigua fue la primera civilización realmente alfabetizada de la historia. La escritura mesopotámica, la egipcia o la china eran extremadamente complejas, la existencia de miles de caracteres y logotipos provocaba que sólo una élite intelectual, los escribas, tuviera la capacidad de leer y escribir. Gracias a la adaptación y desarrollo del alfabeto fonético semítico que surgió en la costa oriental del Mediterráneo, Grecia tiene el honor de ser la primera civilización ampliamente alfabetizada. Los griegos dorios tuvieron acceso a este alfabeto semítico gracias al comercio con los pueblos fenicios situados en la costa oriental del mar Mediterráneo.[117] Los griegos adoptaron y modificaron el alfabeto semítico y generaron el alfabeto griego arcaico. Desde el siglo VI a. C., la mayoría de los ciudadanos griegos fueron capaces de leer y escribir. Por tanto, la cultura griega se convirtió en la primera cultura de la historia con una alfabetización extendida.[118]

116. Véase Buckley (1996).

117. Las principales ciudades fenicias, conocidas en todo el Mediterráneo por sus codiciados tintes púrpuras eran Sidón y Tiro. El lector recordará del capítulo 2 que estas ciudades fueron fundadas por el Imperio asirio como puestos militares de avanzada (no deja de ser paradigmático que los comerciantes más famosos del Mediterráneo en la Antigüedad fuesen ciudades fundadas con un objetivo militar).

118. Véase Goody y Watt (1963).

La Grecia antigua fue una civilización ya propiamente perteneciente a la Edad del Hierro. Al igual que ocurrió con el alfabeto y con la moneda, los griegos no inventaron la forja del hierro, pero la adoptaron de forma exitosa.[119] La revolución de la Edad del Hierro fue económicamente mucho más potente que la de la Edad del Cobre o la de la Edad del Bronce. No necesariamente el hierro es mejor materia prima que el bronce para realizar herramientas o armas. Pero el cobre es suficientemente escaso en la corteza terrestre como para que poseer bronce (que es una aleación cuyo principal metal es el cobre) fuese un lujo reservado a las esferas más altas de la población. De hecho, el bronce es tan escaso que ha sido utilizado como metal monetario por muchas civilizaciones, como Sumeria, Egipto o la propia Grecia. En claro contraste, el hierro es un metal muy abundante y ampliamente distribuido a lo largo y ancho del globo. La revolución de la Edad del Hierro consistió en llevar las herramientas metálicas a las clases menos pudientes de la población. Las herramientas de piedra no desaparecieron completamente hasta la llegada de la Edad del Hierro, por lo que podemos decir que hasta que se perfeccionó la forja del hierro la humanidad no abandonó completamente la Edad de Piedra.

La civilización griega comparte con la sumeria la ausencia de una centralización política. Unas setecientas ciudades Estado o «polis» convivieron durante siglos, sabiéndose parte de una cultura común, pero sin una autoridad central. En Grecia no aparecería un poder centralizado hasta que fue conquistada por Macedonia, primero de la mano de Filipo II y más tarde por su hijo Alejandro Magno. Es posible que las condiciones geográficas de Grecia, muy montañosa en su península y con la presencia de muchísimas islas pequeñas, favoreciera esta fragmentación política.

La ciudad Estado o polis griega no estaba ligada a ninguna forma concreta de gobierno. En la época clásica, la ciudad de Atenas mostraba instituciones democráticas mientras que en otras épocas la forma de gobierno ateniense fue aristocrática, oligárquica o monárquica. En Esparta en la época clásica se mantuvo como forma de gobierno

119. La Edad del Hierro en Grecia y en otras partes de Europa comienza con la llegada de herreros hititas después del colapso de su imperio en el siglo XII a. C. Véase Bauer (2007).

una monarquía dual en conjunto con algunas otras instituciones arcaicas como el consejo de ancianos. A pesar de todo, existen algunos rasgos comunes de organización política. Quizás el más importante es el principio de isonomía: en las polis griegas prevalecía el principio de igualdad ante la ley para todos los ciudadanos.[120]

El nivel de desarrollo económico entre las ciudades Estado griegas difería tanto o más que su organización política y social. El grado de desarrollo urbano de, por ejemplo, Atenas era muy superior al de Esparta y también al de la mayoría de las demás polis griegas.[121]

La mayoría de las polis griegas estaban poco pobladas, sólo algunas estaban densamente pobladas, entre ellas se contaban las más famosas como Atenas, Esparta, Corinto, Megara, Mileto, Siracusa o Tebas. En estas polis, la vinculación entre asuntos políticos y religiosos era enorme. Los reyes no podían iniciar guerras ni fundar colonias sin la aprobación del poder religioso, por lo general mediante la interpretación de mensajes crípticos de los oráculos. Esto era un vehículo que limitaba de forma notable el margen de acción del poder político, limitación característica de la civilización griega y occidental.

A pesar de la marcada fragmentación política, para los griegos, el sentido de pertenencia a un mismo pueblo o cultura era muy pronunciado. El vehículo cultural común que hacía de punto de unión eran los poemas homéricos. El origen del *ethos* griego —esto es, del conjunto de los rasgos y modos de comportamiento comunes— se encuentra en la *Ilíada* y la *Odisea*. Los griegos se sabían especiales y diferenciaban de forma muy marcada a los pueblos griegos de los no griegos. Por ejemplo, sólo los pueblos considerados griegos podían participar en los Juegos Olímpicos (costumbre que nacería en el año 776 a. C.). Este sentimiento de pertenencia a un pueblo común se vería todavía más afianzado con las invasiones persas que dieron inicio al período clásico.

120. Los ciudadanos eran, empero, una minoría de la población. En la Atenas clásica se estima que existían unos 30.000 ciudadanos en una ciudad de unos 300.000 habitantes. A pesar de todo, el nivel de inclusión política de la polis griega no tiene comparación con ninguna civilización que le antecediera o que le sucediera durante milenios. Véase Barceló (2001).

121. Véase Barceló (2001).

## *Período clásico (499 a. C.-323 a. C.): el período dorado griego (desde las guerras médicas hasta Alejandro Magno)*

El período clásico griego se inicia con una confrontación bélica de proporciones épicas. Las polis griegas se enfrentaron, en una guerra defensiva por su supervivencia, al poder hegemónico del siglo v a. C.: el Imperio persa aqueménida.

Lideradas por Atenas y Esparta, las ciudades Estado griegas derrotaron al expansionista y, en apariencia, todopoderoso Imperio persa en las guerras médicas (492 a. C.-449 a. C.). Después de la victoria, las polis griegas experimentaron un auge económico, social y político mayúsculo debido al vacío de poder que dejó el Imperio persa en el mar Egeo.[122] La época clásica coincide con este esplendor cultural, político y económico. El desarrollo de las instituciones monetarias helenas se verá fuertemente influenciado por la hegemonía ateniense en estas materias.

Además de la guerra contra Persia, el inicio del período clásico griego, y de su hegemonía en el Mediterráneo, se vio fuertemente influido por factores relativos a su política interna, en concreto por la lucha contra las tiranías implementadas en varias polis griegas. Desde el siglo vi a. C., ciudades Estado tan importantes como Atenas, Corinto o Samos cayeron bajo la égida de un monarca que se hace con amplios poderes y que destruye los sistemas aristocráticos de gobierno que existían hasta ese momento. Desde entonces, las ciudades Estado griegas introducen reformas políticas para intentar evitar la acumulación de poder en una sola persona (de ahí la importancia de la isonomía que ya ha sido comentada). En concreto, los espartanos de la época clásica estaban muy orgullosos de no haber caído nunca bajo una tiranía.

Desde el inicio del período clásico griego despunta en múltiples aspectos la ciudad de Atenas. El período de cerca de un siglo que transcurre entre el inicio de las guerras médicas (492 a. C.) y el final

122. No todas las polis griegas participaron en la guerra defensiva. De hecho, algunas colaboraron con el invasor persa, y recibieron el peyorativo sobrenombre de *medista*, que quería decir «colaboracionista con los medos» (los griegos dan el nombre de guerras médicas a este episodio bélico porque pensaban que estaban luchando contra los medos y no contra los persas). Véase Barceló (2001).

de la guerra del Peloponeso (404 a. C.) es el siglo de Atenas. La flota ateniense domina el mar Egeo y consigue generar un efímero imperio en el que implementa una política exterior muy agresiva con las polis vecinas.[123] La ciudad de Atenas destaca en el arte y la arquitectura, en las ciencias y en la teoría y praxis política, y es capaz de implementar diseños institucionales novedosos que son el germen de la democracia tal como hoy la conocemos.

La guerra del Peloponeso (431 a. C.-404 a. C.) acabó con la derrota de Atenas. La guerra desgastó tanto a las ciudades Estado griegas que se puede decir que, a pesar de la victoria nominal de Esparta, entre los pueblos griegos la guerra sólo tuvo perdedores. La economía y el comercio de las ciudades Estado griegas sufrieron de manera notable. Ante la crisis económica y social, se sucedieron los eventos políticos extremos: los cambios de constitución pasaron de ser la excepción a ser habituales y en varias ciudades Estado griegas volvió a aparecer el fantasma de la tiranía. Desde este momento se inicia la decadencia de la Grecia clásica que, poco a poco, iba a caer en un primer momento bajo el dominio de Persia, para finalmente sucumbir desde la segunda mitad del siglo IV a. C. al empuje de Macedonia.

El final del período clásico e inicio del período helenístico se encuentra delimitado por las conquistas macedonias. Primero Filipo II dominó a las debilitadas ciudades Estado griegas con el pretexto de organizar un frente común griego contra la amenaza de Persia. En el año 338 a. C. se consuma el dominio de Macedonia sobre Grecia con la victoria de su ejército frente a un ejército formado por varias ciudades Estado griegas.

Después de la repentina muerte de Filipo II, su hijo, Alejandro Magno (356 a. C.-323 a. C.), será el encargado de hacer frente a los persas (después de aplastar un conato de rebelión de Atenas). Alejandro comenzó su reinado en el año 337 a. C., y apenas siete años más tarde, en el 330 a. C., ya había consumado la conquista del Imperio persa, coronándose emperador de Egipto y Persia. Desde ahí, con sus expediciones hacia el este contra Bactria (actual Afganistán) y el valle

123. Precisamente esta agresiva política exterior, que terminó creando un Imperio, empujó a que otras ciudades Estado griegas se aliaran en contra de Atenas y terminaran derrotándola en la guerra del Peloponeso (431 a. C.-404 a. C.). Véase Barceló (2001).

del Indo (actual Pakistán y una parte de India), Alejandro conquistaría casi la totalidad del mundo conocido.

### *Período helenístico (323 a. C.-30 a. C.): la Grecia menos griega (desde Alejandro Magno hasta la conquista romana del Egipto ptolemaico)*

Los reyes macedonios tuvieron que esforzarse mucho para que los griegos los aceptaran como iguales. Los griegos consideraban a los macedonios como un pueblo semibárbaro. Sólo con mucha reticencia fue la aristocracia macedonia aceptada para participar en los Juegos Olímpicos (que, como ya hemos visto, estaban reservados únicamente a los pueblos griegos).

Por una parte, el período helenístico consigue llevar la cultura y las instituciones griegas, entre ellas la moneda, a todos los rincones del mundo conocido. Pero, por otra parte, la exportación de instituciones y costumbres en el período helenístico sería un híbrido entre las tradiciones griegas insertas en las ciudades Estado y las tradiciones orientales que desde muy pronto permearon la corte macedonia. A pesar de que los monarcas macedonios realizan esfuerzos conscientes para conseguir que la opinión pública griega reconociera a Macedonia como un pueblo griego más, sus costumbres e instituciones terminaron siendo una mezcolanza de Grecia y Persia. En Macedonia no hacen acto de presencia los límites al poder del soberano y la tradicional antipatía griega por los tiranos. Filipo II, por ejemplo, adopta un sistema de gobierno similar al utilizado por los sátrapas persas mediante la creación de una suerte de consejo del reino formado por amigos y familiares del rey. La «orientalización» de la corte macedonia sólo iría en aumento desde el inicio del período helenístico.

Ante la amenaza de Persia, muchas ciudades Estado griegas entregaron de buena gana su hegemonía a Macedonia para hacer un frente común griego contra el empuje persa. Filipo entró en territorio griego no como enemigo, sino invitado por varias ciudades Estado griegas.[124] Sólo Atenas y Tebas intentaron oponer resistencia a la inva-

124. El célebre Isócrates de Atenas, uno de los creadores intelectuales del panhelenismo (movimiento nacionalista griego) celebró la invasión macedonia y la

sión macedonia, pero fueron derrotadas en una única batalla en el año 338 a. C. por las superiores fuerzas militares de Macedonia. A partir de ese momento, la tradicional atomización política de la Grecia antigua desaparece en el período helenístico. Las ciudades Estado griegas ya no volverían a ser completamente libres. El espíritu político griego, si bien no el cultural, murió en el año 338 a. C.

La orientalización de las tradiciones griegas prosigue imparable bajo las conquistas de Alejandro Magno. La Macedonia de Alejandro Magno se presentó a sí misma como liberadora de los pueblos que habían caído bajo el yugo persa.[125] Esto conllevó no sólo el respeto por las tradiciones locales, sino también su adopción por parte de los conquistadores macedonios. La figura de Alejandro Magno empezó a ser reverenciada, muy al estilo oriental, como si de un dios se tratara. Esto generó rechazo entre los macedonios y llegó a incitar una fallida revuelta en contra de Alejandro Magno.

Las conquistas de Alejandro generaron un ente político mastodóntico, pero estas conquistas fueron tan rápidas como efímeras. Con la muerte de Alejandro Magno (323 a. C.) se desvanece su sueño: la formación de un imperio universal.[126] Los sucesores políticos de Alejandro fueron sus generales macedonios (los denominados diádocos). Tras años de cruentas batallas y múltiples conjuras y asesinatos por hacerse con el poder (incluyendo el asesinato del hijo y heredero de Alejandro Magno a la tierna edad de diez años), los diádocos terminaron dividiéndose los territorios conquistados por Alejandro Magno para formar nuevos Estados. Con las convulsiones derivadas de las

---

unión griega resultante, ya que a partir de ese momento se haría frente de forma unificada a los bárbaros persas. Véase Bauer (2007).

125. Esto no es algo nuevo en la historia. Los conquistadores más hábiles suelen utilizar como propaganda para atraer a la población rival el restablecimiento de las costumbres locales reprimidas por el poder imperante. De forma curiosa, la táctica que Alejandro Magno pone en práctica contra el Imperio persa aqueménida (y que acabará con él) es idéntica a la que Ciro II puso en práctica para fundar ese mismo imperio en contra de los medos y de Egipto. Véase Bauer (2007).

126. El imperio universal es un anhelo al que habían aspirado, antes de Alejandro Magno, múltiples gobernantes sumerios. Más tarde, Alejandro y su proyecto de proclamar un imperio universal inspirarán a otros muchos gobernantes, como César Augusto en Roma, Carlomagno en el Imperio carolingio o Carlos I de la monarquía hispánica.

guerras, los territorios más orientales (valle del Indo) se perdieron de forma rápida. De las denominadas guerras de los diádocos resultaron tres grandes reinos helenísticos (y algunos más pequeños): Macedonia (que incluía parte de Grecia), Seleucia (territorios de la antigua Persia) y Egipto. Estos Estados helenísticos conseguirán sobrevivir durante largo tiempo hasta que todos cayeron bajo el empuje de Roma. El reino helenístico de Macedonia caerá bajo el poder romano en el año 168 a. C., el Imperio seléucida caerá en el 63 a. C. y el reino helenístico más longevo sería el Egipto ptolemaico que sobrevivirá hasta el 30 a. C.

A imagen y semejanza de su predecesor Alejandro Magno, los reyes helenísticos compartieron rasgos culturales e institucionales griegos y orientales. Desde el poder político se fomentó la visión de los gobernantes helenísticos como pertenecientes a linajes divinos, lo que les confirió amplias atribuciones de gobierno, una nula división de poderes y una más bien escasa resistencia a la voluntad del monarca. La concentración del poder llevó a una apatía ciudadana por los asuntos políticos.

Frente al sombrío panorama político, el mundo material y cultural vivió un florecimiento como nunca había acontecido. El Egipto ptolemaico y su capital, Alejandría, se convirtieron en el faro cultural del mundo. Alejandría y Pérgamo (otro reino helenístico situado en Asia Menor) rivalizarían en la majestuosidad de sus monumentales bibliotecas. Múltiples ramas del saber nacieron o se desarrollaron en estos reinos helenísticos: en anatomía, se descubre el sistema nervioso, en matemáticas se desarrolla la geometría y la trigonometría, en ingeniería se descubre la ley de la palanca, en astronomía se proclama por vez primera el modelo heliocéntrico del sistema solar y se calcula el perímetro de la tierra con un margen de error mínimo.

La urbanización, ya muy presente en las principales ciudades Estado griegas, da un nuevo giro de tuerca. Aparece el fenómeno de la gran ciudad, un lugar en el que ya no es posible conocer a todos los ciudadanos como ocurría en las ciudades Estado de la Grecia clásica. La extensión de la urbanización es el resultado de una mejora económica sustancial en los reinos helenísticos más importantes.

Una vez finalizado nuestro repaso al contexto histórico griego, veamos el funcionamiento de la economía y del patrón de pagos en la Grecia antigua.

## Economía y pagos en la Grecia antigua

### *Economía en la Grecia antigua*

Al igual que los romanos más tarde, los griegos mostraron un desprecio notable por el trabajo manual y por toda actividad económica que no fuese la agricultura. En consecuencia, en la Grecia antigua el comercio o la industria no eran actividades con un gran prestigio social. A pesar de todo, es posible que el desprecio por el trabajo manual no se desarrollara hasta bastante tarde en Grecia (ya dentro del período clásico) y puede que ese desprecio fuese algo característico de las élites aristocráticas y que tuviera muy poco que ver con las ideas del ciudadano griego común. Que tres de cada cuatro ciudadanos atenienses tuvieran que ganarse la vida con algún tipo de trabajo que Platón o Aristóteles hubieran considerado indigno (es decir, con cualquier actividad económica que no fuese la administración de una finca agrícola) quizás nos informa de que el desprecio por el trabajo manual no era algo tan extendido. Esta proporción de trabajadores manuales entre la ciudadanía seguramente fue superior en otras ciudades, ya que en el período clásico Atenas fue la polis griega que disfrutó de mayor bienestar material. En cualquier caso, actividades como el comercio, la industria o incluso la incipiente actividad bancaria y financiera eran llevadas a cabo por extranjeros (denominados metecos), que no eran ciudadanos y en Atenas y otras polis griegas se les vetaba el acceso a propiedades agrícolas.

Ya hemos visto que el renacimiento griego conllevó una riqueza material que permitió incrementar la población y el comercio, generando nuevas ciudades por gran parte del Mediterráneo. A pesar de que conforme se desarrolló la civilización griega, la urbanización y los niveles de bienestar material aumentaron, la agricultura nunca dejó de ser la principal fuente de riqueza (al igual que en el resto de las civilizaciones preindustriales).

La importancia del trabajo esclavo en la economía griega de la Antigüedad es fuente de controversia entre historiadores. Ni siquiera hay cifras más o menos exactas del número de esclavos existentes en las polis griegas. Se estima que en la época clásica, en Atenas los esclavos no eran menos de 20.000 (lo que implica que la cantidad de esclavos pudo perfectamente ser igual o superior al número de ciudadanos libres, que eran unos 30.000). A pesar del alto número de esclavos, fueron muy poco comunes en la agricultura, que ya hemos visto que fue la principal actividad económica, lo que pone en duda su importancia económica. En claro contraste, era común que las propias ciudades Estado tuvieran esclavos en posesión. Por ejemplo, Atenas poseía 1.200 esclavos que utilizaba en labores de seguridad ciudadana. El sector económico que más esclavos utilizaba era la minería, aunque en las minas griegas también existían trabajadores libres. Por tanto, no queda claro que la economía de la Grecia antigua dependiera única y exclusivamente del trabajo esclavo. No parece que tenga una base histórica muy sólida la visión habitual de los esclavos realizando todo el trabajo duro mientras los ciudadanos griegos se dedicaban a debatir en la Asamblea como ricos potentados.[127]

A pesar del posible desprestigio social de la actividad económica no agrícola en Grecia, estas actividades fueron cruciales para el desarrollo, y también para el colapso, de esta civilización. No puede entenderse el florecimiento económico y comercial de la Grecia clásica sin la rápida adopción de la moneda acuñada inventada poco antes en Lidia y las enormes posibilidades comerciales y urbanas que abrió. Desde la época clásica en Grecia, la distribución de bienes se llevaba a cabo en mercados organizados situados en el ágora de cada polis, un tipo de organización social no tan diferente de la existente en los mercados actuales.[128]

Tampoco se puede entender el colapso de las polis griegas sin el empobrecimiento general que causó la guerra fratricida del Peloponeso y que destruyó gran parte de la actividad comercial tan denostada por los filósofos griegos.

En especial desde el período clásico, las ciudades Estado griegas tuvieron cargas presupuestarias crecientes. La práctica de pagar por la participación política a los ciudadanos incrementó la presión financiera sobre las democracias griegas. Pero a partir del 500 a. C., lo realmente oneroso fue el gasto militar. Los ejércitos crecieron y gran parte de las ciudades empezaron a contar con una carísima flota de guerra. A veces las naves griegas empleaban hasta 200 remeros que debían ser pagados y alimentados con cargo al presupuesto público.[129]

127. Véase Jones (1952).
128. Véase Schaps (2008).
129. Véase Gabrielsen (2007).

Las cargas presupuestarias crecientes fueron satisfechas principalmente mediante impuestos, aunque algunas ciudades como Atenas pudieron sufragar parte de sus gastos mediante la exigencia del pago de tributos a las ciudades a las que su flota protegía (en ocasiones, si las polis «protegidas» no pagaban los tributos, la protección proporcionada era contra sí misma).

Las ciudades Estado griegas recurrieron a la tributación masiva como fuente de ingresos para cubrir las crecientes necesidades de gasto. Aunque en general el principio de la isonomía era respetado para ejercer los derechos ciudadanos, no lo era para la exigencia de obligaciones tributarias. Las ciudades griegas recurrían con frecuencia a la tributación de emergencia, con impuestos diseñados *ad hoc* para cubrir gastos específicos, y que debían ser pagados por algunos ciudadanos particulares y no por otros. Por ejemplo, existían impuestos específicos a las prostitutas o a los médicos y, en caso de guerra, se establecían obligaciones disfrazadas de regalos (liturgias) que sólo estaban obligadas a cumplir las familias aristocráticas. Después del 500 a. C., en las polis griegas no había actividad económica que no estuviera gravada: la posesión de tierras o animales, el trabajo, la producción, la venta de bienes, las exportaciones, o incluso el uso de escalas (pesos) y los eventos musicales. Lo más común era poner el impuesto como un porcentaje de lo gravado. En las ciudades Estado griegas, los impuestos al comercio (establecidos en los puertos, en el ágora, al paso por rutas comerciales o a las compras y ventas) fueron los gravámenes más comunes.[130] Por tanto, parece que conforme se extendió la actividad económica y comercial en la Grecia antigua, también lo hizo el apetito fiscal de sus gobernantes.

## *Patrón de pagos en la Grecia antigua*

En la Grecia arcaica, antes de la adopción de la acuñación monetaria a mediados del siglo VI a. C. existieron varios dineros primitivos. De forma curiosa, no hay evidencia de que se utilizaran utensilios similares a los de otras culturas preacuñación como dinero primitivo (por

130. Véase Gabrielsen (2007).

ejemplo, puntas de flecha, cuchillos, o conchas) con la posible excepción de los calderos que aparecen en los poemas homéricos como reservas de valor y regalos ceremoniales.

Los griegos arcaicos sí utilizaron como dinero los metales preciosos no acuñados. Y emplearon porciones de metales preciosos o metales preciosos en forma de lingotes como reserva de valor y para instrumentar pagos a extranjeros en el comercio de media y larga distancia.[131]

Antes del siglo IV a. C., los griegos usaron las cabezas de ganado como unidad de cuenta; sin embargo, nunca fueron utilizadas como reserva de valor, como sí lo fueron en otras culturas que tampoco conocían todavía la acuñación monetaria.

Antes del siglo VI a. C., los griegos sí se valieron de forma extendida del trueque como forma de intercambio en las polis. Esto contradice, al igual que la situación en Mesopotamia que ya analizamos en el capítulo 2, la visión neochartalista del dinero que asegura que el trueque nunca fue muy utilizado como forma de intercambio en la Antigüedad. En los poemas homéricos se puede entrever que el trueque era una forma de intercambio de bienes muy extendida.

En Grecia se adopta la acuñación monetaria, inventada en la vecina Lidia, a principios del siglo VI a. C. Desde la adopción de la acuñación monetaria, la circulación de moneda no estuvo confinada al área urbana, sino que llegó a casi todos los rincones de las áreas de influencia de las principales ciudades Estado griegas. A pesar de todo, el metal no acuñado convivió durante mucho tiempo con la moneda acuñada como forma de pago. El trueque, la otra gran forma de intercambio preacuñación, casi desapareció una vez que la moneda acuñada hizo su aparición al final del período arcaico (la primera moneda griega se acuñó en el 575 a. C.).[132]

El sistema monetario griego compartió algunos elementos de los sistemas monetarios orientales existentes desde que Sargón llevó a cabo la estandarización de pesos y medidas (por ejemplo, la existencia del talento proviene de oriente). La forma concreta en que se articulaba el sistema monetario griego era la siguiente:

131. Véanse Schaps (2008) y Kroll (2008).
132. Véanse Schaps (2008) y Davies (2002).

**Tabla 3.1. Sistema monetario de la Grecia clásica (sistema ático)**

| UNIDAD MONETARIA | CONVERSIÓN EN UNIDAD MENOR VALOR | TIPO DE MONEDA Y ESTATUS | CANTIDAD METAL |
|---|---|---|---|
| Talento | 6.000 dracmas | No acuñada (unidad de cuenta) | 25,92 kilogramos |
| Mina | 100 dracmas | No acuñada (unidad de cuenta) | 432 gramos |
| Chrusous | 20 dracmas | Moneda de oro (moneda de mayor valor) | |
| Stater | 4 dracmas (tetradracma) 2 dracmas (didracma) | Moneda de plata | 17,28 gramos (tetradracma) |
| Dracma | 6 obols | Moneda de plata (unidad monetaria principal) | 4,32 gramos |
| Obol | 8 chalkoi | Moneda de plata | 0,72 gramos |
| Chalkoi | | Moneda de bronce (moneda de menor valor) | |

*Fuente*: Von Redden (2010); Davies (2002); Mørkholm (1982).

Analizada la economía y el patrón de pagos griego, veamos ahora de qué modo el invento lidio de la acuñación monetaria llegó con rapidez primero a Grecia y, desde ahí, se extendió al resto del mundo conocido.

## Lidia y el invento de la acuñación monetaria

Poco antes de ser conquistada por el Imperio persa aqueménida en el 546 a. C., en Lidia tuvo lugar un desarrollo monetario mayúsculo: la primera acuñación monetaria de la que se tiene constancia.[133]

Como ya advirtiera Adam Smith en su célebre *La riqueza de las*

133. La acuñación monetaria fue independientemente descubierta por la civilización china unos dos siglos más tarde. Véase Scheidel (2008). Sin embargo, la acuñación monetaria en la Antigüedad en China sólo se realizó con metales no preciosos,

*naciones*, la acuñación monetaria es una forma de garantizar y estandarizar el contenido y calidad de un metal que es utilizado como dinero. Al igual que ocurre con otras innovaciones, el desarrollo de la acuñación monetaria fue un proceso secuencial. En una primera instancia se implementó la garantía en la calidad del metal. La garantía se conseguía mediante la impresión de un sello (firma) en el metal. Este sello podía ser realizado tanto por una autoridad política como por una autoridad civil, aunque lo importante era que el emisor del sello fuese alguien reconocido y confiable para el resto de los miembros de la sociedad.[134] En términos estrictamente históricos, sabemos que en la acuñación monetaria el sello privado realizado por una autoridad civil precedió al sello político.[135]

La autoridad política sería capaz de llevar la innovación monetaria un paso más allá, garantizando, además de la calidad del metal, su cantidad. Antes del desarrollo de la acuñación monetaria, el problema que presentaba el sello o firma era que sólo cubría una parte del metal. Si el metal era dividido para realizar un pago, la parte que contenía el sello mantenía su certificación de calidad, mientras que la otra parte perdía el sello y, con él, la garantía de calidad. A los gobernantes de Lidia se les ocurrió que podían realizar un sello que cubriera por entero una cantidad de metal y, de esta forma, todo el metal quedaba certificado, ya no sólo en su calidad, sino también en su cantidad.[136]

La utilidad de la acuñación monetaria es mayor de lo que podría parecer en un primer momento. En el tráfico mercantil, usualmente el comprador debe cerciorarse de la cantidad y calidad de la mercadería que adquiere o confiar mucho en el vendedor. Hasta la invención de la acuñación monetaria, los vendedores debían hacer exactamente

---

metales con escasa densidad de valor, lo que limitaba mucho su función como medio de pago en transacciones más allá de las locales (China no acuñaría de forma sustancial moneda de plata hasta el año 1890 d. C.). Véase Davies (2002). Esto, unido a que la historia monetaria de China se desarrolló sin demasiado contacto con los pueblos que luego formarían Occidente, nos hace dejar fuera del análisis de este libro la civilización china.

134. Véase Smith (1776).

135. Véase Scherman (1938).

136. Harry Scherman (1938) afirma que ésta fue la primera y única vez que un gobernante hizo algo positivo en el ámbito monetario.

lo mismo: debían cerciorarse de la cantidad y calidad del dinero recibido o fiarse mucho de que el comprador no los estafara con el dinero entregado. La acuñación metálica solventaba este problema. La acuñación monetaria permitía a los vendedores recibir el dinero de extraños en los que no confiaban sin necesidad de comprobar ni la calidad ni la calidad del dinero recibido, el emisor del sello —es decir, el que acuñaba moneda—, ya se había preocupado de ello.

Desde el 700 a. C., en Lidia aparecen las primeras protomonedas, trozos de metal con cierta estandarización en su peso, aunque todavía sin un sello que cubra todo el metal. Desde el 640 a. C. ya podemos hablar de la aparición de la primera moneda de la historia. Haciendo los trozos de metal más estandarizados en peso e introduciendo el sello en todo el metal, la técnica monetaria mejoró sobremanera. En una de las partes de la moneda, los lidios inscribieron la efigie de un león, símbolo de la dinastía gobernante en Lidia. Desde ese momento, la moneda acuñada no tendrá sólo una utilidad comercial, sino también política. Los reyes lidios, como tantos otros gobernantes posteriores, utilizaron al dinero como una forma de hacer propaganda y ejercer soberanía.

A diferencia de la acuñación monetaria en China, la acuñación monetaria en Occidente estuvo vinculada, desde su inicio y hasta el siglo XX, con los metales preciosos. Las primeras monedas lidias se realizaron en una aleación de plata y oro denominada «electro». La razón de que las monedas lidias se realizaran en electro era puramente práctica: esa aleación se encontraba de forma abundante en el territorio controlado por la civilización lidia. Además, la metalurgia lidia no permitía separar de forma económicamente viable el oro de la plata. A pesar de que siglos más tarde la acuñación de bronce fue introducida por los griegos para realizar pagos pequeños, la acuñación de metales preciosos ya nunca desaparecería del acervo institucional occidental hasta entrado el siglo XX.

Es necesario recalcar que los reyes de Lidia inventaron la acuñación monetaria, no el dinero propiamente dicho. El dinero tomaba (y toma) muchas formas diferentes. Lo que consiguen los lidios mediante la acuñación de un metal es estandarizar una forma de dinero, no crearlo. La moneda acuñada es una forma de estandarización que resulta útil en el tráfico mercantil, ni más ni menos. Una moneda acuñada es simplemente una cantidad de metal que ha sido pesado y sellado (es decir, garantizado) por una autoridad. En cualquier caso, y a pesar de la estandarización que introdujo la acuñación, la diversidad de formas de dinero y de medios de pago sobrevivió; por ejemplo, los metales preciosos no acuñados coexistieron como formas de pago con la moneda acuñada.

A pesar de la notable evolución que supuso, la acuñación no evitó que se siguieran utilizando las básculas para pesar el metal no acuñado y para pesar las propias monedas, en especial en el tráfico mercantil entre regiones con diferentes monedas. De hecho, pesar las monedas es una de las formas primitivas de banca, en concreto, los cambistas de moneda proveían este servicio en los lugares con gran tráfico mercantil. Además, el intercambio de monedas físicas provocaba su desgaste y pérdida de contenido metálico, por lo que muchas veces este inconveniente también obligaba a pesar las monedas dentro de una misma frontera política. El inconveniente del desgaste de las monedas ha quitado el sueño a los gobernantes preocupados por la calidad de la moneda, y no ha sido solucionado hasta ya muy entrado el siglo XIX con la popularización del papel moneda.

Antes de que los griegos copiasen a los lidios la tecnología social de la moneda acuñada, ya utilizaban metales preciosos como reserva de valor y como forma de llevar a cabo comercio de larga distancia, aunque se utilizaban en forma no acuñada.

La institución de la moneda acuñada llegó a la Hélade a través de la Grecia jónica. Las ciudades griegas situadas en Asia Menor mantenían lazos comerciales muy profundos con la civilización de Lidia (y hasta cayeron bajo su hegemonía en los últimos años de vida de esta civilización). El intercambio comercial con Lidia posibilitó que la institución de la acuñación monetaria se extendiera de forma muy rápida a la Grecia jónica. Casi con la misma rapidez, la acuñación monetaria se extendió al resto de Grecia. Las primeras monedas griegas fueron acuñadas en la isla de Egina y datan del 595 a. C., las de Atenas del 575 a. C. y las de Corinto del 570 a. C. Las monedas griegas fueron copias casi exactas de las monedas lidias.

El Imperio persa aqueménida, que tantos dolores de cabeza daría a los griegos más tarde, conquistó Lidia en el año 546 a. C. A pesar de ello, en Persia, y con excepción de la zona situada en Asia Menor, que era la zona que más contacto tenía con los griegos, no hay evidencia de que existieran intercambios realizados con moneda acuñada. No es hasta el fin del Imperio persa cuando la acuñación monetaria se popularizará en estos territorios, ya bajo control del Imperio seléucida.[137] Es posible que en los territorios persas la existencia de un sistema monetario relativamente desarrollado, con templos y palacios emitiendo dinero-crédito y la existencia de un dinero metálico no acuñado, pero cuya calidad estaba garantizada por un sello, hicieran menos necesaria la institución de la acuñación monetaria. No será la última vez en que la existencia de un dinero funcional evita la implementación de una innovación monetaria que dota al dinero de mayor calidad.

Vista la adopción de la moneda acuñada por las ciudades griegas, veamos ahora cómo la ciudad de Atenas consiguió producir la moneda más famosa del Mediterráneo occidental: los búhos atenienses.

## Los búhos atenienses: primera moneda internacional

La preponderancia primero y, más tarde, la hegemonía de Atenas en la Hélade provocó una extensión y popularización de su sistema monetario. En concreto, los famosos búhos atenienses fueron una de las monedas más longevas de la historia de la humanidad. Los búhos fueron inicialmente emitidos en el 546 a. C., y la ciudad de Atenas emitió su moneda estrella de manera casi ininterrumpida hasta el año 25 d. C. Es decir, las cecas de Atenas emitieron los famosos búhos atenienses durante más de cinco siglos. Los búhos fueron conocidos por su gran calidad y por mantenerse casi inalterados en su contenido metálico a lo largo de los siglos. Adicionalmente, durante más de tres siglos los búhos atenienses ni siquiera cambiaron de diseño, y cuando el diseño fue modificado, los cambios fueron muy leves. Esto hizo a los búhos atenienses no sólo una moneda longeva, sino tal vez una de las monedas menos adulteradas de la historia. De ahí proviene precisamente su popularidad y confianza entre las gentes del mundo antiguo: si una moneda había sido emitida por Atenas, es que era una moneda confiable.[138]

137. Véanse Sheidel (2008) y Redden, von (2010).
138. Véanse Engen (2005) y Davies (2002).

Los búhos atenienses mostraban en una cara la efigie de Atenea, diosa protectora de la ciudad de Atenas. En la otra cara de la moneda se mostraba un búho, símbolo vinculado a la Diosa Atenea. El establecimiento de emblemas con significación política en el dinero es una característica que será utilizada también por otras ciudades Estado griegas.[139] A diferencia de lo que habían hecho los reyes lidios anteriormente o de lo que hará Alejandro Magno más tarde, las polis griegas evitaron establecer la efigie de sus líderes políticos en las monedas y prefirieron establecer los símbolos de identidad comunitaria de cada polis.[140] En cualquier caso, la utilización del dinero como medio para fomentar la identidad nacional y generar cohesión social mediante el establecimiento de símbolos comunitarios es una práctica que nació desde los orígenes de la acuñación monetaria y que sobrevive hasta nuestros días.

Los búhos atenienses eran monedas realizadas en plata. La materia prima provenía de las famosas minas de Laurion, situadas 40 kilómetros al sur de Atenas. La posesión de estas minas dio una ventaja económica a Atenas sobre otras ciudades Estado griegas, ya que en el Mediterráneo oriental no se habían descubierto grandes depósitos de plata. La plata, y en particular la plata acuñada, fue el producto de exportación más importante de la economía de Atenas. La carencia de plata era tal que el interés de otras ciudades Estado griegas en establecer colonias en la península ibérica está relacionado con la presencia de metales preciosos en este territorio. Las minas de Laurion no fueron extensivamente explotadas hasta el año 483 a. C. y, como veremos en el siguiente epígrafe, prácticamente cesaron su actividad con la ocupación del Ática por parte de Esparta en la guerra del Peloponeso (407 a. C.). Aunque la actividad de las minas se reanudaría en el 393 a. C., no es hasta el año 330 a. C., ya bajo dominio de Macedonia, cuando las minas vuelven a producir una cantidad de plata equiparable a la que producían antes de la guerra del Peloponeso.

Los búhos atenienses mantuvieron una alta reputación de moneda estable y no adulterada (cosas que eran sinónimos en la Antigüedad) de forma casi ininterrumpida durante siglos. La buena reputa-

139. Véase Redden, von (2010).

140. Posiblemente como forma de evitar la caída en la tiranía que tanto preocupaba a los líderes políticos griegos.

ción de los búhos atenienses fue mucho más lejos de la Hélade. La moneda de Atenas circuló por todo el Mediterráneo oriental, desde Egipto a Fenicia pasando, desde Siria hasta Arabia, convirtiéndose en un medio internacional de intercambio. Gracias a su reputación de moneda inalterada, la circulación de los búhos perduró durante siglos. Atenas evitó degradar su moneda, con la excepción de los momentos en los que existió una mayor amenaza a su supervivencia como ente político (en concreto, en las guerras médicas y en la guerra del Peloponeso). El búho ateniense fue el estándar monetario de la mayor parte de la Antigüedad clásica. La alta demanda de los búhos se explica por la constancia de su peso y contenido de plata. El éxito de los búhos atenienses se pone de relieve por las numerosas imitaciones y falsificaciones (muchas de gran calidad) de las que fue objeto en gran parte del Mediterráneo cuando su cuantía escaseó por los vaivenes políticos sufridos por Atenas.

Los búhos atenienses serían un elemento central en las luchas contra Persia. Ya hemos visto que las guerras médicas comenzaron en el 492 a. C. Apenas dos años más tarde, en el 490 a. C., se emite una cantidad enorme de búhos atenienses para sufragar el gasto de la guerra. El metal para emitir los búhos procedía del templo de Atenea. En concreto, el tesoro ateniense, en forma acuñada, se utilizó para pagar la construcción de la enorme flota ateniense, la famosa flota de Temístocles, flota que destruiría a la escuadra persa, pavimentando la victoria griega final en la localidad de Platea por parte del ejército terrestre espartano.

La ceca ateniense monetizó la práctica totalidad del metal extraído de las minas de Laurion. La ceca de Atenas cargaba una tarifa de acuñación del 5 por ciento del metal. Este señoreaje (agio o sobreprecio sobre el valor del metal) se cobraba para cubrir los costes de acuñación y, posiblemente, conllevaba un pequeño beneficio para la ceca de Atenas.[141]

En siguientes epígrafes abordaremos el papel que tuvo el búho ateniense en la guerra del Peloponeso. Pero primero veamos las principales características de las monedas de otras polis griegas, en con-

141. La tarifa de acuñación pudo ser el 3 por ciento del metal, aunque es más probable la cifra del 5 por ciento. Véase Mørkholm (1982).

creto, cómo se organizaron monetariamente los archienemigos de Atenas: los espartanos.

## El dinero espartano y la reacción aristocrática en contra de la moneda acuñada

Esparta, la gran enemiga de Atenas en el período clásico, no disfrutó de un sistema monetario muy eficaz en esta época. Poco después de que se extendiera el uso de la acuñación monetaria en la Hélade (525 a. C.), el uso de metales preciosos, acuñados o no, fue prohibido bajo pena de muerte en Esparta. El objetivo de esta prohibición era preservar la paz social, evitando la codicia y la manifestación pública del lujo y el estatus al que suponían que llevaba el uso de metales preciosos. Esta prohibición del uso de metales preciosos se puede entender como una ley suntuaria más entre las muchas promulgadas por las autoridades espartanas en el período clásico.[142]

Como medio de cambio y en lugar de los metales preciosos acuñados, en Esparta se utilizaron lingotes de hierro estampados con la cabeza de un caballo, y pesaban más de 600 gramos cada uno. Este dinero se denominó «pelanor», y fue introducido en Esparta aproximadamente en el 510 a. C. El pelanor poseía unas características monetarias pésimas: su peso y el escaso valor por unidad de peso lo hacían muy inconveniente como medio de cambio en el tráfico mercantil o como medio para acumular valor. En vez de facilitar las transacciones como hacían los búhos atenienses, el pelanor espartano las impedía. Y es que el valor de cada pesado lingote de hierro era de apenas 0,3 gramos de plata (equivalente a la mitad de la moneda de plata más pequeña de Atenas, el obol). Por consiguiente, la utilidad del pelanor tanto en el tráfico mercantil local como entre ciudades Estado era muy limitada. El pelanor tampoco tenía gran utilidad como depósito de valor, ya que se necesitaban ingentes cantidades de metal para conseguir acumular cierto poder adquisitivo.

En el período arcaico, al igual que el resto de los griegos antiguos, los espartanos utilizaron el oro y la plata como dinero no acuñado. Sin embargo, la difusión desde el 525 a. C. de la institución de la acu-

142. Véase Figueira (2002).

ñación monetaria suscitó en toda la Hélade una reacción aristocrática en contra de la movilidad social que provocaba esta innovación institucional. La aristocracia griega arcaica vio con malos ojos la innovación monetaria de la acuñación, pero sólo la aristocracia espartana consiguió convertir en ley sus reclamos. En la Grecia clásica, sólo las autoridades espartanas utilizaron como excusa la supuesta degradación moral y corrupción, denunciada por las élites aristocráticas de toda la Hélade, que causaba el uso de los metales preciosos acuñados para prohibirlos.

La prohibición de Esparta de usar moneda acuñada de metales preciosos buscaba explícitamente aislar su economía, evitar el comercio y el intercambio para impedir la aparición de la desigualdad entre los espartanos. También se buscaba impedir los crímenes que suponían que conllevaba la avaricia de la búsqueda de metales preciosos (como el robo o la corrupción). La prohibición de los metales preciosos también se puede vincular a la práctica espartana de expulsar a los extranjeros, llevada a cabo de forma periódica: el objetivo aquí también era aislar a Esparta de peligrosas ideas y tendencias externas que pudieran corromper su sociedad. Ante esta reacción, no es de extrañar que el desarrollo material y urbano de Esparta fuese muy inferior no sólo al de Atenas, sino al de otras polis regionales, como, por ejemplo, Argos, la ciudad Estado que rivalizaba con Esparta por la hegemonía en el Peloponeso.

Los espartanos se esforzaron por tener el peor dinero imaginable, y es que la ceca espartana quebrantaba de manera deliberada el valor del metal de hierro utilizado como moneda. Al ser forjados, los lingotes de hierro espartanos fueron tratados con vinagre. Se buscaba explícitamente rebajar el valor del metal para evitar su uso fuera del sistema monetario. Este baño de vinagre provocaba que el metal fuera quebradizo e inútil para cualquier propósito fuera del monetario. Es decir, los espartanos destruyeron el valor intrínseco del metal de hierro que fungía como moneda. Esto convirtió al dinero espartano, el pelanor, en un dinero que sólo servía para ser utilizado en Esparta, un dinero que prácticamente impedía el comercio con otras ciudades. De forma curiosa, el dinero espartano era difícil de usar monetariamente, pero más difícil todavía era desmonetizarlo (fundirlo para utilizar productivamente el hierro). Todos estos inconvenientes y malas características monetarias de la moneda espartana evitaron que la economía espartana creciera y provocaron una innecesaria extensión del trueque como medio alternativo de intercambio al monetario.

En cualquier caso, y como siempre ocurre en los casos en los que el poder público pretende imponer medidas restrictivas a la implementación de una innovación útil, los espartanos encontraron formas de eludir, aunque fuese en parte, el pesado yugo de utilizar la peor moneda emitida en la Grecia clásica. A veces mediante el uso de testaferros, los espartanos más adinerados mantuvieron depósitos de metales preciosos en la vecina región de Arcadia, allí donde las leyes espartanas no tenían efecto. Quizás sea el primer caso en la historia de una huida de capitales causada por una represión monetaria. Además, la intención de aislar económica y socialmente a Esparta del resto de la Hélade nunca se consiguió del todo, y poco a poco la economía monetaria fue penetrando en Esparta mediante actividades del mercado negro.

No sería hasta mucho más tarde, en el año 265 a. C., ya en pleno período helenístico, cuando Esparta acuñó su primera moneda de plata. Y a pesar de ello, en Esparta la moneda acuñada no se utilizó de forma extendida hasta los tiempos de Julio César (70 a. C.), ya en período romano.[143]

Veamos ahora qué hicieron otras ciudades griegas con sus monedas y qué ocurrió cuando Atenas fue invadida por Esparta y la producción de búhos atenienses se frenó en seco.

## Monedas de otras ciudades Estado griegas e imitaciones de los búhos atenienses

Ya hemos visto que desde fecha muy temprana múltiples ciudades Estado griegas empezaron a acuñar sus propias monedas. Algunas de ellas, como es el caso de las monedas de Corinto, Argos o Tebas, tuvieron una dimensión internacional al igual que los búhos atenienses y por idéntico motivo: una buena reputación debido a la escasa manipulación monetaria. A pesar de todo, en el período de la Grecia clásica y helenística, la dimensión internacional de los búhos no tuvo rival.

Cuando al final de la guerra del Peloponeso (407 a. C.) Atenas fue

143. Véase Christien (2002).

invadida por Esparta, la emisión de búhos atenienses cesó por completo. La emisión de búhos de plata no se reanudaría hasta catorce años después (393 a. C.) y en cantidades mucho menores a las anteriores. La demanda de los búhos atenienses precisamente aumentó sobremanera en esta época. El exceso de demanda de búhos provenía de Persia, en concreto se necesitaban los búhos para pagar a los mercenarios griegos que contrataban los emperadores persas, mercenarios acostumbrados al uso de la moneda ateniense. Ante la desesperada situación económica de la Hélade, los empobrecidos veteranos de guerra griegos se vieron empujados a servir como mercenarios en las guerras que Persia libró contra Egipto o en la guerra civil que se desató entre hermanos por el trono persa cuando el emperador murió.

La combinación de escasez de oferta y exceso de demanda de búhos atenienses generó un vacío gigantesco, en especial en los pueblos que no contaban con moneda propia y que utilizaban de forma cotidiana los búhos atenienses como moneda para realizar pagos. Era el caso, por ejemplo, de Egipto, de Arabia y de Fenicia. Esta escasez provocó una oleada de imitaciones del búho ateniense, algunas llevadas a cabo por otros soberanos y otras por iniciativa privada. La calidad de las imitaciones varió muchísimo, algunas de ellas fueron de gran calidad, casi indistinguibles de los búhos originales.[144]

Desde el año 375 a. C., Atenas hizo un gran esfuerzo para retirar de circulación las peores imitaciones de los búhos de plata e hizo la vista gorda con las mejores imitaciones. En el 375 a. C. se publicó la ley de Nicofón, en la que se establecieron funcionarios públicos en el ágora de Atenas para examinar la calidad del dinero en los casos en que sobrevinieran problemas entre comerciantes. Las monedas eran inspeccionadas, y si se determinaba que eran búhos atenienses verdaderos, se obligaba al vendedor a aceptarla (*de facto*, la ley de Nicofón era de curso forzoso).[145] Si se determinaba que la moneda era una buena imitación, se devolvía a su poseedor y no se obligaba a aceptar su pago en el comercio. Si se determinaba que la moneda era una mala imitación, realizada con un metal de menor

144. Véanse Engen (2005) y Manning (2008).

145. Si un oficial público determinaba que una moneda era un búho ateniense verdadero y un comerciante no lo aceptaba, su mercancía era requisada. Véase Mørkholm (1982).

valor que la plata o si poseía mucho menos cantidad de plata que el búho, la moneda era requisada por las autoridades. La ley de Nicofón fue un intento por restablecer la confianza, temporalmente perdida, en la moneda de Atenas. Atenas había perdido la confianza en su moneda, en parte, por la aparición de imitaciones de mala calidad y en parte por la emisión de moneda adulterada de la propia ciudad de Atenas (como veremos en el siguiente epígrafe).

Muchas polis griegas y reinos helenísticos dieron a sus monedas leyes de curso forzoso: esto es, obligación de ser aceptadas en su territorio, tal como hemos visto que hizo Atenas en el 375 a. C. Otras ciudades llegaron incluso a emitir leyes que prohibían el uso en su territorio de cualquier otra moneda que no fuese la propia. Fue el caso, por ejemplo, de la ciudad de Olbia, una colonia griega situada en la actual Ucrania, de las ciudades griegas de Bizancio y Calcedonia situadas en la entrada del mar Negro, en la actual Estambul o del Estado helenístico de Pérgamo en Asia Menor (actual Turquía). Las ciudades que protegían sus monedas locales solían ser las que más las adulteraban, lo que implicaba que nadie quería usarlas en comparación con las mejores monedas griegas. Es decir, los gobernantes griegos eran perfectamente conscientes de que adulterar las monedas les podría proporcionar un ingreso extra, pero las hacía menos atractivas para el público, por lo que corrían el riesgo de que la moneda propia ni siquiera se utilizara en el tráfico mercantil. De hecho, la emisión de este tipo de leyes que prohibían el uso de otras monedas parece coincidir en el tiempo con las devaluaciones monetarias en las ciudades Estado griegas.

La otra cara de la dimensión internacional de los búhos atenienses fue la respuesta de otras polis que emitieron leyes proteccionistas para preservar sus monedas. Como ya hemos visto, los búhos atenienses conllevaban un sobreprecio de un 5 por ciento con relación al metal acuñado, lo que generaba ingresos a la ceca ateniense, por lo que es lógico que otras ciudades quisieran hacerse con ese beneficio. Sin embargo, la competencia entre monedas y la mejor calidad de los búhos hizo que en su mayoría los comerciantes de otras ciudades se decantaran por la moneda de Atenas. Atenas no tuvo que reprimir a sus ciudadanos con leyes que prohibieran el uso de moneda extranjera porque el búho era aceptado de buena gana por sus gentes.

Veamos ahora cómo en lo que fue el primer caso que conocemos de una política monetaria puesta al servicio de la guerra, Atenas utilizó su buena fama monetaria para intentar ganar la guerra del Peloponeso.

## Atenas en la guerra del Peloponeso: primera instancia de ley de Gresham en la historia

La ley de Gresham lleva por título a un protagonista que aparecerá mucho más adelante en la historia, en concreto lo veremos en el capítulo 6, cuando analicemos la historia monetaria de la Edad Moderna. Como es lógico, cuando se descubre una ley atemporal, el fenómeno descrito precede a la persona que describe el fenómeno (fenómeno que suele ser es denominado con el nombre de su descubridor).

La ley de Gresham establece que ante la presencia en el mercado de varias monedas o dineros a los que el poder político establece un tipo de cambio fijo (se fija el valor nominal entre ellos), el dinero con mayor valor que el que establece el tipo fijo (la moneda buena) es atesorado y desaparece de la circulación, mientras que la moneda con menor valor que el establecido por la autoridad política (la moneda mala) es aquella de la que todo el mundo se desprende. Que las personas se desprendan de una moneda significa que es la más utilizada en los intercambios. Esto ha llevado a la popularización de la sesgada interpretación de la ley de Gresham, que dice: «La moneda mala expulsa a la moneda buena». Ante un cambio fijo entre diferentes dineros, lo que en verdad ocurre es que un tipo de dinero cumple exclusivamente la función de ser depósito líquido de valor (la moneda buena) y el otro la de ser medio de cambio generalmente aceptado (la moneda mala). Lo que provoca la ley de Gresham es un desdoblamiento monetario, no un desplazamiento total de un tipo de dinero.

Volviendo a la Hélade, y con motivo de la guerra del Peloponeso entre Esparta y Atenas, los atenienses se quedaron sin recursos para seguir librando la guerra por la invasión del Ática por Esparta. Esta invasión significó la pérdida del control de las minas de plata de Laurion. Ante la crítica situación, en el año 407 a. C., los atenienses se vieron obligados a destruir las estatuas de Niké. Las estatuas de Niké o de la Victoria tenían en su interior una cantidad gigantesca de oro (y fungían como reserva de última instancia de la ciudad de Atenas.

Con la destrucción de las estatuas de Niké se acuñaron más de 84.000 dracmas de oro,[146] equivalentes a 425 kilogramos de oro. Existían ocho estatuas de la Victoria, de las que siete fueron destruidas para acuñar monedas de oro. Las propias estatuas de la Victoria se habían realizado sabiendo que podían ser utilizadas en momentos de extrema emergencia en los que la supervivencia de la polis estuviese en riesgo.[147] Éste es un caso más que atestigua el rol de los templos en la Antigüedad como forma de guardar las riquezas que podrían necesitarse en caso de emergencia, por lo que desempeñan una función no tan diferente que la de los bancos centrales en la modernidad.

Después de consumir su reserva de emergencia sin éxito para cambiar el curso de la guerra, los atenienses siguieron tomando medidas desesperadas. La agónica lucha por la supervivencia de Atenas provocó que un año más tarde, en el 406 a. C., se emitieran cantidades enormes de moneda de cobre bañadas en plata. Los atenienses estaban tan desesperados ante la inminente invasión de los espartanos que no les importó destruir su moneda (y su bien ganada reputación) mediante la emisión de una moneda fiduciaria, una moneda que por el engaño de bañar con plata una moneda de un metal mucho menos valioso, al principio circuló por un valor mucho mayor que su valor intrínseco. Los búhos de plata y los búhos de cobre bañados en plata tenían el mismo diseño, las mismas inscripciones y el mismo valor nominal, lo único que los diferenciaba era el metal base contenido en ellos. Por tanto, y en términos de ley de Gresham, existían «búhos buenos» de plata y «búhos malos» de cobre.

Como consecuencia de esta emisión fraudulenta de búhos, en el año 405 a. C. se produce la primera instancia conocida en la historia de ley de Gresham. Como nos recuerda Aristófanes en su célebre obra *Las ranas*:[148]

> A menudo pienso que nuestra reacción ante los hombres públicos honestos y rectos de hoy es como nuestra reacción ante la antigua moneda

146. Si sumamos otros tesoros de la Acrópolis, los dracmas emitidos podrían haber llegado a 100.000, lo que equivale a unos 505 kilogramos de oro. Véase Robinson (1960).

147. Los búhos de oro atenienses se emitieron con una relación de valor 12:1 con respecto a los búhos de plata. Véase Robinson (1960).

148. Traducción propia desde el inglés. Véase Aristófanes (405 a. C.).

de plata y la nueva de oro. Porque no nos servimos de estas piezas antiguas, no falsificadas, reconocidas como las mejores posibles..., y en cambio empleamos estas malas piezas de cobre, acuñadas ayer y anteayer con el peor cuño posible.

Del relato de Aristófanes nos queda claro que las antiguas monedas de plata y las nuevas de oro (las emitidas el año anterior) desaparecieron de la circulación monetaria; es decir, fueron atesoradas para ejercer como depósito líquido de valor. Después de acabada la guerra del Peloponeso, en concreto desde el 393 a. C., se retiraron de circulación las monedas de cobre y se volvieron a emitir búhos de plata, y Atenas felizmente recobró la buena reputación de su acuñación monetaria, buena reputación que propiciaría que los búhos circulasen durante tres siglos más.

Tal como predice la ley de Gresham, en la guerra del Peloponeso, la emisión de «búhos malos» provocó la desaparición de la circulación de las mejores monedas atenienses. En otras palabras, los búhos de plata no adulterados y los búhos de oro fueron atesorados. Los buenos búhos transformaron su función monetaria, pasando a ser exclusivamente depósitos líquidos de valor. De manera análoga, los búhos de cobre fueron utilizados exclusivamente como medio general de intercambio. El desdoblamiento monetario que predice la ley de Gresham ocurrió por vez primera en la historia en la Atenas de Pericles asediada por las tropas espartanas.

Veamos ahora de qué modo Alejandro Magno no sólo revolucionó el mundo político y militar de su tiempo, sino también el mundo monetario griego.

## Alejandro Magno y la acuñación masiva de moneda

Como vimos al inicio de este capítulo, Alejandro Magno y sus falanges macedonias conquistaron la práctica totalidad del mundo conocido. Entre las conquistas alejandrinas se encontraba la Persia aqueménida, imperio que a su vez contaba entre sus dominios con las milenarias culturas mesopotámicas de Babilonia y Asiria.

Como ya vimos en el capítulo 2, los templos y los palacios mesopotámicos fueron lugares donde se centralización y concentraron recursos, en los templos por la casta sacerdotal y en los palacios por el poder político. Durante milenios se acumularon riquezas en estas instituciones mesopotámicas, riquezas que se habían mantenido intactas hasta el siglo IV a. C.

Después de la conquista de Mesopotamia, Alejandro Magno tomó posesión de los metales preciosos acumulados durante milenios en los templos y palacios mesopotámicos, los convirtió en moneda y los puso en circulación. Alejandro abrió con este propósito decenas de cecas por todos los rincones de su vasto imperio.

Con los metales guardados en los templos y palacios mesopotámicos durante generaciones de seres humanos se acuñaron nuevas monedas con la efigie de Alejandro Magno (o con la de Hércules, que de forma intencional hizo Alejandro asemejarse a su propia efigie). Con las enormes riquezas acuñadas, Alejandro y sus generales pudieron fundar decenas de ciudades griegas por todo el territorio del ya extinto Imperio persa. Alejandro fundó 70 ciudades, de las que unas 50 llevaban su nombre, esto fue un ejemplo más de la ya comentada veneración de la persona del gobernante que cultivó Alejandro Magno y que tan poco tenía que ver con las costumbres griegas y tanto con las persas.

Ya vimos que en sus primeros siglos de vida, la institución de la acuñación de moneda se extendió de forma muy rápida por las ciudades Estado griegas y sus áreas de influencia, esparcidas por gran parte del mar Mediterráneo y de forma muy lenta por las ciudades del Imperio persa. La gigantesca acuñación de moneda atesorada en los templos mesopotámicos que llevó a cabo Alejandro Magno provocó la extensión del uso de moneda metálica acuñada en todo el vasto territorio que antes ocupaba el Imperio persa.

En sus acuñaciones monetarias masivas, Alejandro Magno utilizó el estándar monetario de Atenas, y lo hizo por motivos de prestigio monetario. Ya hemos visto que los búhos atenienses eran ampliamente conocidos y utilizados en el Mediterráneo oriental, así que Alejandro se apalancó en este prestigio, y sólo cambió la efigie de Atenea por la suya, dejando casi todo lo demás intacto.

Las monedas acuñadas por Alejandro se movieron libremente por todo su imperio en su vida, y después de su muerte por los diferentes reinos helenísticos. Esto generó un área monetaria relativamente homogénea en gran parte del mar Mediterráneo.

A pesar de que las polis griegas utilizaban de forma casi exclusiva monedas de plata, Alejandro Magno estableció en su imperio un sistema bimetálico en el que convivían monedas de oro y monedas de plata. La razón de la adopción del patrón bimetálico es que una parte sustancial de las riquezas almacenadas en los templos y palacios mesopotámicos consistían en oro. En el sistema monetario bimetalista alejandrino se estableció un tipo de cambio de 10:1 entre el valor del oro y la plata.

Debido a la diferente relación entre la cantidad disponible de oro y plata en Occidente y en Oriente, el patrón metálico real difirió en esos lugares. Debido a una mayor cantidad relativa de plata que de oro, la moneda metálica más utilizada primero en Grecia y más tarde en Roma será la moneda de plata. En los territorios que ocupaba la Persia aqueménida triunfaría la moneda de oro, porque el oro era relativamente más abundante que la plata.[149]

Como era de esperar, la ley de Gresham volvió a hacer su aparición poco tiempo después de que Alejandro estableciera la relación de intercambio 10:1 entre el oro y la plata. En la región mediterránea, la moneda de oro siempre fue más escasa, por lo que, en virtud de la ley de Gresham, desapareció de la circulación monetaria y fue utilizada como reserva de valor líquido. Relativamente más escasa y valiosa en Oriente, la moneda de plata desapareció de la circulación monetaria en las satrapías más orientales del Imperio seléucida (reino helenístico heredero del Imperio persa). De esta manera, poco después de la muerte de Alejandro, el patrón bimetálico alejandrino se tornó con rapidez en monometálico. Así que Grecia y las zonas mediterráneas del Imperio alejandrino volvieron a un patrón plata, mientras que las regiones orientales utilizaron un patrón oro.

El Egipto ptolemaico intentó mantener el patrón bimetálico durante algún tiempo. Para ello se modificó el valor relativo de la plata y el oro. Como en el Mediterráneo el oro era relativamente más valioso, se hacía necesario revaluar el oro y devaluar la plata. Esto lo entendieron a la perfección los gobernantes helenísticos de Egipto, que establecieron una relación de intercambio de 12:1 entre el oro y la plata. En aquel momento y lugar, la relación 12:1 entre el oro y la

149. En el Egipto de la Antigüedad la plata incluso llegó a ser más valiosa que el oro. Véase Davies (2002).

plata era un tipo de cambio mucho más cercano al valor real de intercambio en el mercado entre el oro y la plata. Sin embargo, parece que la medida, como también era de esperar,[150] sólo tuvo un éxito transitorio, ya que debido a la tendencia a importar plata de otros lugares y a exportar las monedas de oro ptolemaicas, poco tiempo más tarde establecieron una ley de curso forzoso que decretaba que sólo las monedas egipcias serían válidas para realizar intercambios en Egipto.

La civilización griega ha sido la antecesora de la civilización occidental en muchos aspectos, la banca es uno de ellos. Así pues, veamos ahora los inicios de la banca en la Grecia antigua.

## Los banqueros griegos: los trapezitas

La palabra griega para banco es *trapezoi*, y tanto en el mundo griego como en el resto del mundo occidental, su nombre proviene de la mesa (banca) en la que los cambistas de moneda realizaban sus intercambios. Y es que los cambistas pueden contarse entre los predecesores más tempranos de los bancos modernos.

Los cambistas de moneda hicieron su aparición en Grecia poco después de la popularización de la acuñación monetaria. Los primeros cambistas en Grecia aparecen desde principios del siglo V a. C.[151] La multiplicidad de ciudades Estado emitiendo monedas hacía necesaria la intervención de un especialista que cambiara las monedas que traían los comerciantes foráneos por las monedas locales, y viceversa. Adicionalmente, con el objetivo de establecer tipos de cambio entre monedas que representasen de manera fehaciente su valor, los cambistas chequeaban la moneda para establecer su peso y su pureza (es decir, su metal base y posibles aleaciones).[152]

Los cambistas intercambiaban las monedas por su valor metálico y hacían caso omiso de su valor nominal. Como es lógico, estos cambistas cobraban por sus servicios. En Atenas, los cambistas de moneda

150. Tan pronto como el tipo de cambio de mercado vuelva a diferir lo suficiente de la relación oficial de intercambio, la ley de Gresham vuelve a hacer su aparición.

151. Véase Kroll (2008).

152. Véanse Davies (2002) y Rigas y Riga (2003).

aceptaban los búhos por su peso en plata (que ya vimos que era un 5 por ciento menor que su valor nominal por lo que cobraba la ceca de Atenas) más un porcentaje que rondaba el 1 por ciento. Es muy posible que el porcentaje que cobraban los cambistas variara en función de la oferta y la demanda de monedas (y de la presencia de otros cambistas) en el mercado. Lo que implica que en la Grecia clásica el cambio de moneda era un mercado sujeto a competencia.

Entendida como el negocio que toma depósitos del público y realiza préstamos, la banca hace su aparición en el período clásico griego. Justo después de derrotar a los persas en las guerras médicas, el esplendor económico y comercial de la Hélade posibilitó la emergencia de los primeros bancos. El primer banco de la Grecia antigua apareció a mediados del siglo v a. C. en la ciudad Estado de Corinto, y poco después surgieron varios bancos en la próspera Atenas (ya convertida en un Imperio al que una parte sustancial de la Hélade le pagaba un tributo).

Los bancos griegos recibían depósitos en moneda metálica acuñada o en metal sin acuñar. Estos bancos realizaban todo tipo de préstamos relacionados con diferentes actividades económicas. En Atenas, los bancos extendían crédito a sus clientes para comprar tierras o conseguir concesiones de explotación de minas. Los bancos también financiaban operaciones militares y extendían crédito hipotecario. Uno de los destinos principales de los préstamos era el comercio, en concreto, los bancos griegos extendían de forma habitual financiación al comercio marítimo.[153] El tipo de interés que cobraban los banqueros griegos iba desde un 6 por ciento hasta un 20 o un 30 por ciento en los negocios que se consideraban más arriesgados.

Los bancos griegos llegaron a mostrar un nivel de desarrollo suficiente como para realizar operaciones de compensación de cuentas entre sus clientes, pero no para desarrollar el papel moneda ni los instrumentos negociables de crédito. Por esta razón, es posible que los bancos griegos fuesen bancos nicho o bancos especializados en dar servicio a un sector económico concreto. Por ejemplo, en la Atenas del siglo iv a. C., la mayoría de los comerciantes marítimos contaban con una cuenta de depósito en un mismo banco.[154] Los comerciantes que

153. Véase Cohen (2008).

154. En concreto, en el banco de Pasión, quizás el banquero más famoso de la

tenían que hacer pagos a otros comerciantes lo hacían a través de transferencias bancarias. Esos comerciantes daban órdenes de pago de viva voz al banco para que realizara transferencias a otro comerciante con cargo a su cuenta de depósito. Una vez que recibía la orden de su cliente, el banco le debitaba el monto de su cuenta de depósito y se lo acreditaba al comerciante receptor de la transferencia. De esta forma, los comerciantes podían llevar a cabo pagos entre ellos sin necesidad de mover físicamente la moneda acuñada. Fue como los antiguos griegos desarrollaron de forma exitosa una forma primigenia de transferencia bancaria (que sólo funcionaba dentro de un mismo banco). Por tanto, podemos decir que los bancos griegos de la época clásica y helenística operaban con dinero-crédito, aunque la variedad de instrumentos de crédito era muy limitada.

En la Grecia clásica se utilizó de manera recurrente otro tipo de dinero-crédito no bancario: el crédito comercial. Era costumbre que los vendedores entregaran con regularidad su mercadería a los compradores a crédito. Esto permitió a los comerciantes griegos llevar a cabo pagos en ausencia de moneda acuñada.

Por consiguiente, los griegos desarrollaron el germen de la banca moderna, pero no llegaron a vincular el incipiente mercado de crédito comercial con el mercado de depósitos, tal como lograrían mucho más tarde los cambistas y comerciantes medievales.

Los banqueros griegos no desarrollaron nunca una forma de hacer compensaciones entre bancos ni ningún tipo de papel moneda o documento de crédito transferible entre particulares. Además, los gobiernos de las polis griegas nunca emitieron ningún tipo de papel moneda estatal.

Pero los banqueros griegos sí llegaron a desarrollar otro instrumento de importancia mayúscula para el comercio: la garantía de crédito. La garantía de crédito la extendía el banco ateniense a sus clientes que eran comerciantes y les servía para realizar pagos en otras ciudades sin necesidad de transportar la moneda que tenían en depósito. Los comerciantes de otras ciudades que recibían la garantía de pago de un banco ateniense conseguían crédito en Atenas, el puerto más activo del Mediterráneo occidental después de las guerras médicas. Es decir, los bancos de Atenas se encargaban de que los comercian-

---

antigua Grecia. Véase Cohen (2008).

tes de otras ciudades que entregaban sus mercancías a comerciantes de Atenas, en vez de recibir la moneda en ese momento, la recibieran en Atenas. Como Atenas era el principal centro comercial del Mediterráneo oriental, muchas veces esos comerciantes podían conseguir cualquier otra mercancía con más facilidad en Atenas que en su lugar de origen. Derivado de ello, los comerciantes atenienses se ahorraban el transporte de moneda a otras ciudades y otros comerciantes se ahorraban el transporte de moneda a Atenas.

Por tanto, en el comercio de larga distancia, las garantías de crédito de los bancos atenienses sirvieron para evitar el movimiento físico de dinero entre lugares alejados. En consecuencia, los bancos griegos facilitaron el comercio entre múltiples lugares de la Hélade gracias a la extensión de estas garantías de crédito.

De modo que en la Grecia clásica, la banca griega fue un instrumento que facilitó el intercambio comercial. Atenas era el centro económico y comercial del mundo civilizado, y como es común en la historia, ese centro desarrolló un sistema bancario y financiero que dio soporte y facilitó todavía más la expansión del comercio.

Moviéndonos hacia delante en la historia, al período helenístico, ya vimos que el Egipto ptolemaico fue el centro cultural y económico del mundo helenístico. En el aspecto financiero, también era la joya de la corona. La práctica bancaria fue llevada por los griegos al Egipto ptolemaico y allí alcanzó nuevas cotas de sofisticación.[155]

Vimos en el capítulo 2 que los primeros bancos de la historia fueron los templos mesopotámicos y unas líneas más arriba vimos que los griegos clásicos desarrollaron bancos privados. Pero la actividad bancaria en Mesopotamia fue minoritaria y en la Grecia clásica estuvo confinada a las clases más pudientes de la sociedad, como aristócratas y comerciantes. La primera banca realmente popular, disfrutada por un número considerable de personas, operó en el Egipto ptolemaico. El depósito bancario y la instrumentación de pagos por transferencia bancaria eran comunes en el Egipto de la época helenística. A diferencia de la Grecia clásica, en el Egipto ptolemaico sí se desarrollaron las órdenes de pago escritas (en papiro). Muy similares a los cheques modernos, estas órdenes de pago eran un medio de pago por lo general aceptado en Egipto. En el Egipto ptolemaico, estos «cheques egipcios»

155. Véase Manning (2008).

complementaban el uso de monedas acuñadas como medio de pago. Esta práctica o desarrollo monetario podría ser considerada como el antecedente más temprano del uso de papel moneda de la historia.

Los bancos griegos y sus prácticas han llegado hasta nuestros días a través de Roma. Los bancos mesopotámicos que vimos en el capítulo 2 no tuvieron continuidad en el tiempo, pero los griegos corrieron mejor suerte. Por tanto, y con permiso del «hiato bancario» que tuvo lugar en los primeros siglos de la Edad Media, podemos considerar a la banca griega como el germen de la banca moderna.

Por último, y para cerrar este capítulo, veamos de qué modo los atenienses introdujeron en sus economías la moneda de bronce, moneda que era ideal para realizar pagos de pequeña cuantía.

## La acuñación de bronce: facilitar el pequeño comercio

Ya hemos visto que desde su mismo nacimiento en Lidia, la acuñación monetaria estuvo vinculada por completo a la plata y al oro. Sin embargo, conforme las economías urbanas de las polis griegas crecieron y la moneda acuñada llegó a las zonas rurales, crecieron las necesidades de contar con un medio de pago adecuado para realizar compras de pequeña cuantía. Las necesidades de un instrumento de pagos para el gran comercio estaban cubiertas por las monedas de plata de alta denominación, pero para los pequeños pagos no había nada parecido. Para satisfacer las necesidades del pequeño comercio se emitieron monedas con una cantidad de plata muy pequeña. El problema es que esas monedas eran tan pequeñas que resultaban incómodas en el tráfico mercantil.

Por consiguiente, se hacía necesario contar con una moneda útil y con escaso poder adquisitivo para lubricar los rudimentos del pequeño comercio, y aquí entra el bronce. Sin embargo, en lo que concierne a su uso monetario, los griegos clásicos no tenían un concepto demasiado elevado de este metal.[156]

Ya hemos visto que la situación de emergencia en la guerra del

156. Tal como se desprende de los poemas homéricos, los griegos arcaicos sí tenían un concepto elevado del bronce, aunque más como reserva de valor que como instrumento de cambio.

Peloponeso empujó a los atenienses a emitir monedas de bronce bañadas en plata (406 a. C.). Pero esta medida generó problemas monetarios, por lo que la moneda de bronce gozó de muy mala fama y se retiró de la circulación tan pronto como fue posible (393 a. C.).

Algo más tarde, cerca del 360 a. C., un general ateniense se quedó sin moneda de plata con que pagar a sus tropas en mitad de un asedio. Para pagar a los soldados y llevar el sitio a buen puerto, el general mandó emitir moneda de bronce. Pero esta moneda de bronce tenía una particularidad: era redimible en plata. En realidad, esta moneda era un pagaré, en concreto era una promesa del general ateniense de pagar más tarde y en Atenas con moneda de plata. Es decir, en verdad esta moneda de bronce no estaba diseñada para el pago en el pequeño comercio, que era lo que necesitaba la economía, sino que era un pagaré. Tampoco parece que esta moneda fiduciaria de bronce fuese demasiado popular, ya que en la Hélade esta práctica de emitir pagarés en bronce no se generalizó.

Existe cierta controversia entre historiadores sobre la posibilidad de que los cambistas y los banqueros griegos llegaran a emitir monedas de bronce ante la escasez de efectivo. En caso de que los cambistas y banqueros griegos hubieran emitido moneda subsidiaria de bronce, tal desarrollo no ocurrió antes del 420 a. C. Este desarrollo es sumamente interesante, porque el sector privado hubiera provisto de una moneda útil que la autoridad pública no fue capaz de proveer.

Entre los griegos, el episodio de la guerra del Peloponeso con la acuñación de moneda de bronce provocó una mala reputación de este metal para fungir como dinero. Desde hacía más de un siglo, el dinero por antonomasia en Grecia habían sido las monedas de plata. Adicionalmente, la desviación de este estándar había generado problemas en el pasado. Por tanto, la población no aceptaba de buen grado las monedas acuñadas en bronce.

Ante este problema, y con el objeto de instrumentar pagos de pequeña cuantía, en la Atenas posterior a la guerra del Peloponeso se emitieron monedas que contenían tan sólo 0,09 gramos de plata (un octavo de obol). Si el sistema monetario de Esparta era problemático por lo pesado de su acuñación, el de Atenas y otras ciudades griegas lo era por lo ligero de algunas de sus monedas. El sistema monetario ateniense era perfecto para transportar gran valor y muy poco adecuado para transportar poco valor.

Por este motivo, y a pesar de la reticencia inicial, desde aproximadamente el 350 a. C., y en cecas de poblaciones bajo la égida de Atenas, se empezaron a emitir monedas de cobre para cubrir la demanda de instrumentos de pago destinados al comercio menudo. Desde aproximadamente el 335 a. C., la ceca ateniense empezó a emitir de manera formal moneda de cobre. Estas emisiones estuvieron vinculadas a la celebración de ferias anuales de comercio en la ciudad de Atenas, ferias que precisamente necesitaban un medio de intercambio eficaz para engrasar el comercio a pequeña escala.

Poco tiempo después, en la gran monetización de Alejandro Magno se emitieron cantidades enormes de monedas de plata y oro, pero también de monedas de bronce. Las monedas de bronce solían emitirse en las cecas locales de cada ciudad, mientras que las monedas de oro y plata se emitían en las cecas reales. Este patrón de acuñación monetaria se repetiría en los reinos helenísticos, en especial en el Egipto Ptolemaico. De esta forma, al final, la acuñación de bronce quedó establecida como modo de intercambio preferido en el comercio a pequeña escala en el mundo antiguo.

# Capítulo 4

## Antigua Roma

> Así es la naturaleza de la masa: o se humilla servilmente o tiraniza despóticamente; la libertad, que se encuentra entre ambos extremos, no sabe alcanzarla con moderación ni conservarla.
>
> Tito Livio

Es muy común en la historia que las civilizaciones que prevalecen en el campo de batalla también lo hagan en el campo cultural e institucional. Es el caso de Roma con la parte occidental de su imperio: la romanización suplantó en gran parte del territorio occidental las costumbres locales. En algunas ocasiones, empero, también es cierto lo contrario: los conquistadores consideran tan refinada la civilización derrotada que la imitan. Es el caso de Roma con la parte oriental de su imperio, más en concreto con la civilización griega.

Roma conquistó Grecia y el mundo helenístico al completo, pero la cultura griega no sólo sobrevivió a esta conquista, sino que gracias a ella se extendería. Roma absorbió y adaptó una parte sustancial de las instituciones y costumbres griegas/helenísticas. Por tanto, podemos considerar a Roma como el siguiente gran antecesor de la civilización occidental.

A diferencia de los griegos, los romanos no destacaron por la adopción temprana de innovaciones sociales como el alfabeto o la acuñación monetaria, sino que lo hicieron por su sofisticado sistema legal. La gran innovación social de Roma, y el gran legado que dejaría al mundo occidental, es el derecho, en concreto, el derecho civil. Con el desarrollo del concepto de propiedad privada plena, el derecho romano habilitó una capacidad organizativa superior, lo que a su vez generó un desarrollo económico y un bienestar incomparable en todo el mundo antiguo, bienestar que quizás no se superó hasta la Revolución Industrial europea en el siglo XVIII.

Además de la cultura y las costumbres griegas, Roma imitará sus arreglos institucionales monetarios. Pero los romanos darían una vuelta de tuerca a la herencia monetaria griega y legarían a Occidente unas instituciones monetarias con un nivel de sofisticación más elevado. En consecuencia, los desarrollos monetarios de la Roma antigua también serán de importancia capital para entender nuestro presente.

## Contexto histórico: antigua Roma

### *Monarquía romana (753 a. C.-509 a. C.): la fundación de Roma*

En el año 753 a. C. se funda la ciudad de Roma. La fundación de Roma está salpicada de multitud de mitos fundacionales que se entremezclan con elementos históricos y que hacen difícil a los historiadores saber qué elementos tienen un carácter histórico y cuáles pertenecen al ámbito de la leyenda.

Los griegos utilizaron la guerra de Troya como mito fundacional, introduciendo elementos mitológicos en un acontecimiento histórico para dar forma a su *ethos* particular.[157] Con sus mitos fundacionales, los romanos harían algo muy similar a los griegos: todo se inicia con Eneas, un troyano que consigue escapar con vida de la destrucción de la ciudad de Troya. Eneas viaja con su familia hasta la región en que más tarde se fundaría Roma, y consigue convertirse en rey de sus gentes. Los descendientes directos de Eneas son Rómulo y Remo, los fundadores de Roma.

157. Adicionalmente, cada ciudad griega contaba con su propio mito fundacional que ejercía la función de aglutinador social o de ensalzamiento de una comunidad diferenciada del resto.

Los elementos mitológicos que rodean a Rómulo y Remo son muy numerosos, y muchos de ellos se repiten desde las culturas mesopotámicas:[158] son hijos de un dios (Marte, dios de la guerra romano), fueron abandonados en un río, amamantados por una loba, cuidados por un pastor y cuando crecieron, mataron a un usurpador del trono.[159]

Los historiadores no tienen demasiado claro qué elementos del origen y primeros años de Roma tuvieron lugar realmente. No está demasiado claro que Rómulo y Remo fueran personajes históricos, pero de lo que no cabe duda es de que desde la segunda mitad del siglo VIII a. C. hasta el día de hoy, la ciudad de Roma ha estado siempre poblada, por lo que la fecha oficial de la fundación de Roma, el año 753 a. C., es una fecha factible.

Sabemos que los romanos originales pertenecían a la etnia de los latinos, un pueblo que habitaba la región central de la península itálica. Los latinos se agrupaban en pequeños poblados. La única gran ciudad latina era la ciudad de Alba Longa, ciudad de la que nace Roma. Al igual que gran parte de la población autóctona europea, los latinos eran un pueblo de origen indoeuropeo.[160]

El primer proceso urbanizador de Roma estuvo muy influenciado por un pueblo vecino y rival: los etruscos. Los etruscos habitaban las tierras situadas al norte de la ciudad de Roma. En estas primeras etapas de Roma, los etruscos eran un pueblo más avanzado, más civilizado que la propia Roma. Los romanos copiaron elementos institucionales etruscos, fue la primera vez que Roma copiaría y adaptaría exitosamente elementos de otros pueblos. No sólo el diseño original urbano fue copiado de Etruria, sino que, por ejemplo, el gusto romano por la lucha de gladiadores proviene también del pueblo etrusco.

Muy al estilo de otras ciudades latinas y de pueblos todavía tribales, la primera forma de gobierno de Roma fue la monarquía. La monarquía romana pudo haber tenido un origen etrusco. En el 509 a. C.,

158. Sargón de Acad o Moisés, por ejemplo, también fueron abandonados en un río y recogidos y cuidados por un pastor.

159. Las historias mitológicas sobre el origen de Roma se contaban por decenas hasta el siglo I a. C. En ese momento, el primer emperador romano, Octavio Augusto, encarga al poeta Virgilio la elaboración de una epopeya que sirviera para ensalzar el espíritu romano. Virgilio crea la *Eneida* y «estandariza» los diferentes mitos sobre el origen de Roma.

160. Véase Carandini y Sartarelli (2011).

y casi coincidiendo con el patrón de cambio político de las polis griegas, los romanos, después de que su monarquía degenerara en una tiranía, deciden deshacerse de su monarquía e instaurar una república de corte aristocrático.[161]

## *República romana (509 a. C.-27 a. C.): una ciudad domina el mundo*

Con la caída de la monarquía romana se instaura el sistema de gobierno republicano que tan buenos resultados iba a traer a la ciudad de Roma.

Las dos grandes instituciones que gobernarían la Roma republicana en los siglos siguientes eran el Senado y la Magistratura.

### Magistratura romana: a prueba de tiranías

La Magistratura era el poder ejecutivo, y estaba formada por los cargos públicos elegidos anualmente entre los ciudadanos romanos reunidos en una asamblea. Los magistrados disfrutaban de amplios poderes para ejercer el gobierno, pero los romanos contaban con un ingenioso sistema para limitar la acumulación de poder en una persona. La limitación temporal en el cargo (usualmente un año) y el principio de colegiatura (los cargos eran ocupados por dos o más personas con poder de veto sobre el resto) eran formas institucionales diseñadas para evitar la concentración de poder y caer en alguna forma de tiranía. El cargo público de máxima responsabilidad era el de cónsul. El consulado era compartido por dos ciudadanos romanos y estaba limitado en su ejercicio a un año.[162] El cargo de cónsul estaba prácticamente vetado a cualquier familia que no contara en su historia con un cónsul entre sus miembros. Esto hacía que, *de facto*, el gobierno de Roma recayera sobre las mismas cien familias durante la mayor parte del período republicano.[163] Todo esto hace muy debatible que se pueda utilizar el término *democracia* a la organización política romana.

161. Véase Anderson (1974).

162. Aunque siempre que intermediaran dos años entre nombramientos, se podía ser cónsul más de una vez.

163. Véase Bauer (2007). Incluso con la apertura del gobierno a la clase de los

A pesar del carácter aristocrático y elitista de la República romana, los cargos públicos pasaban por el filtro de la elección popular. En esta elección eran muy importantes los logros y la valía que el candidato tenía a sus espaldas, en especial en el ámbito militar. En las elecciones a la magistratura, también eran de importancia mayúscula las relaciones de clientela que se establecían, de forma jerárquica, entre familias romanas. Las relaciones de clientela conllevaban que el que las ejercía, esto es, el patrón, tenía la obligación de velar por los intereses de sus clientes. Por su parte, los clientes tenían la obligación de devolver el favor en forma de voto y apoyo político a su patrón.

La Roma republicana honraba a sus distinguidos oficiales militares, pero a diferencia de lo que iba a ocurrir en el período imperial, evitaba que el ejército se inmiscuyera en asuntos políticos. Cuando la República romana se extendió por gran parte del Mediterráneo, las legiones romanas tenían prohibido poner un pie en la mayor parte del territorio italiano, y, desde luego, no podían ingresar en la propia ciudad de Roma.[164]

A diferencia de lo que ocurría en Grecia, en Roma los cargos públicos no eran pagados. De hecho, ejercer un cargo público implicaba un gasto difícilmente asumible para cualquiera que no perteneciese a una de las grandes familias romanas. Esto conllevaba que aunque cualquier ciudadano podía, en teoría, ser elegido para un cargo público, en la práctica era casi imposible que alguien de fuera del círculo aristocrático resultase elegido magistrado. Sobre el papel, la República romana era tan democrática como Grecia, pero en la práctica era un sistema de gobierno en el que el poder era ejercido por una élite aristocrática formada por unas pocas familias.

El gobierno de la República romana no era demasiado participativo. Al final del período republicano, unas 450.000 personas poseían la ciudadanía romana, la mayoría de ellas concentradas en su capital. Sólo en la península itálica, la población total bajo dominio romano era de al menos 4 millones de habitantes,[165] y tal vez diez veces más en todo

caballeros, el gobierno quedó en manos de unos pocos miles de familias. Véase Andreau (1999).

164. Aunque los oficiales militares eran honrados, hasta el período imperial la tropa no estuvo bien pagada. Véase Anderson (1974).

165. Véase Wasson (2016).

el imperio. Durante gran parte del período republicano fue una demanda constante aumentar la ciudadanía romana, una petición desoída durante el suficiente tiempo como para que al final de la República se produjera una revuelta entre los pueblos itálicos, y que sería el motivo por el que estallaron las guerras de los aliados (91 a. C.-88 a. C.).[166]

**SPQR: Senatus PopulusQue Romanus, y tribunos de la plebe**

La otra gran institución de gobierno en el período republicano era el Senado. El Senado estaba formado por los antiguos magistrados (a partir de cierto rango) que ya no se encontraban activos en el cargo. La condición de senador en Roma era vitalicia. El número de senadores estaba limitado a trescientos ciudadanos, número que aseguraba que todas las familias aristocráticas tuvieran representación en el Senado.[167] En teoría, el Senado apenas ostentaba algún poder, era poco más que un órgano consultivo. Ni siquiera podía reunirse si no lo convocaban los magistrados. Pero en la práctica, el verdadero poder de la Roma republicana residía en el Senado. A la hora de tomar decisiones importantes, los magistrados romanos debían consultar al Senado, y muy rara vez contradecían sus recomendaciones. Además, el apoyo de los senadores era indispensable para conseguir que un candidato ganara una elección para acceder a las magistraturas.

Los magistrados eran acreedores de la *potestas*; esto es, de la capacidad de ejercer el poder. Los senadores eran portadores de la *auctoritas*; es decir, de la capacidad que terceros le atribuían para reconocer qué es correcto y qué no lo es, algo que en la antigua Roma se consideraba que se adquiría gracias a la experiencia. Por esta razón los senadores tenían que haber sido antes magistrados, y por esto mismo la edad mínima para ser cónsul, la cúspide de la magistratura y de la carrera política, era de cuarenta y dos años.[168] Para gobernar en la Roma republicana se hacía necesario poseer tanto potestad como autoridad. Este tándem potestad-autoridad podría ser considerado como otro mecanismo que limitaba las aspiraciones de los hombres con demasiada sed de poder.

166. Véase Tobalina (2017).

167. En el convulso período del final de la República, el número de senadores creció a seiscientos. Véase Barceló (2001).

168. Con una esperanza de vida de unos sesenta años, cuarenta y dos años era una edad muy avanzada en la antigua Roma. Véase Barceló (2001).

Ante el carácter eminentemente aristocrático del gobierno romano, los plebeyos, que eran el grupo social más numeroso, grupo formado por campesinos, pequeños comerciantes y artesanos, consiguieron, a golpe de revuelta, incrementar sus derechos políticos y su voz en las decisiones de la República romana. De manera temprana (494 a. C.), los plebeyos de la ciudad de Roma consiguieron la ciudadanía romana y representación política directa mediante el tribuno de la plebe, magistrado que tenía capacidad de veto sobre los magistrados aristócratas. Después de siglos de revueltas, los plebeyos consiguieron que uno de los dos cónsules fuese plebeyo (367 a. C.) y la aprobación de la *lex* Hortensia (287 a. C.), en la que se dictaminaba que las resoluciones salidas de las asambleas populares fuesen de obligado cumplimiento. Aunque el Senado consiguió permanecer como el órgano con mayor autoridad de la República romana, estas concesiones a la plebe significaron un nuevo elemento que dividía y limitaba el poder en la República romana.

**Estabilidad y eficacia en el gobierno: éxito económico y militar**

Este sistema de gobierno republicano, tan dotado de contrapesos e ingeniosos arreglos institucionales para que la toma de decisiones fuese lo más sensata posible, fue la forma de gobierno más estable de la Antigüedad, y fue uno de los aspectos fundamentales que hizo realmente única a la civilización romana.

Derivado de la estabilidad política y del superior sistema de gobierno romano, Roma consigue una primacía económica y militar que, a su vez, provocó que se sucedieran los éxitos en el campo de batalla, éxitos que le permitirían dominar la totalidad del mar Mediterráneo. En un primer momento, la superioridad de los romanos les facilitó dominar su área de influencia más cercana a la ciudad de Roma, algo que consiguió sobre el 370 a. C. (apenas veinte años después de que Roma fuese saqueada por los galos). Más tarde, los romanos ganarían guerra tras guerra a todos sus rivales, primero lucharon por la hegemonía en la península itálica, objetivo que consiguieron en el 275 a. C. después de vencer en las guerras pírricas a Siracusa y las ciudades griegas itálicas. Poco más tarde, Roma derrotaría en las guerras púnicas a Cartago, el otro gran poder del Mediterráneo occidental. Aunque las guerras púnicas acabaron más tarde, Roma venció casi definitivamente a Cartago en el año 201 a. C. (final de la segunda guerra púnica), y consiguió con ello la hegemonía total en el área occidental del mar Mediterráneo. Desde esa fecha, los romanos se expandieron hacia Oriente, conquistaron todos los reinos helenísticos herederos del imperio de Alejando Magno y se hicieron con el control de Grecia en el 148 a. C., de Siria en el 60 a. C., tras derrotar al reino helenístico seléucida, y del Egipto ptolemaico en el 30 a. C., después de derrotar a Marco Antonio y a Cleopatra.

Cuando la República romana se transformó en un imperio, no quedaba ningún rival de entidad en el mar Mediterráneo que pudiese hacerle frente. Sólo en el extremo oriental de los dominios romanos, el Imperio parto (imperio de origen iranio, al igual que el persa) podía hacer de contrapeso a la apisonadora romana.

En su viaje hacia la hegemonía mediterránea, Roma derrotó y absorbió los territorios de etruscos, samnitas, cartagineses, íberos, galos, griegos y egipcios. La ciudad de Roma fue capaz de poner en práctica el imperio universal con el que tanto soñó Alejandro Magno y con el que tanto soñarían en el futuro otros conquistadores y grandes hombres. Curiosamente, Roma consiguió al principio poner en práctica este imperio universal con una forma republicana y no con una forma de gobierno imperial.

Por último, el exitoso sistema republicano de Roma cayó después de casi cuatro siglos de éxitos. El declive empezó con una serie de disturbios que se prolongarían durante casi un siglo. Todo comenzó en el año 136 a. C., cuando se suceden varias revueltas de esclavos (denominadas guerras serviles). La convulsión política y social provocada por estos levantamientos de esclavos fue aprovechada por políticos oportunistas para iniciar una revolución en toda regla: desde el 133 a. C. ascendieron al poder (como tribunos de la plebe) los hermanos Graco.[169] Con la excusa de ayudar a los más pobres, estos hermanos quebrantaron todos los límites y contrapesos del sistema de gobierno republicano, destruyéndolo en el camino. Los hermanos Graco se apalancaron en la popularidad que sus propuestas políticas tenían entre las clases más populares, al más puro estilo del populismo contemporáneo, para desacreditar al Senado romano y transgredir todas las normas e instituciones. Los Graco fueron bru-

169. Primero fue tribuno de la plebe Tiberio Graco y, después de ser asesinado cuando intentaba reelegirse, ascendió al poder su hermano, Cayo Graco.

talmente asesinados por la élite senatorial, pero el precedente ya había sido establecido y el daño a la institucionalidad de la República romana ya estaba hecho. Las décadas siguientes fueron objeto de una lucha encarnizada por el poder entre diversas facciones en la que los límites republicanos al ejercicio del poder ya eran poco más que papel mojado. Militares, como Cayo Mario, el siguiente gran populista después de los Graco, fueron elegidos constantemente de forma consecutiva como cónsules (algo que estaba prohibido) o Julio César, que conseguiría el título de dictador vitalicio (cargo de emergencia que hasta entonces sólo podía durar seis meses).[170] La revolución igualitarista de los Graco asestó un golpe mortal a la República romana.

Al final de la República romana, durante casi un siglo las guerras civiles y los disturbios se sucedieron con demasiada frecuencia. Los generales entraban en Roma con sus ejércitos (algo que antes estaba prohibido) y realizaban persecuciones políticas a sus adversarios, a los que con frecuencia mataban en plena calle sin que mediara juicio o acusación formal de la comisión de un crimen.[171] De la noche a la mañana, la civilidad romana se transformó en barbarie.[172] Los militares con ansias de poder se disputaron sin cuartel el mando de la República hasta que, tras casi un siglo de tumultos, los ciudadanos romanos pidieron a gritos el restablecimiento del orden. Como siempre ocurre en los períodos revolucionarios, la restauración del orden vino de la mano de un hombre fuerte:[173] Octavio Augusto.

Octavio Augusto, hijo adoptivo de Julio César, instauró bajo el ropa-

170. Estos nombramientos eran muestra de que destruyendo los límites impuestos en la República romana, los militares ya habían afianzado su poder. Véase Bauer (2007).

171. Destaca el caso de Sila, una negativa a devolver el saludo al general romano podía acabar con una ejecución *in situ* por parte de su guardia personal. Véase Bauer (2007).

172. De igual forma que en todo movimiento revolucionario, se puso de manifiesto que incluso en las sociedades más civilizadas la capa de civilidad es mucho más fina de lo que parece en un primer momento, y el paso de la civilización a la barbarie es más pequeño de lo que nos gustaría admitir. Véase Sorokin (1925).

173. El movimiento reaccionario que pretende implementar el orden de manera inmisericorde es parte concomitante e indisoluble de todo proceso revolucionario. Véase Sorokin (1925).

je republicano un imperio. El Imperio romano fue una forma de gobierno con marcados tintes monárquicos, aunque nadie quería llamarlo monarquía por la mala fama que este concepto tenía entre los romanos.

Por tanto, y a pesar de la caída en desgracia de la República romana, en los primeros dos siglos del imperio se respetarían las formas republicanas.

## *Imperio romano (27 a. C.-476 d. C.): un imperio en un molde republicano*

Los primeros emperadores romanos fueron muy cuidadosos en respetar, formalmente, el sistema republicano de gobierno y sus formas. A pesar de ello, en la práctica este sistema de gobierno estaba ya extinto. Las guerras civiles estaban demasiado vivas en el subconsciente colectivo, y para la supervivencia de Roma era vital evitar la confrontación social con el orden senatorial, partidario de la República. El primer emperador romano, Octavio Augusto, entendió a las mil maravillas esta problemática.

### El genio del *princeps* Octavio Augusto y la extensión de la ciudadanía romana

Octavio Augusto nunca utilizó el título de emperador ni de rey, sino que recibió el título de *princeps*. Esta locución latina significaba «primer ciudadano» y hacía referencia simplemente a que Augusto no era sino un ciudadano más de Roma, eso sí, dotado de una autoridad especial, pero nunca un monarca. Augusto acumuló títulos que, en origen, eran republicanos (y evitó cambiar su nombre). Augusto no quiso ser nombrado con algún título vinculado a la monarquía o al imperio, ya que podrían haber resultado problemáticos al significar una ruptura clara con la República romana y sus instituciones. En Roma, la monarquía se asociaba a una tiranía, por lo que era una denominación que había que evitar a toda costa.

Una de las grandes diferencias políticas entre el período republicano y el imperial fue la extensión de la ciudadanía romana. Entre los años 91 a. C. y 88 a. C. se produjo la guerra de los aliados (una guerra civil entre Roma y los pueblos itálicos). La guerra de los aliados la iniciaron los pueblos itálicos con el objetivo de obtener la ciudadanía romana, celosamente guardada por parte de la aristocracia romana. Después de la guerra de los aliados, la ciudadanía romana pasó de 450.000 personas a 950.000. Cuando el primer emperador, Octavio Augusto, murió en el año 14 d. C., casi cinco millones de personas poseían la ciudadanía romana.

**Tabla 4.1. Ciudadanía romana al final del República e inicio del Imperio**

| CENSO ROMANO | NÚMERO DE CIUDADANOS |
|---|---|
| 91 a. C. | 450.000 |
| 69 a. C. | 950.000 |
| 14 d. C. | 4.937.000 |

*Fuente*: Tobalina (2017).

A pesar de todo, la ciudadanía romana era cada vez menos importante en el ámbito político, ya que, como hemos visto, la República era ya una mera formalidad. En consecuencia, la elección de magistrados dejó de tener la importancia de antaño.[174] Lo importante ahora era elegir emperador, y éste no era, ni mucho menos, un cargo electivo. A pesar de todo, la concesión de la ciudadanía romana a amplias capas de la población tuvo el efecto de extender la protección y derechos del magnífico sistema legal romano a grandes capas de la población que antes estaban desprotegidas legalmente.[175]

A la hora de respetar la institucionalidad del Senado romano, Octavio Augusto siempre fue muy cuidadoso.[176] Cuando terminaron las guerras civiles y los disturbios que acabaron con la República, Octavio, que ya había sido elegido cónsul ocho veces consecutivas (recordemos que la reelección consecutiva estaba prohibida), entregó solemnemente el poder al Senado, era consciente de que el Senado se

174. Véase Garnsey (2004).

175. Véase Tobalina (2017). A pesar de todo, la protección legal que extendía Roma era, principalmente, en el ámbito privado. Roma nunca desarrolló un derecho público muy avanzado ni garantista con el ciudadano. Véase Anderson (1974).

176. Es posible que el recuerdo del asesinato de César en el 44 a. C. haya hecho mucho más cuidadoso a Octavio Augusto en el trato con el Senado romano. Véase Barceló (2001).

lo devolvería de inmediato. Pero las formas importan, y a pesar de que era obvio que el poder realmente lo ejercía él sin demasiados contrapoderes, Octavio Augusto respetó las formas republicanas.

El ejército romano, que hasta el momento se había mantenido relativamente al margen de la política, en la época imperial tomaría una importancia capital. Desde el inicio del Imperio romano, en el año 27 a. C., Augusto creó la guardia pretoriana: un destacamento militar permanente afincado en la ciudad de Roma. Sobre el papel, esta guardia pretoriana se dedicaba a proteger al emperador y rara vez entraba en batalla. En la realidad, la guardia pretoriana se dedicó a conspirar para proclamar, derrocar y asesinar emperadores o pretendientes al trono en función de sus propios intereses políticos y económicos. Augusto controló a la guardia pretoriana que él mismo creó, pero el resto de los emperadores fueron controlados por ella. Los emperadores aprendieron muy pronto a sobornar a esta guardia pretoriana, ya que de su favor dependía su ascenso y mantenimiento en el poder y, en última instancia, también su propia vida.

## La Pax Romana: los dulces siglos del Principado romano (27 a. C.-180 d. C.)

La historiografía ha bautizado los dos primeros siglos del Imperio romano como Pax Romana (27 a. C.-180). Esta fase del Imperio romano recibe el nombre de Principado. Formalmente, el emperador era un ciudadano más, aunque investido con una autoridad especial, pero no era considerado un emperador ni un rey.

La paz y prosperidad que vivieron los romanos en estos siglos no tenían parangón en la historia. En su primer siglo y medio de vida, el Imperio romano siguió expandiéndose militarmente, y a pesar del nombre que recibe el período, las guerras no desaparecieron. Sin embargo, y a diferencia de las guerras libradas en el período republicano, estas guerras dejaron de ser una cuestión de vida o muerte para Roma. Ni siquiera algunos emperadores que no supieron estar a la altura de las circunstancias en los primeros compases del imperio, como Calígula o Nerón, consiguieron destruir la fortaleza interna y externa del todopoderoso Imperio romano.

El renacimiento económico de la Pax Romana tuvo varios detonantes. La construcción de calzadas y la limpieza de piratas del Mediterráneo provocaron una extensión sin igual del comercio, se creó una verdadera zona de libre comercio en un territorio que abarcaba no sólo el Mediterráneo, sino cientos, y a veces miles, de kilómetros lejos de la costa mediterránea. Bajo la hegemonía romana, la integración social y cultural de los diferentes pueblos fue una política deliberada de la administración imperial, lo que provocó que el poderoso ordenamiento jurídico romano llegara a todos los rincones del imperio y a su vez redundó en una mejora sustancial de la economía del Imperio romano temprano.

De la Pax Romana surgió también un impulso cultural y técnico magnífico. La ingeniería, la arquitectura, la poesía o la historiografía recibieron decididos impulsos de la mano de hombres como Vitruvio, Tito Livio, Ovidio o Virgilio.

Uno de los principios del gobierno republicano era el meritocrático, el gobierno del más capaz. Los emperadores romanos más comprometidos con este principio meritocrático de inspiración republicana encontraron una forma de respetarlo mediante la práctica de adoptar hijos. Desde los primeros compases del Imperio romano se instauró el principio hereditario en la sucesión del poder; sin embargo, no necesariamente era el hijo biológico el que debía heredar de su padre el título de *princeps*. Los emperadores elegían entre sus más allegados al que consideraban que mejor podía ejercer el poder y lo tomaban como hijo adoptivo, y una vez que formaba parte de su familia era nombrado sucesor del emperador.

Curiosamente, el emperador que más aborrecía el poder, y es probable que el único que intentó evitar ejercerlo, Marco Aurelio,[177] fue quien restauró la práctica de legar el poder a su hijo biológico. Este principio sucesorio sería el utilizado desde ese momento. El hijo de Marco Aurelio, Cómodo, era conocido por su particular sadismo y por descuidar por completo las tareas de gobierno para disiparse en placeres terrenales. Durante el siglo III, muchos emperadores romanos tuvieron un comportamiento similar al de Cómodo, y muchos acabaron igual que Cómodo: asesinados por la guardia pretoriana.

177. Marco Aurelio ha pasado a la historia como el emperador filósofo. Fue un intelectual que escribió sobre filosofía, y fue uno de los más destacados autores estoicos de la Antigüedad. Era conocido por disfrutar de la soledad y por aborrecer la vida política.

## La crisis del Dominado: la caída en desgracia del Imperio romano

La Pax Romana terminó con la muerte de Marco Aurelio. La sucesión de una serie de emperadores libertinos y dementes desde el año 180 inaugura una época de crisis que duraría siglos, y de la que el Imperio romano nunca se recuperaría por completo. Este subperíodo del Imperio romano que a partir del año 284 recibe el nombre de dominado o *dominus*, que hace referencia a la conversión del emperador desde ciudadano hasta señor y dios (*dominus et deus*).

En tiempos de Marco Aurelio, la peste había asolado el imperio, pero la filosofía estoica que profesaba el emperador había provocado que su primera reacción fuese recortar gastos superfluos de la Administración pública. Marco Aurelio llegó incluso a vender joyas y tesoros imperiales antes de recurrir a incrementar las cargas fiscales que soportaban los romanos. Sin embargo, sus sucesores no iban a mostrar una altura de miras igual a la del célebre emperador filósofo. La decadencia romana empezó con los herederos de Marco Aurelio.

Antes incluso de la muerte de Marco Aurelio, la economía romana entró en una espiral descendente: las finanzas públicas se volvieron insostenibles (veremos más adelante cómo la política de pan y circo arruinó las cuentas públicas del Imperio romano) y el bienestar social de los ciudadanos empeoró de manera notable. Desde este momento, la población romana empezaría a caer, ya sin remisión, hasta el final del imperio. Marco Aurelio marcó el punto de inflexión para Roma.[178]

Después de más de un siglo de crisis, con una caída de la población, de la economía y del bienestar social, un emperador muy activo, Diocleciano, intentó llevar a cabo una reforma completa del sistema de gobierno romano. Diocleciano identificó como gran problema la incapacidad del emperador de atender todos los problemas que surgían en las diversas partes de un imperio que albergaba a más de sesenta millones de almas esparcidas en una extensión territorial colosal. Diocleciano llevó a cabo una ambiciosa reforma, implementada en el año 293, reforma que conllevó la división del Imperio romano en dos mitades (occidente y oriente) y la división del poder imperial en cuatro (de ahí el nombre de tetrarquía que recibió el sistema de

178. Véanse Duncan-Jones (2004) y Tobalina (2017).

gobierno ideado por Diocleciano). A pesar de algunas fugaces reunificaciones en los siglos siguientes, desde ese entonces la separación en dos del imperio fue una realidad. El gobierno relativamente estable de Diocleciano (293-305) y el también estable gobierno de Constantino (306-337) consiguieron frenar el desmembramiento del Imperio romano, aunque no evitarlo.

A pesar de un resurgimiento y relativo esplendor en el siglo IV (comparado con el siglo anterior), la parte occidental del Imperio romano no consiguió recuperar las glorias pasadas, y en el año 476 caería con la conquista y saqueo de Roma por parte de pueblos godos. Estas invasiones no fueron más potentes que otras que en el pasado Roma había sido capaz de repeler; de hecho, pocos años antes los propios conquistadores godos habían sido desplazados por otros conquistadores mucho más temibles proveniente de las estepas de Asia central: Atila y su ejército de hunos. Por tanto, lo que había cambiado no eran los agresores, sino la capacidad de defenderse de una sociedad, la romana, que ya había colapsado antes de ser conquistada.[179] En este momento, con la caída de Roma en el 476, es cuando acaba el período antiguo de la historia y comienza el período medieval.

## Economía y pagos en la antigua Roma

### *Economía en la antigua Roma*

Al igual que en el resto de las civilizaciones de la Antigüedad, la agricultura fue la base del sistema económico en Roma. A pesar de ello, la urbanización vivida en Roma, aunque no era un fenómeno nuevo, alcanzó cotas nunca vistas.

179. Véanse Anderson (1974) y Duncan-Jones (2004). Existe cierta controversia entre historiadores sobre la potencia de las invasiones germánicas de los siglos IV y V. Algunos defienden que el nivel de desarrollo y capacidad bélica de los pueblos francos y godos que llevaron a cabo las invasiones que acabaron con el Imperio romano fueron comparativamente mucho más potente que las invasiones de siglos pasados. En cualquier caso, en un primer momento, traspasar las fronteras romanas fue pactado con las autoridades del Impero romano. Los invasores tuvieron la invitación de los invadidos para entrar e instalarse en suelo romano. Véase Tobalina (2010).

## Los inicios de la economía romana: desde la agricultura hasta la urbanización

En los primeros compases de la Ciudad Eterna, las explotaciones agrícolas fueron pequeñas parcelas de campesinos libres que cultivaban su propia tierra en una economía casi de subsistencia. Sin embargo, desde el siglo IV a. C., conforme las primeras guerras se decantaban del lado romano, tanto el territorio como la cantidad de esclavos controlados por Roma crecieron de forma espectacular. Unida a un grado de urbanización creciente, la nueva situación permitió la explotación agrícola de grandes latifundios con producción especializada de cultivos. Esta producción especializada disparó la productividad agrícola, lo que, a su vez, provocó un marcado crecimiento demográfico de la población romana.

Los pequeños propietarios agrícolas romanos no podían competir con los grandes latifundios que empleaban mano de obra esclava, por lo que gran parte se trasladaron a la ciudad de Roma, y formaron una nueva clase: el proletariado urbano. Además, el campesinado era la base del ejército romano temprano, campesinado que vio que su capacidad para sacar adelante sus granjas menguaba conforme las llamadas a filas se hacían cada vez más numerosas.

Pero los pequeños propietarios agrícolas no sólo se movieron a las ciudades por necesidad, sino también gracias a las nuevas posibilidades económicas que allí se abrían. La población que se afincó cada vez más en ciudades se dedicó a la artesanía, al comercio o a diferentes actividades financieras. Roma fue la civilización más urbanizada que conoció la humanidad hasta los albores de la Revolución Industrial. En la época de Octavio Augusto, la ciudad de Roma llegó a contar con un millón de habitantes. Pero la ciudad de Roma no era la única megaurbe del territorio romano: Cartago, Alejandría y Antioquía contaban con poblaciones de entre 200.000 y 500.000 habitantes.[180]

## La prosperidad romana no fue superada durante mil quinientos años

Roma consiguió un nivel muy elevado de densidad poblacional, urbanización y bienestar económico durante tres siglos (c. 150 a. C.-

180. Véase Jongman (2014).

c. 150). Estos tres siglos marcaron la cúspide de su civilización. El desempeño económico romano en estos siglos fue muy superior al de cualquier otra civilización antigua, y no sería sobrepasado durante un milenio y medio, hasta la llegada de la industrialización europea.

El éxito económico romano provocó una enorme expansión de la población desde el siglo III a. C. Este crecimiento poblacional fue constante y no se frenó hasta finales del siglo II. El primer impacto negativo y duradero que sufrió la población romana fue una serie de plagas de peste que asolaron el Imperio romano en tiempos de Marco Aurelio: las plagas antoninas. Más tarde, también provocó una caída constante en el nivel y calidad de vida de la población romana el endémico colapso económico que dejó el siglo III, que sólo la parte oriental del imperio pudo superar.

En los siglos con una economía expansiva, conforme crecía la población también lo hizo la prosperidad material, evitando la ley malthusiana que atrapó a otras sociedades preindustriales.[181] Los niveles de producción y consumo per cápita crecían a la vez que lo hacía la población.

En Roma, la producción y el consumo per cápita creció de forma nunca vista desde el siglo III a. C. hasta llegar a un pico en el siglo I a. C., coincidiendo con el convulso final político de la República romana. Hacia el final de la República, a pesar de las guerras civiles el nivel de vida se mantuvo cerca de su pico hasta mediados del siglo II. Al final de la Pax Romana, la producción y consumo per cápita romanos se hundieron a la vez que la población caía en picado.

Por tanto, múltiples aspectos de bienestar y progreso económico en la Roma antigua siguen un mismo patrón:[182]

- Expansión desde el siglo III a. C. hasta los disturbios que dieron inicio al final de la República (c. 140 a. C.).
- Mantenimiento de un nivel elevado desde el final de la República hasta las plagas de peste antoninas (165).

181. Véase Jongman (2014). Con ley malthusiana nos referimos al efecto depresivo que el incremento de la población tuvo sobre el bienestar material de la población en casi todas las civilizaciones hasta la llegada de la época industrial. La caída en el nivel de bienestar provocaba, análogamente, una caída en la población (a veces la caída era espectacular por el efecto de epidemias o hambrunas).

182. Desde el consumo de bienes de lujo, pasando por el consumo de carne, la producción minera o el sector de la construcción.

- Depresión desde las plagas antoninas hasta la caída del Imperio Romano de Occidente (476), aunque con marcados altibajos y una recuperación económica en la parte oriental del Imperio romano.

El elevado nivel de vida romano en comparación con cualquier otra sociedad preindustrial fue disfrutado no sólo por las élites, como solía ocurrir en otras civilizaciones de la Antigüedad, sino que también los hogares romanos más modestos vieron cómo mejoraba su nivel de vida. El elevado nivel de vida tampoco era un fenómeno exclusivo de la ciudad de Roma, sino que regiones alejadas de la capital también mejoraron su riqueza material. Incluso pueblos que antes de la llegada de los romanos nunca habían formado civilizaciones complejas, como es el caso de los territorios romanos del Rin (oeste de Alemania actual), Hispania o Britania, mejoraron sustancialmente sus condiciones de vida desde el momento en que se incorporaron a Roma.

En su apogeo, las familias romanas más poderosas tenían a su disposición una riqueza que era entre 30 y 40 veces mayor de la que poseían las familias más poderosas en la Inglaterra de mediados del siglo XVII.[183]

Fruto de la guerra y los asedios, los territorios que iban siendo conquistados por Roma solían sufrir caídas en su población. Pero una vez que se integraban como dominio romano, su población volvía a crecer. Conforme los territorios conquistados se integraban económicamente con el resto de los territorios romanos, mejoraba la calidad de vida y crecía la población.

## La superioridad económica romana

Uno de los principales motivos que habilitó el superior desempeño económico romano fue su sistema legal. En concreto, el derecho romano, que todavía pervive en las sociedades occidentales contemporáneas, garantizó la propiedad privada, desalentó la deshonestidad en los negocios y facilitó el cumplimiento de los contratos. Todo esto mejoró la eficiencia y el desempeño económico de Roma y sus dominios al permitir un nivel de organización de los agentes privados nunca visto con anterioridad.

183. Véase Duncan-Jones (1982).

Otro motivo que explica el éxito de la organización económica romana fue la enorme seguridad interna y externa que proporcionó el poder público romano, incluso antes de la Pax Romana. En el período de la República, el comercio marítimo se disparó gracias al énfasis de sus gobernantes a la hora de proteger las principales rutas comerciales.

La sistemática limpieza de piratas, el control romano de la práctica totalidad del Mediterráneo y la seguridad jurídica que proporcionó el derecho romano provocaron una expansión del comercio que integró en un todo coherente a mercados separados por miles de kilómetros. La construcción y mantenimiento de miles de kilómetros de calzadas ayudaron a extender el comercio hacia el interior de la costa mediterránea.[184] La seguridad proporcionada por Roma era tal que las ciudades romanas derribaron sus propias murallas por resultar ya innecesarias. El comercio se extendió no sólo por toda la cuenca mediterránea, sino que, mediante rutas comerciales que cruzaban el golfo Pérsico, también se abrió un pujante comercio marítimo con la India.

## *¿La esclavitud como explicación del éxito económico romano?*

Al igual que ocurría con Grecia, en el análisis de la economía de la Roma antigua la sombra de la institución de la esclavitud es lo suficientemente alargada como para oscurecer y, a veces, incluso desconocer el notable progreso en las condiciones de vida que disfrutó el romano común y corriente. Los historiadores mantienen una controversia sobre el alcance de la institución de la esclavitud y su importancia económica en Roma.

Parece que en Roma la esclavitud estuvo más extendida que en Grecia en la agricultura, que como ya sabemos fue el principal sector económico de toda civilización en la Antigüedad.[185]

Por otro lado, un análisis cuantitativo de la esclavitud, tampoco exento de controversias académicas, muestra que al inicio del período imperial, en Roma menos del 20 por ciento de la población eran

184. Véase Jongman (2014). A pesar de la importancia de las calzadas romanas, el comercio terrestre fue mucho menos importante que el comercio marítimo.

185. Véase Anderson (1974).

esclavos, y esa cifra pudo llegar a ser tan baja como el 10 por ciento.[186] Además, el crecimiento en el precio de los esclavos —que entre el siglo II a. C. y el siglo I se multiplicó entre 8 y 10 veces— nos indica que los esclavos se hicieron más escasos; en consecuencia, esto marcaría una importancia cada vez menor de la esclavitud para la economía romana.

Por tanto, las cifras de población esclava muestran sin dudas que esta institución era importante para la economía romana. No obstante, es virtualmente imposible que toda la población romana viviese gracias al trabajo de menos del 20 por ciento de la población esclava. De hecho, al lado de la institución de la esclavitud existió un mercado de trabajadores libres que muchas veces realizaban los mismos trabajos que la mano de obra esclava. Curiosamente, el mercado de trabajo en Roma respondía a incentivos de mercado, era altamente flexible y cuando las condiciones económicas cambiaban y la situación lo requería, podía mover de tarea con rapidez la fuerza de trabajo.[187]

A la hora de analizar el desempeño de la economía romana, tan importante o más que la cantidad de esclavos son los detalles de cómo funcionaba esta institución. Por regla general, los esclavos romanos participaban en el mercado de trabajo en términos parecidos a los de los trabajadores libres. A diferencia de los esclavos de otros tiempos y latitudes, la distribución del trabajo esclavo en la economía romana seguía patrones que respondían a incentivos de mercado de forma similar a lo que ocurría con los trabajadores libres.

De modo que debemos concluir que si bien en Roma la esclavitud tuvo un papel, los éxitos económicos y el avance en el bienestar no sucedieron, al menos exclusivamente, gracias a ella. De hecho, es más posible que la institución de la esclavitud actuase más como un freno que como un impulsor de la economía romana (véase el siguiente epígrafe).

186. Véase Temin (2012). Hasta hace poco, la historiografía consideraba la cifra del 30 por ciento como cierta, pero investigaciones recientes muestran que es una exageración basada más bien en las cifras del sur de Estados Unidos y Brasil a inicios del siglo XIX y en analogías incorrectas. Los análisis genéticos de la población italiana también desmienten la cifra de un tercio de la población esclava en el Imperio romano temprano. Véase Scheidel (1999).

187. Véase Temin (2012).

## ¿Revolución Industrial en Roma?

A pesar de que los romanos disfrutaron de una calidad de vida que no sería superada durante mil quinientos años, Roma fue incapaz de desarrollar una revolución industrial. Aun cuando es muy posible que contara con elementos tecnológicos que podrían haber encendido la mecha industrial, la economía romana nunca tuvo ni siquiera un conato de industrialización.[188] Los historiadores mantienen encendidos debates del porqué de está incapacidad.

Una posible explicación de la ausencia de una industrialización en Roma, muy repetida entre historiadores, es que, a imagen y semejanza de la élite de las polis griegas, los romanos de alta cuna sentían un profundo desprecio hacia cualquier forma de actividad económica que no estuviera vinculada a la agricultura.[189] Quizás la élite romana era algo más abierta que la griega, ya que por su propia cuenta llevaba a cabo también actividades financieras. Pero con pocas excepciones, la mayoría de las actividades económicas en Roma eran llevadas a cabo por las clases no aristocráticas (ya sea por su propia cuenta o en calidad de representantes de los aristócratas). El ideal de vida aristocrático romano siempre fue llevar a cabo una carrera política exitosa. Esta mentalidad aristocrática podría haber generado un límite a la capacidad de aplicar las innovaciones tecnológicas a la actividad económica. En este sentido, es destacable que varias innovaciones tecnológicas permanecieron sin ser utilizadas con fines productivos durante siglos: por ejemplo, el primer antecesor del motor a vapor, la eolípila, fue inventado en el siglo I en Alejandría, en el Egipto romano. Pero este predecesor del motor a vapor fue utilizado simplemente como un entretenimiento, nunca fue aplicado de forma útil en un proceso productivo.

Otra posibilidad que explicaría la falta de una Revolución Industrial en Roma es la presencia del trabajo esclavo. La esclavitud fue una institución que en la economía pudo ser más utilizada por los romanos que por otras civilizaciones antiguas. La presencia de trabajo esclavo desincentiva la inversión en maquinaria y en utensilios dedicados a sus-

188. Como escribiría Marx más de mil años después: «Con el molino hidráulico, el Imperio romano nos había legado la forma elemental de toda maquinaria». Véase Marx (1867).

189. En el capítulo 3 ya vimos que la veracidad de esta afirmación sobre la caracterización del trabajo en la antigua Grecia es más que discutible.

tituir al propio factor trabajo, y precisamente ése es el tipo de inversión predominante en una industrialización. Esto explicaría que inventos agrícolas desarrollados en tiempos romanos, como el molino de agua o como la segadora con ruedas, fueran increíblemente infrautilizados en Roma a pesar del enorme potencial que tenían para incrementar la productividad laboral agrícola. Esta hipótesis es interesante, pero habría que poner en contexto su poder explicativo, ya que, como hemos visto, el precio de los esclavos en Roma creció de forma mayúscula y en el siglo I fueron hasta diez veces más caros que en el siglo II a. C. La principal fuente de esclavos de Roma siempre fue la guerra, y la ausencia de grandes conflictos en el período de la Pax Romana provocó que escasearan los esclavos. Por tanto, una oferta pequeña y un gran precio de la mano de obra esclava debería haber incrementado el incentivo para invertir en sustitutos de la mano de obra, algo que nunca ocurrió.

### La desintegración económica y monetaria de Roma

Uno de los principales motivos que explican la caída del Imperio romano fue la política de *panem et circenses* (pan y circo). Esta expresión hace referencia a una estrategia política diseñada para apaciguar y mantener en calma a la plebe de la ciudad de Roma. Los emperadores tenían miedo de revivir el convulso período del final de la República romana e intentaron apaciguar el riesgo de rebelión comprando, mediante dádivas, a la plebe romana.

La política de pan y circo tenía dos patas: por un lado, consistía en conceder subsidios a los alimentos y, por otra parte, en celebrar juegos de gladiadores y otros espectáculos como las carreras de caballos. Esta política de corte populista se había instaurado en Roma desde el final de la República (el primer reparto de trigo en Roma se llevó a cabo en el año 53 a. C.) como un sustituto de la mucho más radical redistribución de tierras que proponían los hermanos Graco, políticas que si bien apenas se implementaron, en última instancia llevaron a la República a su colapso, como ya hemos visto.

La política de pan y circo había ido absorbiendo partes crecientes del presupuesto público de la administración imperial. Gran parte del proletariado urbano romano se transformó en población dependiente de los subsidios. Como los subsidios se dispensaban principalmente en la ciudad de Roma (y, en menor medida, desde el año 212 en algunas ciudades itálicas),[190] ciudadanos de todas partes del Imperio romano acudieron a la capital en busca de estos subsidios. Éste podría ser el primer efecto llamada (o atracción de inmigración) de la historia provocado por la ayuda social. En Roma, en el año 46 a. C., aproximadamente 320.000 personas recibían trigo gratis (de una población de 750.000 personas). También se repartía harina e incluso subsidios en efectivo.

La presión creciente sobre el presupuesto público que provocaba la política de pan y circo, unido al enorme gasto militar que implicaba mantener la Pax Romana, terminaron por provocar una crisis fiscal gigantesca.[191] La capacidad impositiva era relativamente limitada y existía poca disposición a imponer nuevos tributos.[192] Esta crisis fiscal se intentó aplacar consiguiendo nuevos recursos mediante devaluaciones monetarias. Hasta el final del siglo II, los gobernantes romanos habían sido muy reacios a modificar el peso y la calidad de los denarios de plata, y sólo habían acudido a la devaluación en algunas guerras, y cuando éstas terminaban se reacuñaba moneda de buena calidad, deshaciendo la devaluación anterior. A partir del siglo III, esta mesura para con la moneda de plata desapareció, los emperadores romanos empezaron a devaluar la moneda con el fin de conseguir recursos para pagar al ejército y a la política de pan y circo.[193]

Como las primeras devaluaciones de la moneda de plata romana no ejercieron un impacto muy fuerte en la inflación, los emperadores romanos se volvieron adictos a la manipulación monetaria como forma de generar ingresos públicos. El problema es que las variables económicas muchas veces responden de forma no lineal: en Roma, la inflación empezó de forma muy moderada a finales del siglo II, pero a

190. Desde el edicto de Caracalla, en el que se concedió la ciudadanía universal en el año 212, aumentó la presión para alimentar a partes crecientes de la población, ya que los subsidios se extendieron desde la ciudad de Roma a otras ciudades itálicas. Desde entonces, la presión sobre el presupuesto público se volvió insoportable.

191. El gasto militar siempre fue la partida que más recursos consumió al gobierno de Roma. A pesar de todo, el gasto militar nunca consiguió elevarse, en términos reales, por encima del nivel alcanzado bajo Augusto a inicios del período imperial. Véase Hopkins (1980). Esto implica que el elemento diferenciador, y que hizo presión por el lado del gasto, fue la política de pan y circo.

192. Véanse Hopkins (1980) y Anderson (1974).

193. Véase Harl (1996).

mediados del siglo III se tornó una inflación descontrolada. Al perder la confianza en que en el futuro las autoridades no manipularían la moneda, el público se deshacía de ella a toda prisa, y en sí mismo esto último es inflacionario.[194] Es muy probable que la no linealidad monetaria en Roma explique que las en apariencia inocuas devaluaciones monetarias iniciales fuesen seguidas por una explosión inflacionaria que tuvo lugar, sobre todo, después del año 274, desde la reforma monetaria que llevó a cabo el emperador Aureliano (véase más abajo).

Como rara vez las desgracias vienen solas, la inflación no sólo destruyó la moneda romana, sino también gran parte de la capacidad fiscal del Imperio romano. Debido a la manipulación monetaria, la crisis fiscal que ya sufría Roma se acentuó mucho más. El siglo III fue el siglo de la inflación y del repudio de la moneda en Roma, pero también fue el siglo del colapso económico. El comercio de larga distancia se vio interrumpido en gran parte del imperio. El lucrativo comercio marítimo que Roma mantenía con la India cesó por completo. Los bancos, que habían sido muy activos en los siglos anteriores, desparecieron en Roma. Las ciudades se empezaron a vaciar, mientras la contracción demográfica se aceleró. Los ciudadanos más adinerados buscaron refugio en sus haciendas agrícolas, lejos de las ciudades. La economía monetaria empezó a perder terreno, y desde finales del siglo III se empezaron a hacer pagos en especie. Todo esto provocó que durante todo el siglo III, los niveles de bienestar cayeran de forma espectacular.

En estos años de decadencia se observó un proceso de concentración de la propiedad agrícola. Mientras se disparaba la desigualdad económica, también lo hacía la desigualdad jurídica: el título de ciudadano romano perdió paulatinamente su importancia mientras los propietarios agrícolas fortificaron sus fincas y sometían a la población dependiente a sus propias reglas y no a las de Roma. Desde este momento, el camino a la servidumbre feudal ya estaba servido.[195]

194. La devaluación monetaria destruye la confianza del público en la moneda. La desconfianza del público genera una caída en la demanda de dinero, lo que provoca la caída de su precio (o lo que es lo mismo, nueva inflación).

195. Véanse Papi (2004) y Jongman (2014).

## *Patrón de pagos en la antigua Roma*

En la península itálica existía la tradición arcaica, que hundía sus raíces en el inicio de la Edad de Hierro europea (c. 900 a. C.), de producir pesadas barras de bronce y de hierro (con un peso de entre 200 y 400 gramos) para efectuar pagos. Esta tradición monetaria arcaica era practicada por pueblos como los etruscos, los samnitas y los latinos. Como pueblo latino fuertemente influido por los etruscos, Roma no fue una excepción y su sistema monetario, en sus inicios, estuvo dominado por estas barras o lingotes de bronce y hierro. Este medio de cambio era terriblemente incómodo y mal adaptado a las necesidades del comercio, por lo que en cuanto la economía romana creció lo suficiente, se buscó un sustituto.

Mediante sus ciudades y puestos comerciales situados en la Magna Grecia, los griegos introdujeron en la península itálica la moneda acuñada. El contacto comercial y militar de Roma con las ciudades griegas provocó que desde el siglo IV a. C. las barras de bronce que usaban los pueblos itálicos fuesen reemplazadas gradualmente por monedas de plata de origen y estilo griego.

Sin embargo, Roma no emitiría sus propias monedas de plata (denario) y cobre (as) hasta el siglo III a. C. Desde ese momento, el comercio, que hasta entonces había sido realizado en una parte considerable mediante trueque, aumentó de forma acelerada.

En Roma, el sistema monetario fue un gran mecanismo de integración económica. A inicios del imperio, la moneda acuñada era ampliamente utilizada por todas las capas de la población. El uso de monedas acuñadas fue mucho más extendido en Roma que en ninguna civilización anterior ni posterior durante siglos.

Desde la reforma monetaria de Augusto (siglo I a. C.) existieron monedas de cobre, plata y oro, monedas que daban respuesta a distintas necesidades del comercio. La moneda de cobre, emitida principalmente por cecas locales, era utilizada por el comercio local de poca entidad. La moneda de plata, representada por los famosos denarios, ejercía la función de ser la unidad de cuenta principal de Roma y era sobre todo utilizada como medio de cambio en el comercio regional y en el comercio local. Por último, la moneda de oro, el áureo (y más tarde el sólido), fue utilizada principalmente en el comercio de larga distancia.

En su función de medio de cambio, las monedas romanas de bronce eran las más utilizadas (as), seguidas por las de plata (denario), y las monedas de oro (áureo) fueron relativamente muy poco transadas.[196]

Al igual que en Grecia, en Roma los banqueros hicieron su aparición en forma de cambistas de moneda. Estos cambistas aparecieron desde el siglo IV a. C. en cuanto se introdujeron en la economía romana las monedas acuñadas. Desde el siglo II a. C., la banca romana adquirió un nivel de sofisticación lo suficientemente elevado como para realizar pagos sin necesidad de efectivo. Al igual que la egipcia en el período helenístico, la banca romana fue una banca «popular», una banca ampliamente utilizada por una parte considerable de los ciudadanos romanos. Al hacer fácil y barato efectuar pagos entre territorios situados a miles de kilómetros, la capacidad de compensación entre bancos y la utilización de crédito para llevar a cabo la compraventa en el mercado funcionó como nuevo impulsor de la integración económica.

Mostrando una estabilidad monetaria mayúscula, el sistema monetario creado por Augusto resistió durante casi dos siglos, sin episodios graves de inflación ni grandes desajustes monetarios. Como veremos en los siguientes epígrafes, desde finales del siglo II (desde tiempos de Marco Aurelio), la inflación hizo su aparición, destruyendo paulatinamente la confianza de los romanos en su moneda.

El sistema monetario romano tenía la siguiente forma:

**Tabla 4.2. Sistema monetario en la Roma clásica (final de la República y primeros dos siglos del Imperio)**

| UNIDAD MONETARIA | CONVERSIÓN EN UNIDAD DE MENOR VALOR | TIPO DE MONEDA Y ESTATUS | CANTIDAD METAL |
|---|---|---|---|
| Áureo | 25 denarios | Moneda de oro (moneda de mayor valor) | 7,83 gramos |
| Denario | 4 sestercios | Moneda de plata (unidad monetaria principal) | 4,5 gramos |
| Sestercio | 4 ases | Moneda de plata (hasta 23 a. C.)<br>Moneda cobre-zinc (desde 23 a. C.) | 1,13 gramos plata<br>27 gramos bronce |
| As | 2 semises | Moneda de bronce | 15 gramos |
| Semis | 2 quadrantes | Moneda de bronce | |
| Quadrante | | Moneda de bronce (moneda de menor valor) | |

*Fuente*: Von Reden (2010).

196. Las monedas de bronce se desgastaban 7 veces más rápido que las de oro y las de plata, 2,5 veces más rápido. Véase Duncan-Jones (1994).

## El dinero arcaico romano: ganado, monedas de bronce y oro en templos

### *¿Cabezas de ganado en monedas?*

Es posible que cuando se pasea por los pasillos del Museo Británico o del Louvre dedicados a Roma, al turista cultural le llame la atención que algunas de las monedas más antiguas en exhibición presenten en una de sus caras una representación del ganado y no una efigie de un rey o de un importante político romano.

¿Por qué aparece una cabeza de ganado en las monedas romanas más tempranas y no un rey (como en Lidia) o un símbolo de la ciudad (como en Grecia)?

Una de las palabras en latín para designar al dinero es *pecunia*. Pecunia comparte raíz con el término *ganado*. Esto es así porque en múltiples culturas el ganado ha sido utilizado como una forma primitiva de dinero, los romanos primitivos incluidos.[197] Lo que quizás no es tan común es que las cabezas de ganado aparezcan en las monedas de una civilización.

El escritor y polímata romano Plinio el viejo explica que la aparición de cabezas de ganado en las monedas tempranas de Roma era testimonio de los vínculos monetarios entre el ganado y los metales preciosos. Las monedas arcaicas romanas eran un desarrollo natural de la institución del dinero, institución que había mutado naturalmente su forma del ganado a los metales.

Es posible que mientras se extendía el uso de los metales preciosos como medio de intercambio, en algunos ámbitos las cabezas de ganado preservasen su función de medio de cambio.

Pero, sobre todo, es posible que el ganado mantuviese su función de ser unidad de cuenta incluso cuando desapareció por completo su función de ser medio de cambio. Por tanto, en sus inicios, la moneda metálica romana podría en realidad haber representado cabezas de ganado, porque los romanos todavía pensaban y calculaban en términos de cabezas de ganado.

197. Véanse Menger (1892) y Moncada (2023).

## *Las primeras monedas romanas: el as y el «búho romano»*

A diferencia de los griegos, cuyas primeras monedas estaban realizadas con plata y oro, los romanos iniciaron su andadura monetaria utilizando como metal monetario el bronce y el hierro. Como ya hemos comentado, el bronce tuvo en Roma un uso monetario en forma de pesados lingotes. Estos lingotes, que pesaban una libra romana, recibían el nombre de as. El as fue la unidad monetaria base del sistema monetario romano hasta aproximadamente el 300 a. C.[198]

Los ases romanos eran muy poco útiles para efectuar intercambios, así que desde el siglo IV a. C. fueron paulatinamente sustituidos por monedas de bronce de menor peso. A la par que estas barras y monedas de bronce, hasta el 275 a. C. encontramos en Roma un uso limitado de monedas de plata de origen griego.

Los romanos emitieron su primera moneda de plata en el 300 a. C. La primera moneda romana fue realizada a imagen y semejanza de los búhos griegos (que, como vimos en el capítulo anterior, era la moneda más importante de esta época). En concreto, la primera moneda romana fue una copia del didracma ateniense (dos dracmas). Los romanos incrementaron notablemente las acuñaciones de sus monedas en el 275 a. C., después de ganar las guerras pírricas contra las ciudades estado griegas de la Magna Grecia comandadas por Siracusa. A pesar de ello, en esta fecha la cantidad de monedas romanas en circulación era todavía muy escasa y sus emisiones eran realizadas de forma no sistemática. Hasta el 211 a. C., momento que coincide con la segunda guerra púnica (218 a. C.-201 a. C.) contra Cartago, en Roma el uso de monedas de acuñación griega siguió siendo predominante en comparación con su propia moneda.

Los romanos llamaron «denarios» a sus primeras monedas de plata. En latín, *denario* significa «piezas de diez». La razón de este nombre es que, en el momento de su primera emisión, el «búho romano» tenía un valor de 10 ases de bronce romanos.

198. Véase Harl (1996).

### *Los templos romanos como reservas de emergencia*

Los templos romanos ejercieron la misma función que sus contrapartes griegas y mesopotámicas. Los templos llevaban a cabo la función de ser reserva centralizada ante emergencias con la que contaba la comunidad política. Las riquezas acumuladas en los templos sólo se utilizaban cuando la supervivencia de la propia comunidad estaba en riesgo, usualmente ante la inminencia de una invasión militar.

El origen de la palabra *moneda* proviene de un mito romano relacionado con los templos y su función monetaria: en el primer gran saqueo que los pueblos bárbaros perpetraron en Roma (realizado por los galos en el 390 a. C.), uno de los templos donde se guardaban los tesoros romanos, el templo de Juno Moneta, pudo salvarse del saqueo gracias a los graznidos de uno de los animales sagrados de Roma: el ganso. Cuenta la leyenda que desde entonces los romanos llamaron a su dinero *moneta* y acuñaron las monedas en los templos romanos.

En los momentos más críticos de la segunda guerra púnica, cuando el ejército de Aníbal y sus elefantes de guerra habían invadido la península itálica y se temía que Roma podría ser de nuevo saqueada, los romanos, al igual que hicieron los atenienses siglos atrás, tomaron los tesoros de sus templos, los fundieron y acuñaron monedas para pagar el esfuerzo de guerra. Con el tesoro de los templos romanos se acuñó en el 211 a. C. la primera moneda de oro de Roma: el áureo.

De modo que en Roma los templos realizaban la misma función (reserva de emergencia) que en otras civilizaciones antiguas.

En el mismo año que nace el áureo, nace oficialmente la moneda más famosa de Roma: el denario.

## El denario: la base del sistema monetario romano

En el período de su máximo esplendor económico, cultural y social (entre el siglo II a. C. y el siglo II), el denario fue la moneda principal del sistema monetario romano. La importancia del denario en la historia es mayúscula, ya que muchas monedas de épocas posteriores fueron diseñadas sobre las directrices que los romanos imprimieron a su denario. El denario murió antes que el Imperio romano, pero su esencia perduró, y trascendió fronteras y épocas históricas. El denario inspiró los *pennies* ingleses y los *deniers* franceses de la Europa medieval y los dírhams de los califatos islámicos. El legado de los denarios sigue vivo en nuestros días, y es que hasta 1971 los ingleses utilizaban como abreviación del penique, en vez de una p, una d de denario.

## *El primer sistema monetario romano*

Los romanos establecieron su propio sistema monetario completo a finales del siglo III a. C., después de haber utilizado durante más de un siglo monedas de plata de origen griego junto a sus ases de bronce. Desde el 211 a. C., el denario se convirtió en uno de los principales medios de cambio de los romanos, en uno de sus depósitos de valor preferidos y en la indiscutible unidad de cuenta de Roma. Por tanto, podemos afirmar que el denario fue la base del sistema monetario romano desde su misma concepción.

El denario nació en plena lucha contra Cartago por la hegemonía del mar Mediterráneo en la segunda guerra púnica. La creación del denario puede ser entendida como una medida monetaria para ganar la guerra. En realidad, la creación del denario implicó una devaluación del «búho romano» que se emitía de forma esporádica en Roma bajo el estándar monetario de Atenas. Al mudar del búho al denario, el contenido de metal noble de la moneda de plata romana bajó desde 7,3 gramos hasta 4,5 gramos. Las cecas romanas reacuñaron todos los antiguos búhos romanos que pudieron. Con esta argucia monetaria, los romanos consiguieron extraer fondos a sus habitantes para sufragar la guerra contra Cartago. Adicionalmente, mediante esta devaluación monetaria los romanos consiguieron disminuir las enormes deudas que habían acumulado con anterioridad al pagar en una moneda con mucho menos contenido de plata.

Después de la guerra se llevó a cabo una reforma monetaria que respetó el peso y pureza del denario. Esta reforma, muy al estilo helenístico, dictaminó que las monedas de plata serían emitidas en Roma y las de bronce en las cecas locales.

Desde el 200 a. C., el peso y calidad del denario no se modificó en absoluto durante dos siglos y medio. Nerón fue el primero que devaluó el denario en el año 63. Esta devaluación no fue excesiva, ya que el denario pasó de tener un contenido de plata del 98 por ciento al 93 por ciento (véase tabla 4.3). Con algunos altibajos,[199] el denario mantendría su pureza hasta cerca del año 200, momento en que el emperador Septimio Severo emitió monedas con tan sólo un 50 por ciento de plata. Desde ese momento, y como veremos en el siguiente epígrafe, la devaluación del denario y la inflación en Roma fueron ya imparables.[200]

La plata que alimentaba la acuñación monetaria del denario provenía principalmente de minas situadas en la región de Hispania, y, en menor medida, de la Galia. Ya hemos visto que los griegos mostraron interés por las riquezas minerales de Hispania, en concreto por sus metales preciosos. El interés original de los romanos en Hispania fue más bien estratégico y militar (lucha contra Cartago); sin embargo, una vez que Roma controló Hispania, explotó económicamente sus recursos naturales.

En los dos siglos que transcurren entre el 150 a. C. y el 50, la cantidad de denarios se multiplicó por 10, y a pesar de eso la inflación apenas hizo aparición en Roma.[201] Puede que la mayor población bajo dominio romano explique en parte que el incremento de dinero no fuese tan grande en términos per cápita. Pero la explicación que dan algunos historiadores sobre la mayor riqueza relativa del período imperial no puede explicar correctamente la falta de inflación al aumentar la cantidad de dinero. Ya hemos visto que el período en el que finaliza la República es igual de próspero que los primeros ciento cincuenta años del imperio. Podría ser un caso más de estudio en el que la teoría cualitativa del dinero explica mejor los patrones inflacionarios que la teoría cuantitativa del dinero. En estos dos siglos, el denario romano mantuvo casi inalterado su peso y su contenido de plata (es decir, el denario no se deterioró cualitativamente), mientras que la cantidad de denarios crecía. Los precios, por su parte, crecieron de forma muy modesta durante estos dos siglos.

199. En algunas ocasiones, coincidiendo con algún gran gasto, como celebraciones multitudinarias o guerras, se devaluaba el denario para ser revaluado poco tiempo después. Después del año 218 no se volvió a hacer una revaluación del denario, desde ese momento sólo hubo devaluaciones. Véase Harl (1996).

200. Véase Haklai-Rotenberg (1970).

201. Véase Davies (2002).

## *El fin del denario como moneda y su inmortalidad como unidad de cuenta*

El denario se mantuvo durante más de cuatrocientos años como la base del sistema monetario romano, hasta que a mediados del siglo III la inflación y los desajustes monetarios obligaron a realizar múltiples reformas monetarias.[202] Esto convierte al denario en una de las monedas más longevas de la historia, quedando sólo ligeramente por detrás de los búhos atenienses que, como ya vimos en el capítulo anterior, se mantuvieron en circulación durante casi quinientos años.

La crisis política, social y económica que sufrió Roma en el siglo III también se caracterizó por ser una crisis monetaria: esta crisis de dimensiones colosales acabó con el centenario denario romano. La continua devaluación del denario provocó que la operativa de la ley de Gresham entrara a funcionar: los denarios más antiguos, que eran los que mayor cantidad de plata contenían, desaparecieron de la circulación y fueron atesorados de forma masiva mientras que sólo circulaban los denarios de peor calidad.

Es probable que la estocada final para el denario fuese la emisión de los famosos antoninianos. El antoniniano era una moneda que en su origen fue emitida por Caracalla en el año 212, y su valor nominal era de dos denarios, a pesar de que su contenido metálico era igual a un denario y medio. Entre los años 266 y 274 se emitió una cantidad enorme de antoninianos, lo que aceleró la pérdida de valor del denario y la operativa de la ley de Gresham que ya estaba en marcha antes. Es curioso, pero estos años de emisión de antoninianos coinciden con un gasto desorbitado en transferencias «sociales» (pan y circo) a la plebe romana por parte de sus emperadores (Valeriano y Galieno duplicaron las transferencias populistas a las clases bajas).

Al final, la reforma monetaria de Diocleciano (explicada en el siguiente epígrafe) acabó con el denario en el año 295. Diocleciano daría la estocada final al maltrecho denario, pero casi un siglo de devaluaciones monetarias lo habían herido de muerte. La causa real de la desaparición del denario fueron las devaluaciones impulsadas por la desesperación de los emperadores para conseguir fondos con los que cubrir la política de pan y circo. La ayuda social acabó con el denario, y es muy

202. Véase Jongman (2003).

posible que fuese un elemento trascendental que explica el colapso del propio Imperio romano.

Como moneda que cumplía la función de medio de cambio, el denario fue reemplazado en el año 295 por una nueva moneda de plata: el *argenteus*. Sin embargo, hasta el final del Imperio romano, el denario mantuvo su condición de unidad de cuenta. Por tanto, aunque el denario murió como moneda que pasaba de mano en mano, se mantuvo vivo como idea durante otros dos siglos en la Roma imperial, y como veremos en el próximo capítulo, la larga sombra del denario permaneció viva durante la Edad Media.

## La moneda «dura» de Roma fue la moneda de oro

Ya hemos visto que cuando el esfuerzo de guerra lo requería, los romanos tendieron a devaluar su moneda de plata. Desde el siglo III, además, los denarios fueron devaluados para atender el populista gasto social de la política de pan y circo. En Roma, las devaluaciones muy rara vez afectaron a la moneda de oro, moneda que los romanos tendieron a proteger. A pesar de ello, el siglo III sufrió una crisis fiscal de tal calibre que los romanos llegaron a devaluar también su moneda de oro, pero esto fue más una excepción que la práctica habitual. Es probable que uno de los motivos por los que Roma evitó manipular su moneda de oro fue porque era la moneda más utilizada por la propia élite aristocrática, élite que dominó la política romana durante casi la totalidad de la existencia de Roma como ente político.

### *El áureo: la moneda de los ricos*

La primera moneda romana de oro se denominó áureo. Los áureos fueron utilizados para realizar pagos de gran envergadura, sobre todo en el comercio de larga distancia entre diferentes territorios romanos o incluso en el comercio entre Roma y otros pueblos, como, por ejemplo, en las rutas comerciales que cruzaban el golfo Pérsico y llegaban hasta la India.

Al igual que los denarios, los áureos fueron emitidos por vez primera en la segunda guerra púnica contra Cartago. Como ya hemos visto, en esta contienda que podría haber acabado de forma temprana con Roma, los tesoros almacenados en los templos romanos fueron utilizados como reserva de emergencia. El origen de los primeros áureos fueron los tesoros de los templos y las necesidades de la guerra. A pesar de todo, el oro no cuajó en el sistema monetario romano hasta mucho tiempo después: el áureo no sería emitido de forma regular hasta dos siglos más tarde.

A finales del siglo I a. C., entre el ocaso de la República y el inicio del imperio, se produce una reforma monetaria, la reforma de Augusto, que marcaría el inicio de la emisión regular de los áureos. En el esquema monetario del inicio del Imperio romano, el áureo tenía un peso de casi 8 gramos y era equivalente a 25 denarios de plata. Con excepción del comercio de larga distancia, el áureo se mantuvo poco utilizado como medio de cambio. La función monetaria principal de la moneda de oro romana siempre fue la de depósito de valor.

El áureo se mantuvo a salvo de devaluaciones durante dos siglos y medio. Pero en el funesto siglo III se traspasaron todos los límites monetarios. Desde el año 253, el áureo también cayó presa de las devaluaciones que ya llevaban cinco décadas destruyendo el valor del denario de plata. Las autoridades romanas tardaron mucho más en devaluar la moneda de oro que la de plata por dos motivos: prestigio internacional y que la moneda de oro era la moneda más utilizada por las propias élites gobernantes.

### *El sólido: la moneda más longeva de la historia de la humanidad*

La inestabilidad monetaria que destruyó al denario de plata también destruyó al áureo. Para salvar la moneda de oro romana, el áureo tuvo que ser sustituido por una nueva moneda: el sólido. El sólido de oro fue introducido en una reforma monetaria llevada a cabo por el emperador Constantino en el año 309. Esta reforma monetaria de Constantino consiguió al fin controlar las inflaciones galopantes del siglo III en el Imperio romano.[203]

Igual que el denario, el sólido de oro nació como una moneda mucho más ligera que aquella a la que sustituyó y pesaba unos 4,5 gramos.

203. Véase Morrisson (2007).

La reforma monetaria de Constantino fue lo bastante inteligente como para no introducir tipos de cambio fijos entre el sólido de oro y las monedas adulteradas e inflacionarias de plata.[204] Esto evitó la aparición de la ley de Gresham, e hizo que la moneda de oro retuviera la capacidad de ser medio de pago en algunas transacciones al lado de su función principal de ser depósito líquido de valor.

Constantino y los sucesivos emperadores romanos exigieron el pago de impuestos en sólidos de oro de peso completo. Esta medida ayudó a evitar que la moneda perdiera peso por adulteración de los ciudadanos. Como la moneda no fue adulterada por gobernantes ni por ciudadanos, consiguió una fama internacional como moneda estable, fama que habilitó que sobreviviera al propio Imperio romano que la emitía. Cuando el Impero romano de Occidente cayó, el sólido siguió siendo emitido en la parte oriental del Imperio durante nada menos que ochocientos años más.

Podemos considerar al sólido de oro como la moneda más exitosa de la historia de la humanidad, ya que sobrevivió durante más de mil años: desde el año 309 cuando fue emitida por primera vez por el emperador Constantino hasta su final en el año 1353, un siglo antes de la caída del Imperio bizantino o Imperio Romano de Oriente. Entre los herederos del Imperio romano occidental, el sólido sobrevivió menos tiempo, y dejó de usarse aproximadamente en el año 750 (véase más en el capítulo siguiente).

Al igual que otras monedas muy longevas, el sólido de oro consiguió sobrevivir durante tanto tiempo gracias a su historial de moneda no adulterada por el poder político. Los emperadores bizantinos consiguieron respetar durante siglos el contenido casi puro de oro del sólido. De su milenaria vida, el sólido de oro romano permaneció inalterado durante setecientos años.

Por tanto, muy pronto en nuestro libro podemos establecer el top tres histórico en longevidad monetaria: en primer lugar, se encuentra el sólido de oro romano; en segundo lugar, el denario romano; y en tercer lugar, el búho ateniense.[205] Como característica distintiva, las tres monedas compartieron la escasa manipulación a la que fueron

204. Véase Davies (2002).

205. Como veremos en el siguiente capítulo, si interpretamos que su nacimiento podría ser el año 1158, la libra esterlina podría ser incluida en esta lista en segundo

sometidas por sus respectivas autoridades monetarias. Además, la ausencia de manipulación se prolongó durante siglos, lo que las dotó de una más que merecida fama de ser monedas estables en valor, impulsando su demanda, y con ella, su uso monetario.

De la misma manera en que como idea el denario sobrevivió durante siglos y como abreviatura del penique llegó hasta el sistema monetario inglés del siglo XX, el sólido hizo lo propio, y su impronta llegó al siglo XX inglés como abreviatura del chelín (*shilling*): s.[206]

## El sistema bancario romano: los primeros bancos modernos

En el capítulo anterior vimos que Grecia había desarrollado un sistema bancario privado en el que se fundían en una misma institución las funciones financieras especializadas del préstamo con interés y del depósito de moneda. Los romanos copiaron el modelo de banca griega y lo llevaron a nuevas cotas de sofisticación.

### *Los primeros banqueros romanos: los cambistas de moneda*

A diferencia de otras épocas históricas, en Roma se consideraba al préstamo con interés como una actividad legítima, carente de los tabúes sociales presentes en otras culturas. La práctica de prestar con interés estaba bastante extendida como para que fuese una forma de riqueza habitual entre la aristocracia romana. Entre los patrimonios de las principales familias romanas, los préstamos figuraban al lado de tierras, ganado, propiedades inmobiliarias y esclavos. A pesar de ello, los banqueros romanos nunca fueron miembros de la élite romana, ni siquiera en las provincias ni tampoco a escala municipal. Los miembros de la aristocracia prestaban sus propios capitales, mientras que los banqueros financiaban la concesión de préstamos con la emisión

---

lugar. En cualquier caso, la fecha alternativa de nacimiento de la libra esterlina, el año 1489, la haría merecedora de estar en este ranking.

206. Véase Davies (2002).

de depósitos. Por lo general, en Roma los banqueros eran pequeños empresarios insertos en la lógica de los oficios o actividades profesionales en las que maestros enseñaban a sus aprendices las sutilezas de la profesión que ejercían. Los miembros de la élite aristocrática tenían propiedades que con frecuencia gestionaban en persona, pero no ejercían una profesión como tal. La aristocracia no estaba regulada en su actividad prestamista, mientras que los banqueros sí tuvieron una regulación específica para su profesión.[207]

Los primeros bancos aparecen en Roma hacia el 315 a. C., poco tiempo después de que Roma se estableciera como un poder dominante en el centro de la península itálica y unos cien años antes de establecer su propio sistema monetario. Los inicios de la banca romana se encuentran en el mismo lugar que los de la griega: en los cambistas de moneda. Estos cambistas, especialistas en transar monedas de diferentes procedencias o monedas locales de diferentes metales, poco a poco empezaron a extender sus negocios a otras actividades relacionadas con el dinero como el préstamo con interés y la aceptación de depósitos. Debido a que los romanos emitían sus monedas en sus templos, la actividad monetaria y cambiaria tendió a concentrarse en los lugares de culto. Los banqueros romanos no serían una excepción y solían situar sus puestos al lado de los templos romanos.[208]

La práctica de prestar con interés creció de manera paulatina desde el siglo III a. C. hasta la crisis del siglo III. En su actividad de prestamistas, los miembros de la élite aristocrática romana solían estar asistidos por ayudantes que podían ser trabajadores libres o esclavos. Los banqueros también podían ser tanto trabajadores libres como esclavos. A pesar de que algunos miembros de la aristocracia romana amasaron fortunas formidables mediante el préstamo, ninguno de ellos ejerció la profesión de la banca.[209]

207. Véase Andreau (1999).

208. Así podemos entender la historia bíblica en la que Jesús expulsó a latigazos a los cambistas de moneda del templo. Los cambistas de moneda se encontraban en el templo porque era el lugar en el que los romanos acuñaban sus monedas.

209. Algunos banqueros destacados, provenientes de clases no aristocráticas, consiguieron mediante la compra de propiedades ser incluidos en los rangos aristocráticos y que sus descendientes pudieran ser parte de la clase senatorial o de los caballeros. Véase Andreau (1999).

## *Banca en Roma: crédito comercial y el germen de la cámara de compensación*

A partir del 150 a. C., y coincidiendo con el inicio de la época de máximo desarrollo económico de Roma, los banqueros romanos empezaron a dar préstamos a corto plazo a los compradores en los mercados mayoristas.[210] Parece que los banqueros romanos no ejercieron de forma masiva el descalce de plazos —esto es, invertir en préstamos a largo plazo financiándose a corto plazo—, sino que el grueso de sus inversiones consistía en préstamos a corto plazo, y una parte de ellos era este crédito comercial que acabo de mencionar. Esto podría ser indicativo de un incipiente desarrollo de un sistema monetario basado en el crédito comercial, sistema que, como veremos en el siguiente capítulo, se desarrolló de forma mucho más avanzada al final de la Edad Media.

Los banqueros romanos permitieron en las cuentas de sus clientes la práctica del sobregiro o «números rojos». Esto equivalía a que los bancos extendieran crédito a corto plazo a sus clientes.

Los banqueros romanos no sólo ofrecieron a sus clientes préstamos y el servicio de depósito de dinero, sino que, de forma muy novedosa, estos banqueros ofrecieron los servicios de gestión de pagos. Actuando en nombre de sus clientes a cambio de una comisión por el servicio prestado, los bancos romanos podían recibir y realizar pagos de y a terceros. Es decir, los banqueros romanos perfeccionaron la custodia de dinero, y ofrecían seguridad no sólo a la hora de resguardar el dinero, sino también a la hora de moverlo. En consecuencia, a la hora de extender el servicio de custodia del dinero a la transferencia del propio dinero, los bancos romanos se adelantaron a los bancos del final de la Edad Media.

Cuando el sistema bancario se convierte en gestor de pagos de sus clientes, es natural que estos clientes utilicen menos las monedas al empezar a realizar pagos bancarios. En esta situación, es natural que se extiendan los pagos bancarios entre particulares, muchos de ellos

210. Los historiadores suelen afirmar que los banqueros romanos proveían crédito en subastas. Sin embargo, estas subastas eran en realidad una forma común en la que se vendían mercancías en mercados mayoristas como puertos, ferias y mercados de esclavos y de grano. Véase Andreau (1999).

clientes de diferentes bancos. Ya vimos que, de manera muy imperfecta, la banca griega sólo pudo gestionar pagos entre clientes que tenían cuenta en el mismo banco, pero nunca entre clientes de bancos diferentes.[211] Los romanos consiguieron dar un paso más, y en algunas ciudades se desarrolló el germen de lo que muchos siglos después sería la cámara de compensación y el mercado interbancario. En concreto, los bancos romanos tomaron la decisión de abrir cuentas de depósito en otros bancos (esto es, hubo una apertura de cuentas cruzadas entre bancos).[212] Así que cuando los clientes de los bancos se hacían pagos entre sí, en vez de mover físicamente y de forma recurrente las monedas entre los bancos, éstos simplemente se hacían cargos acreedores y deudores en sus respectivas cuentas, y sólo en ocasiones se llevaban a cabo pagos en metálico entre bancos. *De facto*, esta práctica es una compensación en balances de saldos deudores y acreedores que ahorra el movimiento físico del dinero.[213] La compensación bancaria hacía mucho más eficiente el sistema de pagos, ya que los bancos romanos conseguían efectuar pagos entre particulares sin necesidad de que el dinero se moviera de lugar. La compensación ahorra los recursos necesarios para mover el dinero de lugar, evita el riesgo de robo y extravío del dinero en su transporte y evita el coste de chequear la calidad del dinero recibido cuando se utiliza moneda metálica.

Los bancos romanos tenían un tamaño relativamente pequeño, y casi siempre se limitaron a facilitar transacciones locales a sus clientes, muy rara vez estos bancos se involucraban en transacciones entre personas situadas en diferentes ciudades. Para realizar transacciones de larga distancia se utilizaba efectivo, a los recaudadores de impuestos (que al transferir habitualmente recursos entre provincias podían compensar saldos deudores y acreedores con cierta facilidad) y a

211. Ésta es la misma razón que explica la aparición de bancos nicho en la Grecia clásica. Ya vimos en el capítulo anterior que en Grecia los clientes de un mismo sector tendían a abrir cuenta en el mismo banco. Los bancos griegos sólo eran gestores de pagos para con otros clientes del mismo banco, pero no ofrecieron servicios de gestión de pagos a otros agentes, tampoco a otros bancos. Por tanto, no se desarrolló un sistema de pagos entre bancos o mercado interbancario.

212. Es el primer paso hacia una cámara de compensación, tal como explica Hicks (1989).

213. Ésta es una de las funciones principales de la banca.

compensaciones de deudas que facilitaban algunos ciudadanos particulares, casi siempre aristócratas, que tenían negocios en varias provincias.

A la hora de ofrecer el servicio de depósito, los banqueros romanos diferenciaban entre el depósito sellado o cerrado y el depósito no sellado o abierto. Los depósitos abiertos eran aquellos que formaban la propia esencia de la actividad bancaria. Estos depósitos abiertos eran utilizados en la intermediación financiera propia de la actividad bancaria; esto es, como fuente de financiación del propio banco. Los bancos también ofrecían depósitos cerrados, en los que el banco no podía utilizar aquello depositado con él. Como los abiertos, los depósitos cerrados podían ser de moneda, pero en esta modalidad también se podía depositar cualquier otro activo que el cliente considerara oportuno y quisiera resguardar en un lugar seguro.

Ya vimos que en el período helenístico, la banca egipcia tuvo un nivel particularmente alto de sofisticación, característica que iba a mantener en el período romano. En Roma no se desarrolló el cheque bancario como forma de realizar pagos, con excepción de dos territorios: Egipto, que en el período helenístico ya había desarrollado el cheque como forma de pago; y Canaán (Israel actual), que también llegó a desarrollar el cheque bancario.

Los bancos romanos se involucraron en algunos otros negocios y actividades vinculadas a las financieras. Entre ellas destaca lo que podría ser visto como un antecedente de la banca privada o de la gestión de patrimonio especializado, ya que los bancos romanos ejercieron en algunas ocasiones como administradores de las propiedades de sus clientes. Los bancos romanos también eran utilizados como testigos en transacciones de terceros y hacían las funciones de un notario.

## *El incipiente mercado financiero romano*

Desde el final de la República romana aparece en Roma un rudimentario mercado financiero. En el foro romano (la plaza central de Roma), existía un lugar concreto donde se reunían acreedores, deudores e intermediarios especializados de crédito. Los intermediarios hacían las veces de bróker entre acreedores y deudores; esto es, ponían en contacto a personas que necesitaban dinero con quienes lo poseían y estaban en disposición de prestarlo. Lo que explicaba entonces (y explica ahora) la existencia de estos intermediarios especializados de crédito era la incapacidad de los acreedores de dirimir si los deudores tenían buena fe y capacidad para devolver los préstamos.

A diferencia de los griegos, y gracias a su superior sistema legal, los romanos sí elaboraron documentos escritos de crédito transferibles. De hecho, estos documentos eran la forma preferida en que los aristócratas romanos invertían sus capitales en las provincias romanas. La operativa funcionaba gracias a la existencia en las provincias de intermediarios que recibían el flujo de capital. Habitualmente, este intermediario ya se encontraba en posesión de una deuda de una persona local, deuda que vendía al prestamista de la ciudad de Roma.[214] Cuando el intermediario recibía los fondos, podía volver a extender nuevos créditos para colocarlos a nuevos acreedores en Roma. En la actualidad, este intermediario financiero recibe el nombre de *dealer*, y su actividad consiste en tomar posesión directa de algunos títulos para luego revenderlos a terceros.[215]

La fácil transferencia de documentos de crédito permitía a los acreedores afincados en la ciudad de Roma colocar sus fondos fuera de la ciudad. Esto habilitaba una forma muy eficaz de trasladar capital desde la próspera ciudad de Roma hacia las provincias romanas que mostraban un nivel de desarrollo inferior. En consecuencia, la transferencia de capital tendía a disminuir la brecha de bienestar material entre Roma y sus provincias.

Esta operativa de exportación de capital también permitía al acreedor en Roma recuperar sus fondos sin necesidad de requerir el pago de los préstamos a los deudores, ya que abría la posibilidad de transferir las deudas en posesión de una persona a otros acreedores, recuperando la liquidez de su inversión en el proceso.[216] Podríamos considerar este desarrollo financiero romano como un lejano antecesor de los contemporáneos mercados de bonos.

Estas actividades financieras especializadas de intermediación,

214. El intermediario regional podría haber extendido el mismo el crédito o, a su vez, haberlo comprado a un tercero. Véase Andreau (1999).

215. Véase Mehrling (2016).

216. En realidad, el acreedor recupera su liquidez porque transfiere su activo ilíquido a un tercero (que será el que se coloque en su posición).

con la existencia de brókeres y *dealers* en los mercados de crédito, podrían ser consideradas como los primeros antecedentes de la banca de inversión de la historia.

Aunque los romanos desarrollaron documentos escritos de crédito transferibles, nunca desarrollaron la letra de cambio, una institución central del mercado monetario y que será fundamental en la economía monetaria medieval desde el siglo XII. La ausencia de la letra de cambio lastró el desarrollo posterior y la operativa de los bancos romanos.

## *La crisis inflacionaria y el trágico final de la banca romana*

A pesar de los innumerables avances en la técnica financiera y bancaria, cuantitativamente, en Roma en su conjunto la actividad bancaria permaneció relativamente poco importante. En la península itálica, en particular en Roma, y también en el Egipto romano, la institución de la banca fue mucho más importante que en otras zonas del Imperio.

Con excepción de la egipcia, la banca romana fue otra de las víctimas colaterales de la crisis económica y monetaria del siglo III. Los bancos romanos fueron los primeros que dejaron de aceptar en depósito los denarios devaluados que emitía Roma (véase siguiente epígrafe). Una de las consecuencias de una inflación descontrolada es la desaparición del crédito. Es posible que la inflación romana, causada principalmente por la devaluación monetaria de sus autoridades, destruyera gran parte del crédito en Roma y, con él, a sus intermediarios especialistas, entre ellos, los banqueros.

No sería ya hasta casi el final del Imperio romano cuando algunos bancos volvieron a nacer en Roma. Curiosamente, estos nuevos banqueros tenían un origen muy diferente que el de los antiguos. Ya vimos que los banqueros «originales» provenían de los cambistas de moneda. Los nuevos banqueros que aparecen casi al final del Imperio provienen, igual que ocurrirá con los banqueros ingleses de la Edad Moderna, de los orfebres/joyeros; es decir, de los especialistas artesanos en manufacturar productos cuya materia prima son los metales preciosos

## La desintegración monetaria romana: pan, circo e inflación

No se puede entender la historia económica y monetaria romana (y su colapso) sin estudiar los desajustes monetarios que destruyeron al denario y al áureo. Estos desajustes monetarios empezaron a aparecer desde finales del siglo II, aunque operaron con especial virulencia durante todo el siglo III.

El colapso monetario vivido por el Imperio romano ha provocado que algunos historiadores consideren que los desajustes monetarios fueran una de las principales causas de la caída del Imperio Romano de Occidente.

### *Pan y circo como causa última del colapso monetario del Imperio romano*

El primer gran golpe económico y monetario que antecedería a la caída del denario ocurrió en el año 165 debido a la plaga antonina de peste (165-189), a la que ya hemos hecho referencia. Los precios se duplicaron como consecuencia del paso de esta plaga y de las primeras devaluaciones de cierta entidad (véase tabla 4.3). Pero la inflación que inauguraron las plagas antoninas apenas acababa de iniciar su andadura en el Imperio romano. Los precios siguieron creciendo, y lo hicieron con especial virulencia en la segunda mitad del siglo III.

Como casi siempre ha ocurrido en la historia, los problemas fiscales fueron la causa principal de la inflación en Roma. Debido a la política de pan y circo, los emperadores tenían comprometido un gasto exorbitante. Desde el año 165, este gasto imperial no pudo ser sostenido. La combinación de la plaga antonina, que afectó a los ingresos públicos, de un gasto en subvenciones sociales creciente y de una caída en la producción minera en Hispania provocó un agujero fiscal colosal. El agujero fiscal romano se intentó compensar, en vez de con ajuste del gasto o incremento del ingreso, mediante medidas monetarias: en concreto, mediante la devaluación y el envilecimiento de la moneda. Los denarios pasaron a tener cada vez menos contenido de plata y más contenido de metales no nobles a la vez que mantuvieron constante su valor nominal. Las autoridades romanas se apropiaban del diferencial entre el contenido de metal precioso rebajado de los nuevos y devaluados denarios y de los antiguos denarios.

Por tanto, la inflación romana fue consecuencia de una caída en los ingresos fiscales y del sostenido incremento de los gastos derivados de la política de pan y circo. Entonces, los emperadores romanos tomaron la decisión de devaluar un denario que se había mantenido relativamente inalterado durante cuatrocientos años. Desde Nerón, en el año 64, hasta el año 148, el 93,5 por ciento de peso del denario era de plata. En el año 200, el contenido en plata del denario había caído ya al 50 por ciento. En el año 274, el denario apenas contaba con un 3 por ciento de plata. El desajuste fiscal y la política de pan y circo dieron muerte al centenario denario romano.

**Tabla 4.3. Contenido de plata del denario en el Imperio romano**

| AÑO | EMPERADOR | CONTENIDO DE PLATA* |
|---|---|---|
| 23 a. C. | Augusto | 98 % |
| 64 d. C. | Nerón | 93,5 % |
| 148 d. C. | Antonino Pío | 83,5 % |
| 200 d. C. | Septimio Severo | 50 % |
| 250 d. C. | Decio | 40 % |
| 269 d. C. | Galieno | < 4 % |
| 274 d. C. | Aureliano | 5 % |

*El contenido de plata se refiere a los nuevos denarios emitidos, no a toda la oferta existente de denarios.
*Fuente*: Duncan-Jones (2004); Davies (2002); Haklai (2011); Harl (1996).

## *Devaluaciones monetarias e inflación: dos caras de la misma moneda*

En un primer momento, para intentar paliar la crisis fiscal, las autoridades romanas devaluaron las monedas de bronce y otros metales menos valiosos como el cobre para poco después hacer lo propio con la moneda de plata. La moneda romana de oro, el áureo, tardó mucho más tiempo en caer bajo la ofensiva devaluadora imperial, pero como ya hemos visto, igualmente fue devaluada desde el año 253.

La devaluación monetaria en Roma no sólo fue una política deliberada para cubrir los exorbitantes gastos públicos, sino que explícitamente las autoridades romanas buscaron engañar a la población con la emisión de estas monedas con menor contenido de metales nobles. Y es que las cecas romanas pusieron en práctica un método para que el metal no precioso y poco valioso se acumulase en el núcleo de la moneda mientras que en su superficie quedaba la mayor parte del valioso metal precioso. De esta manera se podía engañar, al menos durante un tiempo, tanto a los usuarios finales como a los cambistas de moneda.

Ante tal devaluación monetaria y expropiación de recursos a la población por parte de sus gobernantes, en la segunda mitad del siglo III la inflación apareció con una fuerza inusitada en Roma. Sobre el año 250, los precios en el Imperio romano se habían triplicado con respecto a los precios existentes bajo Augusto al inicio de la época imperial. Desde el año 260, la situación se deterioró con rapidez y la inflación en Roma se disparó. Ya en el 290, los precios llegaron a ser entre 50 y 70 veces mayores que en el origen del Imperio romano. El patrón inflacionario en el Imperio romano coincidió, de manera muy cercana, con el patrón de devaluación del denario (que era la moneda más utilizada por los romanos).

La inflación disparada desde el año 260 puso en marcha el mecanismo contrario a la ley de Gresham: la ley de Thiers. La ley de Thiers, elaborada por el economista alemán Peter Bernholz, nos informa de que en momentos inflacionarios en los que la calidad de la moneda se deteriora con rapidez, la confianza del público en la moneda cae en picado. Una crisis de confianza en la moneda lleva aparejada una caída en su demanda, lo que a su vez genera una nueva presión inflacionaria (caída de valor por caída en la demanda).[217]

Existe evidencia de que a partir del año 260 los denarios empezaron a ser rechazados en transacciones privadas en varias partes del Imperio romano: en concreto, los banqueros privados rechazaron

217. Véase Bernholz (2003).

aceptar las nuevas emisiones de denarios devaluados provenientes de las cecas imperiales. Es decir, la demanda de moneda se desplomó por la caída de la confianza que los usuarios depositaban en las autoridades monetarias. Al menos en parte, el fuerte episodio inflacionario que tuvo lugar desde el año 260 en Roma puede ser explicado por la crisis de confianza, por la caída de la demanda monetaria y por el rechazo de la moneda que implica la ley de Thiers. La última fase de la ley de Thiers es la muerte de la moneda. Y, en efecto, el denario moriría no mucho tiempo después de este episodio inflacionario; en concreto, la desaparición del denario tuvo lugar en el año 295, con la reforma monetaria de Diocleciano.

### *Las reformas monetarias romanas: fracaso tras fracaso hasta que en el año 325 Constantino crea el sólido de oro*

La descomposición monetaria del siglo III en el Imperio romano puede ser vista como un aspecto más del colapso económico romano en ese siglo.

Desde el poder político romano se intentó poner fin a la endémica escalada de precios mediante la práctica de revaluar las monedas incrementando su contenido metálico. Aunque esto podría haber sido una buena idea, para implementar esta operativa los emperadores romanos se enfrentaron con dos graves problemas. Por un lado, no contaban con los recursos necesarios en forma de metales preciosos para llevar a cabo la revaluación (al menos no hasta la exitosa reforma de Constantino).[218] Por otro lado, la causa última de la inflación en Roma —esto es, el exceso de gasto sobre el ingreso derivado de la política de pan y circo— nunca fue eficazmente atajada.

Desde el último cuarto del siglo III se intentó frenar la depreciación monetaria con varias reformas monetarias que se pueden ver resumidas en la tabla 4.4.

218. La producción de metales en las minas de Hispania cayó drásticamente, hasta un 88 por ciento, desde el siglo II hasta el siglo IV. Véase Duncan-Jones (2004).

## Tabla 4.4. Reformas monetarias del Imperio romano tardío

| AÑO | EMPERADOR | MEDIDAS | ÉXITO/FRACASO (MOTIVO) |
|---|---|---|---|
| 274 | Aureliano | Incrementar metal precioso<br>Incrementar valor nominal | Fracaso<br>(La inflación se acelera) |
| 294 | Diocleciano | Muerte del denario<br>Creación de una nueva moneda (argenteo) | Fracaso<br>(Ley Gresham. Inflación) |
| 301 | Diocleciano | Control de precios y de salarios | Fracaso<br>(Mercados negros. Inflación) |
| 325 | Constantino | Abandonar la reforma de la moneda de plata<br>Crear una nueva de oro (sólido) | Éxito parcial<br>(Inflación de la plata, estabilidad del oro) |

*Fuente*: Davies (2002); Haklai (2011).

### La reforma monetaria de Aureliano del año 274

La primera reforma monetaria llevada a cabo con el fin de atajar los problemas monetarios del siglo III la llevó a cabo el emperador Aureliano en el año 274.

La reforma de Aureliano fue un fracaso absoluto, ya que lejos de menguar, la inflación se disparó en los años siguientes; en apenas una década, los precios llegaron a multiplicarse hasta por 10.

Como ya hemos visto y tal como puede verse en la tabla 4.3, Aureliano se encontró un denario sin apenas contenido de plata. Ante el creciente rechazo del denario por parte de la población, Aureliano intentó incentivar el uso de esta moneda incrementando hasta el 5 por ciento de su peso el contenido de plata de los nuevos denarios. El grave problema es que esto iba a generar un peso insoportable en unas finanzas públicas ya muy estresadas (Aureliano acababa de llevar a cabo varias campañas militares exitosas en casi todas las fronteras del Imperio).[219]

Para solucionar el problema de la falta de recursos para reacuñar el denario, Aureliano tomó una decisión pionera (y nefasta para la estabilidad monetaria) que en los siglos siguientes fue ampliamente

219. Es posible que las exitosas campañas bélicas de Aureliano salvaran el colapso del Imperio romano durante un siglo más. Véase Bauer (2007).

imitada: devaluó nominalmente la nueva moneda emitida y, en la medida de lo posible, también la antigua. Es decir, Aureliano incrementó el valor nominal de las monedas: la misma cantidad de metal ahora significaba más denarios en circulación.

Por tanto, lo que por un lado significaba un incremento en las cargas que debía soportar el tesoro (más contenido metálico en las monedas), por otro lado significaba un incremento en el poder adquisitivo nominal de esas monedas (más denarios en la misma moneda).[220]

La reforma monetaria de Aureliano es crucial en la historia del dinero, ya que fue la primera vez que se hizo una política pública de corte monetario separando de forma explícita el medio de cambio (la moneda metálica físicamente revaluada) de la unidad de cuenta (el denario nominalmente devaluado). En el siguiente capítulo veremos que los reyes medievales utilizaron de forma extensiva este ingenioso (aunque desastroso) recurso monetario con el fin de despojar a los ciudadanos del poder adquisitivo de su dinero.

## Las reformas monetarias de Diocleciano (286-301)

El desastroso estado monetario del final del siglo III se pone de relieve en que un solo emperador tuvo que llevar a cabo hasta tres reformas monetarias y, a pesar de todo, fracasaron las tres. El protagonista de estas reformas monetarias no es otro que el gran reformador Diocleciano. Ya hemos visto que las reformas políticas de Diocleciano fracasaron, y por desgracia para el Imperio romano, sus reformas monetarias no iban a correr mejor suerte.

La primera reforma monetaria de Diocleciano pudo tener lugar en el año 286 (apenas dos años después de su llegada al poder), sin embargo, apenas existe información sobre esta reforma (los historiadores conjeturan que sólo se modificó la moneda de oro). De lo que no queda ninguna duda es de que Diocleciano llevó a cabo una reforma monetaria en el año 294 y otra en el año 301.

La reforma de Diocleciano del año 294 dio el golpe de gracia al centenario denario romano, moneda que no volvería a ser emitida

220. La unidad de cuenta denario ahora significaba menos cantidad de metal. La «genialidad» de Aureliano fue que en vez de restar contenido de metal noble a unas monedas que ya apenas contenían plata, incrementó la cantidad de unidades de cuenta por moneda.

nunca más. El denario sobrevivió a guerras sangrientas contra temibles enemigos como Cartago y a guerras civiles en las que la supervivencia de Roma estaba en juego, pero no pudo sobrevivir a la política de pan y circo de los emperadores romanos. En el lugar del denario, Diocleciano creó el argenteo, una moneda idéntica al denario de la época de Nerón, moneda con el mismo peso que aquélla y que estaba conformada en un 90 por ciento por metal de plata. De esta manera, Diocleciano buscó volver a los añorados tiempos de esplendor del Imperio romano.[221]

Al igual que Aureliano, Diocleciano no contaba con los recursos necesarios para reacuñar de forma masiva moneda de plata, por lo que la cantidad en circulación de nueva moneda de plata romana permaneció muy baja. Adicionalmente, la ley de Gresham hizo su aparición y la escasa moneda acuñada por Diocleciano fue atesorada, mientras seguían en circulación los antiguos denarios que apenas contenían plata. Que la reforma monetaria fue un fracaso absoluto lo atestigua la necesidad que tuvo la propia administración de Diocleciano de implementar un sistema de pago de impuestos en especie en vez de en metálico debido a la endémica escasez de efectivo que sufría el imperio durante estos años.

Ante el fracaso de la reforma monetaria del año 294, Diocleciano volvió a la carga unos años después, esta vez de forma más autoritaria, y con su famoso edicto de precios del año 301 prohibió directamente los incrementos de precios.

El edicto de precios de Diocleciano no era más que un clásico control de precios y de salarios. Se establecieron precios máximos para una serie de bienes, servicios y tipos de salarios. El edicto de precios del 301 también fracasó, ya que en los años siguientes los precios siguieron aumentando sin pausa, lo que hizo del todo inútil la promulgación de este edicto. En el año 334, los precios del trigo en Egipto eran nada menos que 63 veces superiores a los estipulados como pre-

221. Tal como suele ocurrir cuando civilizaciones esplendorosas pasan por momentos agudos de crisis, en el Imperio romano del siglo III se evocaba la grandeza de tiempos pasados, en concreto la vivida en el siglo I. Existieron continuos intentos del poder político por volver a esos tiempos pasados. En este contexto, la reforma monetaria que creaba el argentium, una moneda idéntica al denario del siglo I, puede ser entendida como una forma de solucionar los problemas inflacionarios volviendo a las instituciones monetarias del pasado.

cio máximo en el edicto de Diocleciano. Además, y tal como la teoría económica sugiere, aparecieron mercados negros por doquier en los que se podían intercambiar los bienes y servicios a un precio más alto que el estipulado en el edicto.

**La parcialmente exitosa reforma de Constantino (325 d. C.)**
La última gran reforma monetaria del Imperio romano la llevó a cabo el emperador Constantino en el año 325. En esta reforma monetaria, Constantino dio por imposible la reforma de la moneda de plata y se centró en reformar la moneda de oro. Como ya hemos visto, el áureo sustituyó al ya devaluado sólido de oro.

Es posible que algo más que la piedad llevara a Constantino a convertir el cristianismo en la religión oficial del Imperio romano. Y es que Constantino pudo llevar a cabo su reforma gracias a que tomó posesión de los enormes tesoros que se habían acumulado durante siglos en los templos paganos de Roma. A la hora de mejorar la moneda romana, uno de los principales problemas de las reformas monetarias anteriores era la falta de recursos materiales. Los emperadores tenían disponibles estos recursos a escasos metros de la mano, sólo debían ingeniarse una manera de acceder a ellos. La conversión al cristianismo de Constantino le proporcionó la excusa perfecta para saquear los tesoros encerrados en los templos romanos y acuñar con ellos nuevas monedas.[222] Evidentemente, esto fue un abuso de Constantino, ya que, como hemos visto, la función de estos templos era la de guardar una reserva de emergencia para hacer frente a eventos extremos, casi siempre relacionados con la guerra.

A la hora de conseguir una moneda estable y restablecer un sistema monetario funcional, la reforma monetaria de Constantino fue un éxito. Pero si el propósito era controlar la inflación, fue un fracaso. La inflación, medida en denarios, que era la moneda de las clases populares (recordemos que el denario no sobrevivió como moneda física, pero sí como unidad de cuenta), nunca paró y puede decirse que en el siglo IV incluso se aceleró. En términos de denarios, el precio del oro se disparó de una forma que casi podríamos considerar hiperinflación, tal como puede verse en la tabla 4.5.

222. Véase Davies (2002).

**Tabla 4.5. Precio del oro en términos de la unidad de cuenta «denario» en el siglo IV d. C.**

| AÑO | PRECIO 1 LIBRA ORO |
|---|---|
| 301 d. C. (Edicto de Diocleciano) | 50 |
| 307 d. C. | 100.000 |
| 324 d. C. | 300.000 |
| c. 350 d. C. | 2.120.000 |

*Fuente*: Davies (2002).

La escandalosa inflación sufrida por la moneda de los menos pudientes empobreció a las masas romanas hasta límites insospechados. La élite romana estaba protegida por el uso de la moneda de oro, pero sin ayuda de los plebeyos, la élite romana no pudo hacer frente a las invasiones de los pueblos germánicos. En el año 410, Roma fue saqueada por otros bárbaros, los francos. El Imperio Romano de Occidente nunca se recuperaría de este golpe y terminaría colapsando completamente en el año 476, lo que dio inicio al período de la Edad Media que analizaremos en el próximo capítulo.

# Capítulo 5

## Edad Media

El honor es la deferencia que se debe a la virtud.

FRANCISCO DE VITORIA

Para la historiografía, el acontecimiento que marca el inicio de la Edad Media son las invasiones de los pueblos germánicos sobre suelo romano. Desde inicios del siglo v, múltiples pueblos germánicos se instalan en territorios del Imperio romano, primero como invitados por las autoridades imperiales, más tarde como cogobernantes para, por último, hacer colapsar a la ya debilitada autoridad imperial romana.

De forma muy parecida a lo que ocurrió con Grecia, la caída de Roma significó el final de una entidad política, pero no el final de la cultura ni de las instituciones que caracterizan a esa entidad política. La cultura y las costumbres grecorromanas sobrevivirían a las invasiones de los pueblos germánicos del norte de Europa y también a las invasiones que desde el norte de África iniciaría en el siglo VIII el califato islámico. Posteriormente, las instituciones de la Europa grecorromana también sobrevivirían a las temibles invasiones vikingas en el siglo IX.

En la Edad Media, la idea de Roma seguía siendo tan importante que la escisión oriental del Imperio romano (en adelante Imperio bizantino) seguiría marcando gran parte de los acontecimientos en Europa, y su colapso significará para la historiografía el final de la Edad

Media de la misma manera que el colapso de Imperio romano de Occidente marcó su inicio.

Pero la cultura grecorromana no iba a sobrevivir intacta, ya que se mezclaría con nuevos elementos que la transformarían para siempre, uno de ellos será el cristianismo, cuya popularidad y poder explotaron poco antes del colapso del Imperio romano.

La Iglesia es el elemento que une la Antigüedad clásica con el mundo moderno. Muchas veces imponiéndose al poder de reyes y emperadores, la Iglesia consiguió sobrevivir durante toda la Edad Media. La presencia de la Iglesia tendrá repercusiones cruciales tanto en la composición institucional como en el devenir económico y también monetario de la Europa medieval.

El colapso civilizatorio que ocurrió en los siglos siguientes a la caída de Roma significó una atomización de la autoridad política y también de los mercados de bienes y servicios. La aparición de feudos autosuficientes o autárquicos implicó que el comercio se desplomó, y con él el bienestar material de los habitantes de Europa. Las ciudades se despoblaron y la economía monetaria prácticamente desapareció durante siglos.

La vida urbana, el comercio internacional y el intercambio monetario despertarán con fuerza en los últimos siglos de la Edad Media, a partir del siglo XIII d. C. La configuración monetaria y bancaria surgida de esta revitalización del comercio en el siglo XIII está en gran parte viva todavía hoy, por lo que su estudio nos permitirá comprender mejor nuestro presente.

## Contexto histórico: Edad Media

### *Los reinos germánicos y el lento colapso romano*

Uno de los rasgos característicos de la civilización romana era su carácter mediterráneo. Roma llamó al Mediterráneo *mare nostrum* porque durante siglos dominó todas sus costas. La unidad política romana generó una unidad económica mediterránea, economía caracterizada por un intenso comercio de larga distancia por mar y, en menor medida, también por tierra.[223]

223. Algunos historiadores defienden que las condiciones geográficas son deter-

Las invasiones germánicas acontecidas desde el año 406 rompieron la unidad política del Imperio romano, pero no rompieron la unidad económica mediterránea. Los pueblos invasores germánicos eran mucho menos avanzados que la Roma a la que derrotaron, y ellos mismos eran conscientes de este hándicap. La invasión germánica no pretendía acabar con las instituciones romanas, sino colocar al frente de ellas a los líderes germánicos. Los invasores no querían destruir Roma, querían gobernarla y parecerse a ella.[224]

A pesar de la conmoción de ver a Roma saqueada tres veces en un siglo por los pueblos bárbaros, las instituciones y los patrones económicos y comerciales romanos sobrevivieron al colapso de su entidad política. A pesar del más que patente retroceso en el nivel civilizatorio y en el bienestar material derivado de las invasiones, los nuevos reinos germánicos instalados por toda Europa no perdieron el carácter mediterráneo del que disfrutaban en tiempos romanos. El comercio de larga distancia entre diferentes partes de las costas mediterráneas incluso creció en el siglo VI cuando el emperador bizantino Justiniano logró reconquistar el norte de África y gran parte de Europa.[225]

No sería hasta mucho después, con las invasiones de otros bárbaros, en esta ocasión provenientes del sur, en concreto las invasiones islámicas llevadas a cabo por los califatos, cuando la unidad mediterránea se desintegró para no volver a unirse nunca más. El mediterráneo quedó para siempre dividido en dos mitades gobernadas por dos civilizaciones antagónicas.

Los primeros reinos germánicos instalados en las diferentes provincias romanas apenas alteraron la estructura de poder romana. Tan sólo se pusieron a ellos mismos como cabezas gobernantes en lugar de la antigua aristocracia provincial romana. La administración romana y sus instituciones se conservaron prácticamente intactas, el ejército fue el único elemento que sufrió realmente una modificación sustancial.

---

minantes para explicar el desarrollo económico. En este sentido, Roma debería su grandeza, al menos en parte, a la existencia del mar Mediterráneo, un accidente geográfico que no se repite en otras latitudes. Véase Diamond (1997).

224. Véase Tobalina (2018).

225. Henry Pirenne incluso asegura que la unidad política del imperio sobrevivió, algo quizás menos creíble que el resto de las aseveraciones y pruebas que aporta. Véase Pirenne (1937).

Con excepción de los territorios menos romanizados situados más al norte del antiguo territorio del Imperio romano, con especial mención a Britania, en menos de un siglo los invasores germánicos perdieron su lengua, su religión y sus costumbres. Durante siglos, los reyes germanos rindieron homenaje al emperador bizantino. En los primeros siglos de gobierno, los reyes germanos que emitieron moneda, lo hicieron colocando en ellas la efigie del emperador bizantino, no la suya, símbolo de su subordinación al emperador. Durante algún tiempo coexistieron el derecho germánico de carácter consuetudinario y tribal con el más desarrollado derecho romano, lo que produjo una síntesis entre las dos corrientes, aunque los componentes romanos prevalecieron sobre los germánicos.

En definitiva, los primeros siglos después de la caída del Imperio romano no significaron un colapso civilizatorio total. Además, la degradación institucional y social no era algo nuevo para los habitantes de Europa, ya que tal como vimos en el capítulo anterior, el Imperio romano sufrió una lenta agonía que duró siglos. Una vez que llegaron los pueblos bárbaros, es posible que más allá del cambio de gobernantes los habitantes romanos no notaran un gran cambio en sus condiciones de vida. Hubo decadencia, sí, pero la decadencia no era algo nuevo para los romanos.

Sin embargo, la lenta decadencia iba a acelerarse drásticamente con la siguiente ronda de invasiones que sufrió Europa: las invasiones islámicas.

## *Mahoma y Carlomagno: la fugaz formación de un nuevo imperio universal (Imperio carolingio)*

La continuidad en las instituciones romanas se pone de relieve en el hecho de que, después del colapso de los primeros reinos germánicos, su sucesor, el Imperio carolingio, terminó denominándose Sacro Imperio Romano Germánico.[226] Carlomagno, primer emperador carolingio, se alió con el papa de Roma para que le declarara emperador romano. Carlomagno tenía la misma pretensión de ejercer una monarquía universal que ya mostraron Alejandro Magno o los gober-

226. El Sacro Imperio Romano Germánico es una escisión del efímero Imperio carolingio. Véase Bauer (2010).

nantes mesopotámicos, pretensión que ya hemos visto que sí consiguió Roma. Carlomagno se veía a sí mismo como la continuación natural del ya extinto Imperio romano.

Tal como dejara inmortalizado el genial historiador belga Henry Pirenne, no se puede entender la emergencia del Imperio carolingio ni la figura de Carlomagno sin considerarlos como una reacción a las invasiones que los pueblos islámicos llevaron a cabo desde el siglo VIII en territorio europeo. Inicialmente rey de los francos, Carlomagno consiguió unificar los reinos francos, lombardos y parte de los territorios visigodos de las regiones de Galia, Italia y parte de Hispania. Adicionalmente, Carlomagno conquistó los pueblos germánicos que habitaban al oeste del río Rin, en la actual Alemania, lugar al que Roma llegó, pero nunca se quedó. La unificación europea de Carlomagno se puede entender como una respuesta a las invasiones del califato islámico. Los sucesores de Roma, con Carlomagno a la cabeza, se preocuparon por evitar que las invasiones islámicas destruyeran por completo el legado romano en Europa.

La amenaza islámica provocó en el año 782 una alianza temporal entre el Imperio carolingio y el Imperio bizantino. Esta alianza pudo haber generado un gran Imperio cristiano que hubiera rememorado las viejas glorias del Imperio romano. Pero la alianza fue muy efímera, y en cuanto los ataques islámicos amainaron, la alianza se vino abajo.

La fuerza e impulso que Carlomagno dio al Imperio carolingio se evaporó con rapidez cuando el famoso emperador falleció. Tan pronto como los invasores islámicos fueron derrotados y dejaron de ser un riesgo inminente en el norte de Europa,[227] el Imperio carolingio se deshizo en las luchas dinásticas fratricidas que protagonizaron los nietos de Carlomagno.[228] Al final de las luchas dinásticas emergieron dos unidades políticas: la parte occidental del antiguo Imperio carolingio sería el origen de Francia, mientras que la parte oriental sería el origen de la Alemania moderna, eso sí, precedida por un milenio de Sacro Imperio Romano Germánico (962-1806).

227. A pesar de todo, los califatos islámicos continuaron los siglos siguientes atacando al Imperio bizantino y realizando incursiones armadas en el sur del Mediterráneo. Véase Clough y Rapp (1968).

228. Algunos sucesores de Carlomagno consiguieron efímeras reunificaciones del Imperio carolingio, pero apenas duraron unos pocos años. Véase Bauer (2010).

El Sacro Imperio Romano Germánico tomó la función de ser el sucesor natural del Imperio romano, y llenó el vacío que dejó la paulatina desaparición del Imperio bizantino de la escena política en Europa occidental a partir del siglo VIII d. C. El Sacro Imperio Romano Germánico debe la denominación de Sacro (sagrado) a la sanción y apoyo que obtuvo de la Iglesia. Como veremos más adelante, desde el año 754 la Iglesia obtuvo múltiples beneficios y poder político de esta alianza con los emperadores.

A pesar de todo, durante gran parte de la Edad Media, el Sacro Imperio Romano Germánico fue una entidad política muy débil. Múltiples causas explican esta fragilidad: la escasa autoridad del emperador en comparación con sus subalternos, la debilidad económica y comercial que sobrevino después de las invasiones islámicas o la fragmentación de la soberanía que implicó el inicio del sistema feudal provocado por las invasiones vikingas (véase siguiente epígrafe). Todo esto desencadenó un vacío de poder y de capacidad de gobierno por parte de las entidades políticas que poblaban la Europa medieval.

### *Las invasiones vikingas y el desarrollo del feudalismo europeo*

Las luchas dinásticas entre los nietos de Carlomagno terminaron en el año 843, pero habían dejado tan debilitados a los territorios del ya extinto Imperio carolingio que gran parte de Europa cayó presa de unos nuevos invasores: los vikingos.

A diferencia de las anteriores oleadas de invasores, los vikingos permanecieron con estructuras sociales tribales en el momento en que lanzaron sus invasiones. La ausencia de una dirección unificada vikinga puede explicar el carácter particular de estas invasiones.

Más que a la guerra frontal y a la conquista, con frecuencia los vikingos recurrían al saqueo. En estos saqueos, los vikingos capturaban, además de las riquezas materiales que podían, a la población local con el fin de esclavizarla y ponerla a trabajar en sus propias tierras o venderlas en los mercados islámicos de esclavos. Las expediciones vikingas eran una mezcla de aventura comercial y de expedición de saqueo: los barcos de guerra vikingos solían ir cargados con mercancías típicas de Escandinavia con las que comerciar, pero también iban cargados de guerreros con los que saquear. Los vikingos cambiaban su modo de tratar con otros pueblos en función de las oportunidades percibidas por estos guerreros-comerciantes.[229]

Los vikingos iniciaron sus aventuras de «pillaje comercial» en el siglo IX, en un momento en el que gran parte de Europa occidental se encontraba desmembrada política, social y económicamente. En sus luchas fratricidas, los descendientes de Carlomagno consumieron al Imperio carolingio hasta tal punto que cuando llegaron los invasores vikingos no había defensa posible. Prueba de ello es que los vikingos tuvieron mucha menos suerte saqueando los reinos cristianos de España o Al Ándalus que los reinos francos, lo que muestra una mayor fortaleza relativa de estos reinos en comparación con los francos. Adicionalmente, ya hemos visto que el comercio en Europa había sido reducido a la nada por las invasiones de los pueblos islámicos, lo que introdujo un elemento de vulnerabilidad extra en Europa. Por tanto, las estructuras sociales y económicas del Imperio carolingio habían sido dinamitadas, por lo que resultó imposible enfrentarse a los nuevos invasores del norte.

En esta situación, las invasiones vikingas causaron verdaderos estragos. Las incursiones vikingas llegaban hasta París sin oposición y desolaban y despoblaban las costas de los francos con una facilidad increíble. Las Iglesias y los poblados francos ardían mientras que los gobernantes sólo eran capaces de ofrecer un pago a los invasores para que se retiraran. La ausencia de una autoridad central vikinga implicaba que estos pagos debían hacerse constantemente a diferentes jefes tribales, jefes que, en el mejor de los casos, sólo se retiraban durante un tiempo para más tarde utilizar el propio botín de guerra para llevar a cabo nuevas expediciones de saqueo. Esto no sólo era ineficaz, sino que además tuvo el resultado de enfurecer a los que pagaban impuestos al rey franco y debilitó la base fiscal del ya agotado Imperio carolingio.

En oleadas sucesivas, los vikingos también invadieron las islas británicas, que después de que los romanos abandonaran el territorio habían sido pobladas por diversas tribus germánicas, como los anglos y los sajones. Estas tribus germánicas, que durante décadas fueron masacradas, terminaron aceptando durante dos siglos un reino vikingo a su lado.

229. Véase Gurevich (1990).

Además de los vikingos, las invasiones islámicas no cesaron, aunque cambiaron de forma. Después de su fuerte expansión territorial inicial, los ataques de los califatos tomaron un modo similar a los de los vikingos, y se convirtieron en redadas que buscaban capturar esclavos y riquezas materiales. Durante estos complicados siglos, otros pueblos, como los magiares antes de asentarse en el territorio de la Hungría actual, también hicieron estragos con sus saqueos en Europa.

El enorme estado de inseguridad en Europa provocó que la población buscara refugio de cualquier manera posible. Los campesinos que sufrían las masacres demandaron una seguridad que sus reyes no podían proporcionarles. Los grandes aristócratas les proporcionaron una solución: empezaron a construir enormes castillos y murallas en los poblados para proteger a los habitantes de los ataques de los bárbaros. Estos aristócratas ofrecieron a los campesinos la seguridad que la autoridad real no pudo ofrecer. A cambio de proveer seguridad, los aristócratas exigieron una serie de servicios a los campesinos: así es como nace el feudalismo.[230]

Una vez establecido, este sistema feudal fue lo suficientemente fuerte como para resistir las embestidas vikingas. Algunos de los invasores vikingos terminaron asentándose en los territorios desolados e invadidos por ellos mismos y formaron parte de este sistema feudal, éste es el origen del ducado de Normandía en el norte de Francia, el reino vikingo en el este de Gran Bretaña denominado Danelaw o del reino de Nápoles en el sur de Italia.

## *El sistema feudal (siglos x a xiii)*

De este modo, el sistema feudal nace como una respuesta defensiva a las invasiones que desde el siglo ix enfrentó Europa desde todos los frentes. El feudalismo nace a principios del siglo x y fue extendiéndose de forma ininterrumpida durante los siguientes siglos hasta alcanzar su cénit en el siglo xiii.

El feudalismo descansaba sobre unas relaciones denominadas de vasallaje y servidumbre. Existía toda una intrincada red de derechos

230. Aunque la relación feudal de servidumbre sea novedosa, el feudalismo tenía antecedentes en la institución romana del colonato. Véase Anderson (1974).

y obligaciones recíprocas, relaciones que se articulaban de forma asimétrica. En otras palabras, diferentes capas sociales tenían diferentes obligaciones y disfrutaban de diferentes derechos, lo que rompió el principio de isonomía grecorromano. Por ejemplo, los campesinos estaban obligados a entregar parte de su cosecha y a trabajar en las tierras de su señor feudal durante un tiempo estipulado, habitualmente de uno a tres días a la semana. Por su parte, los señores tenían la obligación de proteger y de proveer un sistema de justicia y un rudimentario sistema de gobierno a los campesinos. A su vez, los señores feudales recibían en usufructo sus tierras de un señor feudal con un título más elevado a cambio de jurar fidelidad y servicios militares en caso de necesidad del superior. Existía una cadena ascendente en importancia de títulos nobiliarios feudales vinculados al control de la tierra: conde (condado), marqués (marquesado), duque (ducado) y rey (reino). Aunque la cúspide de la jerarquía recaía en el monarca, éste tenía muy limitados sus poderes por el derecho consuetudinario (obligaciones y derechos firmemente arraigados) y era posible que alguno de sus súbditos tuviera, *de facto*, más recursos a su disposición que el propio rey.

Este sistema de obligaciones recíprocas asimétricas generó un sistema social estamental con tres grupos sociales muy diferenciados. La Edad Media tenía un estamento eclesiástico (*oratores*), dedicado a salvar las almas del resto de los grupos; un estamento nobiliario (*bellatores*), dedicado a defender y proteger al resto de los grupos; y un estamento trabajador (*laboratores*), dedicado a sostener materialmente al resto de los grupos.

A pesar de los límites intrínsecos de este sistema social, entre el año 1000 y el 1250 el feudalismo consiguió extender las tierras de cultivo en Europa de forma agresiva. Durante este período, la producción y la productividad agrícola aumentaron de manera notable.[231] A su vez, esto provocó un crecimiento rápido de la población europea y un crecimiento de la población urbana, hechos que pusieron en marcha las bases para el crecimiento económico y la eventual caída del sistema feudal.

Desde finales del siglo XII y durante el XIII, las tierras de los seño-

231. Entre el siglo IX y el siglo XIII la relación cosecha/siembra pasó de 2,5/1 a 4/1. Véase Anderson (1974).

res empezaron a menguar en tamaño, así como las cargas sobre las tierras de los campesinos. También se incrementó el uso de trabajo asalariado libre en detrimento de la servidumbre. Los campesinos más exitosos acumularon suficiente riqueza como para empezar a comprar tierras a los señores feudales y contratar trabajadores para trabajarlas. Desde este momento, el feudalismo entró en crisis, para prácticamente desparecer en Europa occidental en el siglo XIV.

## *El auge de la ciudad medieval a finales del siglo XII*

Ya hemos visto que las ciudades se despoblaron desde el final del Imperio romano, hecho que continuó produciéndose en los reinos germánicos posteriores. La constitución del feudalismo en el siglo X marcó el punto más bajo de urbanización en Europa. Pero las ciudades nunca dejaron de existir en el Medievo, aunque su tamaño e importancia cayó tanto que pasaron definitivamente a un segundo plano.

La organización social de la nueva ciudad medieval era muy diferente de la existente en las ciudades de la Antigüedad. La ciudad de la Antigüedad fue una ciudad gobernada por terratenientes ausentes. En la Antigüedad, los grandes propietarios de tierras no vivían en sus tierras, sino que lo hacían en las ciudades. Esta situación cambió drásticamente en el mundo medieval: en la Edad Media los señores feudales vivían mayoritariamente en sus tierras, mientras que las ciudades medievales estaban formadas y gobernadas sobre todo por burgueses; es decir, por profesionales, artesanos y comerciantes. La ciudad medieval europea no era directamente controlada por terratenientes, aunque con excepción del norte de Italia, sí era protegida, o al menos tolerada, por éstos.

Con sus grandes concentraciones de personas, la ciudad de la Antigüedad clásica era cuantitativamente más parecida a nuestras ciudades contemporáneas que la en comparación diminuta ciudad medieval. Sin embargo, con su economía sustentada por actividades manufactureras y comerciales, la ciudad medieval era cualitativamente más cercana a las ciudades contemporáneas que su contraparte de la Antigüedad.

Desde finales del siglo XII, y coincidiendo con una fuerte expansión demográfica y con la debilitación de las relaciones de servidumbre en los feudos, se produce un auge de la economía urbana. La mayor productividad de la tierra provocó un excedente de población en los feudos que se trasladó paulatinamente a las ciudades. Las ciudades crecieron en importancia económica debido a la reanudación del comercio mediterráneo gracias a que desde finales del siglo XI, los genoveses y pisanos arrebataron a los mahometanos el control del mar Tirreno, al oeste de Italia.[232]

Desde el siglo XI, la creciente actividad en las ciudades empujó a que muchas consiguieran cartas de autogobierno de los señores feudales. Por lo común, los señores feudales entendieron que el auge del comercio que conllevaba la economía urbana los beneficiaba en forma de mayores ingresos por peajes y mayor cantidad de bienes de lujo disponibles para el consumo, por lo que toleraron las ciudades e incluso tendieron a proteger el comercio que atraían.

También desde finales del siglo XII aparecen los primeros gremios medievales. La producción de la ciudad medieval estuvo intervenida, regulada y constreñida por estos gremios. Los gremios eran asociaciones sectoriales de profesionales que limitaban de manera estricta la cantidad producida de una mercancía mediante la extensión de licencias de operación que limitaban quién podía ejercer la profesión en los confines de la ciudad. Los gremios también controlaban la calidad de los productos mediante el férreo control de los procesos de producción. Por último, estos gremios limitaban el comercio de las mercancías bajo su control con otros enclaves. Sobre todo desde el siglo XIV, el grado de intervención de estos gremios empezó a ser asfixiante y pudo estar vinculado en parte al colapso económico generalizado sufrido en ese siglo.

## *El caso especial de Italia y la revolución comercial del siglo XIII*

Las ciudades Estado del norte de Italia tuvieron un patrón de desarrollo radicalmente diferente al del resto del mundo feudal europeo. Italia nunca perdió la vida urbana que disfrutó en época romana. En Europa, sólo el norte de Italia consiguió conservar un grado elevado de urbanización antes del siglo XII.

232. Véase Pirenne (1933).

La razón de la singularidad italiana es que las invasiones islámicas nunca consiguieron doblegar el comercio marítimo de estas ciudades. Las ciudades del norte de Italia, con especial mención a Venecia, llevaban a cabo un intenso comercio con el Imperio bizantino que no se vio impedido por las invasiones islámicas. La flota bizantina consiguió mantener el Mediterráneo oriental a salvo de las incursiones islámicas por mar mientras que en el siglo x, Venecia consiguió limpiar de piratas dacios el mar Adriático y expulsar de él a las flotas mahometanas. Esto permitió mantener abiertas las rutas comerciales que unían el norte de Italia con Bizancio, y durante mucho tiempo fue prácticamente el único comercio internacional que persistió en Europa. Otras ciudades del norte de Italia, como Génova y Pisa, imitaron el ejemplo de Venecia y consiguieron abrir nuevas y lucrativas rutas comerciales, como, por ejemplo, la ruta que desde el siglo xii unió el mar Mediterráneo con el canal de la Mancha. También se abrieron rutas comerciales de muy larga distancia, con China a través del Imperio bizantino y con India a través de comerciantes islámicos que atravesaban el golfo Pérsico.

La supervivencia del comercio de larga distancia en el norte de Italia permitió a las ciudades Estado allí afincadas controlar los territorios agrícolas colindantes en vez de ser controladas por ellos. En vez de existir en el margen del feudalismo, tal como ocurrió en el resto de Europa, las ciudades Estado del norte de Italia controlaron los territorios agrícolas que las circundaban, y evitaron así caer bajo la influencia de los señores feudales.

A diferencia del sistema feudal que se generó en el resto de Europa, en el que las relaciones de reciprocidad se daban entre desiguales, las ciudades del norte de Italia respetaron el principio de isonomía grecorromano. En su origen, el gobierno de dichas ciudades estaba formado por pactos entre iguales; las entidades políticas resultantes recibían el nombre de comunas. Durante el período medieval, las ciudades Estado del norte de Italia eran con bastante diferencia las más desarrolladas de Europa.

Un ejemplo de la superioridad económica italiana en el siglo xiii es que en el año 1293 los impuestos marítimos del puerto de Génova fueron 3,5 veces superiores a todas las rentas reales de la monarquía francesa. A finales del siglo xiii, Italia era el primer mundo y Francia el tercero.

Las estimaciones modernas de PIB en Europa al final de la época medieval no dejan lugar a dudas.[233] En el siglo XIII, Italia era el primer mundo, muy lejos del resto de los territorios europeos, con excepción de algunas regiones del norte de Europa, tal como puede verse en la tabla 5.1.

**Tabla 5.1 PIB per cápita año 1450 selección regiones (países actuales)**

| PAÍS | PIB PER CÁPITA 1450 |
|---|---|
| Italia | 2.530 $ |
| Países Bajos | 2.201 $ |
| Alemania* | 1.756 $ |
| Reino Unido | 1.683 $ |
| Suecia | 1.557 $ |
| Francia | 1.522 $ |
| España | 1.420 $ |
| China | 1.375 $ |
| Polonia | 905 $ |
| Japón | 867 $ |
| Turquía | 781 $ |

* El dato de Alemania es del año 1500.
*Fuente*: Véase Bolt y Van Zanden (2024).

No sólo el comercio italiano era muy superior, sino que también las manufacturas de sus ciudades Estado sobresalieron en comparación con las del resto de Europa. Sólo una región pudo emerger y hacer sombra al poderío económico italiano: Flandes. A diferencia de las ciudades italianas, la actual región flamenca de Bélgica consiguió una gran autonomía de los señores feudales circundantes, pero vivió bajo su égida, nunca se emanciparon completamente como sus ho-

233. El PIB es una macromagnitud inventada en 1937 y calculada directamente desde 1945, por lo que cualquier dato anterior a 1945 es una reconstrucción y proyección basada en algunos indicadores *proxy* de actividad económica para los que existen datos.

mólogos italianos. Una vez que desde el siglo XI las invasiones de saqueo vikingas cesaron, el comercio en los mares del norte se multiplicó y se consiguió abrir rutas comerciales por mar y tierra que unieron el norte de Europa con Bizancio (rutas comerciales abiertas y operadas por los propios vikingos). Desde el siglo XIII, gracias al incremento en el comercio, Flandes consigue destacar por su fina producción textil, con técnicas preindustriales muy elaboradas y grandes avances en la productividad manufacturera. El auge de la economía urbana tuvo su contraparte en un crecimiento inusitado del comercio, del sector industrial y de la economía monetaria.

Para unir mediante el comercio a las dos zonas con las economías más pujantes de Europa se crearon las ferias de la Champaña. La Champaña es una región de Francia que se encuentra a medio camino entre Flandes e Italia, lo que la hacía un lugar en especial propicio para que los comerciantes ambulantes se encontraran allí. Desde finales del siglo XII, y coincidiendo con el auge urbano medieval, estas ferias adquirirían una importancia creciente, de forma que llegaron a convertirse en una feria que operaba durante todo el año (aunque moviéndose entre ciudades en la región de la Champaña). A cambio de un impuesto a los comerciantes, los gobernantes de la Champaña aseguraban el paso seguro por sus territorios y el lugar en que se celebraban las ferias. Como veremos un poco más abajo, estas ferias de la Champaña son el origen del sistema bancario y monetario contemporáneo.

## *La crisis del siglo XIV: peste, guerra y el fin del feudalismo*

La última gran crisis malthusiana que padeció Europa fue la acontecida por causa de la peste negra en el siglo XIV. El brote inicial de peste llegó en el año 1348 de Asia a Europa, y hasta 1351 acabó con un 25 por ciento de la población europea. Durante el resto del siglo XIV, la plaga de peste se hizo endémica, con episodios recurrentes. El resultado final de todas las epidemias de plaga del siglo XIV fue el fallecimiento del 40 por ciento de la población europea.

Pero la crisis económica y la caída de la población había empezado antes de la llegada de la peste. Tan pronto como en el año 1315 apareció el hambre en Europa y la población empezó a caer. El rendimiento de las cosechas disminuyó, es posible que debido a que parte de la expansión de tierras cultivables de los siglos anteriores se llevó a cabo a costa del terreno dedicado a pastizales. Menos pastizales provocó una menor cantidad de animales, lo que a su vez disminuyó la cantidad de abono disponible para la tierra.[234] Cuando llegó la peste, la población ya se encontraba hambrienta y debilitada, lo que facilitó que la epidemia se cebara con los habitantes de Europa.

El colapso económico del siglo XIV precedió a la peste en, al menos, medio siglo. Además del problema agrícola ya comentado, la causa del colapso económico pudo ser el exceso de poder que los gremios urbanos adquirieron y las consecuentes medidas restrictivas del comercio que impusieron.

Los problemas económicos del final de la Edad Media se acentuaron por la proliferación de guerras y conflictos que tuvieron lugar desde inicios del siglo XIV. La caída de la población provocó una acusada caída en los ingresos de los señores feudales, señores que probaron el saqueo como solución para suplementar su fuente de ingresos. Se sucedieron conflictos bélicos a todo nivel, desde el pequeño bandidaje hasta las guerras civiles o conflictos internacionales (como, por ejemplo, la interminable sucesión de guerras civiles en Castilla, la guerra de los Cien Años entre Inglaterra y Francia o la guerra de las Rosas en Inglaterra). Todo esto provocó una caída en el comercio y un desvío de esfuerzos hacia la guerra.

Otro elemento que pudo precipitar o empeorar el colapso económico del siglo XIV fue el enorme esfuerzo realizado para la construcción de catedrales en el siglo XIII. El drenaje de recursos que supuso la construcción de las colosales catedrales góticas europeas pudo haber ayudado a impedir que el crecimiento económico del siglo XIII se extendiera al siglo XIV.[235]

La escasez de mano de obra provocada por la caída de la población subió de manera casi inmediata los salarios. Como ya hemos visto, en el siglo XIII la servidumbre ya había empezado a caer en desuso. Como resultado del crecimiento en los salarios, los señores feudales

234. Véase Anderson (1974). Es posible también que la menor productividad de la tierra marginal no pudiese ser compensada por un incremento en la productividad derivado de nuevas técnicas productivas.

235. Véase Le Goff (2012).

intentaron reinstaurar la servidumbre en el sector agrícola, pero se encontraron con una resistencia feroz de los campesinos. Hubo violentos levantamientos armados de campesinos en toda Europa. Estas rebeliones fueron aplastadas militarmente, pero la servidumbre no pudo ser reinstaurada, más bien al contrario, al final del siglo XIV la servidumbre ya fue testimonial en Europa occidental.

Un factor crucial en la disolución de la servidumbre fue el apoyo de las ciudades a los campesinos. En las revueltas campesinas, los gobiernos de las ciudades se colocaron del lado de los campesinos. Adicionalmente, desde el siglo XIII, las ciudades fueron un foco de atracción del campesinado descontento con su situación. Para los campesinos, la servidumbre implicaba una serie de obligaciones, pero las obligaciones estaban vinculadas a la posesión de la tierra, por lo que habitualmente el siervo era libre de abandonar las tierras de su señor.[236] La existencia de una pujante economía urbana desde el siglo XIII provocó un debilitamiento de los vínculos serviles al proporcionar a los campesinos una forma de vida alternativa. En los lugares con una presencia urbana más notoria, la servidumbre se abolió antes: por ejemplo, en Bolonia la servidumbre fue abolida en fecha tan temprana como 1257. Hacia el final de la Edad Media, la servidumbre estaba ya prácticamente extinta en toda Europa occidental.

## *La Iglesia como institución que une la Antigüedad clásica con la Edad Moderna*

La Iglesia participó en los acontecimientos políticos que llevaron a la disolución del Imperio romano, y consiguió sobrevivir allí donde Roma no pudo hacerlo. Durante toda la Edad Media, la Iglesia sería capaz no sólo de sobrevivir al poder de los múltiples gobernantes, sino que en ocasiones también impuso su voluntad a los príncipes medievales.

Hacia el final del Imperio romano, la Iglesia se hizo con un papel preponderante. Desde el año 311 los cristianos dejaron de estar per-

236. Aunque existen instancias de señores feudales persiguiendo a los siervos, en general, cuando un siervo vivía durante un año y un día en una ciudad, quedaba liberado de toda obligación con el señor. Véase Pirenne (1937).

seguidos. Poco tiempo después, en el año 325, el hábil emperador Constantino pretendió que el cristianismo fuese un elemento unificador en un imperio que se desmoronaba, para lo cual asoció el poder imperial con la autoridad espiritual de la Iglesia cristiana.[237]

En el último siglo y medio de vida del Imperio romano, una burocracia eclesiástica se superpuso a la burocracia imperial, afianzando el poder de la Iglesia.[238] A diferencia de lo planeado por Constantino, la Iglesia fue un elemento desestabilizador del poder romano. Los conflictos entre la Iglesia y la autoridad imperial se multiplicaron, y para afianzar su poder, la Iglesia recurrió por vez primera al mecanismo de la excomunión de un gobernante. El emperador romano ya no era todopoderoso, de la misma manera que no lo serían los monarcas medievales posteriores. Por tanto, reaparece una de las limitaciones tradicionales al ejercicio del poder que estaba presente en Grecia y había desaparecido en Roma: la autoridad política y la autoridad religiosa volvieron a disociarse y a hacerse de contrapeso mutuo.

Tras el colapso del Imperio romano, la Iglesia romana formó un gobierno terrenal: los Estados Pontificios. Después de que en el año 568 la ciudad de Roma resistiera exitosamente la invasión de un pueblo germánico, los lombardos, el patriarca romano declaró su lealtad al Imperio bizantino. Como gratitud por mantener ese territorio bajo mando imperial, el emperador bizantino reconoció al papa como gobernante de la ciudad de Roma bajo autoridad bizantina. Siglos después, en el año 728, una disputa teológica entre el patriarca romano y el bizantino provocó que un rey lombardo invadiera los territorios italianos situados en el centro de Italia que pertenecían al Imperio bizantino y se los donara al papa romano dando nacimiento a los Estados Pontificios, entidad política que sobrevivió más de un milenio hasta que la constitución del Estado italiano en el año 1870 acabara con ellos.

237. Estos vínculos se hicieron todavía más estrechos desde que en el año 380 el emperador Teodosio declaró al cristianismo como la religión oficial del Imperio romano. Véase Bauer (2010).

238. El célebre autor Gibbons consideró la adopción del cristianismo como religión oficial como una de las causas principales de la caída del Imperio romano de Occidente. Véase Gibbons (1776).

La Iglesia no sólo formó un gobierno en los Estados Pontificios, sino que una vez establecido el sistema feudal en el siglo x, formó parte activa de este sistema social. Existieron feudos manejados por señores seculares y feudos manejados por señores eclesiásticos, y los poderes y atribuciones de cada uno de ellos eran similares. Como a diferencia de los regulares, los señores feudales eclesiásticos no dejaban en herencia sus propiedades, hubo fuertes pugnas entre el poder político y el religioso por ver quién nombraba a los señores feudales eclesiásticos conforme los antiguos señores iban muriendo. Además, la Iglesia se aseguró el mantenimiento del clero, la construcción y mantenimiento de los lugares de culto y ejecutar una obra social en ayuda de los pobres mediante la institución del diezmo, institución que es posible que haya sido el impuesto regular más antiguo de la Edad Media.[239]

La Iglesia medieval ayudó a romper la caracterización prevalente en la Antigüedad del trabajo manual como una ocupación indigna. Las órdenes religiosas monásticas compaginaron el estudio de la Biblia con el trabajo agrícola y sirvieron de ejemplo al resto de la población. En los monasterios cristianos, el trabajo intelectual y el manual se mezclaron durante siglos.

En el siglo VIII se constituyó la relación entre el Sacro Imperio Romano Germánico y la Iglesia católica. Desde casi su nacimiento en el siglo VIII, los Estados Pontificios fueron defendidos militarmente por el pueblo franco. En contraprestación por la defensa militar, el papa dio legitimidad sagrada a la dinastía imperial carolingia. Los emperadores otorgaron gran poder a la Iglesia en sus dominios, aunque las disputas entre ambos se sucedieron durante siglos. Cuando esto ocurre, la Iglesia amenaza con excomuniones o incluso con interdictos (que equivale a excomulgar a los habitantes de todo un territorio), mientras que con frecuencia los príncipes medievales atacaron militarmente a los Estados pontificios, e incluso llegaron a secuestrar el papado. A pesar de todo, la Iglesia siguió manteniendo una amplia autonomía en asuntos espirituales y cierta autonomía en los terrenales, condición que no perderá durante toda la Edad Media.

239. Los ingresos de la Iglesia solían ser insuficientes, sobre todo porque las frecuentes guerras aumentaban el gasto y porque a partir del siglo XII, conforme la economía monetaria se fue extendiendo, el diezmo fue cada vez peor pagado. Véase Le Goff (2012).

En diferentes momentos de la Edad Media, las pugnas de poder entre la Iglesia y el poder político se decantarán más de un lado o de otro, pero de ahora en adelante la separación del poder político y el religioso será uno de los pilares que conformará uno de los aspectos inherentes a la cultura occidental.

Durante toda la Edad Media, la Iglesia conseguirá sobrevivir a los múltiples reinos que se suceden, mantener su primacía en asuntos espirituales y entroncar su primacía espiritual con la Edad Moderna. La preponderancia social de la Iglesia medieval se plasmó en múltiples instituciones económicas y monetarias, la más preponderante de ellas fue la condena de los beneficios mercantiles y, sobre todo, de la usura, elemento que, como veremos más abajo, influyó sobremanera en el desarrollo económico y monetario medieval.

### *La persistencia de Bizancio y su importancia como enclave comercial*

Si bien cultural y socialmente el Imperio romano de Occidente sobrevivió, su escisión oriental consiguió hacerlo también políticamente durante toda la Edad Media. Esto provocó que las instituciones de Roma sobrevivieran de forma más pura en Oriente que en Occidente. La vida urbana no desapareció, el feudalismo no hizo su aparición en Bizancio y la esclavitud, que como ya hemos visto casi desapareció en Europa occidental, siguió siendo habitual en los territorios del Imperio bizantino.[240]

En el capítulo 4 vimos que en el siglo III Roma sufrió una crisis económica mayúscula. Desde ese momento, el centro del Imperio romano se fue moviendo paulatinamente hacia el este. En el año 330, el emperador Constantino movió la capital del imperio a Bizancio, ciudad que después de su muerte fue renombrada Constantinopla (actual Estambul) en su honor. De aquí proviene el nombre de Imperio bizantino, del nombre de la ciudad antes de ser rebautizada con el nombre del emperador.

La decadencia de las ciudades que sufrió Europa occidental no tuvo lugar en el Imperio bizantino. En el siglo VIII, Constantinopla

240. Véase Garrido (2021).

mantuvo una población cercana a un millón de habitantes (a inicios del siglo XIV, momento de máxima expansión poblacional del Medievo europeo, París, la ciudad más grande de Europa, contaba con 200.000 habitantes).

Las prácticas de crédito heredadas de Roma que vimos en el capítulo anterior se mantuvieron presentes en el Imperio bizantino. Por tanto, en Bizancio no tuvo cabida la condena del préstamo a interés o de la usura que afectó a la Europa medieval.

Durante la Edad Media, se puso de relieve constantemente la fuerza y el magnetismo que ejerció el Imperio bizantino sobre los territorios del ya extinto Imperio romano de Occidente. En los primeros cien años después de la caída del Imperio romano de Occidente, mediante conquista militar Bizancio logró recuperar una parte sustancial de los territorios perdidos que formaban el antiguo imperio. Bajo el gobierno del emperador Justiniano (527-565) volvió a ser una realidad la unión política de gran parte del mar Mediterráneo. Los territorios occidentales que no consiguió conquistar Justiniano y sus antecesores fueron gobernados por reinos germánicos que solían rendir homenaje y reconocer al emperador bizantino como su superior jerárquico.

Hasta el siglo VIII, Bizancio dominó a la práctica totalidad de los pueblos bárbaros asentados en Europa. Pero cuando a finales del siglo VIII tuvieron lugar las invasiones islámicas, su dominio sobre Occidente ya era cosa del pasado, sólo quedaban vestigios de su pretérita gloria en forma de juramentos de lealtad de reyes que *de facto* ya no eran controlados por el imperio. Después del siglo VIII, el dominio político de Bizancio era más nominal que real.

A pesar de ello, la hegemonía económica de Bizancio sobre Occidente sí perduró. Bizancio dominó durante siglos el comercio de Europa con Oriente, y después de las invasiones islámicas, este comercio oriental fue el único comercio de larga distancia de envergadura en Europa. Constantinopla era el lugar donde a través del comercio se unía Occidente con Oriente. La seda, las especias, los perfumes y los tintes orientales se cruzaban con las pieles, el ámbar, la madera y el hierro occidentales.

El Imperio bizantino no sólo disfrutó de un mayor bienestar material que la Europa occidental, sino que también ejerció un potente influjo cultural. El lujo y las modas de Bizancio eran copiadas por las clases altas de la Europa medieval.

En definitiva, la clara decadencia de la civilización antigua en Europa en la primera parte del período medieval no tuvo lugar en el Imperio bizantino, que sólo muy gradualmente fue perdiendo importancia durante toda la Edad Media hasta ser conquistado en 1453 por el Imperio otomano, marcando el final de la Edad Media.

## Economía y pagos en la Edad Media

### *Economía en la Edad Media*

La historiografía que heredamos del Renacimiento, y que todavía impregna el análisis histórico contemporáneo, manifiesta recurrentemente que la Edad Media consistió en un milenio de regresión y oscurantismo. En esta afirmación hay mucho de cierto, pero también de matizable. Sin duda alguna, en especial desde que las invasiones islámicas destruyeron el comercio mediterráneo, el nivel de bienestar y progreso sufrió un retroceso monumental. Sin embargo, una vez asentado a partir del siglo x, el feudalismo iba a mostrar un dinamismo mayor del que usualmente se le atribuye.

El feudalismo es el sistema económico y social que más profundamente marcaría el período de la Edad Media. Ya hemos visto sus particularidades como sistema social, veamos ahora las características económicas. Aunque mantuvo muchos elementos comunes, el feudalismo tuvo diferentes manifestaciones en diferentes partes de Europa.

Si bien la esclavitud no iba a desaparecer por completo, el feudalismo se destacó por un uso muy limitado, casi inexistente, del trabajo esclavo. En el sistema feudal, el trabajo libre en el sector agrícola también fue poco utilizado, aunque comparativamente lo fue mucho más que la esclavitud. La relación predominante en el sector agrícola fue la servidumbre.

La servidumbre implicaba una relación de dependencia recíproca, situación que contrasta con la subordinación que conllevaba la institución de la esclavitud ya en claro declive en la época feudal.[241]

241. Quizás sería más exacto hablar de potencial subordinación en la esclavitud de la Antigüedad por las numerosas instancias en las que los esclavos eran dotados de gran autonomía a la hora de llevar a cabo las tareas encomendadas por sus amos y también la posibilidad de que el propio esclavo comprara su libertad. A pesar de la

En el feudo, las tierras agrícolas estaban divididas entre la parcela del señor, las parcelas que los campesinos tenían en propiedad (o usufructo) y las tierras comunales o pastizales de los campesinos que solían utilizarse para actividades ganaderas. A cambio de protección, los siervos estaban obligados a realizar trabajos en las tierras del señor y a entregar una parte de la cosecha de su propia tierra. Desde el siglo XII, estas aportaciones en trabajo y en especie fueron gradualmente sustituidas por aportaciones en dinero.

Este sistema feudal basado en la servidumbre ofrecía mejores incentivos para el incremento de la productividad que el uso del trabajo esclavo. Una vez cumplidas las obligaciones feudales, los siervos eran propietarios del remanente agrícola que podían utilizar para consumo propio o comercializarlo en mercados que al inicio del período feudal rara vez pasaban de ser mercados locales, pero que desde el siglo XII fueron ganando importancia. En el sistema feudal, la desigualdad entre campesinos apareció con rapidez fruto de la mayor pericia y especialización de algunos de ellos. Poco a poco, algunos campesinos empezaron a ser propietarios de más cantidad de tierras y de aparatos de labranza, mientras que otros fueron contratados como jornaleros por los primeros.

El superior sistema de incentivos que proporcionaba la servidumbre en comparación con la esclavitud provocó un mayor progreso técnico que en períodos anteriores. En Europa, en concreto el arado de hierro tirado por caballos, el molino de agua o la rotación trienal fueron ahora aplicados de forma masiva provocando un incremento mayúsculo en la productividad agrícola, lo que a su vez redundó en un incremento formidable de la población. La población de Europa occidental pasó de 42 millones de personas en el año 1000 a 73 millones en el año 1300, y la esperanza de vida creció de forma sustancial.

En un primer momento, la mayor eficacia del sistema feudal consiguió la suficiente fuerza para rechazar, de una vez por todas, las devastadoras invasiones vikingas y mahometanas (que ya hemos visto que fueron un factor decisivo en la propia formación del feudalismo como sistema económico). Más adelante, la población creció y se generó un sobrante de alimento suficiente como para que las ciu-

autonomía, la potencialidad implicaba la posibilidad de que la autonomía desapareciera por completo a voluntad del dueño.

dades empezaran a crecer provocando, a su vez, una revolución comercial que desarrollaría las manufacturas, en especial las textiles.

**Tabla 5.2. Población de Europa (1000-1500)**

| AÑO | POBLACIÓN ESTIMADA (EN MILLONES) |
|---|---|
| 1000 | 42 |
| 1100 | 48 |
| 1200 | 61 |
| 1300 | 73 |
| 1400 | 45 |
| 1500 | 69 |

*Fuente*: Clough y Rapp (1968).

A diferencia de lo que ocurría en Grecia y Roma, el público medieval era abiertamente hostil al préstamo con interés. La enorme hostilidad civil fue compartida por una hostilidad hacia el beneficio monetario. Esta hostilidad al interés y los beneficios fue divulgada fervientemente por la Iglesia y, a pesar de todo, no puede ser explicada, al menos no completamente, por esta actitud de la Iglesia.[242] Y es que la hostilidad hacia el interés y el beneficio no apareció allí donde el comercio no desapareció: ni en el Imperio bizantino ni en las ciudades del norte de Italia desarrollaron esta hostilidad al interés y a los beneficios. Allí donde la economía urbana sobrevivió, el interés y el beneficio no fueron demonizados. Más aún, desde el siglo XIII, en Europa occidental, y coincidiendo con el resurgimiento del comercio y de la vida urbana, la Iglesia primero relajó su posición para con los beneficios para más tarde permitir el cobro de intereses bajo algunos supuestos. Es decir, es muy probable que la Iglesia simplemente haya mudado su ideología conforme lo hacía la del resto de la sociedad. La Iglesia fue más una transmisora de ideas e innovaciones sociales que una generadora de ellas.

Un elemento crucial que repercutiría en el comercio y el patrón de pagos medieval fue la emergencia del derecho mercantil. Este derecho

242. Véase Andreau (1999).

surgió de la revitalización del comercio del siglo XII. Fue un derecho que surgió en las ciudades, desarrollado típicamente de forma consuetudinaria o evolutiva, y en un principio lo hacían cumplir los propios comerciantes, el ostracismo era el método principal que aseguraba el cumplimiento de los contratos entre particulares.[243] Este derecho mercantil posibilitó que el comercio llegara a cotas nunca antes vistas y que se desarrollaran métodos de pagos basados en el crédito, como la letra de cambio, lo que a su vez llevaría a la aparición de un sistema bancario desarrollado.

### *Patrón de pagos en la Edad Media*

El rol de las monedas acuñadas al inicio de la época medieval fue muy similar al del Imperio romano. En el período medieval temprano, las acuñaciones y funciones de las monedas fueron muy similares que las prevalentes en el período romano, porque la moneda medieval estaba basada en sus predecesoras romanas: nunca hubo una ruptura radical entre las monedas romanas y las medievales.[244]

Los invasores germanos sostuvieron intacto el sistema monetario del pueblo conquistado. Los reinos germánicos que aparecieron después del Imperio romano mantuvieron como unidad monetaria el sólido de oro romano porque así lo exigía el comercio mediterráneo con el Imperio bizantino, comercio que incluso creció en los siguientes siglos. Los pocos reyes germánicos tempranos que hicieron alguna acuñación monetaria utilizaron el estándar romano, con inscripciones romanas y, con frecuencia, con la efigie del emperador bizantino.

Pero con las invasiones islámicas y la emergencia del feudalismo, esto iba a cambiar radicalmente. En el siglo VIII el comercio mediterráneo casi cesó por completo. En los siglos siguientes, los autosuficientes feudos, basados en las relaciones de reciprocidad asimétrica que ya hemos comentado, apenas tenían necesidad de utilizar moneda acuñada. La mayoría de los intercambios dentro de los feudos se daban en especie y sólo un puñado de bienes eran objeto de intercambio, bienes que habitualmente se intercambiaban en ferias de carác-

243. Véase Ridley (1998).
244. Véase Harl (1996).

ter local. Para estos intercambios de baja cuantía, las monedas de plata de muy baja calidad y de baja denominación eran perfectamente útiles.

En el campo monetario, el ascenso al poder de Carlomagno y su imperio carolingio significó un cambio radical. Carlomagno realizó una reforma monetaria en el año 793. La reforma monetaria de Carlomagno perduró en el tiempo y sería la base de los sistemas monetarios de toda Europa durante siglos. En esta reforma se abandonó la acuñación de la moneda de oro debido a que no tenía mucho sentido utilizar una moneda diseñada para un comercio que prácticamente había sido extinguido. Carlomagno reformó y estandarizó la moneda de plata, moneda que a partir de entonces sería el centro del sistema monetario europeo. El sistema monetario carolingio que iba a dominar Europa en los siguientes siglos era un sistema monometálico basado en la plata. Allí donde no hay comercio de larga distancia, ni en grandes cantidades, la plata, o incluso las monedas de metales menos valiosos, son las reinas.

La economía monetaria volvió a hacer su aparición desde finales del siglo XII con la emergencia de las ciudades medievales y la revitalización del comercio. Se reforma la moneda de plata, dotándola de mayor peso, y resurgió la moneda de oro, largo tiempo olvidada (con la excepción de Bizancio). Los florines de oro fueron por primera vez emitidos en Florencia y Génova desde el año 1252. El incremento del comercio internacional necesitaba de una moneda de alto valor por unidad de peso, este comercio necesitaba la vuelta de la acuñación de oro. En el comercio local de poca cuantía, el oro no es práctico, pero en el comercio de larga distancia y de gran cuantía, el oro no tenía rival.

La emisión de las monedas de oro italianas fue un gran éxito por estar bien adaptadas a las necesidades de comercio de las ciudades Estado que las emitían. Pero en la misma época, Francia e Inglaterra iniciaron la emisión de monedas de oro, sin embargo, la experiencia terminó en un amargo fracaso. Ni Francia ni Inglaterra tenían un volumen de comercio internacional que exigiera el uso de estas monedas. En los siglos siguientes, a estos países les bastó con utilizar esporádicamente las monedas de oro que otros emitían. En su lugar, en gran parte de Europa se emitió una moneda de plata de mucho mayor peso que las existentes: los gros. En el renacimiento comercial del siglo XIII, esta moneda de plata de gran tamaño se adaptó mucho mejor a las necesidades comerciales de las potencias económicas de segundo orden.

Al lado del oro, y poco tiempo después, apareció el primer sistema privado de compensación del mundo. Los comerciantes pudieron llevar sus mercancías a las ferias de la Champaña, pero no siempre se vieron en la necesidad de transportar oro o plata para realizar compras e intercambios. Los cambistas de moneda empezaron a ofrecer servicios bancarios especializados a los comerciantes. En las ferias de la Champaña, el crédito empezó a sustituir a la moneda en su función de ser medio de cambio desde aproximadamente el año 1200.

En Europa, las prácticas comerciales de utilizar crédito en vez de moneda como forma de pago se empezaron a extender como la pólvora. A la vez que se constituían las ferias de la Champaña en Francia, en el norte de Europa se empezaba a configurar la Liga Hanseática. La Liga Hanseática era una confederación de comerciantes y ciudades medievales que se unieron bajo el liderazgo de la ciudad alemana de Lübeck. Copiando a sus homólogos de la Champaña, los comerciantes pertenecientes al Hansa pudieron utilizar el crédito para comerciar entre ellos sin necesidad de utilizar dinero.

Hasta el siglo XII, extendiendo crédito sin interés y respetando la prohibición de la usura, el crédito fue monopolizado por las instituciones eclesiásticas. A partir del siglo XII, y con la revitalización de la economía urbana, el crédito empezó a ser proporcionado por comerciantes judíos, ya que la prohibición de la usura era entre cristianos y entre judíos, pero no estaba prohibido que un judío prestara a un cristiano, ni un cristiano a un judío, pero la población cristiana era más numerosa, por lo que habitualmente ocurría el primer caso. Por esto se produjo cierta concentración de la actividad prestamista en manos de los judíos. Pero cuando las ferias de la Champaña hicieron su aparición y se desarrollaron los primeros protobancos, la prohibición de la usura por parte de la Iglesia ya había sido relajada (y en parte sustituida por la doctrina del justo precio, que aplicada a la banca significa un tipo de interés «moderado», que no podría superar el 20 por ciento).[245] Por esta razón, con mucha rapidez los comerciantes más prósperos de

245. Un 20 por ciento puede parecer un tipo de interés muy alto, pero dado el riesgo de impago, es probable que fuese un tipo de interés que hacía que muchos préstamos no pudieran llegar a realizarse. En cualquier caso, y para lo que nos con-

Europa, los italianos, empezaron a interesarse por el negocio del préstamo, y por eso al final de la Europa medieval, los banqueros eran conocidos como lombardos (Lombardía es una región de Italia).

Por tanto, a partir del siglo XIII, a la par que el uso del crédito para realizar pagos internacionales en el comercio de larga distancia, los bancos empezaron a hacer acto de presencia en múltiples ciudades medievales. En el siglo XIV, los comerciantes italianos crearon verdaderos bancos internacionales con sedes en todas las grandes ciudades europeas. En el siglo XV se vincula el mercado de depósito de dinero con el de letras de cambio, y se crean así los primeros bancos modernos de los que tenemos constancia.

De este modo, el patrón de pagos medieval fue idéntico al del Imperio romano tardío en sus primeros siglos, aunque con una creciente divergencia entre la calidad de acuñación en diferentes partes de Europa. En un segundo momento se impuso la moneda de plata de Carlomagno, el nuevo denario. Desde el siglo XIII, y coincidiendo con la expansión del comercio, la moneda de oro volvió a hacer su aparición para efectuar pagos en el creciente comercio internacional. Adicionalmente, y al mismo tiempo que la reintroducción de la moneda de oro, se empezaron a establecer mecanismos de crédito, tanto internacionales como locales, capaces de hacer efectivos los pagos y evitar el uso de la moneda acuñada. Al final de la Edad Media ya podemos hablar de un sistema monetario en el que el crédito monetario está firmemente establecido como medio de pago al lado de una moneda metálica de oro y plata.

## Las monedas de cuenta y las monedas metálicas en el Medievo y el concepto de desdoblamiento monetario

En el capítulo 1 ya vimos las funciones clásicas del dinero: unidad de cuenta, medio de cambio y depósito líquido de valor (junto a otras que denominamos secundarias o derivadas). También vimos el concepto de desdoblamiento monetario, que era la posibilidad de que las funciones del dinero fuesen ejercidas por diferentes bienes.

---

cierne, que es el crédito monetario, un 20 por ciento de interés permitía llevar a cabo perfectamente la mayoría de las transacciones comerciales a crédito.

Pues bien, es posible que el medieval sea el período de la historia monetaria en el que más claro puede observarse el fenómeno del desdoblamiento monetario. En concreto, en la Edad Media fue muy marcado el desdoblamiento monetario entre la unidad de cuenta y el medio de cambio. En el Medievo existieron múltiples unidades o monedas de cuenta abstractas que servían como forma de medir el valor, pero que no tenían entidad corpórea. Por otro lado, existieron monedas metálicas que servían para hacer intercambios.

Además, el análisis de los eventos monetarios medievales se complica todavía más por el hecho de que algunas monedas de cuenta que aparecieron al inicio de la Edad Media terminaron siendo monedas metálicas al final. Es el caso de la libra o de los chelines, que nacieron en la reforma monetaria de Carlomagno en el siglo IX (véase más abajo), en aquel momento eran simples unidades de cuenta que tenían una equivalencia con las monedas metálicas efectivamente utilizadas en el intercambio. Sin embargo, mucho tiempo más tarde, en el siglo XIII, cuando apareció la moneda de plata pesada (gros) y la moneda de oro (florines y ducados), estas libras y chelines tomarían forma de moneda acuñada.

Por otro lado, también ha existido en la historia monetaria el movimiento contrario. Monedas metálicas que dejan de serlo y se convierten en unidades de cuenta. Fue el caso del denario romano, que ya vimos que después de su sustitución por el argentium a finales del siglo III, sobrevivió sólo como unidad de cuenta. Curiosamente, tal como veremos más abajo, el denario fue rescatado por las reformas monetarias carolingias del siglo IX. Por lo que el denario romano nació como moneda metálica de plata, siguió existiendo como moneda devaluada compuesta por metales no nobles, más tarde pasó a ser una moneda de cuenta y, por último, volvió a ser una moneda metálica en el siglo IX (bajo la denominación de nuevo denario).

## Las acuñaciones germanas y la continuidad monetaria de Roma

Los reinos germánicos sucesores del Imperio romano mantuvieron prácticamente intacto el sistema monetario romano. El sólido de oro siguió siendo utilizado como moneda base en Europa debido principalmente a que el comercio de larga distancia llevado a cabo en el mar Mediterráneo así lo exigía.

Las monedas de los primeros reinos germánicos fueron emitidas a imagen y semejanza de las monedas romanas y de las monedas del Imperio bizantino, y en ellas mostraban la efigie del emperador bizantino. Con el paso de los años, y conforme Bizancio ejercía cada vez una hegemonía más endeble en Europa, los reyes germánicos empezaron a emitir sus propias monedas. Primero las monedas germánicas fueron idénticas a las romanas, aunque mostraban las efigies de sus reyes. Los primeros en emitir moneda con el semblante de sus reyes fueron los francos, y poco más tarde los visigodos en el siglo VI. En el siglo VII, los reyes germanos, en concreto los lombardos afincados en Italia y los francos en Francia, aprendieron las prácticas inflacionarias que tantos problemas habían causado en Roma y empezaron a devaluar el sólido de oro romano y a mezclarlo con plata.

Por tanto, paulatinamente el sólido de oro romano fue devaluado y mezclado con plata sobre todo a partir del siglo VII por los reyes francos de la dinastía merovingia (Francia actual). Después de las invasiones islámicas un siglo más tarde, el sólido de oro desapareció por completo de la circulación en Europa.[246]

## La reforma monetaria de Carlomagno y los carolingios: nace el nuevo denario

Un siglo de devaluaciones monetarias por parte de los reinos germánicos instalados en Europa y el colapso del comercio precipitado por las invasiones islámicas provocaron una desconexión entre la oferta de moneda y su demanda proveniente de las necesidades del comercio. La moneda de oro, base del sistema monetario romano desde el año 325, ya no era útil por tener un valor demasiado elevado. Por su parte, las monedas de menor valor, aquellas que más demandaba la población, eran muy poco homogéneas. La enorme disparidad en los pesos y calidades de las monedas en circulación provocaba que las personas que las aceptaran tuvieran que revisar constantemente su cali-

246. Véase Davies (2002).

dad.[247] Cuando en el año 751 la dinastía carolingia llegó al trono de los francos, la situación monetaria europea era un auténtico caos.

Para reapropiarse de la capacidad de emisión de moneda, el padre de Carlomagno, Pipino el Breve, utilizó la prerrogativa real en la emisión de moneda, prerrogativa que sus antecesores, los merovingios, habían dejado en manos de las aristocracias locales. Pipino cerró las cecas que múltiples aristócratas poseían y abrió en su lugar cecas reales u otorgó derechos para la apertura de cecas locales a cambio del pago de un impuesto al rey. Pipino el Breve introdujo en el sistema monetario el nuevo denario (*novi denarii*), si bien esta moneda no sería producida masivamente hasta la reforma monetaria que llevó a cabo su hijo, el célebre Carlomagno.

En el año 793, el emperador Carlomagno llevó a cabo una reforma monetaria. La reforma de Carlomagno estandarizó la moneda del Imperio carolingio e introdujo una nomenclatura y divisiones que en algunas ocasiones perduraron más de un milenio, hasta la Revolución francesa en la Europa continental y hasta 1971 en el Reino Unido.

La reforma monetaria de Carlomagno eliminó la acuñación de monedas de oro, monedas que, por otra parte, ya habían desaparecido completamente de la circulación, y reorganizó todo el sistema monetario sobre la plata. En tiempos de Carlomagno, el sólido de oro romano ya era un espejismo, el emperador sólo reconoció formalmente una realidad que ya existía. Mucho mejor adaptadas a las necesidades del comercio local y regional, todavía vivo en el momento en que reinó Carlomagno, a finales del siglo VIII las monedas de plata eran prácticamente las únicas que se intercambiaban en el tráfico mercantil.

Carlomagno inicio una acuñación masiva de los nuevos denarios en las cecas reales distribuidas por todo su imperio. El nuevo denario era una moneda muy ligera, que contenía apenas 1,7 gramos de plata. Recordemos que originalmente, antes de las devaluaciones, el denario romano contenía 4,5 gramos de plata. El menor peso del nuevo denario medieval se explica por dos motivos. Por un lado, y como ya hemos visto, las monedas de plata que ya existían en circulación en el siglo VIII habían sido objeto de continuas pérdidas de peso conforme iban siendo devaluadas por diferentes reyes germanos. Por otro lado, y quizás sea la razón más importante, en comparación con la situa-

247. Véase Clough y Rapp (1968).

ción prevalente en el Imperio romano, la Europa de Carlomagno era un reino mucho más pobre y con un comercio de mucho menor valor. Las gestas de Carlomagno contrastan con la pobreza de su pueblo. Por tanto, las necesidades del comercio podían ser satisfechas con monedas de mucho menos valor que las de antaño.

La reforma de Carlomagno utilizó como unidad básica la libra carolingia (más pesada que la romana), con un peso de 408 gramos de plata. La libra se dividía en 20 chelines (*shillings* en inglés, provenientes del sólido romano). Los chelines, a su vez, se dividían en 12 peniques (*penies* en inglés, *deniers* en francés, provenientes de los denarios romanos). De estas monedas, sólo el penique y algunas divisiones de éste fueron emitidas y utilizadas como medio de cambio. Ni la libra ni los chelines fueron acuñados, sino que su función era la de servir de unidades de cuenta.

**Tabla 5.3. Sistema monetario de Carlomagno (793 d. C.)**

| UNIDAD MONETARIA | CONVERSIÓN EN UNIDAD DE MENOR VALOR | TIPO DE MONEDA Y ESTATUS | CANTIDAD PLATA |
|---|---|---|---|
| Libra | 20 chelines<br>240 peniques | Unidad de cuenta principal | 408 gramos |
| Chelín | 12 nuevos denarios (12 peniques) | Unidad de cuenta | 20,4 gramos |
| Nuevo denario (penique) | 2 medios peniques | Moneda de plata (medio de cambio principal) | 1,7 gramos |
| Medio penique | | Moneda de plata | 0,85 gramos |

*Fuente*: Clough y Rapp (1968).

La reforma monetaria de Carlomagno con sus denominaciones y divisiones fue respetada durante más de un milenio, y en Inglaterra no sería completamente abandonada hasta 1971, cuando se estableció el sistema decimal en el sistema monetario inglés. Pero la prerrogativa real de emisión de moneda duró muy poco, y conforme colapsó el poder político carolingio, también lo hizo la emisión de moneda, que, al igual que otros elementos del poder real, quedó en manos de los señores feudales. Desde el siglo IX y hasta mediados del siglo XII, tanto los intercambios como el dinero tendrían en Europa un marcado componente local. A pesar de que se respetó la denominación nuevo denario, la heterogeneidad era lo normal, y en Europa coexistieron diferentes monedas de diferente calidad. Este carácter local del dinero y los intercambios fue abandonado muy gradualmente desde la aparición de las ferias de la Champaña en el siglo XII.

## El penique inglés: la primera moneda nacional de Europa

Gran Bretaña fue abandonada por los romanos antes de las invasiones germánicas del siglo V. Es probable que haya sido el único territorio invadido por los germanos en el que la romanización desapareció por completo. Los anglos y los sajones, dos tribus germánicas, invadieron Gran Bretaña en un momento en el que la isla estaba muy poco poblada, sólo persistían algunas tribus de origen celta que habían mantenido sus tradiciones en los márgenes de la Britania romana. En las islas británicas cayeron en el olvido tanto las instituciones económicas como las monetarias de Roma. En conjunto con los antiguos celtas, los nuevos pobladores germánicos de Gran Bretaña formaron pequeños reinos que mantuvieron poco contacto con el resto de Europa hasta el siglo VII, momento en que el comercio con los francos empieza tímidamente a crecer.

El comercio con el reino franco reintrodujo el sólido romano en Gran Bretaña. Los anglosajones imitaron la moneda de los francos, emitiendo su propia moneda con el diseño y pesos de los francos merovingios. Poco a poco ocurrió lo mismo que en Francia, y el sólido de oro romano emitido por los anglosajones fue poco a poco devaluado mezclándolo con plata, hasta que en el siglo VIII el oro prácticamente desapareció de la moneda. Éste es un desarrollo monetario increíblemente similar al ocurrido en el reino de los francos.

Antes de la libra esterlina, la moneda anglosajona por antonomasia fue el penique. El primer penique anglosajón fue una copia del nuevo denario francés que, como ya hemos visto, fue introducido en el año 752 por el padre de Carlomagno. El penique anglosajón fue emitido por vez primera en el año 765 por un rey llamado Offa (757-796). El penique inglés sería la moneda principal de la Gran Bretaña medieval y el primer antecesor de la libra esterlina.

Pero en el siglo VIII, el penique anglosajón todavía no era una moneda nacional, sino que era una moneda emitida por múltiples reyes regionales, muy poco homogénea, que entre regiones variaba de forma muy pronunciada en calidad y cantidad de plata.

En Gran Bretaña, las invasiones vikingas tendrían un efecto tanto o más devastador que en el continente europeo. Desde mediados del siglo IX, las invasiones vikingas llevaron a Gran Bretaña a un período de guerra, aislamiento económico y desajustes monetarios mayúsculos.

Ya en el siglo siguiente, en concreto en el año 927, Athelstan se proclamó rey de toda Inglaterra y sólo un año después decretó la unificación monetaria de los diferentes peniques para crear la primera moneda única del nuevo reino de Inglaterra. Sin embargo, la inestabilidad política y las múltiples guerras no permitieron que la moneda única inglesa fuese una realidad de hecho, y no sólo de derecho, hasta la conquista normanda de Inglaterra en el año 1066.

A partir del 1066, Inglaterra contaría con una moneda nacional unificada. Esto contrasta sobremanera con la situación de la Europa continental, que fue objeto de una atomización monetaria durante muchos más siglos.

## Reacuñaciones monetarias medievales: el monarca comportándose como el Dr. Jekyll y Mr. Hyde

Si el lector lleva conmigo desde el inicio de este libro ya podrá intuir que lo más común es que los gobernantes abusen de la institución del dinero y que extraigan recursos a la población mediante devaluaciones, reacuñaciones de monedas y algunos instrumentos más sofisticados que, como veremos, fueron apareciendo en los siguientes siglos. No obstante, de cuando en cuando los gobernantes se han preocupado por establecer un medio de cambio útil y eficaz para sus ciudadanos.

En el período medieval, los gobernantes debían enfrentar el problema de la depreciación monetaria endógena. Y es que cuando se utiliza un dinero metálico como medio de cambio, lo más normal es que se desgaste, que aparezcan falsificaciones de mala calidad y que existan personas o señores feudales que hagan «sudar» a la moneda, despojándola de parte de su valor metálico. En esta situación era normal que una de las características de un buen medio de cambio, su homogeneidad, se perdiera: monedas muy desgastadas convivían con monedas de buena calidad con el mismo valor nominal. Esto generaba múltiples problemas, como la omnipresente ley de Gresham que, como ya hemos explicado en capítulos anteriores, bajo ciertas condiciones, la moneda de buena calidad tendía a dejar de intercambiarse. Pero incluso si la ley de Gresham no planteaba un problema, la falta de homogeneidad conllevaba la necesidad de tener que estar constantemente pesando y comprobando la calidad de las monedas, lo que en el Medievo podía significar simplemente morder las monedas o rasparlas, lo que por supuesto aceleraba su degradación.

Ante este problema, muchos gobernantes medievales tomaban la decisión de realizar reacuñaciones masivas de moneda para devolver a su reino un medio de intercambio sano. Al añadir nuevo metal noble a las desgastadas monedas, las reacuñaciones monetarias podían llegar a ser muy costosas para los reyes que las llevaban a cabo.

Los reyes ingleses fueron pioneros a la hora de aplicar estas reacuñaciones monetarias. En el año 973, el rey inglés Edgar inició un ciclo de reacuñaciones monetarias periódicas que solía ocurrir cada seis años, aunque más tarde fue cada tres años. Estas reacuñaciones tenían por objetivo originario dotar de uniformidad al penique inglés, una característica muy deseable en el tráfico mercantil. Pero como suele ocurrir con la administración política del dinero, poco después de la muerte del rey Edgar otros objetivos fueron introducidos por sus descendientes en estas reacuñaciones. En las siguientes décadas, los reyes ingleses aprovecharon las reacuñaciones para despojar al penique inglés de parte de su contenido de plata, por lo que ahora la misma cantidad de plata significaba mayor número de monedas. Esto significaba un incremento en la capacidad de gasto del monarca a costa de la calidad del penique. En menos de un siglo, derivado de las reacuñaciones monetarias llevadas a cabo por los reyes ingleses a finales del siglo X y principios del XI, el penique inglés perdió un tercio de su contenido metálico.

Pero no todos los monarcas medievales aprovecharon las reacuñaciones para reducir la calidad de la acuñación monetaria. Después de la conquista normanda del año 1066, los reyes de Inglaterra llevaron a cabo siete reacuñaciones entre el año 1100 y el 1300 para devolver al penique al estándar de una pureza de plata del 92,5 por ciento.

Con frecuencia, estas reacuñaciones positivas (incremento de la plata en la moneda) se entremezclaron con las reacuñaciones negativas en las que la calidad y el peso de las monedas disminuían.

Por lo tanto, parece que los reyes de Inglaterra se comportaban como el Dr. Jekyll y Mr. Hyde, con ciclos de devaluación y revaluación constantes derivados de las necesidades de gasto del monarca, situación que empujaba a la devaluación, y de las necesidades del comercio (contar con una moneda de calidad) que empujaban a la revaluación positiva. Con la enorme necesidad de fondos que conllevaban para los reyes, las guerras solían ser los momentos en que más se deterioraba la calidad de la moneda y cuando más se concentraban las reacuñaciones devaluatorias.

A pesar de todo, en Inglaterra, a diferencia de lo que ocurriría en el continente, las fuerzas devaluadoras y revaluadoras de la moneda se mantuvieron en equilibrio en el largo plazo. A pesar de los altibajos, el penique inglés tenía casi la misma cantidad de plata en el año 1250 que cuatrocientos años antes. En ese mismo período, el denario francés había perdido el 80 por ciento de su plata, mientras que en cuatro centurias la moneda veneciana perdió nada menos que el 95 por ciento de su contenido de plata.

## Los denarios negros y el atesoramiento y desatesoramiento monetario feudal

Después del colapso del comercio y del poder real que llevó a Europa por la senda feudal tras el desmoronamiento del Imperio carolingio, la necesidad de utilizar moneda se desplomó. Ahora, gran parte de las monedas eran superfluas, así que muchas de ellas fueron fundidas y su metal atesorado en forma no monetaria. A menudo estas riquezas formadas por metales preciosos no amonedados acababan en manos de la Iglesia gracias a las donaciones y herencias que sus fieles le legaban. Esto provocó una acumulación de metales preciosos en una cuantía considerable en manos de monasterios e iglesias de toda Europa. De hecho, con frecuencia las iglesias fueron uno de los objetivos favoritos de las campañas de saqueo vikingas, ya que sabían perfectamente que allí se encontraban enterrados gran parte de los tesoros de las empobrecidas sociedades occidentales.

Como ya hemos visto, en la etapa inicial del feudalismo (siglo x), los feudos eran entidades políticas autárquicas. Una excepción a la autosuficiencia de los feudos eran los artículos de lujo, artículos que provenían de Oriente, habitualmente del comercio que Venecia llevaba a cabo con el Imperio bizantino, comercio que después de las invasiones mahometanas, como ya hemos visto, fue prácticamente el único vivo en Europa durante siglos. Cuando los señores feudales querían importar artículos de lujo, solían hacerlo pidiendo prestados los metales preciosos acumulados en monasterios e iglesias. Estos préstamos no tenían interés debido a la prohibición canónica de la usura. A menudo los señores feudales acuñaban monedas con esos metales preciosos para realizar los pagos del comercio de lujo. Ésta era una de las pocas fuentes de monetización antes de la revitalización del comercio desde mediados del siglo xii. Los señores feudales devolvían los préstamos a los monasterios e iglesias mayoritariamente en especie, ya que los señores apenas contaban con ingresos monetarios.

Ya hemos visto que desde el siglo xii se produjo cierta revitalización del comercio y de la economía urbana. Esto incrementó los beneficios monetarios de los señores feudales, en especial por peajes cobrados a los comerciantes. Además, paulatinamente los señores feudales empezaron a cambiar la exigencia de pagos en especie o en trabajo a los campesinos por pagos en moneda. Esto provocó un incremento de la necesidad de moneda y de las acuñaciones que los propios señores feudales realizaban. Estas acuñaciones feudales de moneda mantuvieron nominalmente el sistema monetario carolingio, conservando el penique o nuevo denario como medio de cambio principal, aunque con constantes alteraciones en su contenido metálico y peso. La moneda de plata posterior a Carlomagno se ennegreció por el bajo contenido de plata y la creciente presencia de metales no nobles que contenía. El contenido de plata de los nuevos denarios de la Europa continental llegó a caer por debajo del 10 por ciento. Por este motivo, las monedas empezaron a ser conocidas despectivamente como los denarios negros (*nigrii denari*).

Los señores feudales, y marginalmente también sus siervos, recurrían con asiduidad a todo tipo de mecanismos para envilecer y despojar de su contenido de valor a la moneda medieval. Ya hemos comentado que desde el siglo xii los señores feudales empezaron a recibir ingresos monetarios por peajes y otras fuentes. La moneda recibida por los señores solía ser fundida para emitir nuevas monedas con menor contenido de plata. También era habitual hacer «sudar» a la moneda; esto es, se metían las monedas en una bolsa y se martilleaban para hacerse con el polvo de metales que se desprendía de ellas. En la Edad Media, otra práctica común era recortar los bordes de las monedas. Las devaluaciones del tipo que realizó Aureliano en el siglo III en Roma también fueron normales en esta época: los señores feudales generaban nuevas monedas con un valor nominal más alto, aunque con el mismo contenido metálico y hasta que subían los precios, estos señores feudales conseguían pingües beneficios. Como era de esperar, todas estas prácticas generaron inflación, inflación que, además, fue desigual en diferentes partes de Europa.

El diferente grado de manipulación monetaria por parte de los señores feudales provocó una enorme heterogeneidad en las monedas feudales. Circulaban a la par unas de otras monedas de diferentes tipos, tamaños y metales. Existían tantos nuevos denarios como grandes feudos. Esto provocaba que todo el que recibía moneda debía morderla o recurrir a otros mecanismos, habitualmente poco sofisticados, para intentar aproximar el valor real del dinero recibido.

Es evidente que esta situación monetaria no era demasiado propicia para el desarrollo del comercio que empezaba a resurgir en el siglo XII. En Inglaterra, la solución que encontraron fue dotar al penique de mayor estabilidad y menor manipulación monetaria, lo que dio inicio a la libra esterlina.

## El penique inglés se transforma en la libra esterlina en el siglo XII

Ya hemos visto que el penique anglosajón de plata fue una copia del nuevo denario carolingio. Pero a diferencia de los desarrollos en los reinos y ciudades continentales, y a pesar de los vaivenes en su calidad fruto de los ciclos de devaluaciones-reacuñaciones, los ingleses consiguieron mantener más o menos inalterado el valor de su moneda a lo largo de los siglos, manipulando su penique sustancialmente menos que sus vecinos al otro lado del canal de la Mancha.

En el año 1158, bajo el reinado de Enrique II (1154-1189), se llevó a cabo una reforma monetaria que daría origen a la libra esterlina.

Enrique II heredó un reino con un dinero de una calidad pésima. Su padre, Enrique I, llevó a cabo un ciclo de devaluaciones que tenía su origen en la necesidad de fondos que generó una sangrienta guerra civil que duró quince años. Enrique II llevó a cabo dos reacuñaciones monetarias masivas, una en 1158 y otra en 1180, que devolvieron al penique su contenido de plata original.

Además, Enrique II creó un sistema de tributos permanentes y la primera forma de emisión de bonos soberanos (véase más en el epígrafe del *tally stick*) que hizo innecesario o redundante manipular la moneda metálica para conseguir fondos. Éste es un ejemplo más de cómo hace siglos los desarrollos fiscales y monetarios estaban tan conectados como lo están hoy.

La reforma monetaria de Enrique II fue tan exitosa que en los siguientes siglos, sus sucesores evitaron manipular el penique inglés, y durante más de ciento veinte años el nombre «Henricus» permaneció en todas las emisiones de moneda.

Después del siglo XIII, los ingleses serían menos cuidadosos con su moneda que los descendientes de Enrique II, ya que entre 1250 y 1500 la moneda inglesa perdió un 50 por ciento de su valor. Los monarcas ingleses llevaron a cabo una serie de devaluaciones que tenían su razón de ser en las necesidades de fondos derivadas de la guerra de los Cien Años contra Francia (1337-1456) y de las revoluciones campesinas contra la voracidad fiscal del soberano inglés a finales del siglo XIV. A pesar de ello, en ese mismo período la devaluación de las monedas de plata de Francia, Milán o Venecia superó el 70 por ciento, por lo que la buena fama de la moneda de plata inglesa en Europa se mantuvo casi intacta.

La buena calidad relativa del penique inglés lo hizo acreedor en el norte de Europa de una merecida fama de moneda confiable. En el siglo XIII, esta confianza se plasmó en un nombre especial para el penique inglés, nombre que recibió para diferenciarlo de la moneda de plata de peor calidad del continente: a partir de ese momento, el penique sería conocido como la libra esterlina. La libra esterlina no es más que un sobrenombre para el penique inglés, ya que la libra no sería emitida oficialmente hasta tres siglos más tarde cuando, en 1489, el rey Enrique VII emitió el famoso soberano de oro, que analizaremos en los siguientes capítulos.

Si con el blindaje de su penique que dio nacimiento a la libra esterlina, los ingleses encontraron la solución al problema de la devaluación y heterogeneidad monetaria, en el continente la solución vino del lado de las ciudades del norte de Italia. Al ser el centro del comercio medieval, estas ciudades empezaron a emitir una moneda de mayor calidad para dotar a sus comerciantes de un medio de cambio útil. Desde finales del siglo XII, estas ciudades emitieron una nueva moneda con mucho más contenido de plata: así nacieron los gros o los *grosso*.

## El chelín toma forma: nace el gros, la moneda de plata medieval pesada

La recuperación del mar Mediterráneo en el siglo XI y la expansión de la economía urbana desde el siglo XII llevó a un crecimiento enorme del comercio, crecimiento que en el siglo XIII traspasó todo límite conocido. Pero el nuevo denario no estaba preparado para dar soporte monetario a una expansión del comercio de tal calibre.

Las monedas medievales habían perdido tanto contenido de plata que apenas contenían valor, lo que las hacía idóneas para el comercio a pequeña escala, pero prácticamente inservibles para el comercio a larga distancia. Esto empujó a las ciudades italianas, a Francia y a otros reinos y ciudades a llevar a cabo una reforma monetaria por la que se inició la emisión de una nueva moneda de plata más pesada que el denario: el gros o *grosso*.

Como es lógico, el lugar en el que se inició la emisión de esta nueva moneda es el lugar que ya disfrutaba de mayor nivel de comercio: las ciudades del norte de Italia emitieron esta nueva moneda de manera pionera. Venecia emitió su gros de plata en el año 1192, y tuvo tanto éxito que fue casi de inmediato imitada por el resto de las ciudades Estado del norte de Italia. En Italia, la moneda recibió el nombre de *denarii grossi* (denario grande), y de ahí proviene su nombre, el gros o *grosso*. Más tarde, en 1266 Francia emitió el gros tornés (emitido en la ciudad de Tours). La emisión del gros francés tuvo mucho éxito y también fue imitada en otras partes de Europa. En 1279, los groses fueron emitidos en Inglaterra y en 1302, en los Países Bajos.

La emisión del gros respetó el todavía vigente sistema monetario de Carlomagno. En concreto, el gros de plata tomó el lugar del chelín. Siglos atrás, Carlomagno había determinado que el chelín fuese sólo una unidad de cuenta, y que el nuevo denario fuese la única moneda de plata. Ahora, con la emisión de los groses, el chelín pasaría a ser, además de una unidad de cuenta, un medio de intercambio: con la emisión del gros, el chelín se convirtió en una moneda física. Por tanto, el gros tomó un valor igual a 12 nuevos denarios o peniques (véase tabla 5.3). A su vez, se necesitaban 20 groses o chelines para formar una libra carolingia. En el continente europeo, la libra seguía siendo una unidad de cuenta y no una moneda real.

Conviene poner en contexto la degradación monetaria de los siglos VIII a XII. Y es que originalmente el denario carolingio contenía 1,7 gramos de plata, mientras que el *grosso* o chelín contenía 2 gramos de plata. Sin embargo, el valor nominal de un chelín o gros era de 12 denarios. Por consiguiente, podemos inferir que el valor del nuevo denario había caído a algo menos de un 1/10 de su valor original determinado por Carlomagno. Es decir, entre los siglos IX y XII el denario había perdido el 90 por ciento de su valor.[248]

A pesar de todo, una vez que en el siglo XIII se estableció una moneda de oro funcional, la degradación monetaria de la plata continuó. La paulatina degradación de la moneda de plata obligó en los siguientes siglos a realizar constantes emisiones de nuevas monedas con más contenido de plata.

La necesidad de moneda derivada de la explosión del comercio que tuvo lugar en el siglo XIII fue sólo parcialmente resuelta por el gros de plata. Para el creciente comercio, el gros era un mejor medio de cambio que el nuevo denario, pero no lo suficiente para las necesidades de un comercio de larga distancia conformado por bienes de muy alto valor. La moneda de plata pesada fue suficiente para dotar de un medio de cambio eficaz al comercio que realizaban algunos reinos, pero fue totalmente insuficiente para satisfacer las necesidades comerciales de otros. Por este motivo, en el siglo XIII, casi al mismo tiempo que el gros empezaron a emitirse las primeras monedas de oro.

248. Es necesario poner en contexto estas cifras. Ya que de la misma manera que el denario no había perdido el contenido de plata en igual proporción en lugares diferentes, el peso en plata del gros no era homogéneo en diferentes partes. El gros italiano contenía 2 gramos de plata, pero el gros tornés de Francia contenía 4 gramos de plata. En cualquier caso, lo interesante es que en la práctica totalidad de la Europa continental el valor nominal del gros era 12 veces el del denario, pero ni los denarios ni los groses tenían un valor uniforme en diferentes lugares.

## La vuelta de la moneda de oro: los florines florentinos y los ducados venecianos conquistan el mundo

La revolución comercial del siglo XIII hizo necesario volver a emitir una moneda de oro, moneda que, como vimos, en Europa occidental había desaparecido en el siglo VIII. Por tanto, después de cinco siglos de ausencia (con excepción del sólido de Bizancio), la moneda de oro reaparecería en Europa para no volver a desaparecer de la circulación monetaria hasta el siglo XX.

Desde mediados del siglo XIII, diferentes reinos y, sobre todo, ciudades libres, empiezan a emitir monedas de oro. Las ciudades de Messina y Bríndisi, situadas en el sur de Italia, serían las primeras en probar suerte en el año 1232, aunque sus monedas nunca fueron muy utilizadas. Florencia emitiría sus famosos florines desde el año 1252 y Génova sus genoveses desde 1253. Poco después, en el año 1284, se uniría Venecia con la emisión de sus ducados de oro. Los reinos de Inglaterra y Francia probaron suerte y en los años 1257 y 1266, respectivamente, emitieron monedas de oro,[249] pero estas emisiones fracasaron estrepitosamente (en contraste con el éxito que tuvieron sus monedas de plata).

Un siglo más tarde, en 1343 y 1346, los monarcas ingleses intentaron volver a emitir una moneda de oro, pero fracasaron una vez más. El comercio de Inglaterra seguía sin estar listo para dar el salto al oro, además, para esta fecha los ingleses ya habían conseguido una moneda muy estable y de gran calidad en forma de sus peniques recién renombrados libras esterlinas. La primera moneda de oro inglesa exitosa, el soberano, se haría esperar otro siglo.

Desde su emisión en 1252, los florines de oro serían la moneda de referencia en Europa. Junto a ella, los ducados venecianos consiguieron una notoriedad mayúscula y en el siglo XV incluso desplazaron a los florines. La moneda de oro florentina y veneciana estaba formada por oro casi puro. Tanto los florines como los ducados apenas fueron alterados durante toda su vida, lo que como es habitual provocó que los comerciantes los utilizaran con preferencia sobre otras monedas. La moneda italiana de oro no tendría rival hasta la caída en desgracia del comercio italiano ya en el siglo XVI. Estas monedas fueron amplia-

249. La moneda inglesa de oro fue el noble y la francesa el escudo.

mente utilizadas e imitadas en toda Europa, desplazando al sólido bizantino conforme este imperio empezaba a perder importancia internacional.

La emisión de moneda de oro en Europa siguió respetando el sistema monetario carolingio que a mediados del siglo XIII ya casi cumplía quinientos años. Las monedas de oro europeas ocuparon el último lugar vacante del sistema monetario carolingio: el de la libra. De esta manera, hubo una moneda metálica para cada unidad de cuenta que Carlomagno diseñó. Las monedas de oro fueron equiparadas con la unidad de cuenta libra. La moneda de plata pesada (gros) fue equiparada con el chelín. La moneda de plata ligera (que ya era casi completamente de cobre) era igual al penique o denario.

**Tabla 5.4. Sistema monetario de la Baja Edad Media (desde 1250 d. C.)**

| UNIDAD MONETARIA | CONVERSIÓN EN UNIDAD DE MENOR VALOR | TIPO DE MONEDA / NOMBRE MONEDA EMITIDA |
|---|---|---|
| Libra | 20 chelines 240 peniques | Moneda de oro (florín, ducado, escudo) |
| Chelín | 12 peniques | Moneda de plata (gros, *grossi*, *grosso*) |
| Nuevo denario Penique | | Moneda de plata y aleaciones (nuevo denario, penique) |

*Fuente*: Clough y Rapp (1968); Davies (2002).

En general, los gobernantes que emitieron las monedas de oro al final del período medieval tuvieron el suficiente cuidado de no alterarlas con propósitos fiscales. Las constantes devaluaciones que sufría la moneda de plata en la Europa medieval no ocurrieron en la moneda de oro. Los venecianos destruían su moneda de plata con devaluaciones, pero su moneda de oro, la utilizada por sus diestros comerciantes y que le daba prestigio en el exterior, se mantenía inalterada.

La Europa del final del Medievo siguió un patrón monetario muy similar al del final del Imperio romano: con la excepción de Inglaterra, la moneda de plata fue constantemente adulterada y terminó siendo una moneda de cobre que contenía muy poco valor, sólo válida para realizar pequeñas transacciones, mientras que la moneda de oro circuló durante siglos prácticamente inalterada.

La adulteración constante de las monedas de plata provocó que se emitieran recurrentemente nuevas monedas de plata con mayor contenido de metal noble, por lo que en la Edad Media la moneda con alto contenido de plata siguió viva bajo diferentes denominaciones. Por tanto, se puede afirmar que al final de la Edad Media reinaba un sistema monetario tripartito, en el que los grandes pagos eran realizados en moneda de oro, los pagos importantes en moneda de plata de alta calidad y los pagos menudos diarios se realizaban en monedas negras formadas en su mayoría por cobre.

A pesar de que la moneda de oro fue un medio de cambio mucho mejor adaptado que las monedas de plata a las necesidades del comercio del siglo XIII, por sí solo el oro no fue suficiente. Las necesidades del creciente comercio de realizar pagos alimentaron otros desarrollos monetarios medievales, como un sistema privado de crédito monetario con letras de cambio como forma de pago alternativa a las monedas.

## Las ferias de la Champaña francesa: la cuna de la banca moderna

Las ferias de la Champaña pueden ser consideradas el lugar en el que se inicia la banca moderna y se desarrolla una embrionaria cámara de compensación de pagos.

Como ya hemos visto en capítulos anteriores, el árbol genealógico de la banca moderna tiene, muchos antecedentes o «eslabones perdidos» en la Antigüedad griega y romana. Sin embargo, a diferencia de otras instituciones romanas, estos episodios bancarios no tuvieron continuidad hasta nuestros días. Por consiguiente, los europeos tuvieron que redescubrir muchos siglos más tarde una tecnología social que ya había sido olvidada: la banca.

La banca fue redescubierta a finales del siglo XII en el norte de Italia y en Francia. Los bancos medievales, antecedentes directos de los contemporáneos, nacieron al calor del desarrollo del mercado de cambio de moneda o, tal como lo llamaríamos hoy, del mercado de divisas. El mercado de divisas o de cambios medieval se vio impulsado por dos grandes acontecimientos. El primero fue el comercio entre las dos regiones más desarrolladas en el Medievo: el norte de Italia y Flandes. El segundo fue el inicio de las cruzadas y el rol financiero que tomaron los caballeros templarios. En este epígrafe nos centraremos en el comercio y en el siguiente en las ordenes de caballería surgidas de la primera cruzada.

Las ferias de la Champaña nacieron a mediados del siglo XII en una región situada en el oriente de Francia, a medio camino entre Flandes e Italia. En apenas dos generaciones estas ferias ya eran las más importantes del mundo. Para entender el rol de estas ferias hay que tener presente que en el siglo XII el negocio del comercio y el del transporte de mercancías estaban indisolublemente fundidos en uno solo. Los comerciantes que intercambiaban bienes en las ferias viajaban con sus mercancías hasta la propia feria (esto es, el comercio era ambulante y lo seguiría siendo hasta finales del siglo XIII). En estas condiciones, viajar con monedas de plata o de oro era sumamente peligroso, costoso e inconveniente, por lo que los propios comerciantes desarrollaron varios mecanismos para minimizar el uso de las monedas en los pagos: todos ellos implicaban el uso de crédito.

### *La letra de cambio como el documento de crédito monetario por excelencia*

La letra de cambio fue el mecanismo más utilizado y novedoso de las ferias de Champaña para minimizar el uso de efectivo.[250] En principio, la letra de cambio medieval fue un documento de crédito simple, la letra era una factura que además hacía las veces de pagaré entre dos personas que habían realizado una compraventa. En origen, la utilidad de este instrumento para los comerciantes era idéntica a la de todo crédito comercial: permitir que el vendedor minorista acceda a los bienes antes de que el comprador minorista pague por ellos.

En la letra de cambio, el comprador se comprometía a entregar dinero en el futuro al vendedor, pero también podría entregar otros

250. Ya hemos visto que algunos documentos de la Antigüedad podrían haber sido un antecedente primitivo de la letra de cambio. Lo que es seguro es que la letra de cambio y el crédito comercial compensable cayeron en el olvido y no serían redescubiertos hasta la celebración de las ferias de la Champaña, y desde entonces han sido utilizados durante ocho siglos.

bienes para saldar la deuda.[251] Si se daba el segundo caso, la letra habría habilitado dos compraventas sin necesidad de utilizar dinero (la original y la compensación), de esta manera ocurría una compensación bilateral de crédito.

Pero a la hora de ahorrar en el uso de dinero compensando pagos, la compensación bilateral de crédito es muy limitada.[252] Las letras de cambio serían mucho más útiles si pudieran instrumentar compensaciones multilaterales de crédito, y esto se podría conseguir incluyendo a un tercero en la letra. En nuestro ejemplo, el comprador original de mercancías quedaba obligado al pago de la letra de cambio, pero este comprador podría indicar en la letra de cambio a otra persona que hiciera el pago efectivo al vendedor. Si esta tercera persona estuviera en deuda con el comprador, aceptará realizar este pago en su nombre para liberarse de su propia deuda. Esta deuda podría haberse originado por una compraventa diferente que hubiera ocurrido con anterioridad. En este caso, nuestro comprador original habría conseguido, en un primer momento, vender sus mercancías sin la mediación de moneda (acumulando un crédito contra la tercera persona). En un segundo momento, nuestro comprador podría haber realizado una compra sin mediación de moneda (simplemente indicando en la nueva letra que su acreedor pague al vendedor). En otras palabras, nuestro comerciante ha realizado dos transacciones con dos personas diferentes y sólo ha utilizado crédito para recibir y realizar los pagos. Esto es, en efecto, una compensación multilateral de crédito.[253]

Cuando hay una necesidad y un buen sistema institucional, en este caso en forma de un derecho mercantil que ya vimos que surgió con anterioridad a las ferias de la Champaña, aparece el ingenio humano para aprovechar la oportunidad. En las ferias de la Champaña,

251. La operativa concreta, empero, sería compensar el saldo deudor de la letra original con otra letra de cambio con saldo acreedor (y pagar en dinero sólo el saldo restante).

252. Tiene límites similares a los del trueque. Sólo se podrían compensar saldos en caso de intercambios directos aplazados. Véase Rallo (2015).

253. También podría ocurrir que la tercera persona no sea deudora del comprador y simplemente conozca al comprador, sepa que es de fiar y le extienda crédito (recibiendo más tarde bienes o dinero del comprador original). La operativa cambia, el resultado es el mismo: compras y ventas que se realizan sin que intervenga moneda física.

la letra de cambio se transformó con rapidez en un documento que podía recoger a un tercero que designara el comprador como el obligado a realizar el pago. De esta manera, el comercio empezó a pagarse principalmente en papel; es decir, mediante letras de cambio. En este esquema, sólo pequeños remanentes de las compensaciones de pagos multilaterales eran saldados en moneda metálica. La letra de cambio se había transformado en el dinero preferido de los comerciantes.[254]

Un instrumento muy parecido a la letra de cambio fue la letra de feria. Mediante una letra de feria, un comerciante compraba las mercancías y firmaba una letra en la que se obligaba a pagar al vendedor en la próxima feria. Como las ferias de la Champaña llegaron a ser semipermanentes (cuando acababa una feria en una ciudad se abría otra en una ciudad vecina), esto implicaba que las letras de feria, al igual que ocurría con las letras de cambio, solían extender crédito al comprador durante un período muy corto.

Otro mecanismo de crédito utilizado en las ferias de la Champaña fue la compensación al final de cada feria. La mayoría de los comerciantes eran vendedores (exportadores de productos desde sus regiones) y, simultáneamente, compradores (importadores de productos hacia sus regiones). En las ferias de la Champaña se desarrolló la práctica de pagar por las mercancías el último día de la feria, haciendo múltiples compensaciones de pagos por lo general llevadas a cabo por los cambistas de moneda.

### *Los cambistas de moneda medievales: el antecesor de la banca moderna*

El rol de los cambistas, auténticos antecesores de la banca moderna, fue crucial en todo el entramado crediticio-monetario surgido en las ferias de la Champaña. La profesión de cambista de moneda es muy antigua, pero el nivel de sofisticación de los cambistas medievales no tiene comparación con nada que realizaran sus antecesores.

En un primer momento, los cambistas medievales proporcionaron el servicio de cambio de monedas. Como ya hemos visto, a menu-

254. Véase Hicks (1987).

do las monedas medievales tenían la misma denominación (nuevos denarios o peniques), pero en realidad poseían pesos y aleaciones muy diferentes según su procedencia. Por tanto, se necesitaba un ojo experto para dirimir el verdadero contenido de metal noble de cada moneda, este servicio de inspección de monedas lo proporcionaron los cambistas. Pero esta funcionalidad fue pasando a un segundo plano conforme la calidad de la moneda mejoró con la emisión de la moneda de oro y, sobre todo, desde la aparición de la letra de cambio.

Los cambistas de moneda empezaron a ofrecer a los comerciantes otros servicios financieros más especializados. Uno de ellos fue la aceptación. Los cambistas empezaron a aparecer en las letras de cambio como los terceros obligados al pago a cambio de una comisión. En las ferias, los cambistas ya eran ampliamente conocidos por su posición central a la hora de realizar y recibir pagos. Estos cambistas conocían a los comerciantes y sabían de la disposición y capacidad de pago de cada uno de ellos. Además, los cambistas eran los comerciantes habituales de moneda, por lo que al igual que otros comerciantes, solían tener amplias existencias de su mercadería (en este caso, moneda), por lo que con frecuencia una obligación de pago de estos intermediarios era más valiosa que la del resto de los comerciantes.

Otro servicio que proporcionaron los cambistas de moneda fue el de descuento de letras. Es posible que algunos comerciantes necesitaran moneda en efectivo, por ejemplo, para pagar peajes a los señores feudales o salarios a sus empleados. Para ello podrían necesitar cobrar sus letras en moneda antes de que llegaran al vencimiento. En su mayoría, empezaron a proporcionar este servicio quienes ya tenían inventarios de monedas en suficiente cantidad; es decir, una vez más, los cambistas. Este servicio financiero recibió el nombre de descuento porque el precio al que se compraban las letras era inferior a su valor nominal (precio que el vendedor pagaba cuando la letra llegaba a su vencimiento).

Por último, los cambistas que empezaron a acumular letras de cambio debido a su actividad de descuento pudieron realizar con facilidad compensaciones entre los comerciantes que las emitían, y evitar el costoso movimiento de dinero entre diferentes partes cuando las letras llegaban a su vencimiento. Muchas veces, después de la feria, los cambistas llegaban a sus ciudades con letras de cambio pagaderas en otras ciudades. Un comerciante local que quisiera realizar compras en otra ciudad podía transportar monedas entre ciudades o podía ponerse en contacto con un cambista local para ver si disponía de letras pagaderas en la ciudad a la que se dirigía. El comerciante local estaría dispuesto a comprar esa letra a un precio mayor a su valor nominal si es que eso le permitía ahorrarse el coste y el riesgo de transportar las monedas locales. Por tanto, los cambistas de moneda que habían comprado una letra más barata que su valor nominal ahora podían venderla a un precio más alto. Esta actividad de los cambistas fue el origen de un intenso mercado de cambios que se desarrolló desde el siglo XIV en Europa.[255]

Algunos de estos cambistas de moneda eran judíos, pero en origen la mayoría eran comerciantes italianos católicos que vieron en el comercio de letras de cambio y en su descuento una forma muy eficaz de evitar la prohibición canónica de la usura. En Italia, incluso después de que las ferias de la Champaña cayeran en desgracia y los comerciantes llevaran a cabo su labor ya de forma sedentaria, llegaron a crearse verdaderas instituciones financieras que contaban con sedes en varias ciudades de Europa y cuyos negocios estaban vinculados a la financiación del comercio internacional.[256]

Poco a poco, estos cambistas medievales empezaron a transformarse en bancos según se iban acumulando las intermediaciones financieras que ya realizaban, como las aceptaciones, el descuento de letras y la intermediación del mercado de cambios con una nueva intermediación: recibir para su resguardo depósitos en moneda del público general. El primer banco de depósito del mundo pudo haber nacido en el año 1401 en Barcelona. Poco después, en el año 1407, nacería en Génova otro banco de depósito. En los años siguientes abrieron bancos de depósito que descontaban letras y proporcionaban préstamos en toda Italia y luego en el resto de Europa. La banca sería ya una actividad que acompañaría a los europeos hasta el día de hoy.

Los primeros banqueros fueron llamados con frecuencia «lombar-

255. El tipo de interés o de descuento que se aplicaba a las letras por parte de los cambistas solía estar «oculto» en las operaciones de cambio de monedas de diferentes lugares. Así se evitaba la condena de usura por parte de la Iglesia y del derecho canónico. Véase Le Goff (2012).

256. Desde el siglo XIII y gran parte del XIV, la célebre banca Bardi de la ciudad de Florencia fue mucho más importante de lo que nunca sería la mucho más famosa banca de los Médici en el siglo XV en pleno Renacimiento. Véase Le Goff (2012).

dos», sobre todo porque eran italianos de la región de Lombardía. Cuando las ferias de la Champaña cayeron en desgracia, lejos de desfallecer, el negocio de los cambistas se extendió por todo el continente europeo. Con la profesionalización de los mercaderes, que como ya hemos visto cristalizó en una separación entre la actividad del comercio y la del transporte, se multiplicó la necesidad de servicios de pagos entre ciudades. Los cambistas se establecieron en todas las grandes ciudades comerciales de Europa. Estos cambistas solían agruparse en un mismo lugar y al final de la Edad Media a veces crearon auténticos distritos financieros. Estos embrionarios bancos seguían estando manejados por los italianos lombardos, así que las calles en que se establecían solían llamarse «calle de los lombardos». La calle en que se sitúa el Banco de Inglaterra se llama *Lombard Street* por este motivo.

Las ferias de la Champaña declinaron en importancia a finales del siglo XIII. Una razón para la decadencia de estas ferias fue la apertura de una ruta comercial marítima alternativa a la terrestre: la ruta atlántica. Los avances en la navegación hicieron posible desde finales del siglo XIII unir el mar Mediterráneo con el canal de la Mancha. Otra razón que explica la decadencia de las ferias de la Champaña fue una guerra entre Flandes y Francia que trastocó de manera grave las rutas comerciales terrestres.[257] En cualquier caso, estas ferias comerciales francesas dejarían como legado a Occidente un avanzado sistema de crédito y una embrionaria banca capaz de compensar los pagos evitando el movimiento de dinero físico.

Pero el desarrollo de la banca contemporánea también se vería impulsado por la necesidad de realizar otro tipo de pagos a larga distancia: los pagos vinculados a la guerra. Las cruzadas y los caballeros templarios son el otro gran antecedente de la banca moderna y del dinero-crédito.

## Las cruzadas y el rol de los caballeros templarios (y hospitalarios) en el desarrollo de la banca

Las cruzadas fueron incursiones armadas de coaliciones de reinos cristianos con el fin de conquistar Tierra Santa o de expulsar a los

257. Véase Rozas (2017).

mahometanos de territorios que la cristiandad consideraba propios. Las cruzadas duraron desde el año 1095 hasta mediados del siglo xv, aunque la mayor parte de las cruzadas se concentraron entre el siglo xii y xiii, coincidiendo con la expansión del comercio y con la mejora en las condiciones de vida en Europa occidental.

Las cruzadas fueron financieramente mucho más exigentes que otras guerras medievales. Los caballeros cruzados debían luchar muy lejos de sus hogares, a veces antes de entrar en combate tenían que atravesar un continente. Tanto personas como suministros tenían que cruzar miles de kilómetros. Estos movimientos de recursos implicaban que se debían realizar una cantidad de pagos masivos.

Unos intermediarios financieros inesperados cubrieron la necesidad de realizar pagos masivos de larga distancia. Unas recién creadas órdenes monásticas de corte militar se encargaron de efectuar los pagos a larga distancia que requería el esfuerzo bélico de las cruzadas. Estas órdenes monásticas fueron los Caballeros Templarios y los Caballeros Hospitalarios. Los templarios y los hospitalarios realizaban funciones similares a las que ya realizaban los banqueros en las ferias de la Champaña.

Tanto los Caballeros Templarios como los Hospitalarios fueron órdenes fundadas en Jerusalén poco después de que la primera cruzada (1096-1099) terminara con la conquista de esta ciudad. Estas órdenes fueron fundadas para proteger a los peregrinos cristianos que viajaban a Jerusalén y para repatriar los cuerpos de los caballeros cruzados caídos en combate.

Pero muy pronto, y fruto de las enormes donaciones que recibían estas dos órdenes de los reyes cristianos y de sus fieles, se hicieron con enormes propiedades por toda Europa. Los Caballeros Templarios y los Hospitalarios ocuparon fuertes y ciudades estratégicas repartidas a lo largo y ancho del continente europeo. Las concesiones otorgadas por los soberanos eran de todo tipo, estas órdenes pudieron incluso emitir sus propias monedas en sus dominios. Al ser órdenes militares, gran parte de esta riqueza cristalizó en una expansión de su propia fuerza militar. Dada la capacidad militar, la extensión de sus dominios y su carácter disperso, estas órdenes de caballeros empezaron a ofrecer servicios de transporte seguro de bienes de alto valor entre ciudades. También establecieron depósitos para salvaguardar bienes de valor.

Entre los objetos de valor que Templarios y Hospitalarios transportaban estaba el dinero. Estos caballeros aprendieron pronto que el servicio de envío de dinero no necesariamente tenía que hacerse mediante su transporte físico, sino mediante su compensación. Financieramente hablando, estas órdenes monásticas eran similares a un banco internacional que posee múltiples sedes repartidas por todo un territorio. De esta manera, los pagos salientes de una «sucursal» templaria u hospitalaria eran compensados por los pagos entrantes de esa misma sucursal. Los administradores de esta red de envío internacional de dinero sólo se veían en la necesidad de enviar dinero físico cuando existían desbalances entre los pagos entrantes y salientes en cada sucursal, y gran parte de los pagos se compensaban entre sí. Esto les proporcionó enormes beneficios, y pueden ser considerados bancos internacionales o una de las primeras bancas mercantes del mundo (*merchant bank*).[258]

Además, estas órdenes empezaron a aceptar depósitos de reyes y mercaderes y a realizar préstamos en los que existía un interés, así que podemos decir que se convirtieron estrictamente en un banco. Al igual que los banqueros de la Champaña, con frecuencia el interés estaba «escondido» en el descuento de letras y en operaciones de intercambio internacional, ya que, como sabemos, la condena de la usura por parte de la Iglesia seguía en pie.

Las ferias de la Champaña francesa y sus cambistas-banqueros aparecieron con anterioridad a las funciones financieras de los Caballeros Templarios y Hospitalarios, así que no se puede explicar el germen de los bancos contemporáneos desde este punto de vista, pero desde luego se puede aducir que contribuyeron a su perfeccionamiento. Las ferias de la Champaña desarrollaron la banca desde la necesidad de realizar pagos internacionales derivados del comercio. Los Caballeros Templarios y los Hospitalarios desarrollaron la banca desde la necesidad de realizar pagos internacionales derivados de la guerra. Guerra y comercio han rivalizado desde tiempos inmemoriales por ver quién da mayor impulso al dinero.[259]

258. Véase Davies (2002). Se denomina banca mercante porque el principal servicio que proporcionan es el de transferencia y cambio de dinero.

259. Véase Graeber (2011).

## El *tally stick* inglés y el desarrollo de un sistema de crédito monetario sobre la deuda del soberano

Aunque el mercado de letras de cambio sería crucial siglos más tarde para la banca inglesa, en el Medievo los desarrollos monetarios de Inglaterra siguieron unos derroteros completamente diferentes. Inglaterra desarrolló un embrionario sistema de pagos basados en el crédito a partir de unos palos de madera. Sí, el lector ha leído bien, palos de madera.

Para ser algo más rigurosos, vamos a denominar a estos palos como tablillas talladas de madera. Desde tiempos inmemoriales, estas tablillas han sido utilizadas para registrar deudas. Antes de la invención de la escritura, hacer muescas o surcos en las tablillas permitía llevar a cabo una contabilidad primitiva y registrar deudas. De hecho, los surcos en las tablillas servían para asignar un símbolo a un significado, y se utilizaban para transmitir un mensaje en una comunidad analfabeta. Esta forma de transmitir mensajes era muy similar a la de un viejo conocido nuestro: la bulla y las tablillas cerámicas de Mesopotamia que, como ya vimos en el capítulo 2, eran instrumentos contables que evolucionaron hasta la escritura cuneiforme y dieron lugar al primer sistema de escritura del mundo.

Al igual que las bullas mesopotámicas milenios atrás, las tablillas talladas fueron utilizadas en la Edad Media para registrar deudas tanto en Gran Bretaña como en la Europa continental. La operativa era la siguiente: se hacían muescas o señales en toda la superficie del trozo de madera, las muescas tenían el significado de los bienes o la cantidad de dinero adeudada, todos los miembros de una comunidad eran conscientes de estos signos, incluso las personas no alfabetizadas. Después, la tablilla de madera era cortada longitudinalmente en dos mitades, y cada parte de la transacción se quedaba con una mitad como registro de la deuda. Las irregularidades en el corte de la madera provocaban que cada mitad fuese única, lo que aseguraba que sólo las dos mitades originales encajaran adecuadamente entre sí. La mitad que se quedaba el acreedor se denominaba *stock*, y su poseedor era el *stock holder* (de ahí proviene el nombre moderno en inglés de la acción bursátil y del accionista). Cuando la deuda se saldaba, las dos mitades de las tablillas se destruían.

Este sistema de tablillas talladas fue útil para instrumentar deudas en unas condiciones muy concretas: en ausencia de un sistema bancario, ante la incapacidad para llevar registros en papel, cuando la población analfabeta es mayoritaria y cuando existe escasez de moneda. Todas estas circunstancias estuvieron presentes durante gran parte de la Edad Media. Además, la utilización de tablillas talladas también permitía evadir la prohibición de la usura por parte de la Iglesia. Por tanto, es más que patente la utilidad de estas tablillas talladas.

La particularidad inglesa es que este sistema de tablillas talladas se utilizó desde mediados del siglo XII para registrar deudas y pagos de impuestos que los habitantes debían o hacían a su monarca. Pero todo comenzó un poco antes: con el primer gran censo que se llevó a cabo en Inglaterra en el siglo XI.

El primer gran censo medieval, denominado *doomsday*, se llevó a cabo en Inglaterra en el año 1086, a partir de ese momento quedaron registradas, con un nivel de detalle nunca visto, las riquezas existentes que podían ser objeto de impuestos y exacciones reales. El nombre *doomsday*, «día del juicio final» en español, proviene del carácter inalterable e inapelable del contenido de este censo.

Poco tiempo más tarde, a mediados del siglo XII, se profesionalizó la Hacienda pública o Tesoro (*Exchequer*), que fue la primera instancia del naciente Estado inglés cuya gestión se separó explícitamente de la casa real.

Como parte de la gestión más profesional de la Hacienda pública inglesa, se sustituyó la costumbre medieval del pago de tributos. En el Medievo se establecían tributos *ad hoc*, habitualmente exigidos cuando las obligaciones de gasto del monarca aumentaban (por lo general, por guerras). Esta costumbre tributaria fue sustituida por un sistema de impuestos permanente cuyas exacciones eran calculadas teniendo en cuenta lo recogido en el censo *doomsday*.[260]

Con el fin de establecer este nuevo sistema de tributos permanentes, la recién creada Hacienda pública inglesa empezó a registrar las deudas y los pagos mediante el arcaico sistema de las tablillas talladas. Hay que recordar que en el siglo XII el papel apenas se había ex-

260. Véase Davies (2002). Otros pueblos europeos tardaron siglos en institucionalizar un tesoro o en implementar impuestos permanentes reales. Véase Le Goff (2012).

tendido en Europa y que en su lugar se utilizaba como soporte para la escritura el muchísimo más caro método del pergamino. Por consiguiente, teniendo en cuenta el bajísimo nivel de alfabetización de los obligados a tributar, tenía sentido utilizar el milenario sistema de tablillas talladas para registrar las deudas y transacciones tributarias con el soberano.

El funcionamiento concreto de este sistema de tablillas era el siguiente: los obligados a pagar tributos debían hacerlo al inicio y al final del año. Al inicio del año se pagaba la mitad de la cuantía del impuesto y la otra mitad quedaba registrada como una deuda que poseía el soberano sobre el contribuyente, deuda que quedaba registrada mediante la tablilla de madera, y el soberano era el acreedor o *stock holder*.

Los monarcas ingleses descubrieron que para hacer pagos no necesariamente tenían que esperar a recibir el pago de impuestos, ya que podían enajenar el «documento» que registraba la deuda tributaria; es decir, la tablilla. En otras palabras, los reyes ingleses aprendieron que podían utilizar su parte de la tablilla (*stock*) para hacer pagos a otras personas. Una vez trasferida la tabilla, el *stock holder* ya no sería el monarca, sino aquella persona que recibió la tablilla. Más tarde estos nuevos poseedores de la tablilla podían hacer ellos mismos la recolección de la deuda o podían volver a transferir la tablilla a otras personas dispuestas a aceptarlas como pago. De esta manera, el sistema de tablillas talladas diseñadas para registrar el pago de impuestos evolucionaría hacia un sistema de crédito monetario. La parte de la tablilla que daba derecho a cobrar el impuesto (*stock*) empezó a circular en el tráfico mercantil desde mediados del siglo XII como si de dinero se tratase.

De forma autónoma, en Londres empezó a surgir un mercado monetario en el que se transferían estas tablillas en función de los pagos que diferentes personas, casi siempre comerciantes, tenían que realizar en diferentes partes del país. Si un comerciante residente en la ciudad A enviaba bienes a un comerciante de la ciudad B, ya no era necesario que el comprador mandara monedas de plata de la ciudad B a la ciudad A. El comerciante de la ciudad B podía intentar comprar una tablilla que obligara a pagar a un contribuyente de la ciudad A y transferírsela al comerciante de la ciudad A (de forma similar a lo que ocurría con las letras de cambio en el continente). *De facto*, a imagen y semejanza de lo que hacían los cambistas italianos o los Caballeros Templarios y Hospitalarios, las tablillas servían como un sistema para instrumentar pagos entre ciudades sin necesidad de mover el dinero entre ellas.

Adicionalmente, los poseedores de tablillas podrían querer cobrar el dinero antes de que la obligación tributaria fuese pagada. Por lo que surgió un mercado en el que algunas personas con exceso de dinero compraban las tablillas con cierto descuento sobre su valor nominal. Ésta era una operación de descuento similar a la que ocurría con las letras de cambio, sólo que en este caso se realizaba sobre una tablilla que registraba una deuda tributaria y no una deuda comercial. La diferencia entre el valor nominal o valor del impuesto en su momento de pago y el menor precio al que se vende la tablilla es el tipo de interés.

De esta manera en Londres se instituyó un mercado de crédito con interés sin levantar muchas suspicacias por parte de la Iglesia. El mercado monetario sobre las tablillas del rey servía para efectuar pagos entre partes diferentes del país sin necesidad de utilizar dinero y para adelantar el pago de las tablillas.

Ante el éxito de estas tablillas, los monarcas ingleses empezaron a emitir un nuevo tipo de tablilla, la denominada *tallia dividenda*. Estas tablillas ya no registraban una deuda explícita y concreta contra una persona obligada a pagar un tributo, sino que eran reclamos generales sobre la Hacienda pública inglesa. La *tallia dividenda* no era nada más que una forma de deuda pública transferible, por lo que podríamos decir que se trata de uno de los antecedentes más antiguos de las emisiones de deuda pública en forma de bonos.

De forma bastante curiosa, el uso de las tablillas talladas del rey sobrevivió al nacimiento de un sustituto mucho más eficiente: el sistema bancario. Las tablillas nacieron en una Inglaterra con unas prácticas comerciales muy inferiores a las europeas continentales. Sin embargo, las tablillas no desaparecieron totalmente de la circulación hasta fecha tan tardía como 1834, cuando en el Reino Unido ya existía el sistema bancario más sofisticado del mundo.

## Las grandes quiebras bancarias del final de la Edad Media

Conforme los banqueros italianos se fueron estableciendo en los principales centros de comercio europeos, el poder político vio la oportunidad de conseguir una financiación a la que no había tenido acceso en el pasado. Cuando el poder político necesitaba financiación, a veces la incipiente banca la extendía de buena gana, pero en otras ocasiones no tenía mucha opción y se veía obligada a extender estos préstamos contra su voluntad.

El auge de las grandes familias bancarias italianas casi coincidió en el tiempo con el declive económico generalizado del siglo XIV y de los enormes disturbios y guerras que tuvieron lugar en ese siglo, por lo que el hambre de fondos y de préstamos de los príncipes medievales fue casi insaciable.

Por la alta probabilidad de impago que conllevaban, los tipos de interés que se cobraban por los préstamos extendidos a soberanos en problemas eran estratosféricos. Cuando los tipos de interés no eran muy elevados era porque el cambista o protobanco exigía como compensación la expulsión o limitación de la competencia en asuntos bancarios o cambiarios en el territorio del soberano que necesitaba los fondos. Éste será el principal motivo por el que en los siglos XVII y XVIII se instituyen en Europa los bancos centrales, como veremos en el siguiente capítulo.

En algunas entidades políticas, el endeudamiento del final de la Edad Media fue gigantesco, y llevó a muchas de ellas a suspender pagos e incluso a encarcelar a quienes les habían prestado para evitar pagarles. Grandes casas bancarias quebraron en la guerra de los Cien Años (1337-1453) por préstamos extendidos a los reyes de Inglaterra y de Francia. Muchos de estos préstamos tardaron mucho en ser devueltos, otros fueron incobrables y otros se devolvieron en moneda devaluada. El exceso de gasto del papado afincado en Aviñón (1309-1377) derivado de la construcción de un majestuoso palacio también provocó estragos en las casas bancarias del final de la Edad Media. Los banqueros aprenderían muy pronto que financiar al poder político era una actividad mucho más arriesgada de lo que parecía en un primer momento.

# Capítulo 6

## Edad Moderna

> There is no finality in the presentation of truth; it develops and grows to meet man's growing demand for light.
>
> Francis Bacon

La caída de Constantinopla frente a las tropas otomanas en el año 1453 marca en la historiografía el final del Edad Media y el inicio de la Edad Moderna. Alternativamente, la historiografía sugiere otra fecha, 1492, como el inicio de la Edad Moderna por los enormes cambios que conllevó el descubrimiento de América por parte de España y el descubrimiento por parte de Portugal de una ruta comercial para traer especias a Europa circunnavegando África.

La Edad Moderna es el inicio de Occidente propiamente dicho. En el Renacimiento se redescubre la ya casi olvidada cultura grecolatina y se entremezcla con elementos medievales como la ausencia de esclavitud, la fragmentación política, las ciudades gobernadas por burgueses y una religión no animista que no sacraliza la naturaleza.

Con rapidez, los descubrimientos europeos de finales del siglo xv se tornaron en conquistas y colonizaciones de gran parte del globo en el siglo xvi. Arrinconada hasta entonces en los confines de su continente, la civilización europea se extendió por todo el orbe, mostrando una inusitada capacidad para llevar su energía más allá de su morada original.

La revolución científica es uno de los grandes aportes de la modernidad a la civilización. En el siglo XVI y XVII aparece el concepto de ciencia en Europa. En los mismos siglos se produce un avance significativo de la técnica. Pero durante siglos, la ciencia teórica y técnica aplicada avanzaron por sendas separadas. No sería hasta la Revolución Industrial cuando estas dos ramas del conocimiento combinaron sus esfuerzos para revolucionar la tecnología al servicio de la producción y de la solución de problemas prácticos.

Desde el siglo XVII, y al calor de la nueva expansión comercial que se produjo en el siglo anterior, se desarrolló lo que podemos llamar el primer capitalismo. Con el desarrollo de la empresa moderna por acciones, la organización empresarial da un salto cualitativo. Los mercados de capitales se profesionalizan con la aparición de bolsas de valores y el sistema bancario llega a todos los rincones de Europa. Poco después aparece una institución bancaria que no se haría omnipresente hasta el siglo XX: los bancos centrales.

Desde el punto de vista monetario, el descubrimiento de América y la explotación de sus ricas minas de metales preciosos cambiará de forma radical la forma que tomaron las instituciones monetarias europeas. La aparición del papel moneda y de los bancos centrales transformarán todavía más el panorama monetario europeo, generando, al final de la Edad Moderna, un mundo monetario muy similar al contemporáneo.

La Edad Moderna acabó abruptamente en 1789 con el enorme *shock* que supuso la Revolución francesa. Casi coincidente en el tiempo tuvo lugar la Revolución de las Trece Colonias en el año 1776, el origen de los Estados Unidos de América (y que muchos consideran el germen de la Revolución francesa).

## Contexto histórico: Edad Moderna

### *Los cambios tecnológicos se aceleran*

En los primeros años de la Edad Moderna, el fin de la servidumbre y el redescubrimiento de Grecia y Roma marcaron los grandes hitos del Renacimiento.[261] Esto iba a generar un profundo cambio en el

261. Es probable que no sea hasta la Revolución francesa, al final de la Edad

esquema institucional europeo y, a su vez, provocaría lo que los historiadores denominan «la gran divergencia». La gran divergencia hace referencia al gran despegue económico y cultural de Europa, despegue que la separó abruptamente del estacionario mundo que había prevalecido en el pasado europeo y que durante siglos seguiría dominando el resto del planeta.[262]

La historia de la gran divergencia empieza en el año 1500. Hasta el inicio del siglo XVI no había grandes diferencias en el desarrollo económico ni en el bienestar material de que disfrutaban diferentes regiones del globo. Desde el año 1500, empero, la gran divergencia hace acto de presencia, despegando el crecimiento económico de Europa mientras el resto del mundo se mantenía en la ordinaria situación de estancamiento secular. Lejos de cerrarse en los siguientes siglos, estas diferencias explotarían con la Revolución Industrial, en especial desde el año 1800. Por tanto, si bien el cambio cuantitativo del año 1800 es mucho más acusado, podemos afirmar que en la Europa del año 1500 existe un cambio cualitativo y que el origen de la gran divergencia se encuentra en el inicio de la Edad Moderna.

Tal vez donde más clara se ve la gran divergencia es en el ritmo de las innovaciones científicas y tecnológicas (gráfico 6.1). Uno de los resultados del cambio institucional europeo que tuvo lugar en la Edad Moderna es el ritmo de acumulación de innovaciones científicas y tecnológicas. Tal como vimos en el capítulo 5, en comparación con la Antigüedad, el feudalismo mostró cierto dinamismo en su progreso tecnológico. Pero el nacimiento de la Edad Moderna en Europa provocó un crecimiento sin igual en la historia en el número de innovaciones tecnológicas. De la simbiosis de la economía urbana burguesa de la última fase del Medievo con el énfasis en el individualismo característico de la cultura grecolatina nace Occidente en Europa. Lo que hace especial a Europa se manifiesta desde el siglo XV en una oleada de innovaciones sin precedentes en la historia de la humanidad.

Hay que destacar que las innovaciones científicas y tecnológicas preceden al propio desarrollo de la ciencia. La aparición de la ciencia es un intento de sistematizar las innumerables innovaciones ya exis-

Moderna, cuando la servidumbre no se abole completamente en Europa occidental, si bien ya era una forma de organización claramente en desuso. Véase Le Goff (2012).

262. Véase Allen (2011).

tentes con anterioridad. A pesar de que la Revolución Científica no ocurre hasta mediados del siglo XVI, las innovaciones en Europa se acumulan desde inicios del siglo XV. Un siglo y medio de separación entre la práctica y la teoría. Como suele ocurrir con las innovaciones, la práctica precede a la teoría[263] y el proceso de prueba y error científico se adelanta al propio concepto de ciencia. De hecho, y a pesar de la sistematización del concepto de ciencia en el siglo XVI, su vinculación con la técnica (o la ciencia aplicada) será mínima hasta el inicio de la Revolución Industrial.[264]

**Gráfico 6.1. Innovaciones en ciencia y tecnología**

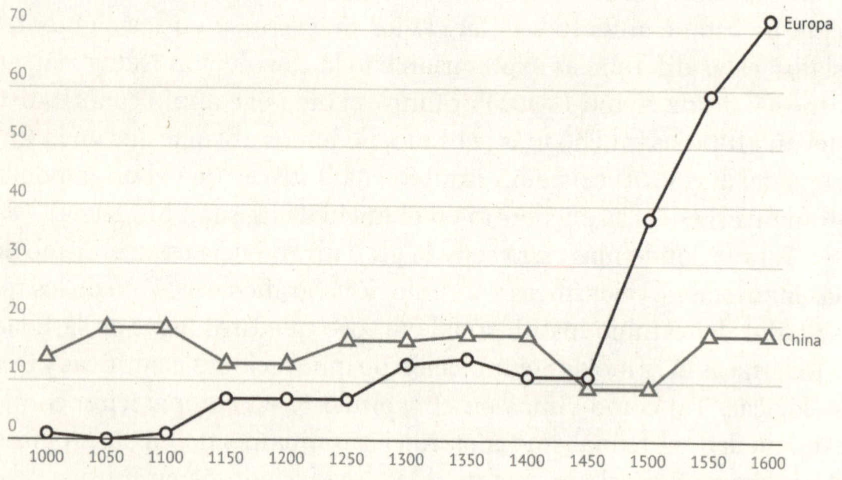


*Fuente*: Grinin y Korotayev (2015).

Muy vinculado al desarrollo de la ciencia y la tecnología se encuentra la invención de la imprenta de caracteres móviles. Aunque la imprenta fue inventada en China sobre el año 800, la imprenta de caracteres móviles fue un descubrimiento independiente de Johannes Gutenberg, que vio la luz cerca del año 1440. El primer libro creado con esta novedosa tecnología fue impreso en el año 1457, y desde entonces la imprenta se extendió como la pólvora (otro gran adelanto de la época que hunde sus raíces en China) por toda Europa. En el

263. Véase Ridley (2020).
264. Véase Clough y Rapp (1968).

año 1500, sólo sesenta años más tarde de su invención, todo gran país de Europa con excepción de Rusia contaba con imprentas de tipos móviles dentro de sus fronteras, y en aquellas fechas existían más de 1.700 imprentas diseminadas por toda Europa occidental. La cultura del conocimiento había llegado a Europa para quedarse. En lo que a desarrollo monetario se refiere, entre la aparición de la imprenta y la emisión del papel moneda (que la imprenta habilitaba) pasaron nada menos que ciento cincuenta años, y casi trescientos años hasta su popularización.[265]

## *La caída del Imperio bizantino y la era de los descubrimientos*

La toma de Constantinopla por parte del Imperio otomano y la desaparición del Imperio bizantino en el año 1453 provocó un colapso del comercio de artículos de lujo con destino a Europa que provenían del este.

Constantinopla era uno de los principales centros de comercio que unían Europa con Asia, por lo que su caída provocó una acusada bajada del comercio entre Europa y China e India. El colapso de la principal ruta de comercio que unía Europa con Asia coincidió temporalmente con la reactivación económica del siglo xv, después del estancamiento económico del siglo xiv. La reactivación económica del siglo xv provocó un fuerte crecimiento de la demanda de artículos de lujo. La combinación de una restricción de la oferta de artículos de lujo por el bloqueo de las rutas comerciales orientales y un crecimiento de la demanda de estos artículos de lujo provocó un gran crecimiento de sus precios.

El crecimiento del precio de los artículos de lujo importados proporcionó un potente incentivo a los europeos para buscar rutas comerciales alternativas que unieran de nuevo los mercados de Europa con los de Asia. En la segunda mitad del siglo xv, la búsqueda de estas rutas comerciales hacia el este, búsqueda animada por el reno-

265. Véase Davies (2002). De forma curiosa, e inesperada, el desarrollo de la imprenta sí provocó una innovación monetaria: la acuñación monetaria mediante una prensa similar a la utilizada por las imprentas.

vado afán de lucro occidental,[266] fue el principal determinante del inicio de la era de los descubrimientos en el siglo XVI en Europa.

La era de los descubrimientos europea dio inicio a la primera gran globalización mundial. La práctica totalidad del planeta fue descubierto por los navegantes europeos en el siglo XVI. Desde el año 1500, enormes áreas que antes permanecían económicamente aisladas serían unidas por un intenso comercio. La Edad Moderna se inicia con una gigantesca ampliación del mundo conocido y de las interrelaciones entre pueblos que antes permanecían incomunicados. En apenas una década después del viaje inicial de Cristóbal Colón en 1492, el mundo conocido se duplicó de tamaño. En fecha tan temprana como 1522, los españoles consiguieron dar la primera vuelta al mundo con el éxito de la expedición de Magallanes y Elcano.[267]

La era de los descubrimientos fue iniciada por los pueblos hispánicos: Portugal y España. Portugal fue la pionera de la navegación africana y España de la navegación atlántica. A inicios del siglo XV, todavía en el período medieval, los portugueses iniciaron una serie de viajes que culminaron en 1498 con la circunnavegación de África por parte de Vasco de Gama.[268] Poco después, los portugueses llegaron a la India y otros enclaves orientales, apropiándose del floreciente comercio oriental de las especias que hasta ese momento monopolizaban los comerciantes islámicos y venecianos en la ruta que unía India con Europa mediante el golfo Pérsico.[269] Los venecianos e

266. Desde el inicio de la Edad Moderna, la Iglesia aceptó, ya sin ambages, que dentro de ciertos límites y normas morales, la búsqueda del lucro era legítima y no constitutiva de pecado.

267. A pesar de que en esta primera vuelta al mundo la mayoría de los marineros perecieron y de que se perdieron todas las embarcaciones menos una, la venta de las especias conseguidas en Asia hizo que el viaje fuese no sólo un hito para la humanidad, sino también un rotundo éxito económico que incentivó a otros muchos a embarcarse en aventuras similares. Véase Clough y Rapp (1968).

268. Este período se inicia en el año 1249 después de que Portugal termina su reconquista. Desde ese momento, las fuerzas de Portugal se dirigieron a evitar ser anexionada a otros reinos españoles y, más tarde, a la navegación y a la expansión comercial en enclaves africanos. Desde Enrique el Navegante, un príncipe portugués que organizó una exitosa escuela de navegación en Portugal, la exploración y expansión comercial portuguesa por la costa africana aumentó hasta el éxito final de Vasco de Gama en 1498.

269. A diferencia de la del golfo Pérsico que obligaba a desembarcar las mercan-

islámicos intentaron defenderse militarmente, pero fueron vencidos por los diestros navegantes portugueses. Durante casi un siglo, Portugal disfrutó de un virtual monopolio del comercio de las especias en Europa. La distribución de las mercancías orientales desde Oporto al resto de Europa iba a ser llevada a cabo principalmente por comerciantes neerlandeses, a principios del siglo XVI esto hizo al puerto de Amberes (Antwerp) uno de los más prósperos de Europa.

Después de completar la Reconquista con la toma de Granada a los mahometanos en el año 1492, España se unió a la era de los descubrimientos por la puerta grande. En búsqueda de una ruta comercial hacia la India, Cristóbal Colon se encuentra en el camino con un continente entero: de forma no intencional, España descubre América. Los grandes imperios americanos caen con rapidez bajo el peso de la espada española: en unos pocos años, los españoles conquistan un territorio veinte veces mayor que la propia España. Los aztecas son conquistados en 1521 y los incas en 1533. Poco después del colapso de estos imperios precolombinos, en América se establecen los grandes virreinatos españoles, y desde ese momento comienza un intenso comercio de la América española con Europa, sobre todo de metales preciosos en el primer siglo de vida de estos virreinatos.

Los ingleses, franceses y neerlandeses llegaron casi un siglo tarde a la era de los descubrimientos. De hecho, podría decirse que llegan a una era de colonización más que de descubrimientos. A pesar del retraso, tanto neerlandeses como ingleses construyeron unos poderosos imperios comerciales que a partir del siglo XVII superaron en importancia comercial y militar a los pioneros navegantes hispanos.

La caída del Imperio bizantino también provocaría una dispersión de los académicos y estudiosos griegos afincados en Constantinopla, muchos de ellos huyeron hacia Europa occidental, donde renovaron el interés por la cultura grecolatina y se contaron entre los catalizadores del Renacimiento, como veremos más abajo.

---

cías y volverlas a embarcar, la nueva ruta portuguesa que unía Europa con India era una ruta completamente marítima. Esto provocaba que a pesar de la mayor distancia que recorrían los navíos portugueses, la ruta comercial que circunnavegaba África fuese mucho más barata y eficiente que la de sus competidores islámicos y venecianos.

### *Aparición del Estado moderno y de la monarquía absoluta*

Desde el siglo XIV y con motivo de la crisis del feudalismo, los reyes medievales, que hasta entonces ostentaban un poder muy limitado, empiezan a imponerse sobre sus nobles y a formar las bases de lo que sería el Estado moderno.

El primero de los Estados europeos que se impuso a su nobleza fue el inglés. En fecha tan temprana como el siglo XII, Inglaterra consiguió establecer un sistema tributario nacional y hacer efectiva la prerrogativa real de emisión de moneda que hasta entonces estaba en manos de los señores feudales. Estos desarrollos socavaron la base del poder feudal en favor del poder real. La emergencia temprana del Estado nación inglés es un contraejemplo del vínculo que suele establecerse entre desarrollo económico y surgimiento del Estado moderno. Y es que hasta mediados del siglo XVIII, Inglaterra permaneció como un lugar poco desarrollado con un ingreso relativamente bajo. Hasta el año 1650, la economía inglesa se encontraba relativamente estancada y no empezó a crecer hasta después de sus guerras civiles, que terminaron aproximadamente en esta fecha. La brecha del ingreso per cápita inglés con la ya relativamente decadente Italia no se cierra hasta cerca del año 1700, y la brecha con los Países Bajos, el lugar más próspero de la Edad Moderna, no se cierra hasta el siglo XIX, ya en la Edad Contemporánea.

En el continente europeo el desarrollo del Estado nación tardaría unos siglos más. En España, el poder real se consolidó con los Reyes Católicos, en especial después de la toma de Granada en 1492. En las décadas siguientes, los nobles castellanos verían su poder político muy reducido, aunque conservaron sus prerrogativas económicas en forma de exenciones de impuestos. Se crea la Santa Hermandad, una especie de policía con funciones judiciales que acaba con el bandolerismo que azotaba a España después de la inestabilidad provocada por décadas de guerras civiles que se habían sucedido en el siglo XV. Los Reyes Católicos imponen su autoridad política sobre los nobles arrebatándoles la justicia y estableciendo la figura administrativa del corregidor, figura que respondía a la autoridad real y no a la local. La autoridad real en España crecería fruto de sus éxitos militares y colonizadores en el siglo XVI. Los tercios españoles imponen la voluntad del monarca español en gran parte de Europa, y los conquistadores españoles extienden el radio de acción de la Monarquía Hispánica a los vastos territorios del Nuevo Mundo.[270]

**Tabla 6.1. Ingreso per cápita de Inglaterra, Italia y los Países Bajos (1500 a 1800)**

| AÑO | INGLATERRA* | ITALIA | PAÍSES BAJOS |
|---|---|---|---|
| 1450 | 1.683 $ | 2.530 $ | 2.201 $ |
| 1500 | 1.697 $ | 2.549 $ | 2.332 $ |
| 1550 | 1.654 $ | 2.340 $ | 2.884 $ |
| 1600 | 1.691 $ | 2.543 $ | 4.270 $ |
| 1650 | 1.446 $ | 2.396 $ | 4.316 $ |
| 1700 | 2.412 $ | 2.469 $ | 3.377 $ |
| 1750 | 2.702 $ | 2.485 $ | 3.777 $ |
| 1800 | 3.343 $ | 2.515 $ | 4.184 $ |

* Reino Unido desde el año 1707.
*Fuente*: Véase Bolt y Van Zanden (2024). Dólares del año 2011. Dato del propio año o, en caso de no estar disponible, del año siguiente.

Por su parte, la monarquía francesa se consolidó sobre sus nobles también a finales del siglo xv. En esta época, el rey se impone a los grandes ducados como Borgoña, y ya en el siglo xvi, consigue imponer, a sangre y fuego y en medio de múltiples guerras religiosas, un muy controvertido sistema nacional de tributos. Los nobles fueron definitivamente excluidos de la política, y siempre que se pudo se evitó convocarlos mediante los estados generales (asamblea de representantes de los tres estamentos de origen medieval). A pesar de todo, las múltiples guerras de religión y los disturbios que conllevaban provocaron que Francia no completase su transición al Estado moderno hasta el siglo xvii bajo el égida de Luis XIV, el Rey Sol o rey absoluto por excelencia.

En el Sacro Imperio Romano Germánico, la Reforma protestante

270. Véase Martínez (2018). A pesar de todo, el Estado moderno en España sólo logra implementarse en Castilla, en el reino de Aragón pervivieron estructuras políticas fragmentadas y lideradas por la nobleza local, situación que mantendría hasta principios del siglo xviii con su derrota en la guerra de Sucesión española (1700-1713) y la instauración por parte de la nueva monarquía borbónica de los Decretos de Nueva Planta.

terminaría siendo la gran vencedora. Esta Reforma restará poder tanto a la centralización religiosa como política, imponiéndose sobre la voluntad del emperador los particularismos de cada pequeño principado alemán en su propio territorio. Por tanto, la futura Alemania no sólo no implementó un Estado moderno centralizado, sino que la figura del emperador terminó siendo poco más que una figura decorativa, prácticamente carente de poder real, situación que se prolongaría hasta la disolución del imperio con las invasiones napoleónicas a principios del siglo XIX. Aunque existía gran disparidad en el desarrollo económico y monetario de diferentes regiones del Sacro Imperio, algunos de sus territorios terminaron siendo económicamente los más avanzados del mundo moderno, como es el caso de los Países Bajos o de Hamburgo, por lo que una vez más queda en entredicho el vínculo entre desarrollo económico y formación de un Estado moderno centralizado.[271]

En la Edad Moderna, el poder del naciente Estado moderno se legitima con la popularización de la doctrina que afirma que el poder del monarca proviene directamente de Dios. La limitación del poder del soberano que ejercían los nobles medievales se debilita de forma significativa o directamente desaparece. La nueva monarquía recibe el sobrenombre de absoluta porque a diferencia de lo que ocurría en el período medieval, no comparte su poder con la nobleza que está inmediatamente por debajo de ella. A pesar de esto, aparece un nuevo límite al ejercicio del poder: la doctrina de la ley natural y, en ocasiones, el mucho más polémico recurso del tiranicidio. Si el rey contraviene las leyes divinas, entonces cabe, en un primer momento, oponerse a sus designios; y si el monarca no atiende a razones, se convierte en un tirano y estaría justificado removerlo de su posición, incluso recurriendo al magnicidio como último recurso.

Es probable que en el siglo XVI a la hora de establecer límites al poder del gobernante, la escuela escolástica española haya sido la más activa. Más tarde, y sobre todo en Inglaterra, a partir de la ley natural se desarrollarán las doctrinas de los derechos individuales, que no sólo no pue-

271. En cualquier caso, como entidad política, el Sacro Imperio no fue un territorio muy desarrollado. Esto puede ser explicado en parte por un efecto de composición y no tanto por el fracaso de la descentralización política. Y es que las zonas más prósperas del imperio fueron las que terminaron separándose, como es el caso de los Países Bajos o de las repúblicas del norte de Italia.

den ser usurpados, sino que tienen que ser defendidos por el poder político. Nace la visión del gobernante como un administrador del poder que los individuos delegan en él y no como el dueño de una propiedad o un pastor que guía a su rebaño de forma paternalista. Desarrollando la doctrina del gobierno por consentimiento, John Locke es uno de los pioneros en esta nueva forma de ver el poder como un administrador.

En el Estado moderno, al lado de la nobleza de sangre, heredera de los ya anacrónicos caballeros medievales,[272] aparece la nobleza de toga. Con la constitución de los Estados nacionales, y la crónica falta de fondos de la que hacían gala derivada de las múltiples guerras en las que se involucraban, se populariza la venta de títulos nobiliarios a los nuevos ricos, por lo general a burgueses que hacían sus fortunas en el comercio marítimo o en el naciente sector bancario. Para los burgueses, las razones para comprar los títulos eran tres: el prestigio social que otorgaba el título nobiliario; la posibilidad de participar en los asuntos de gobierno (habitualmente reservados a la nobleza); y el privilegio de no pagar impuestos que solía retener este estamento. A corto plazo, para la corona la venta de títulos era un negocio rentable, aunque ruinoso a largo plazo, ya que implicaba abandonar un flujo futuro de ingresos para el fisco.

La estructura fiscal de los nacientes Estados modernos fue imponer impuestos indirectos a la exportación e importación de bienes y a las ventas de ciertos artículos, como la sal y las especias. La razón de utilizar esta estructura fiscal era simplemente la practicidad. Debido a la dificultad para fiscalizar con eficacia a los ciudadanos que generaban ingresos, era imposible imponer impuestos directos al ingreso. Los pocos intentos que se hicieron para imponer impuestos directos fracasaron.[273] En lugar de implementar impuestos directos se establecieron concesiones de monopolios a particulares (a veces asociados en empresas por acciones) y el cobro periódico de tributos a estos monopolios. Por tanto, ante la imposibilidad

272. Publicada en el año 1605, la obra maestra de Cervantes, *Don Quijote de la Mancha*, es una sátira de los antiguos caballeros medievales y sus costumbres. En el año 1600, claramente los caballeros medievales ya eran un anacronismo. Véase Cervantes (1605).

273. En el siglo xvi, la monarquía francesa intentó establecer impuestos directos que provocaron violentas revueltas por las inspecciones a las que obligaba su implementación. El intento fue un fracaso y fue abandonado. Véase Martínez (2018).

de perseguir de forma eficiente todas las fuentes de ingreso, los nacientes Estados concedían monopolios, centralizando las fuentes de ingreso y simplificando enormemente la tarea fiscal.[274]

## *El Renacimiento y el humanismo configuran un nuevo* ethos*: nace Occidente*

El Renacimiento puede ser entendido como un movimiento social y cultural europeo desarrollado entre los años 1450 y 1550 que pretendía recuperar la grandeza de la civilización grecolatina que se suponía ya extinta. El signo más característico del Renacimiento fue la veneración por la Grecia y Roma clásicas. El Renacimiento nació en Italia y se extendió con una rapidez pasmosa por la práctica totalidad de Europa occidental, cambiando de forma profunda el *ethos* o cosmovisión de la Europa medieval.[275]

El Renacimiento marcó una ruptura con el concepto de vida medieval. La caída del feudalismo llevó a una cosmovisión radicalmente diferente sobre el funcionamiento del mundo. Como punto focal del Renacimiento podemos destacar, además de la salvación eterna de las almas, la importancia que adquirieron las condiciones materiales en esta vida terrenal. El Renacimiento tuvo una inspiración marcadamente religiosa, pero el más allá ya no fue la única ni la principal preocupación del hombre renacentista.

Sin negar la existencia de una vida comunitaria, el humanismo renacentista puso al individuo en el centro del sistema de valores. Ésta será una característica definitivamente distintiva de la naciente civilización occidental.[276]

274. Véase North (1973). Una vez centralizado el ingreso, la fiscalización de ingresos se hacía muchísimo más sencilla. Éste es un caso en el que la primacía de la eficacia fiscal socavó la eficiencia económica.

275. Es comprensible que el Renacimiento surgiera en Italia. Desde su fundación hasta el día de hoy, Roma nunca dejó de estar poblada. Al inicio de la Edad Moderna, Roma contaba con unos 35.000 habitantes, apenas una sombra de la grandeza que consiguió en el período imperial, cuando llegó a contar con un millón de almas entre sus habitantes. Viviendo en las ruinas de un espléndido y extinto imperio, los habitantes de la Roma medieval debieron haberse sentido como bárbaros.

276. Véase Haidt (2012).

Otro elemento crucial que el Renacimiento aportó al acervo cultural occidental es la universalidad de las concepciones humanistas, universalidad heredada del cristianismo, y que ahora daba el paso del marco religioso al mundo secular. Al menos nominalmente, desaparece la habitual distinción presente en las instituciones humanas (incluida la religión) entre normas morales aplicables al endogrupo y normas morales diferentes aplicables al exogrupo. No hay normas morales diferenciadas para grupos específicos, sino que existen unas normas morales universales aplicables a todos los individuos sin distinción.

El conjunto de principios renacentistas chocaba frontalmente con la existencia de estamentos que todavía sobrevivían en un mundo, la Edad Moderna, que ya poco tenía que ver con el mundo medieval en que nacieron. De este antagonismo entre los ideales de la naciente civilización occidental y sus instituciones se nutrirán siglos más tarde los pensadores ilustrados para intentar reformar las instituciones occidentales y, después, los revolucionarios que pondrán fin a la Edad Moderna con violentas revueltas a finales del siglo XVIII.

## *La Reforma y la Contrarreforma: el último gran cisma de la Iglesia*

La historia de la Iglesia es mucho más que la historia de sus cismas, pero los cismas forman parte sustancial de la historia eclesiástica. Un cisma es una disputa, usualmente de origen teológico, que provoca la ruptura y formación de cultos cristianos emparentados, aunque divergentes. Si bien la disputa sobre cuestiones teológicas o de doctrina es la causante nominal de los cismas eclesiásticos, el detonante real suelen ser acontecimientos de carácter político. A este respecto, la Reforma protestante del siglo XVI no será una excepción.

La Iglesia comienza la Edad Moderna en una situación muy débil. En el siglo XV, después del cisma de Aviñón (que acabó sin ruptura en el año 1417), la cristiandad acababa de superar una potencial ruptura. Empero, la tranquilidad en el seno de la Iglesia duraría menos de un siglo. La Reforma protestante se inicia en el primer tercio del siglo XVI con las enseñanzas de Lutero y de Calvino. En origen, estas enseñanzas pretendían reformar la Iglesia católica, pero terminaron rompiéndola. Curiosamente, y en contra de lo que sugiere su nombre, fue la

Contrarreforma católica, capitaneada por la Monarquía Hispánica, la que terminó reformando las estructuras de la Iglesia católica.

En el centro de la disputa entre la Reforma y la Contrarreforma se colocó la venta de indulgencias. Desde el siglo XII, la doctrina católica desarrolló el concepto del purgatorio. El purgatorio sería aquel lugar en el que los pecadores podrían redimirse después de cumplir un castigo proporcional a la gravedad de los pecados cometidos, castigo que podía llegar a durar cientos de años. Después de este desarrollo teológico, la Iglesia empezó a vender una especie de «pases» para burlar este castigo en el purgatorio. Esta práctica se denominó venta de indulgencias. Los reformadores denunciaron los abusos de la Iglesia con la venta de estas indulgencias y la degradación moral que conllevaban.

Por otro lado, la teología católica se había vuelto demasiado complicada, y desde finales de la Edad Media existió un sentimiento generalizado de la necesidad de «volver a las raíces» y recuperar la doctrina de los padres fundadores de la Iglesia. Un ejemplo de ello son las doctrinas que justificaron la usura en el seno de la Iglesia católica. En el centro de la doctrina de los reformadores se encontraba esta pretensión de volver a una doctrina cristiana más sencilla, y, en su visión, más pura. Esto cristalizó en una doctrina en la que no era necesaria la versión de la Iglesia para interpretar las escrituras, cosa que podían hacer los feligreses por su cuenta leyendo la Biblia.[277] En lo que al tipo de interés se refiere, la vuelta a las «raíces» implicaba recuperar la prohibición de la usura sin las excepciones que la Iglesia católica había establecido y que habían habilitado el naciente negocio bancario en Europa.

## *El siglo XVI y la hegemonía de la Monarquía Hispánica*

El inicio de la Edad Moderna es el siglo de la Monarquía Hispánica. Después de la consolidación del Estado nación en España con el reinado de los Reyes Católicos, una carambola del destino hizo que su

277. Esto pudo tener un efecto positivo en los niveles de alfabetización de los lugares protestantes, lo que a su vez redundó en un crecimiento en la cantidad de descubrimientos científicos y técnicos.

nieto, Carlos de Augsburgo, Carlos I de España, heredara un vastísimo imperio. Carlos recibió en herencia de sus abuelos maternos la monarquía de España, formada por Castilla y sus todavía incipientes territorios americanos y Aragón y sus territorios en Italia. Por parte de sus abuelos paternos, Carlos I heredó el Sacro Imperio Romano Germánico, Flandes y Luxemburgo. Una vez más, el sueño de la monarquía universal que ha obsesionado a tantos grandes líderes a lo largo de la historia parecía una posibilidad para la Monarquía Hispánica.

En la primera parte del siglo XVI las luchas entre España y Francia por la hegemonía europea fueron constantes. Estas luchas se decantaron habitualmente del lado de España, que como resultado de estas guerras pudo adquirir nuevos territorios en Italia y consolidar los existentes. Carlos I también cosechó grandes éxitos bélicos en la lucha contra la expansión del Imperio otomano (Imperio que después de conquistar Bizancio siguió extendiéndose hasta llegar a sitiar Viena en varias ocasiones). Menos suerte tuvo el insigne emperador Carlos en Alemania, que no pudo impedir con la fuerza de las armas el progreso de la Reforma protestante, por lo que perdió paulatinamente poder en esta región.

En este siglo XVI también se consolida el Imperio español en América, lo que significó una ingente fuente de nuevos recursos para la Monarquía Hispánica, recursos que le permitieron llevar a cabo las guerras por la hegemonía europea.

La segunda mitad del siglo XVI sería testigo del ascenso al trono del hijo del emperador Carlos I, Felipe II. El nuevo rey no recibió en herencia el Sacro Imperio, así que pudo dejar de preocuparse por los problemas religiosos en aquellas latitudes. Pero dos conflictos bélicos, uno de ellos con peor desenlace para la Monarquía Hispánica, consumirían los recursos de España y harían tambalear al Imperio español en Europa. Estos conflictos fueron las guerras en Flandes, que terminaron en 1579 con la independencia de los territorios del norte (actualmente Países Bajos), y el enfrentamiento con Inglaterra en la guerra angloespañola (1585-1604), que si bien acabó con victoria española fue muy costosa para las arcas públicas de España.

En 1580 todo parecía ir de cara para la Monarquía Hispánica. En ese año, Felipe II consiguió heredar el trono de Portugal después de que su rey cayera en batalla en una guerra en el norte de África. La unión de las coronas española y portuguesa, empero, no resultó en una fuerza proporcionalmente mayor. Y es que Portugal llevaba una década de crisis política y económica derivada de las continuas guerras que libraba con comerciantes islámicos en el océano Índico para defender su monopolio en la ruta marítima de las especias hacia Europa. España, por su parte, había sido drenada de fuerzas por las continuas guerras libradas en Europa. El resultado fue que en las décadas siguientes, con la incursión en la ruta marítima de comerciantes ingleses y neerlandeses con sus recién estrenadas compañías por acciones, Portugal perdería el monopolio de las especias.

El final del siglo XVI fue una época de crisis económica en Europa, crisis que afectó en especial a la Monarquía Hispánica y sus territorios. Las continuas guerras provocaron una acumulación de deudas que se hicieron impagables. En el siglo XVII, Felipe II impagó hasta en tres ocasiones la deuda pública y España caería en suspensión de pagos otras tres veces. Pero las finanzas públicas de España no eran las únicas llevadas de forma irresponsable. Entre los siglos XVI y XVII, Francia impagó su deuda en seis ocasiones. En estos siglos, otros países con impagos en su deuda pública fueron Prusia, Portugal, Inglaterra y los Países Bajos. Y es que, en general, el siglo XVII no sólo fue un siglo de crisis económica, sino también de finanzas públicas irresponsables derivadas de las incesantes y destructivas guerras europeas. Estas quiebras se llevaron por delante a importantes casas bancarias, la más sonada fue la casa de los Fugger, pero otros muchos bancos cayeron presa de las irresponsables finanzas de los soberanos europeos.[278]

En el siglo XVII, España mantuvo su rango de potencia mundial a pesar de que su situación era cada vez más precaria. Los Austrias menores (Felipe III, Felipe IV y Carlos II) consiguieron mantener el gigantesco Imperio español, pero el comercio con América se resintió sobremanera y recurrentemente las finanzas públicas se encontraron en situación de quiebra. España era ya un gigante con pies de barro.

El siglo XVIII marcó el ocaso de España como potencia europea, y después de la guerra de Sucesión española (1700-1713) perdió la

278. Véanse Reinhart y Rogoff (2009) y Martínez (2018).

mayoría de sus posesiones en Europa. Ya en el primer cuarto del siglo XIX, los españoles perderían prácticamente todas las posesiones americanas, aunque retendrían algunos enclaves hasta 1898 (Cuba, Puerto Rico y Filipinas).

## *El siglo XVII: la primera crisis malthusiana «selectiva»*

Los primeros dos siglos de la Edad Moderna siguieron un patrón muy similar a los de los siglos XIII y XIV. En el siglo XVI hubo una expansión del comercio, de las manufacturas y de la producción agrícola muy similar a la expansión comercial del siglo XIII que ya estudiamos en el capítulo 5. A su vez, los eventos del siglo XVII fueron un reflejo de los del siglo XIV: el siglo XVII fue una época de crisis económica generalizada en la que vuelve a aparecer el hambre y las enfermedades, acontecimientos que en conjunto hacen mella en la población europea, que vuelve a retroceder.

En el siglo XVII, el fantasma malthusiano volvió a sobrevolar Europa. No obstante, esta vez algunos países consiguieron escapar de sus garras. La caída en la población se cebó sólo con aquellos territorios menos prósperos o estancados económicamente. La peste hizo estragos en España, Francia y gran parte del Sacro Imperio. Pero la crisis demográfica no apareció en aquellos países que habían despegado económicamente: los Países Bajos y, en menor medida, Inglaterra consiguieron escapar de lo peor de la crisis malthusiana. Estos dos países fueron prácticamente los únicos que en el siglo XVII mostraron un fuerte dinamismo económico.

## *La sociedad por acciones como instrumento colonizador y de comercio*

En la Italia medieval se desarrollaron formas societarias primitivas que permitían que varias personas pudieran compartir ciertos riesgos en el siempre peligroso comercio marítimo.[279] Estas formas socie-

279. Por *El mercader de Venecia*, obra escrita por Shakespeare en el año 1600, sabemos que una aventura comercial marítima que no llega a buen puerto (la expre-

tarias fueron perfeccionadas en la Edad Moderna, y dieron origen a la sociedad anónima por acciones. Gracias a la aportación de fondos de miles de personas, este tipo de sociedades permitieron llevar a cabo proyectos a una escala de operaciones impensable hasta ese momento.

Desde inicios del siglo XVII, el éxito en la operación comercial de los Países Bajos y de Inglaterra se puede explicar por el intensivo uso de este tipo de sociedades por acciones. Hasta el momento, los dos grandes poderes coloniales del siglo XVI habían utilizado métodos organizativos más arcaicos: Portugal había llevado a cabo el comercio de las especias mediante iniciativas gubernamentales. España, por su parte, había llevado a cabo el comercio con sus territorios americanos mediante un sistema híbrido: embarcaciones privadas eran escoltadas para su defensa por buques de guerra de la flota española, formando grandes convoyes marítimos que atravesaban el océano Atlántico dos veces al año. El sistema portugués fue claramente ineficaz y el español fue eficaz, aunque muy costoso e ineficiente. Ambos sistemas fueron superados por las sociedades por acciones inglesa y neerlandesa.

La sociedad por acciones fue un instrumento utilizado a pequeña escala por los ingleses a finales del siglo XVI. Pero la verdadera prueba de fuego vino a inicios del siglo XVII, cuando los Países Bajos e Inglaterra decidieron hacer la competencia a los portugueses en el comercio de las especias. La forma organizativa que eligieron fue una sociedad por acciones con prerrogativas del Estado. Los ingleses crearon su Compañía de las Indias Orientales en 1600, mientras que los neerlandeses crearon una sociedad con el mismo nombre en 1602. Entre las prerrogativas de estas sociedades se encontraba el monopolio en la ruta comercial que circunnavegaba África y el ejercicio de las actividades típicas de un Estado, como la seguridad y la justicia, en los territorios y enclaves coloniales bajo dominio de las compañías. Desde mediados del siglo XVII, los franceses también utilizarían sociedades por acciones en sus iniciativas colonizadoras en América y en India, aunque con mucho peor resultado que ingleses y neerlandeses.

---

sión llegar a buen puerto no es inocente) podía quebrar a un comerciante. Además, de esta obra podemos deducir que Venecia todavía era una potencia comercial de primer orden en Europa. Véase Shakespeare (1600).

A inicios del siglo XVIII, en el Reino Unido y Francia las sociedades por acciones dieron lugar a grandes burbujas especulativas. Veremos más abajo la burbuja financiera y monetaria que se creó en Francia cuando un financiero escocés unió por primera vez en la historia el papel moneda con la inversión bursátil.

### *La preponderancia comercial y financiera de los Países Bajos: la primera bolsa de valores de la historia*

En 1549, las regiones más orientales del Flandes español consiguieron una gran autonomía respecto a España. Estas regiones se sublevaron en 1566, declararon su independencia en 1579, en 1609 la consiguieron *de facto* y en 1646, con la Paz de Westfalia, de derecho. La región ya era desde tiempos medievales una de las más desarrolladas de Europa, pero desde inicios del siglo XVII, los Países Bajos iban a ser los líderes indiscutibles de la economía europea (véase tabla 6.1).

En el siglo XV, Ámsterdam ya era un puerto importante gracias a que comerciantes neerlandeses transportaban a los países occidentales el grano producido en el este de Europa. Pero no fue hasta la caída en desgracia del puerto de Amberes en 1585 cuando pudo convertirse en el gran puerto europeo durante el siguiente siglo y medio. Después de ser conquistado por tropas españolas, Amberes fue bloqueado durante años por la flota neerlandesa, esto provocó que la ciudad de Ámsterdam atrajera el comercio que Amberes ya no podía recibir.

A finales del siglo XVI, la recién estrenada República de los Países Bajos ya era una potencia comercial de primer orden. Desde finales del siglo XVI el comercio mediterráneo empieza a ser dominado por los neerlandeses y, en menor medida, por los ingleses, desplazando con una mezcla de mayor pericia comercial y de mayor capacidad militar a los italianos (venecianos y genoveses) de su posición de dominio del Mediterráneo. A principios del siglo XVII, los comerciantes neerlandeses consiguieron desplazar a los comerciantes portugueses de la ruta comercial que circunnavegaba África, compartiendo desde entonces los beneficios del comercio con la India con los ingleses y, en menor medida, con los franceses. Desde este momento, la flota neerlandesa será la reina de los mares orientales durante todo el siglo XVII.

Como consecuencia del creciente número de sociedades por acciones se hizo necesario un lugar donde comerciar este nuevo tipo de propiedad. En un primer momento, los compradores y vendedores de acciones se instalaron en los mercados de bienes, típicamente en las lonjas de productos. Pero algo más tarde aparecieron comerciantes especializados en la compraventa de estas acciones y, en 1612, se habilitó en Ámsterdam un espacio para la reunión de estos comerciantes: había nacido el primer mercado bursátil del mundo.[280]

## *La Paz de Westfalia (1648): el nuevo orden mundial*

Las reformas protestantes, todas ellas con un marcado componente político, generaron en Europa una ola de guerras de religión. Tanto Francia como el Sacro Imperio Romano Germánico fueron escenario de múltiples guerras por la supremacía religiosa que destrozaron sus economías y que, al menos en parte, pueden explicar el estancamiento económico que sufrieron en el siglo XVII.

La Paz de Westfalia acabó con estas guerras, y en el Sacro Imperio se instauró cierto clima de respeto y tolerancia religiosa. Este entendimiento religioso se rompería de cuando en cuando, y no fue, ni mucho menos, compartido por otros países europeos. Por ejemplo, en Inglaterra se produjeron persecuciones periódicas de católicos y de fieles de otros credos no alineados con el anglicanismo, lo que a su vez provocó una masiva migración a las colonias americanas de Inglaterra.

Después de la Paz de Westfalia se impuso en Europa una crisis de los universalismos. El concepto de monarquía universal, con el que tanto soñaron los grandes líderes a lo largo de la historia, entró en crisis. El universalismo religioso, hasta el momento liderado por la Iglesia católica, también entró en una crisis definitiva con la consolidación en Europa de las diferentes familias del protestantismo.[281]

280. La ciudad de Amberes pudo haber tenido la primera bolsa de valores décadas antes que Ámsterdam. En la «lonja» financiera de Amberes se negociaban préstamos, seguros marítimos y letras de cambio. Sin embargo, parece que las acciones como tal se negociaron por primera vez en Ámsterdam. Véase Clough y Rapp (1968).

281. Aunque es posible que el Gran Cisma del año 1054 haya sido tanto o más

La crisis del universalismo político y religioso se manifestó en el triunfo militar de la coalición formada contra la Monarquía Hispánica y sus pretensiones universalistas. La Paz de Westfalia supuso el fin de la hegemonía española en Europa. Desde ese momento, cualquier poder que sobresaliera demasiado fue objeto de ligas y alianzas en su contra, como fue el caso de las coaliciones formadas desde mediados del siglo XVII hasta inicios del siglo XVIII contra la expansionista Francia de Luis XIV. Este proceso de alianzas y contraalianzas fue liderado por la hábil diplomacia inglesa, que consiguió evitar una concentración de poder demasiado elevada en Europa.

## *La Revolución inglesa: el rey pierde la cabeza*

A pesar de que al inicio de la Edad Moderna las monarquías absolutas doblegaron el poder de los nobles, el naciente Estado nación desarrolló paulatinamente otros focos de poder político en esferas diferentes a la monárquica. En la Inglaterra del siglo XVII, el principal contendiente al poder del monarca era el Parlamento inglés.

Al igual que sus homólogos de Europa continental (Cortes en España o Estados Generales en Francia), el Parlamento inglés nació como un órgano consultivo formado por un grupo o consejo de nobles. De manera gradual, este consejo se transformó en un órgano representativo de los terratenientes, y con el tiempo consiguió acumular algunas facultades de gobierno que trascendían las meramente consultivas, es desde este momento cuando podemos hablar de la existencia de un parlamento propiamente dicho. La primera gran victoria de los parlamentos europeos sobre sus monarcas fue la exigencia de que el parlamento aprobara cualquier nuevo impuesto que el monarca quisiera imponer a sus súbditos (esto lo consiguió el Parlamento inglés con la aprobación de la Carta Magna en 1215). No es de extrañar que desde entonces los reyes sólo convoquen a sus parlamentos en situaciones de urgencia presupuestaria, momentos que, a

traumático al quedar dividido el cristianismo en dos grandes bloques, estos bloques eran diferentes entre sí, pero relativamente homogéneos en sus áreas de influencia. Esto se rompería desde el siglo XVI con la Reforma protestante en Europa occidental. Véanse Bauer (2010) y Martínez (2018).

su vez, aprovechaban los terratenientes para exigir otros tipos de concesiones políticas o económicas en contraprestación por la aprobación de nuevos impuestos o contribuciones a la corona.

En tiempos de la Revolución inglesa, el Parlamento inglés estaba dividido en dos cámaras: por un lado, la Cámara de los Lores, representativa de señores feudales y eclesiásticos; y, por otro lado, la Cámara de los Comunes, formada por representantes de las ciudades.

En los años que precedieron a la Revolución inglesa se multiplicaron los conflictos entre el monarca inglés, Carlos I (1600-1649), y su parlamento. Estos conflictos dieron pie al inicio de la revolución y de las guerras civiles inglesas (1642-1651), en las que en el año 1649 se ejecutó al monarca.

Las guerras civiles inglesas consistieron en una serie de conflictos militares entre los partidarios del rey y los partidarios del Parlamento. Estos conflictos empobrecerían sobremanera a Inglaterra. Aunque la devastadora guerra civil inglesa terminó en el año 1651, el período de convulsiones políticas duraría casi tres décadas más. A pesar de ello, la economía inglesa mostró desde entonces un dinamismo que nunca había tenido.

En 1649, los ingleses ejecutaron a su rey, y establecieron la primera (y única) república inglesa. Dirigido por el controvertido político y general Oliver Cromwell (1599-1658) hasta el año 1659, el gobierno republicano inglés fue ejercido bajo una forma de protectorado con marcados tintes dictatoriales.[282]

Como suele ocurrir en todas las revoluciones, y a este respecto la inglesa no es una excepción, los revolucionarios terminan ejerciendo el poder de forma más tiránica que los gobernantes a los que sustituyen. Por tanto, después de la mala experiencia con el gobierno dictatorial de Oliver Cromwell, a su muerte, los ingleses decidieron que era una buena idea restaurar la monarquía, eso sí, sometiéndola esta vez al Parlamento.[283] Aunque la monarquía y el Parlamento todavía tendrían que pasar otros treinta años de desencuentros (hasta el fin de la Revolución gloriosa en 1688), la restauración monárquica de 1660 es el momento en que nace en Inglaterra la monarquía parlamentaria. Estableciendo

282. A la muerte de Oliver Cromwell, los poderes dictatoriales pasaron durante un breve período (apenas nueve meses) a su hijo, Richard Cromwell.

283. El nuevo monarca, Carlos II (1630-1685), era el hijo de Carlos I.

rígidos límites al poder del rey, la monarquía parlamentaria inglesa ponía fin al período absolutista. El rey ahora debía gobernar en conjunción con el parlamento (y crecientemente subordinado a él). De ahora en adelante, el rey también estaría limitado por las propias leyes del reino, leyes que no podría modificar a su voluntad. Esta forma de gobierno tardaría un siglo más en ser copiada en el resto de Europa, y su popularización coincidirá con el momento que la historiografía define como el final de la Edad Moderna (Revolución francesa).

Lo notable de la revolución inglesa es que en la segunda mitad del siglo XVI, en concreto después de la restauración monárquica de 1660, será cuando Inglaterra empiece a crecer económicamente muy por encima del resto de los países europeos. También en este momento la banca inglesa empezará a crecer de forma extraordinaria y en menos de un siglo conseguirá superar a sus homólogos continentales. En el siglo XVIII, la banca inglesa se convertiría en el sector bancario más desarrollado del mundo, dejando atrás tanto a la banca italiana como a la neerlandesa. Tal como veremos en el siguiente capítulo, este hecho marcará gran parte de la hegemonía inglesa del siglo XIX.

## *Los conflictos del siglo XVIII y la independencia americana*

Desde principios del siglo XVIII, Inglaterra conseguirá imponerse paulatinamente a los Países Bajos en su expansión colonial y comercial. Después de la fundación del Reino Unido en 1707, la victoria comercial inglesa sobre los Países Bajos hizo su preponderancia comercial ya innegable, pero será en este momento cuando la expansión británica choque con otra gran potencia en expansión: Francia.

Francia se había configurado como una gran potencia en el reinado de Luis XIV (1638-1715). Con la monarquía hispánica ya desarmada después de la Paz de Westfalia, Francia pretendió ocupar su lugar hegemónico en Europa iniciando una agresiva política expansionista tanto en Europa como en las colonias. En Europa, las pretensiones francesas fueron frenadas por varias coaliciones *ad hoc* de países, coaliciones motivadas por el deseo de detener la expansión francesa y que se deshacían en cuanto terminaban las guerras defensivas. En Norteamérica, los franceses rodearon las posesiones inglesas y amenazaron con cortar cualquier expansión británica hacia el interior del subcontinente. Esto provocó el estallido de la guerra de los Siete Años (1756-1763), que para Francia terminó en una catastrófica derrota, fue despojada de casi todas sus posesiones en América y Asia y dio por finalizado su primer gran imperio colonial.

Poco tiempo después comenzaría la Revolución de las Trece Colonias inglesas en Norteamérica. Después de años de disturbios y demostraciones de fuerza, tanto por parte de los colonos como por parte de la metrópoli, en 1775, las Trece Colonias de Norteamérica se levantaron en armas contra el Imperio británico en la guerra de Independencia de Estados Unidos (1775-1783). Con la ayuda militar de España, Francia y los Países Bajos, los colonos norteamericanos consiguieron derrotar a los ingleses y fundar los Estados Unidos de América. Algunos autores consideran que el período revolucionario que sufrirá Europa en las siguientes décadas se inicia con este levantamiento armado de los colonos norteamericanos.

## *La Revolución francesa y el fin de la Edad Moderna*

La Edad Moderna llega a un abrupto final con la Revolución francesa (1789-1799). Los motivos subyacentes que causaron la revolución son objeto de un intenso debate entre historiadores. Aquí nos aventuramos a exponer una lista no exhaustiva de algunos de los motivos que consideramos más importantes.

En primer lugar, liderado por los autores pertenecientes a la Ilustración, el clima intelectual fue, en líneas generales, hostil a la tradición y a las estructuras políticas, sociales y económicas existentes (con la excepción de la Ilustración escocesa). El clima de rebeldía intelectual imperante en la Europa prerrevolucionaria se desbordó hasta contagiar a las clases no intelectuales y convertirse al inicio de la Revolución francesa en una rebeldía popular.

En segundo lugar, antes del estallido de la revolución, la situación fiscal de Francia era crítica. Los gastos de la corte eran estratosféricos, y los ingresos por impuestos, insuficientes para cubrir el funcionamiento del gobierno. Sin embargo, fiscalmente hablando, la gota que colmó el vaso fue el gasto derivado de la guerra de Independencia de Estados Unidos en la que Francia apoyó a los colonos americanos.

Francia inició una guerra que no se podía permitir. Varios ministros de Finanzas franceses intentaron equilibrar las cuentas públicas, pero chocaron con el inmovilismo de las clases dirigentes. Ni la realeza estuvo dispuesta a disminuir sus gastos, ni la nobleza, que disfrutaba de una exención de impuestos, estuvo dispuesta a renunciar a este privilegio para sufragar la guerra. Curiosamente, parte de la nobleza inició los tumultos como forma de presión para que el rey convocara unos Estados Generales (parlamento) para pedir nuevos impuestos o contribuciones a la nobleza. Algunos nobles tenían la expectativa de recuperar parte del poder que la monarquía francesa se apropió cuando consolidó su poder bajo el reinado de Luis XIV. La crisis fiscal de la monarquía francesa intentó ser aprovechada por la nobleza, pero no podían imaginar que en los años siguientes los disturbios que estaban instigando se convertirían en toda una revolución, revolución que se cobraría la vida de muchos de esos nobles que la instigaban.

En tercer lugar, después de la derrota contra Inglaterra en la guerra de los Siete Años (1756-1763), Francia atravesó una profunda crisis económica que impactó sobremanera en las clases más desfavorecidas. En esta tesitura, la nobleza de espada de origen medieval, que sólo contaba con ingresos derivados de las rentas de sus tierras, intentó volver a imponer a los campesinos algunas de las obligaciones ya extintas. Estos intentos encontraron una fuerte oposición y conatos de rebelión campesina.

En cuarto y último lugar, existía en la sociedad de la modernidad una contradicción intrínseca e insostenible entre el sistema estamental y el resto de las instituciones y costumbres desarrolladas desde el Renacimiento. La sociedad estamental había sobrevivido a la Edad Media, pero el mundo ya no era un mundo medieval. La nobleza medieval estaba exenta del pago de impuestos o contribuciones monetarias porque tenía la obligación de entregar servicios militares al monarca, pero en el siglo XVIII este arreglo institucional ya era totalmente anacrónico. Los nobles retenían privilegios, como la exención de impuestos y la participación política exclusiva en los consejos de gobierno de los monarcas absolutos, pero se habían librado de las obligaciones de defensa de los campesinos y de servicios militares al monarca.[284]

284. Aunque los nobles retenían los puestos más importantes como comandantes del ejército, en realidad no era una obligación para ellos, era más bien un privile-

Sea como fuere, las repercusiones de la Revolución francesa y el posterior Imperio napoleónico fueron enormes. Europa no disfrutaría de paz durante veinticinco años. Las nuevas guerras de conscripción masiva fueron más destructivas que las anteriores y arrasaron gran parte de Europa. En Europa occidental prácticamente desaparecieron los últimos vestigios de la Edad Media en forma de una ya anacrónica sociedad estamental. Como veremos en el próximo capítulo, la mentalidad revolucionaria siguió viva en Europa, que en el siglo XIX sufrirá de forma periódica nuevos embates revolucionarios.

Tanto la Revolución francesa como la americana serán financiadas con papel moneda, y serán los dos primeros casos de hiperinflación que aparecieron en el mundo. Por tanto, el final de la Edad Moderna es un período crucial para la evolución de la historia monetaria.

## Economía y patrón de pagos de la Edad Moderna

### *Economía de la Edad Moderna*

La evolución de la economía de la Edad Moderna estuvo fuertemente influenciada por el engrandecimiento del mundo que tuvo lugar con los descubrimientos y afán colonizador del siglo XVI. En Europa aparecen productos desconocidos hasta entonces, como el tabaco, la patata o el tomate. A su vez, nuevos mercados se abren para los productos europeos. Adicionalmente, las nuevas rutas marítimas que unen a Asia y Europa provocan una relativa masificación de productos que en el Medievo eran considerados de lujo, como las especias.

El siglo XVI es una época de expansión comercial que tuvo tanto o mayor ímpetu que la revolución comercial del siglo XIII. La existencia de nuevos productos y de nuevos mercados provocó que el comercio se disparara y que la economía creciera, y con ella la población, que en este siglo en Europa llegó a superar el nivel del siglo XIII antes de la plaga de peste.

---

gio, y los costes de la guerra eran sufragados ya en su práctica totalidad por los soberanos.

En la Edad Moderna, la industria también aumentó sobremanera. En algunas industrias, empiezan a aparecer las fábricas a gran escala debido a desarrollos técnicos que hicieron rentable la producción en masa, esto es en especial cierto en el sector textil y, en menor medida, también en el metalúrgico. En claro contraste con la situación que se presentará en la Revolución Industrial, un elemento sorpresivo del desarrollo de la industria de la Edad Moderna es su marcado carácter rural. En la Edad Moderna existió una «huida» de la industria desde el sector urbano al rural. Dos elementos explican este fenómeno: por un lado, las pesadas imposiciones que los gremios urbanos, que todavía subsistían en muchas ciudades, imponían a la elaboración de manufacturas; por otro, la necesidad de estas industrias de situarse cerca de las fuentes de energía porque transportarlas era inviable o costoso. Las industrias se deslocalizaron en parte para situarse cerca de un río o de un bosque, ya que las caídas de agua y el carbón vegetal eran, junto con el viento, las principales fuentes de energía no biológicas preindustriales.

En gran parte de Europa occidental, el alto coste del comercio no marítimo fue un problema solucionado en parte mediante la construcción de canales y la mejora de las carreteras. Como resultado, el comercio interno creció sobremanera. En un primer momento, los canales eran obras muy costosas, pero una vez construidos, permitían extender las ventajas del comercio marítimo a lugares situados en tierra firme.

En lo que tiene que ver con desarrollo social, en general muy ligado al económico, encontramos un patrón muy similar al que acabamos de ver en el económico. A inicios de la Edad Moderna, España, Italia y los Países Bajo lideraban el índice de alfabetización en Europa; mientras que en el año 1750, España e Italia se quedan claramente atrás en este indicador. En 1750, Inglaterra, los Países Bajos y Bélgica liderarían los índices de alfabetización en Europa.

Durante la Edad Moderna, el centro de gravedad económico de Europa pasa del sur al norte. Con datos de población rural no agrícola y población urbana en la mano (tabla 6.2), en el año 1500 Italia y España eran los lugares más avanzados del mundo occidental (con permiso de los Países Bajos). En 1750, si bien seguían siendo relativamente avanzadas, tanto Italia como España se habían quedado totalmente estancadas. Por el contrario, lugares muy atrasados en el año 1500, como Inglaterra, se habían convertido en el año 1750 en lugares avanzados. Las regiones de los Países Bajos y Bélgica, las únicas avanzadas en el norte de Europa en el año 1500, consiguieron mantenerse entre las más avanzadas en los albores de la Revolución Industrial en el año 1750.

**Tabla 6.2. Distribución poblacional por sector (1500 frente a 1750)**

| | AÑO 1500 | | | AÑO 1750 | | |
|---|---|---|---|---|---|---|
| PAÍS | RURAL AGRÍCOLA | RURAL NO AGRÍCOLA | URBANA | RURAL AGRÍCOLA | RURAL NO AGRÍCOLA | URBANA |
| Países Bajos | 56 % | 14 % | 30 % | 42 % | 22 % | 36 % |
| Bélgica | 58 % | 14 % | 28 % | 51 % | 22 % | 27 % |
| Italia | 62 % | 16 % | 22 % | 59 % | 19 % | 22 % |
| España | 65 % | 16 % | 19 % | 62 % | 17 % | 21 % |
| Francia | 73 % | 18 % | 9 % | 61 % | 26 % | 13 % |
| Alemania | 73 % | 18 % | 8 % | 64 % | 27 % | 9 % |
| Inglaterra | 74 % | 18 % | 7 % | 45 % | 32 % | 23 % |
| Polonia | 75 % | 19 % | 6 % | 60 % | 36 % | 4 % |
| Austria/Hungría | 76 % | 19 % | 5 % | 61 % | 32 % | 7 % |

*Fuente*: Allen (2011).

## *Patrón de pagos de la Edad Moderna*

Al inicio de la Edad Moderna, dos grandes acontecimientos que sacudieron las instituciones monetarias europeas fueron el flujo de metales preciosos llegados desde América y, en los primeros años del siglo xvi, el incremento de la actividad minera en Europa. Estos dos eventos provocaron la revolución de los precios del siglo xvi que analizaremos más abajo.

Ya vimos que la Edad Moderna hereda de la Edad Media un sistema de crédito monetario y un sistema de pagos internacional muy eficiente que evitaba el movimiento físico de moneda acuñada. Este eficiente sistema de pagos fue utilizado en la Edad Media de forma intensiva, pero poco extensiva; es decir, el uso del crédito monetario quedó confinado a unos pocos centros comerciales de mucha importancia. En la Edad Moderna, la novedad es la «democratización» o extensión de estos medios de pago basados en el crédito a múltiples ciudades repartidas por toda Europa, ciudades que hacían las veces de centros regionales de comercio. Al igual que en la Edad Media, los servicios bancarios persiguieron al comercio, pero a diferencia de la Edad Media, a partir del siglo XVI, el comercio se extendió por gran parte de Europa con una fuerza muy superior a la de los siglos anteriores.

En el ámbito monetario de la Edad Moderna, una novedad es que finalmente los servicios financieros son provistos por intermediarios que podemos llamar propiamente bancos (es decir, instituciones que toman depósitos del público). En este sentido, y como veremos más abajo, incluso intermediarios financieros como los orfebres ingleses del siglo XVI pueden ser considerados ya bancos.

El gran desarrollo monetario de la época fue la invención del papel moneda. Aunque el papel moneda hunde sus raíces en China siglos atrás, en siglo XVII, el Banco de Suecia, además de ser el primer banco central del mundo, fue el primer banco que emitió papel moneda. A pesar de eso, a partir de finales del siglo XVI los reyes del papel moneda bancario serán los ingleses. Este instrumento economizó sobremanera el uso de moneda acuñada y facilitó los intercambios entre personas, pero también introdujo un elemento de confianza que a veces fue objeto de abusos, y abrió las puertas a múltiples atropellos monetarios y estrategias de devaluación monetaria más finos que la simple reacuñación o hacer sudar a la moneda utilizados por los soberanos medievales.

Los incipientes bancos de la Edad Moderna proporcionaron servicios de descuento de letras, de transferencia de fondos entre particulares, de cambio de moneda y transferencia internacional, de garantía de títulos valores (típicamente una firma en las letras de cambio) y aceptaban depósitos del público. Ya en la Edad Moderna, los emergentes bancos proporcionaban unos servicios financieros no tan diferentes de los de la banca contemporánea. Desde sus orígenes, la banca se ha tecnificado mucho, pero desde inicios del siglo XVI hasta hoy no ha cambiado tanto en sus funciones.

Los bancos centrales inician su andadura en el siglo XVII y, a excepción del Banco de Ámsterdam, fueron creados para apoyar financieramente al poder político, por lo general en períodos de extrema necesidad, casi siempre en guerras. Los bancos centrales fueron útiles como forma de concentrar recursos financieros en épocas de necesidad, tomando la posición de los templos de la Antigüedad, pero su aportación a la estabilidad monetaria de los Estados que los instituyeron es quizás más discutible que su contribución al esfuerzo de guerra.

## El soberano de oro: el nacimiento oficial de la libra esterlina y del bimetalismo inglés

El nacimiento oficial de la libra esterlina anglosajona coincidió con el inicio de la Edad Moderna. En el capítulo anterior vimos que en la Edad Media la mejor calidad de la moneda de plata inglesa en comparación con la moneda de plata continental provocó que se denominara al penique inglés como libra esterlina. Pero la libra esterlina no era más que un nombre informal para el penique inglés, no era todavía una moneda como tal.

En el año 1500, en la Europa continental ya existían monedas de oro que tomaban el valor nominal de una libra y que seguían el sistema monetario implementado por Carlomagno hacía ya más de setecientos años. Pero no existía una moneda de oro inglesa, y los intentos de crearla fueron un absoluto fracaso.

Esto cambiaría con el reinado en Inglaterra de Enrique VII (1485-1509). Enrique VII, el primer monarca inglés de la casa Tudor, era un gobernante obsesionado con la eficiencia, preocupado por las cuentas públicas saneadas y por la reducción del gasto público, y convencido de que un buen gobierno necesitaba de un buen dinero que no se depreciara. Con esta carta de presentación no nos debe extrañar que fuese capaz de llevar a cabo la reforma monetaria que creó la moneda más estable y longeva de la historia de Inglaterra: la libra esterlina, moneda que, en cuanto a longevidad, puede rivalizar con el búho ateniense.

Desde el año 1489, el monarca inglés emitió el soberano de oro con un valor nominal de una libra. El soberano de oro sería la primera moneda de oro realmente exitosa en las islas británicas. En el Medievo, la importancia del comercio inglés no justificaba una moneda de oro, pero el crecimiento del comercio de Inglaterra antes de 1489 justificaba la emisión de una moneda de alto poder adquisitivo como el soberano de oro.

La emisión de los soberanos de oro siguió respetando el ya casi milenario sistema monetario carolingio. Al igual que las monedas de oro de la Europa continental, el soberano de oro contaba con un valor nominal igual a una libra, lo que implicaba que 240 peniques serían iguales a una libra y, a su vez, 20 chelines serían iguales a una libra.

Enrique VII también reformó el chelín, emitiendo desde el año 1504 una nueva moneda denominada testón en sustitución de los antiguos y ya muy depreciados groses medievales que seguían circulando en Europa.

Por último, y con el objetivo de incrementar la acuñación de buena moneda, Enrique VII disminuyó drásticamente el señoreaje y cargos que las cecas cobraban a quienes les llevaban metales para ser acuñados. Los cargos por la acuñación de oro cayeron un 67 por ciento y los de plata un 33 por ciento. No es de extrañar que en los siguientes años la acuñación de monedas de oro aumentara un 125 por ciento y las de plata un 70 por ciento.

Con la reforma monetaria de Enrique VII, Inglaterra entró oficialmente en un sistema bimetálico, que durante siglos ya había estado en pie en Italia, en el que las monedas de oro eran utilizadas por comerciantes mayoristas y para el comercio exterior y las monedas de plata eran utilizadas por los comerciantes minoristas y el público general. El sistema bimetálico inglés duraría hasta 1699, cuando sir Isaac Newton tomó la dirección de la ceca inglesa y se estableció el precio de la libra en términos de oro y de plata, de forma que Inglaterra entró (de forma no intencional) en el patrón oro para no salir hasta 1914.

## La peor moneda de la historia de Inglaterra: la Gran Devaluación inglesa (1544-1551) y la reforma monetaria de Thomas Gresham (1560)

A pesar del éxito de la reforma monetaria de Enrique VII, sus sucesores pusieron en varias ocasiones a prueba la capacidad de la libra para sobrevivir a guerras, devaluaciones y convulsiones monetarias.

El reinado del sucesor de Enrique VII, Enrique VIII (1509-1547), fue la antítesis financiera de su padre. Las múltiples guerras y enfrentamientos con potencias europeas provocaron que la monarquía inglesa entrara en quiebra. El monarca inglés hizo todo lo que estuvo en su mano para conseguir nuevos fondos con los que mantener el esfuerzo bélico inglés, desde romper relaciones con el papado y declararse él mismo la cabeza de la Iglesia de Inglaterra con el objetivo de confiscar todos los bienes de la Iglesia católica en territorio inglés hasta devaluar las monedas de plata y oro que emitió su padre.

Entre 1540 y 1551, las monedas de plata fueron devaluadas y perdieron el 75 por ciento de su contenido de plata, que fue sustituida principalmente por cobre, metal de muy poco valor en comparación con la plata. En ese mismo período, las monedas de oro fueron físicamente poco adulteradas, la devaluación consistió en un incremento de su valor nominal, lo que implicaba una subida de precios en términos de la unidad de cuenta, pero no necesariamente en términos de la moneda física de oro. Por tanto, la moneda de oro permaneció prácticamente inalterada, a pesar de que sí apareció la inflación (éste es el mismo mecanismo que utilizó por vez primera el emperador romano Aureliano en el año 274 y que tan malos resultados en términos de inflación tuvo).[285]

La devaluación monetaria inglesa fue tan intensa que en los años que duró proporcionó unos ingresos superiores a la confiscación de las propiedades de la Iglesia católica o mayores que todos los ingresos por impuestos que recibía el monarca inglés.[286]

En Inglaterra, la gran devaluación provocó un notable incremento de los precios, y trastocó el patrón de comercio con el continente. Estas devaluaciones, así como otras realizadas por los monarcas de Europa

285. En medio de estas convulsiones monetarias, Enrique VIII emitió una ley que en 1545 permitía el préstamo a interés. Aunque el préstamo con interés ya era aceptado desde el siglo XIII bajo ciertos supuestos, ésta es la primera pieza legislativa que defiende legalmente una práctica que ya era, *de facto*, aceptada. Enrique VIII probablemente hizo esto con el fin de manipular el crédito de la misma manera que estaba manipulando la moneda, pero su decreto habilitó el surgimiento del sistema bancario inglés, sistema que paulatinamente se desarrolló hasta adelantar al del resto del continente al final de la Edad Moderna.

286. En comparación con Enrique VII, Enrique VIII multiplicó los beneficios de las cecas desde 200 libras al año hasta 160.000 libras al año. Después de la estabilización monetaria de Gresham, los beneficios de las cecas volvieron a caer hasta 200 libras al año. Véase Davies (2002).

continental, tuvieron un gran efecto en la revolución de los precios del siglo XVI. Los precios de Europa no sólo subieron por el incremento de oro y plata llegados de América, sino también por las continuas devaluaciones monetarias que llevaron a cabo los monarcas europeos.

La emisión de monedas de buena calidad volvería bajo el reinado de Isabel I (1558-1603) gracias a las recomendaciones de un banquero que trabajó al servicio de la corona inglesa, banquero cuyo nombre ya conocemos: Thomas Gresham. Gresham recomendó retirar de la circulación la moneda acuñada devaluada para evitar que apareciese la ley que posteriormente llevaría su nombre, que implicaba que bajo ciertas condiciones, el público atesoraba la moneda de alta calidad mientras se deshacía de la moneda de baja calidad; es decir, la ponía en circulación. Los efectos de la ley de Gresham ya eran conocidos antes de que tal ley fuese bautizada, pero en esta época sus efectos fueron enormes debido a la Gran Devaluación llevada a cabo por el segundo de los Tudor, por Enrique VIII.

Para devolver el prestigio perdido a la moneda inglesa se siguieron los preceptos dictados por Thomas Gresham. Se retiró con gran celeridad para la época (todo el proceso duró menos de un año) la práctica totalidad de las monedas devaluadas, y se las sustituyó por monedas con alto contenido de metales nobles, aunque con un peso menor que las monedas anteriores a la Gran Devaluación. De esta manera se devolvió a la moneda inglesa el prestigio perdido sin arruinar a la corona en el intento. Después de este episodio, entre el público inglés la moneda de cobre, muchas veces necesaria para llevar a cabo el pequeño comercio, quedó desacreditada y no fue aceptada durante generaciones.[287]

La ley de Gresham, por tanto, debe su nombre al genio financiero y monetario de este banquero inglés de mediados del siglo XVI.

## La revolución de los precios del siglo XVI y la llegada de oro y plata de América

El descubrimiento de América y su posterior conquista y colonización provocó la llegada de metales preciosos a Europa en una cuan-

287. La corona inglesa incluso obtuvo un pequeño beneficio en esta conversión monetaria. Véase Davies (2002).

tía relevante desde 1530 y en una cuantía exorbitante desde 1550. El flujo de metales preciosos no disminuyó durante toda la Edad Moderna (véase gráfico 6.2).

Se puede afirmar que el principal desarrollo monetario del siglo XVI fue la llegada de metales preciosos a Europa desde América. A los contemporáneos de la época les preocupó la entrada de metales preciosos al continente y pronto lo vincularon con el concomitante problema de la inflación que hizo su aparición en Europa y perduró durante gran parte del siglo XVI. Éste sería el origen de la teoría cuantitativa del dinero, enunciada por vez primera en España por el escolástico Martin de Azpilcueta e independientemente descubierta más tarde por intelectuales de otros países como Jean Bodin en Francia.[288]

## *La teoría cuantitativa del dinero y sus límites a la hora de explicar la revolución de los precios en el siglo XVI*

Comparadas con las cifras de extracción de oro y plata en la América hispánica del siglo XXI, las cantidades de metales preciosos exportadas desde la América española al continente europeo en el siglo XVI pueden parecer pequeñas.[289] Sin embargo, en el siglo XVI estas cifras fueron gigantescas. Entre el año 1500 y el 1650 algunos historiadores estiman que la cantidad de oro y plata que poseía Europa pudo haberse multiplicado por tres.[290]

En esta tesitura, muy influenciada por la teoría cuantitativa del dinero, la historiografía ha vinculado directamente la llegada de metales preciosos que fungían como dinero en la sociedad del siglo XVI con el enorme crecimiento de los precios que también tuvo lugar en este siglo.[291]

288. Durante mucho tiempo se pensó que Jean Bodin fue quien descubrió la teoría cuantitativa del dinero, ahora sabemos que fue Martín de Azpilcueta.

289. Sólo en el año 2023 se extrajeron 13.000 toneladas de plata y 200 toneladas de oro en países hispanoamericanos, casi lo mismo que en el siglo y medio que transcurrió entre el año 1500 y el año 1650.

290. Véase Clough y Rapp (1968).

291. Véase Hamilton (1931).

**Tabla 6.3. Importaciones españolas de oro y plata procedentes de América entre 1500 y 1660 (toneladas métricas)**

| DÉCADA | PLATA | ORO |
|---|---|---|
| 1500 | | 5,0 |
| 1510 | 0,2 | 9,2 |
| 1520 | 86,2 | 4,9 |
| 1530 | | 14,5 |
| 1540 | 177,6 | 25,0 |
| 1550 | 303,1 | 42,6 |
| 1560 | 942,9 | 11,3 |
| 1570 | 1.118,6 | 9,4 |
| 1580 | 2.103,0 | 12,1 |
| 1590 | 2.707,6 | 19,5 |
| 1600 | 2.213,6 | 11,8 |
| 1610 | 2.192,3 | 8,9 |
| 1620 | 2.145,3 | 3,9 |
| 1630 | 1.396,8 | 1,2 |
| 1640 | 1.056,4 | 1,5 |
| 1650 | 443,3 | 0,5 |
| Total | 16.886,8 | 181,3 |

*Fuente*: Clough y Rapp (1968).

Empero, en lo relativo a este episodio histórico, el problema con la visión predominante de la historiografía es que existen algunas hipótesis alternativas que pueden tener mejor capacidad explicativa. Por un lado, los precios empezaron a crecer antes de que llegaran los metales preciosos de América.[292] Desde aproximadamente la mitad del siglo xv, mucho antes de la llegada de los metales preciosos ame-

292. Aunque algunos historiadores vinculan el crecimiento de precios a la mayor producción de minas en Europa desde inicios del siglo xvi, su impacto cuantitativo fue varios ordenes de magnitud inferior al de la llegada de metales de América.

ricanos, los precios empezaron a crecer con fuerza en Europa. En concreto, en España, lugar donde primero llegan los metales procedentes de América, los precios casi se duplicaron entre 1500 y 1540, pero, como podemos ver en la tabla 5.3, la cantidad de metales preciosos arribados a España fue todavía muy pequeña hasta 1540.

### Tabla 6.4. Índice de precios en España (1571-1581 = 100)

| AÑO | ÍNDICE DE PRECIOS | MULTIPLICACIÓN PRECIOS FRENTE A 1501 |
|---|---|---|
| 1501 | 33,26 | × 1,0 |
| 1521 | 46,48 | × 1,4 |
| 1541 | 56,02 | × 1,7 |
| 1581 | 103,95 | × 3,1 |
| 1601 | 143,55 | × 4,3 |
| 1621 | 129,09 | × 3,9 |
| 1641 | 116,53 | × 3,5 |

*Fuente*: Clough y Rapp (1968).

Todavía más sugerente al analizar los datos disponibles es notar que desde el año 1601, los precios en España cayeron, tal como podemos ver en la tabla 6.4. La caída de precios en España ocurrió a pesar de que el flujo de metales preciosos procedentes de América seguía siendo de una cuantía prácticamente idéntica a la de décadas anteriores, y lo seguiría siendo hasta aproximadamente el año 1630.

Por tanto, no parece que el flujo de metales preciosos americanos y el ritmo inflacionario de España estén muy bien alineados en el tiempo como para establecer una relación causa-efecto entre ellos. Entre el año 1540 y el 1580 se exportaron de América a España 2.542 toneladas de plata y 88 toneladas de oro, y en ese tiempo los precios en España crecieron un 85 por ciento. Entre el año 1600 y el 1640 llegaron a España procedentes de América 7.948 toneladas de plata y 26 toneladas de oro, y en España los precios cayeron un 19 por ciento. Es decir, en el período 1600-1640, los metales llegados desde América se multiplicaron por 2,5 con relación al período 1540-1580 y, a pesar de eso, los precios pasaron de casi duplicarse a caer un 20 por ciento.[293]

Otro gran problema de la corriente dominante de la historiografía con respecto al siglo XVI y el flujo de metales de América es el viaje que realizaban los metales preciosos. Estos metales llegaban desde América a España, y a pesar del esfuerzo español por evitar su salida, se movían con rapidez al resto de los países europeos. La plata y el oro se dispersaron desde España hacia el resto de Europa en pago por el déficit comercial español, en pago a soldados y los suministros derivados de las guerras que la monarquía hispánica llevaba a cabo por media Europa. Pero los metales preciosos llegados de América tampoco permanecían en el resto de Europa durante demasiado tiempo. El oro y la plata salieron de forma continua por las rutas comerciales que unían Asia y Europa. Los europeos pagaban en metales preciosos por las especias, seda y otros productos de lujo llegados desde Asia, como el incienso.[294] Estos metales preciosos tendieron a permanecer «enterrados» en China e India, que se convirtieron en verdaderos sumideros de metales preciosos durante siglos. Entre el año 1500 y el año 1800, los territorios que hoy forman México y Perú produjeron el 85 por ciento de la plata del planeta y sólo en China acabó el 40 por ciento de esa plata.

La entrada de metales preciosos de la América española a España se desplomó desde la segunda mitad del siglo XVII, pero el flujo de metales preciosos a Europa no cayó. Otros territorios americanos compensaron la caída en el envío de metales desde la América española. En concreto, los portugueses encontraron oro en Brasil, y empezaron a exportarlo de forma masiva a Europa. Por tanto, en el siglo XVII el flujo de metales hacia Europa siguió aumentando, y a pesar de eso la deflación fue una constante en la Europa del siglo XVII.

293. El diferencial de exportación de oro de 62 toneladas entre estos períodos históricos podría ser equivalente a unas 620 toneladas de plata (ratio oro-plata de 10:1 al inicio de la Edad Moderna). Incluso teniendo en cuenta la caída de la cantidad de oro importada por España a inicios del siglo XVII, el incremento de la cantidad de metales preciosos importados por España entre 1600 y 1640 fue 2,5 veces mayor que el observado en el período 1540-1580.

294. En el siglo XVII, en Inglaterra hubo intensos debates sobre si era legítimo que la Compañía de las Indias Occidentales inglesa exportara enormes cantidades de plata a la India en pago por las manufacturas textiles indias.

**Gráfico 6.2. Producción de metales preciosos en América (1500-1800)**

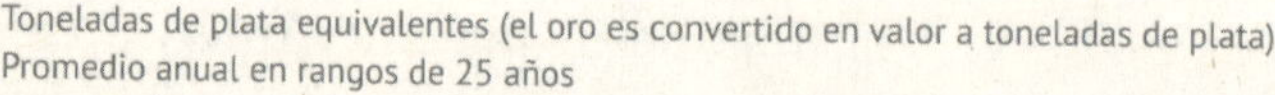


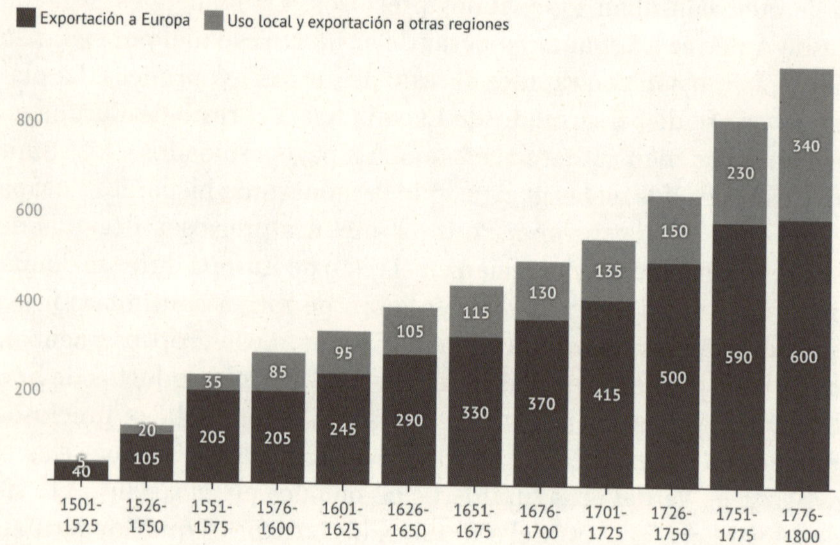


*Fuente*: Barrett (1990).

## *La teoría cualitativa del dinero y la crisis malthusiana del siglo XVII como explicaciones complementarias para la revolución de los precios del siglo XVI*

De todo lo anterior no se desprende que el flujo de metales americanos tuviera una aportación nula en el crecimiento de los precios europeos en el siglo XVI. Es posible que el movimiento de metales preciosos desde América sí haya provocado una tendencia al crecimiento de precios europeos, pero cuando su calidad es alta, la cantidad de dinero tiene un efecto relativamente pequeño en comparación con una potencial degradación de su calidad.

Por tanto, en el mejor de los casos, los metales preciosos llegados de América pudieron ejercer algún tipo de efecto en el crecimiento de los precios en Europa en el siglo XVI, pero deben de existir otros motivos que ayuden a explicar dicho crecimiento de precios y su posterior caída a inicios del siglo XVII.

El primero de los motivos que podría explicar la revolución de los precios del siglo XVI es la recurrente devaluación monetaria en la Europa de la época. Como ya hemos visto, los nacientes Estados nación se involucraron en innumerables guerras que drenaron las arcas públicas, lo que empujó a muchos soberanos a financiar monetariamente estas guerras. En tiempos de guerra, la devaluación monetaria fue uno de los métodos más utilizados para suplementar los siempre insuficientes ingresos públicos. La pérdida de contenido metálico de las monedas físicas llevadas a cabo por los monarcas europeos tenía su reflejo en una inflación en términos de unidades monetarias, pero no necesariamente en términos de oro o de plata. La guerra y la devaluación monetaria pueden explicar el declive económico de la Europa del siglo XVII, lo que a su vez puede explicar la tendencia a la deflación (sería el mismo proceso que al final de la época medieval, en el siglo XIV).

Ya hemos visto que, a lo largo de la historia, las devaluaciones monetarias han tendido producirse en la moneda popular, y sólo tangencialmente en la moneda más utilizada por las capas más favorecidas de la población. En el estado de los asuntos monetarios del siglo XVI, esto significaba que la devaluación tendería a ocurrir en la moneda de plata adulterada o en la moneda de cobre, en las monedas más utilizadas para los intercambios de pequeña cuantía.[295] De forma curiosa, en México, donde la moneda de cobre con menor poder adquisitivo del sistema monetario español apenas fue utilizada, la inflación en el siglo XVI fue prácticamente testimonial. Esto nos indica que, en efecto, la devaluación monetaria de la moneda popular podría ser el principal motivo de la revolución de los precios del siglo XVI.

Más allá del flujo de los metales preciosos americanos y de las devaluaciones monetarias, el segundo motivo que podría explicar el incremento de los precios en Europa en el siglo XVI se relaciona con el período de crecimiento económico del siglo XVI y la posterior recesión y crisis malthusiana que sufrió Europa en el siglo XVII. La expansión económica y comercial del siglo XVI generó un aumento constante de la población. El crecimiento poblacional anterior a la revolución agrícola[296] no tuvo, ni podía tener, su contraparte en un incremento de la

295. En España, esta moneda fraccionaria eran los maravedíes.

296. La revolución agrícola precedió en al menos un siglo a la Revolución Industrial, y empezó en los Países Bajos para después ser copiada por los británicos.

productividad agrícola, lo que provocó un sostenido crecimiento de los precios agrícolas en una economía en que el sector agrícola era, con mucho, el más importante. Cuando a finales del siglo XVI y principios del XVII, apareció la crisis malthusiana, cayeron tanto la población como la presión sobre el precio de los alimentos, lo que provocó una caída de los precios. En conjunto con las devaluaciones, esta explicación tiene la ventaja de ajustarse mucho mejor al patrón de cambios en los precios que la llegada de metales preciosos del nuevo mundo.

## El auge del Estado nación, el mercantilismo y la acumulación de metales preciosos

El naciente Estado Nación tuvo como apuntalamiento teórico una novedosa doctrina económica: el mercantilismo. El mercantilismo es un nombre genérico que engloba un conjunto de teorías económicas cuyo fin último era la expansión del poder del Estado nación y de su gobernante, el monarca absoluto. Entre el año 1500 y el 1750, la doctrina mercantilista fue la dominante en asuntos económicos, sólo fue disputada marginalmente por la escolástica tardía española.[297] El mercantilismo no caería en desuso hasta la llegada de los fisiócratas en Francia y, sobre todo, de Adam Smith y la escuela liberal que él mismo inició en la segunda mitad del siglo XVIII y que tan famosa se haría en el siglo XIX.

Uno de los puntos centrales defendidos por los autores mercantilistas era la necesidad de mantener una balanza por cuenta corriente positiva. En la práctica, esto conllevaba que las exportaciones fuesen mayores que las importaciones. En el primer siglo de vida del mercantilismo, esto llevó a suponer que la acumulación de metales preciosos era algo positivo para el engrandecimiento del Estado.[298]

297. La escolástica fue un movimiento racionalista medieval que buscaba un equilibrio entre razón y fe. La escolástica tardía española está representada por la escuela de Salamanca, cuyos autores habitualmente establecían límites al poder político en claro contraste con la expansión del poder monárquico que preconizaban los mercantilistas.

298. El mercantilismo neerlandés, y el inglés y el francés a partir del siglo XVII, consideraban que la simple acumulación de metales preciosos era algo en sí mismo

Los metales preciosos eran dinero en toda Europa y podían ser utilizados para llevar a cabo las guerras expansivas y los ambiciosos proyectos coloniales que desarrollaban los nacientes Estados nación. Los preparativos de guerra en la Edad Moderna implicaban, por necesidad, acumular metales preciosos. Como las guerras se hacían cada vez más importantes y costosas, era crucial para los soberanos contar con una amplia reserva en metales preciosos.[299]

Derivado de esta situación, algunos países como España y Portugal hicieron todo lo posible por evitar que los metales preciosos entraran y no salieran de su territorio (con escaso o nulo resultado). Otros países, como los Países Bajos, establecieron un mercado libre de metales preciosos con la esperanza de que la salida de metales preciosos aumentase la capacidad productiva nacional y en el futuro conllevara un mayor flujo de metales preciosos. Inglaterra, por su parte, llegó a establecer desde 1630 un mercado libre para los metales preciosos, pero más tarde, desde 1695, restringió la salida de plata (aunque sobrevivió el mercado libre de oro).

## Los Fugger: primer banco víctima de las finanzas del naciente Estado nación

Uno de los primeros bancos de Europa, y quizás el más importante del siglo xv y parte del xvi, fue la casa bancaria de los Fugger. Originarios de la ciudad alemana de Augsburgo, los Fugger crearon un próspero negocio bancario que nació en el año 1487, y llegó a contar con decenas de sucursales repartidas por los principales centros financieros de Europa.

Estudiar a los Fugger nos permitirá comprender el origen de la banca, ya que otras muchas familias de famosos banqueros iniciaron sus andadas en el negocio bancario de forma similar a los Fugger.

deseable, ya que estos metales podrían utilizarse para incrementar la capacidad productiva del país y sus exportaciones a costa de las exportaciones y la capacidad productiva de terceros países. La corriente del mercantilismo que recomienda la acumulación de metales preciosos se denomina bullionismo. Véase Clough y Rapp (1968).

299. Las guerras de la Edad Moderna ya no se libraban con caballeros como en el período medieval, sino con mercenarios, y estos mercenarios exigían el pago en metales preciosos.

Originalmente, los Fugger eran comerciantes muy exitosos de paños flamencos. Al crecer su negocio de paños fueron expandiendo el alcance geográfico de sus negocios, así como la variedad de bienes transados, abrieron sucursales por toda Europa y se dedicaron al comercio en negocios como la minería y las especias. La red europea de sucursales de comercio de los Fugger les permitió ofrecer servicios bancarios, como el movimiento de dinero entre ciudades mediante la compensación de letras de cambio, al estilo de los banqueros medievales, o mediante la compensación en sus propios libros contables, al estilo de los Caballeros Templarios. Pero además de servicios de transferencia de dinero, los Fugger iban a ofrecer también el servicio de custodia de dinero en forma de depósitos, por lo que podemos decir que estamos ya ante un banco propiamente dicho.[300]

Por tanto, los primeros bancos de Europa continental tuvieron una génesis muy similar a la de la familia Fugger: comerciantes exitosos que cuentan con una red de sucursales en diferentes ciudades y que ofrecían los servicios de transferencia de dinero entre esas ciudades.

Los Fugger llevaron sus negocios más allá de lo estrictamente comercial, y es que debido a su posición central como banqueros en Europa, y es posible que por su vinculación con el poder político del Sacro Imperio Romano Germánico, consiguieron ser uno de los banqueros de la Santa Sede. Al inicio de la Edad Moderna, la Iglesia era tal vez la entidad más necesitada de realizar transferencias internacionales. Tanto los ingresos generados por sus propiedades agrícolas como las donaciones de sus feligreses solían ser transferidas desde las parroquias hasta los obispados y, desde ahí, hasta Roma. La Iglesia acudió con frecuencia a varias casas de banqueros para transferir las enormes sumas que necesitaba transferir. Los Fugger se encargaron durante décadas de este negocio que les reportó pingües beneficios.

A diferencia de otras familias de comerciantes/banqueros, los negocios de los Fugger estuvieron desde sus inicios muy vinculados

300. Como ya hemos mencionado en varias ocasiones, la diferencia entre un intermediario financiero y un banco es la aceptación de depósitos del público. Ya vimos en el capítulo anterior que el primer banco propiamente dicho apareció a inicios del siglo XV en Barcelona y poco después en Génova. Véase Hicks (1989).

al poder político. Gracias a las concesiones que les otorgaron los emperadores del Sacro Imperio Romano Germánico, la familia Fugger explotaba en régimen de monopolio las minas de plata y de cobre del Tirol. En contraprestación por las concesiones de monopolio, los emperadores exigieron préstamos a tipos de interés reducidos. Gracias a un préstamo de los Fugger que le permitió comprar la voluntad de los electores del imperio, el emperador Maximiliano aseguró el nombramiento de su nieto, Carlos I de España, como su sucesor. Más tarde, el propio Carlos acudió de forma recurrente a los Fugger cuando las guerras contra los príncipes protestantes se endurecieron. Su hijo, Felipe II, también acudiría a los Fugger en busca de préstamos con los que financiar la guerra contra los Países Bajos. Los Fugger también prestaron a otras casas reales europeas en el siglo XVI, casi siempre con propósitos bélicos. No obstante, muchos de estos préstamos tomaron una forma coercitiva, y es que las monarquías europeas, ya consolidadas como la cabeza del nuevo Estado nación, podían utilizar la fuerza para conseguir préstamos de las principales casas bancarias europeas.

Aunque para la familia Fugger la vinculación con el poder político fue una fuente de ingresos gigantesca, también sería la razón de su perdición. A finales del siglo XVI, las continuas reestructuraciones de pagos que realizó la Monarquía Hispánica bajo Felipe II y el mismo proceso de impago y reestructuración de deuda seguido por otros países en la misma época provocaron la caída en desgracia de la casa de los Fugger, que si bien no llegaron a quebrar, vieron cómo los impagos de sus préstamos políticos generaron tal disrupción en el resto de sus operaciones que poco tiempo después cayeron en una casi completa irrelevancia en comparación con otras casas bancarias europeas. Los préstamos bancarios al naciente Estado nación se cobraban su primera víctima bancaria: la casa de los Fugger.

A partir de este momento, la vinculación del negocio bancario con el poder político será una fuente de ingresos muy importante para el naciente sector bancario, pero también una fuente de permanente inestabilidad debido al constante incumplimiento en el pago de la deuda pública. En los siglos siguientes, estos impagos arrastrarían a múltiples bancos a la quiebra o a la irrelevancia (algo que sigue siendo cierto en el siglo XXI).

## El sistema monetario español como primer patrón monetario mundial y el real de a ocho como moneda principal

Ya hemos visto que es posible que España haya sido el país más poderoso y uno de los más prósperos de la Europa del siglo XVI. La preponderancia española en el comercio y acuñación de metales preciosos llegados de América provocó que durante siglos la moneda de plata española se convirtiera en la moneda de referencia en Europa y América.

Al inicio de la Edad Moderna, la principal unidad monetaria de España era el real. El real era una moneda de origen medieval que sobrevivió hasta la segunda mitad del siglo XIX. La moneda más famosa y la utilizada en el comercio internacional del sistema monetario español fue el real de a ocho, emitido por vez primera en 1497, bajo el reinado de los Reyes Católicos. Por tanto, el real de a ocho español se encuentra entre las monedas más longevas de la historia, con un récord de tres siglos y medio. La libra esterlina fue la única moneda de la Edad Moderna con una longevidad superior a la del real de a ocho español. Y aunque en la Edad Contemporánea la libra esterlina será mucho más importante, no lo fue en la Edad Moderna.

La Era de los Descubrimientos y la posición privilegiada que España ocupaba en ella posibilitó que el uso del real de a ocho español se extendiera a una gran parte del planeta. No obstante, es probable que la popularidad del real de a ocho español haya ocurrido a pesar de los esfuerzos de sus gobernantes y no gracias a ellos. Y es que, en línea con la política mercantilista de evitar la salida de metales preciosos, España prohibió la exportación y el uso de los reales de a ocho hacia sus territorios de América e hizo todo lo posible por evitar su salida hacia Europa.[301] Pese a eso, desde 1535, la corona española empezó a establecer en sus territorios americanos múltiples cecas para dotar de moneda a estos territorios. Las cecas españolas en América emitían monedas con emblemas españoles, entre ellas, por supuesto, el real de a ocho. Por tanto, el uso del real de a ocho español se exten-

301. La prohibición de exportar metales preciosos se aplicó en muchos otros países europeos; por ejemplo, Inglaterra no eliminó la prohibición de exportar metales preciosos hasta 1663.

dió por gran parte de América de forma muy rápida. El sistema monetario español sobrevivió a la propia salida de la nación española de América. Y es que los sistemas monetarios de las diferentes naciones surgidas de los procesos de independencia mantuvieron inalterado el patrón monetario español. En su inicio, las nuevas monedas, que en la América española solían llamarse pesos, o el dólar norteamericano, estuvieron basadas en el real de a ocho español.[302]

Pero el real de a ocho español también circularía fuera de los territorios bajo soberanía española. China, civilización que al inicio de la Edad Moderna acababa de abandonar su experimento con el papel moneda y que no estaba dotada de gran cantidad de metales preciosos en su suelo, ejerció una demanda gigantesca de la plata acuñada española.[303] Por su parte, gran parte de Europa recibía los metales americanos en forma de moneda española como pago por el envío de grano y de manufacturas a España. El resto de los países europeos también recibían las monedas españolas cuando las tropas españolas afincadas en varios enclaves de Europa realizaban pagos. En América, todos los territorios españoles utilizaron el sistema monetario español y, después del siglo XVII, y gracias al contrabando, los territorios españoles de ultramar empezaron a comerciar directamente con las colonias inglesas, francesas y neerlandesas, en esas colonias el real de a ocho se convirtió en una moneda de gran circulación.

De manera curiosa, debido a la mala fama que tenía la moneda fraccionaria de poco valor, en la América española apenas se utilizó el cobre como moneda. Por este motivo, las monedas primitivas de los pueblos conquistados, como las conchas, el cacao o las plumas, permanecieron vivas y funcionaron como moneda de bajo valor útil para el intercambio menudo y transacciones de bajo valor.

De esta manera, los reales españoles conquistaron el mundo, y se convirtieron en la primera gran moneda de alcance verdaderamente

302. Una de las hipótesis más aceptadas sobre el significado del símbolo del dólar proviene de las columnas de Hércules y el gafete que cuelga entre ellas pertenecientes al escudo de armas de España. El escudo de armas de España se encontraba en el real de a ocho español.

303. Incluso en el siglo XXI, China produce gran cantidad de plata principalmente como un subproducto de otra actividad minera. En la China del siglo XXI, la plata es separada de otros minerales gracias a procesos químicos que no estaban disponibles siglos atrás.

planetario. Se puede decir que desde el año 1500 hasta aproximadamente el año 1800, los reales españoles fueron la principal moneda del planeta. Empero, los reales españoles tuvieron competencia, y es que desde mediados del siglo XVII, y gracias a la preponderancia comercial de los Países Bajos, su moneda empezó a ser cada vez más utilizada en Europa, desplazando marginalmente a los reales españoles.[304]

Los reales españoles terminaron desapareciendo en el año 1868, año en que nació la peseta.[305] Pero la caída en desgracia del real de a ocho precedió a su muerte oficial en al menos setenta años. La desintegración política del Imperio español después de las invasiones napoleónicas y de los procesos de independencia de sus territorios de América provocó una brusca interrupción en el ritmo de acuñación monetaria. Adicionalmente, el auge del Imperio británico en el siglo XIX proporcionó al mundo una nueva moneda mundial: la libra esterlina. La libra esterlina, moneda basada en el oro que contaba con un potente sistema bancario detrás de ella, se convirtió en una moneda mucho más eficaz que el real de a ocho español para multiplicar las posibilidades de intercambio internacional que abría la nueva era industrial en el siglo XIX.

## Los desajustes monetarios de los Países Bajos (1550-1609) y el nacimiento del Banco de Ámsterdam

Desde el siglo XIII, allí donde aparece comercio, aparecen los cambistas y, después, la banca. Ámsterdam, y antes Amberes, no iban a ser una excepción a este respecto. Ya vimos en el capítulo anterior que, desde inicios del siglo XV, los servicios financieros de los cambistas y protobancos habían evolucionado hasta formar una banca propiamente dicha. Desde el siglo XV, los bancos italianos descontaban y compensaban letras de cambio (facilitando el comercio y los pagos internacionales) y tomaban depósitos de los comerciantes lo-

304. La caída en la acuñación de moneda de plata española desde 1650 también pudo impactar en el paulatino desplazamiento de los reales españoles en Europa.

305. El nacimiento de la peseta fue parte de una reforma monetaria más amplia que buscaba introducir el sistema decimal en el sistema monetario español.

cales y compensaban los pagos que se hacían entre ellos en sus propios libros contables (facilitando el comercio nacional).

Con la llegada de la Edad Moderna, el comercio en Europa no sólo se disparó, sino que también se «democratizó». Los pocos centros comerciales que aparecieron en la Europa medieval del siglo XIII se convierten en decenas en la Edad Moderna. Todos estos centros verán surgir bancos, ya fuesen casas bancarias locales o sucursales de potentes casas bancarias internacionales, como era el caso de los Fugger que ya hemos analizado. Por lo tanto, en la Europa de la modernidad, la banca creció hasta niveles nunca vistos anteriormente.

Desde la Edad Media, algunas regiones de los Países Bajos se habían convertido en un gran centro de comercio. Con la llegada de la Edad Moderna, el comercio medieval de esta región seguiría creciendo. El comercio neerlandés se fue trasladando paulatinamente desde la ciudad de Brujas a la de Amberes y, desde ahí, a Ámsterdam. A principios del siglo XVII, Ámsterdam ya se había convertido en el gran centro comercial de Europa, posición que conseguiría mantener durante al menos el siglo y medio siguiente, cuando fue desplazada por Londres. Al calor de este comercio, y después de aprender las más sofisticadas prácticas financieras de los banqueros italianos, surgió una potente banca neerlandesa que muy pronto pudo rivalizar con las casas bancarias de rancio abolengo establecidas siglos atrás en la Europa mediterránea.

En Ámsterdam, el desarrollo bancario estuvo influido sobremanera por la guerra de independencia de los Países Bajos en contra de España. Como era habitual en las guerras de la Edad Moderna, las autoridades de los Países Bajos (tanto en las provincias rebeldes del norte como en las provincias que permanecieron bajo soberanía española) utilizaron la devaluación y la reacuñación monetaria como forma de financiar la guerra. Entre 1550 y 1600, la moneda neerlandesa, el florín, perdió en promedio el 1 por ciento de su contenido metálico cada año.

Otro aspecto que acentuó la inestabilidad monetaria en los Países Bajos fue que cada región del naciente país poseía al menos una ceca. En el año 1600 existían 54 cecas oficialmente reconocidas por el gobierno de la República de los Países Bajos, cada una de ellas emitía florines con un contenido metálico diferente, pero con la misma denominación «florín» que el resto de las cecas neerlandesas.

La devaluación y la presencia de múltiples cecas oficiales con estándares diferentes provocaron que en los primeros años de existencia de los Países Bajos reinara un caos monetario mayúsculo. En el pequeño territorio de los Países Bajos llegaron a coexistir decenas de monedas acuñadas con el mismo valor nominal y diferente cantidad de metal noble. No es de extrañar que en esta situación apareciera la casi omnipresente ley de Gresham.[306]

La operativa de los banqueros privados y su aprovechamiento de la ley de Gresham enfureció a la población neerlandesa. Cuando los clientes de los banqueros privados neerlandeses reclamaban el canje de sus depósitos en moneda física, les eran siempre entregados los florines con menor contenido metálico (los florines «ligeros»). Esto generó la ira de los comerciantes privados, que se quejaron a la alcaldía de la ciudad de Ámsterdam y exigieron medidas en contra de los banqueros. Primero, la ciudad de Ámsterdam trató de prohibir esta práctica de los banqueros para, más tarde, tratar de prohibir a los propios banqueros, aunque este intento fue infructuoso por la necesidad de servicios financieros que requería el enorme comercio neerlandés. A pesar de las quejas, hay que resaltar que los banqueros neerlandeses se comportaron como el resto de los deudores que operan bajo la ley de Gresham: siempre que podían entregaban las monedas con menos valor intrínseco y se quedaban, y con frecuencia reacuñaban, las monedas con más contenido de metal noble, conseguían así más cantidad de florines «ligeros» de una misma cantidad de florines «gruesos».[307]

Los múltiples desajustes monetarios crearon una creciente demanda por parte de los comerciantes neerlandeses de una estabili-

306. Como es prerrequisito para que aparezca la ley de Gresham, el valor de las diferentes monedas neerlandesas acuñadas estaba fijado por ley.

307. Las cecas de la región de Ámsterdam eran las que menos devaluaban su moneda y las que menos cobraban en concepto de arbitraje a sus clientes. Pero al estar fijado el precio del florín de Ámsterdam con el resto de los florines de peor calidad emitidos por las cecas provinciales, los deudores que recibían las monedas de mayor calidad las llevaban a las cecas provinciales para ser reacuñadas, y conseguían con ello mayor cantidad de florines «ligeros». Los deudores podían repagar nominalmente sus deudas entregando florines ligeros y conseguir un beneficio tanto para ellos como para las cecas provinciales. Todo este esquema tenía como víctimas a los acreedores y, en particular, la posición de Ámsterdam como gran centro comercial mundial.

dad monetaria y de una protección a los acreedores que querían ser pagados en monedas con alto poder adquisitivo o florines gruesos. La respuesta de política pública obvia habría sido evitar la devaluación monetaria o, alternativamente, evitar fijar el tipo de cambio entre monedas emitidas en diferentes cecas. Con el tiempo, es muy probable que las cecas que no devaluaran las monedas y que no cobraran un arbitraje elevado hubieran prevalecido sobre el resto. Pero ninguna de estas soluciones fue llevada a cabo por la naciente República de los Países Bajos. Como respuesta a las quejas de la comunidad mercantil, las autoridades de la ciudad de Ámsterdam fundaron en 1609 el famoso Banco de Ámsterdam.[308]

## El banco de Ámsterdam (1609): el banco «central» modelo

El Banco de Ámsterdam fue una institución pública que podría ser considerada como el primer banco central de la historia, aunque esto esté en disputa entre historiadores. El banco de Ámsterdam tenía funciones que hoy llamaríamos bancarias, pero en su origen su principal cometido era proteger e incentivar el uso de los florines gruesos, es decir, el objetivo del banco era impulsar la moneda de alta calidad en la que confiaran los mercaderes para saldar sus deudas entre sí. Con este fin recibió de la alcaldía funciones más típicas de las cecas que de un banco central: por ejemplo, el Banco de Ámsterdam era la entidad encargada de retirar de circulación las monedas en mal estado y sustituirlas por monedas de mejor calidad.

El Banco de Ámsterdam fue diseñado teniendo como modelo el Banco della Piazza di Rialto, un banco público de la ciudad de Venecia establecido después de una fuerte crisis bancaria y cuyo propósi-

308. El plan original de la alcaldía de Ámsterdam era que la República de los Países Bajos creara un banco de comercio en cada una de las principales ciudades neerlandesas. Como la petición no fue escuchada, la alcaldía de Ámsterdam, para proteger el enorme comercio que atraía la ciudad, tomó la iniciativa y creó el Banco de Ámsterdam. Más tarde, otras ciudades comerciales importantes crearon su propio banco de intercambio, pero ninguno de ellos tuvo la importancia del Banco de Ámsterdam.

to era dotar de estabilidad al sistema monetario y crediticio veneciano.[309]

Copiando el modelo veneciano, el Banco de Ámsterdam recibió un mercado cautivo de compensación de letras de cambio. La alcaldía de Ámsterdam obligó a compensar en el Banco de Ámsterdam la enorme cantidad de letras de cambio originadas por el floreciente comercio neerlandés. Esto obligó a los comerciantes residentes en la ciudad más comercial del mundo a abrir una cuenta de depósito en el Banco de Ámsterdam. La apertura de estas cuentas proporcionó una ingente cantidad de recursos a la nueva institución bancaria.

Además de un banco comercial, el Banco de Ámsterdam fue un banco de depósito que adquirió amplia fama de solvencia debido a que en sus primeras décadas no se dedicó a descontar letras de cambio (sólo las compensaba, no las descontaba, por lo que no se producía una salida de metales preciosos por este motivo) ni a realizar préstamos al poder político (lo que evitó los problemas de solvencia que algunos bancos privados como los Fugger tuvieron). Es posible que haber sido un banco vinculado a una alcaldía, y no a un Estado nación, ayudó a evitar el «asalto» del monarca absoluto, como *de facto* ocurrió con otros bancos centrales en sus primeros años de existencia. En cualquier caso, la merecida fama de prudencia que se ganó el Banco de Ámsterdam en sus inicios se mantuvo intacta más allá de lo razonable, ya que sus prácticas financieras fueron paulatinamente cambiando, y los préstamos con carácter político empezaron a acumularse hasta que a finales del siglo XVIII hicieron quebrar al banco.

El éxito del Banco de Ámsterdam fue casi inmediato. La entidad consiguió proteger el comercio internacional de Ámsterdam, y tuvo éxito gracias a las prácticas monetarias y financieras que la alcaldía le habilitó a realizar. El banco recibía en depósito las monedas y registraba su valor en función de su contenido de metal noble, obviando por completo su valor nominal. Aceptaba las monedas devaluadas como depósito, pero registraba su valor en función de la cantidad de plata que contenían. Después, llevaba las monedas devaluadas a

309. En realidad, esta crisis bancaria de Venecia fue un episodio más de la crisis económica generalizada que sufrió Europa entre finales del siglo XVI y principios del XVII.

la ceca de Ámsterdam para ser reacuñadas y guardaba en depósito sólo las monedas de alta calidad o florines pesados. Estos florines pesados de buena calidad eran los que entregaba a sus clientes cuando éstos requerían la conversión de sus depósitos en moneda metálica.[310] Cuando no eran compensadas, las letras de cambio pagaderas en Ámsterdam también se pagaban con florines pesados, cuya cantidad de metal noble ya no variaba y era conocida de antemano por los comerciantes nacionales e internacionales. De esta forma, el Banco de Ámsterdam consiguió proteger los pagos de los comerciantes del deterioro del poder adquisitivo de la moneda.

Aunque tuvo éxito a la hora de proteger el comercio internacional de los Países Bajos, el Banco de Ámsterdam no consiguió romper los incentivos para devaluar los florines de las cecas provinciales, situación que perduró algunos años después de la Paz de Westfalia (1648) que terminó la guerra de los Ochenta Años con España. A pesar de ello, el éxito del banco fue rotundo, pues consiguió proteger la posición de dominio comercial de los Países Bajos en un momento en que las guerras y las devaluaciones podrían haber acabado con ella.[311]

Cuando el Banco de Ámsterdam recibía depósitos o letras por cobrar, permitía a los depositantes operar en sus libros. Esto es, el banco de Ámsterdam operaba como una gran cámara de compensación en la que tanto comerciantes nacionales como internacionales podían cobrar/pagar en dinero bancario en forma de depósitos. Al igual que lo han hecho los bancos centrales a lo largo de la historia, el Banco de

310. Como el Banco de Ámsterdam recibía las monedas por su valor metálico y no por su valor nominal, la transacción no generaba una pérdida para el banco. Los bancos privados no podían realizar esta operación, ya que estaban obligados por la propia ley a recibir o a entregar los depósitos de moneda por su valor nominal, sin poder discriminar monedas por su valor metálico.

311. El Banco de Ámsterdam fue una entidad pública local (alcaldía de Ámsterdam) que solucionó un problema monetario generado por otra entidad pública (República de los Países Bajos) al impedir a los banqueros privados discriminar monedas en función de su contenido metálico. El Banco de Ámsterdam pudo llevar a cabo esta operativa gracias a que la alcaldía de Ámsterdam le habilitó para ello. Los banqueros privados, al igual que el resto de los usuarios de la moneda tuvieron que aceptar los florines por su valor nominal y no por su contenido metálico. Es posible que si simplemente hubiesen habilitado a los bancos privados a llevar a cabo la misma operativa, el Banco de Ámsterdam hubiera sido redundante.

Ámsterdam restringió quién podía abrir una cuenta en él, y en general sólo daba servicio a grandes depositantes como comerciantes, bancos privados o la propia alcaldía de la ciudad.

Como los servicios de compensación que proporcionaba el Banco de Ámsterdam eran valiosos para personas que habían quedado excluidas de su uso, desde los primeros años de existencia del banco emergió un mercado paralelo de compraventa de fondos bancarios depositados en el banco contra moneda acuñada. Es decir, surgió un mercado que fue intermediado con rapidez por banqueros privados, y en el que se transaban fuera del propio banco los depósitos del Banco de Ámsterdam (es el primer antecedente de los activos mercados interbancarios del siglo XX y XXI). Las razones por las que apareció este mercado paralelo de fondos bancarios son varias:

- La restricción de personas que podían abrir cuenta en el banco provocaba que muchos quisieran acceder a los servicios que proporcionaba el Banco de Ámsterdam, pero no pudieran hacerlo.
- La obligación de compensar en el banco las letras de cambio giradas sobre Ámsterdam exigía a quienes quisieran hacer transferencias internacionales (por comercio o por cualquier otro motivo) a usar el Banco de Ámsterdam mediante un intermediario si no tenían un acceso directo.
- La devaluación monetaria no se interrumpió, y la ley de Gresham siguió operando fuera del banco. Esto provocó que la moneda de mala calidad o florines ligeros fueran los más utilizados en la circulación monetaria mientras el banco pagaba con moneda de buena calidad o florines pesados. Tener cuenta en el Banco de Ámsterdam era una garantía de protección frente a la devaluación monetaria.
- Existencia de una comisión que cobraba el banco a la hora de convertir los depósitos en moneda (aproximadamente del 0,5 por ciento del valor del depósito).

Desde 1645, el dinero bancario del Banco de Ámsterdam empezó a mostrar un agio o un premio sobre la moneda metálica acuñada, premio que solía rondar entre el 4 y el 5 por ciento del valor de las monedas físicas. Es decir, un depósito en el Banco de Ámsterdam, que no era más que una promesa del banco de entregar moneda acuñada, tuvo un valor mayor que el propio dinero metálico que debía ser entregado.

La aparición del agio o premio de los depósitos bancarios del Banco de Ámsterdam ha confundido a muchos estudiosos de este episodio histórico, y les hizo pensar que o bien la solidez, el prestigio y la prudencia del banco eran tales que el dinero bancario que emitía tenía más valor que la moneda metálica que prometía entregar; o bien que el dinero emitido por un banco público tiene valor por la sanción que el propio poder público le otorga. Pero nada más lejos de la realidad, el agio de los depósitos del Banco de Ámsterdam fue una consecuencia derivada del monopolio en el negocio de compensación de letras de que disfrutaba el banco y de la restricción en el número de personas a las que el banco proveía sus servicios, así como del mayor contenido metálico de las monedas que entregaba. Es normal que un servicio útil y provisto por un monopolista que a conciencia restringe la oferta muestre un precio elevado. Además, es normal que la promesa creíble de entregar una moneda con alto contenido de plata (florín grueso) sea más valiosa que una moneda con bajo contenido de plata (florín ligero). En otras palabras, es completamente normal que en Ámsterdam, el centro de comercio más activo del siglo XVII, el dinero crédito que permitía realizar pagos internacionales, suministrado en régimen de monopolio por el Banco de Ámsterdam y blindado frente a la potencial pérdida para los acreedores que implicaba la ley de Gresham, mostrara un precio superior al dinero físico que servía casi exclusivamente para el comercio local y que sí estaba sujeto a la potencial pérdida para los acreedores derivada de la ley de Gresham.

Este esquema de dos capas de intermediación financiera —en el que existe un dinero bancario utilizado por unos pocos agentes económicos y emitido por un banco central y un dinero secundario utilizado por el resto de los ciudadanos— sería el primer antecedente del sistema monetario contemporáneo dominado por los bancos centrales. Este sistema implementado por el Banco de Ámsterdam fue una consecuencia no buscada de la disparidad de objetivos de política monetaria entre la ciudad de Ámsterdam, preocupada por conseguir un dinero de buena calidad, y la República de los Países Bajos, preocupada por conseguir fondos para la guerra utilizando para ello la devaluación monetaria. Al final, y como ocurre casi siempre en estos casos, los ciudadanos más prósperos, aquellos que podían tener cuenta en el Banco de Ámsterdam, estuvieron protegidos de la devaluación monetaria, mientras que los ciudadanos menos prósperos sufrieron las devaluaciones y problemas derivados de la ley de Gresham.

El éxito del Banco de Ámsterdam a la hora de proteger el comercio neerlandés pese a los intentos de su gobierno por destruir su moneda, hizo que de inmediato se convirtiera en un modelo para el resto de los bancos centrales que se crearían en los años siguientes. La institución financiera más famosa de la historia, el Banco de Inglaterra, fue diseñado teniendo como modelo al Banco de Ámsterdam. Y muchos otros bancos centrales o protobancos centrales fueron creados a imagen y semejanza del Banco de Ámsterdam, como por ejemplo el Banco de Hamburgo, creado en 1619 y absorbido por el Reichsbank en 1875.

Después de casi dos siglos operando, en 1790 el Banco de Ámsterdam se declaró en quiebra después de que la Compañía Neerlandesa de las Indias Orientales no fuese capaz de devolver los ingentes préstamos que el banco le suministró. Después de que se hicieran públicos los impagos de la compañía al banco, el agio de los depósitos del Banco de Ámsterdam desapareció y se transformó con rapidez en un descuento sobre la moneda acuñada en previsión de la posible quiebra del banco. A pesar de sus problemas financieros, el Banco de Ámsterdam fue capaz de sobrevivir algunos años más, aunque sustituido después de las guerras napoleónicas, en 1814, por el Banco de los Países Bajos, institución que ya podemos considerar sin lugar a dudas como un banco central.

## Nace la banca inglesa: de los orfebres-joyeros a los bancos

El Reino Unido era un país relativamente poco desarrollado en Europa hasta que, después de su guerra civil, finalizada en 1651, consiguió crecer económicamente de forma sostenida durante el resto de la Edad Moderna (y también de la Edad Contemporánea). El crecimiento del comercio inglés y el desarrollo de su sector bancario fueron contemporáneos al desarrollo económico inglés. Por tanto, hasta inicios del siglo XVII, las prácticas financieras inglesas fueron mucho más atrasadas que las de la Europa continental. Pero cuando Amberes, el gran centro comercial y bancario del norte de Europa, cayó en desgracia después de 1585 por la guerra entre España y los Países Bajos el creciente comercio inglés provocó que parte del negocio bancario de Amberes se trasladara a Londres.[312] Pero el verdadero desarrollo de la banca inglesa tendría que esperar hasta la restauración monárquica de los Estuardo después de 1660.

## *La particularidad bancaria inglesa*

A diferencia de sus antecesores de la Europa continental, la banca inglesa no comenzó su evolución sobre el mercado de letras de cambio ni sobre un mercado de cambio de moneda internacional, sino que lo haría sobre el mercado de depósito de oro y plata que proporcionaban los orfebres y joyeros. Por tanto, los bancos ingleses iniciaron sus actividades con el depósito de moneda y más tarde extendieron sus actividades a la compensación y el descuento de letras. Los bancos de la Europa continental se desarrollaron de manera opuesta: primero desarrollaron el mercado de pagos internacionales y de letras de cambio y luego ampliaron sus actividades al mercado de depósito de moneda.[313]

La historia de la banca inglesa comienza a mediados del siglo XVII. Algunos exitosos comerciantes ingleses, al igual que sus colegas al otro lado del canal de la Mancha, proporcionaban a sus conocidos el servicio de depósito de dinero minorista. A veces, por seguridad, estos comerciantes depositaban su exceso de tesorería en la Torre de Londres, en el lugar donde estaba situada la ceca inglesa.

312. A pesar de todo, la mayoría de los comerciantes y banqueros de Amberes se trasladaron a Ámsterdam.

313. El depósito de moneda lo ofrecían otros intermediarios, como los propios joyeros o comerciantes reconocidos. Pero en Europa continental estos intermediarios no extendieron sus actividades al negocio de las letras, sino que los que negociaban letras expandieron su actividad al depósito de moneda. En Inglaterra, los joyeros que ofrecían depósitos serán los que se introduzcan en el mercado de letras y desplacen a los intermediarios financieros que comerciaban con ellas.

La ceca inglesa había estado muy activa desde 1630 gracias a un tratado de paz con España por el que ésta le proporcionaría parte de los metales preciosos llegados de América para acuñar nueva moneda. Por tanto, a mediados del siglo XVII, la ceca inglesa contaba con ingentes cantidades de metales preciosos, algunos de ellos destinados a la creación de nuevas monedas y otros en forma de depósito de los comerciantes ingleses. Pero un acontecimiento inesperado trastocaría el funcionamiento del mercado de depósito de moneda. En 1640, el rey inglés, Carlos I, «asaltó» la torre de Londres y se hizo con los metales preciosos allí depositados prometiendo entregar el dinero con intereses en los meses siguientes.[314] *De facto*, el rey inglés constituyó un crédito forzoso contra la voluntad de los dueños de los metales depositados en la ceca inglesa.[315]

El asalto del rey a la Torre de Londres de 1640 provocó dos movimientos que darían forma al naciente sistema bancario inglés y lo transformarían para siempre. Por un lado, provocó que el negocio de depósitos empezaran a proporcionarlo de forma mayoritaria un tipo de comerciantes que ya contaba con los medios para resguardar de forma segura objetos de alto valor: los joyeros. La inseguridad provocada por el asalto del rey a la Torre de Londres hizo que el servicio de custodia de depósito fuese acaparado por este tipo de comerciantes. Los joyeros ya contaban con cajas fuertes y medidas de seguridad para resguardar su materia prima, y esa materia prima era idéntica a la de las monedas que eran objeto de depósito. Por otro lado, el asalto a la Torre de Londres provocó que los comerciantes ingleses, que ya tenían noticias del éxito del Banco de Ámsterdam, y ante la posibilidad de que el rey devaluara o confiscara la moneda metálica, reclamasen erigir un banco de comercio con las mismas características que el insigne banco neerlandés.

Después de la restauración monárquica, uno de los primeros pasos monetarios del reinado de Carlos II (1660-1685) fue establecer la

314. Después de que las quejas del sector comercial de Londres amenazaran con un levantamiento, el rey aceptó quedarse «sólo» con el 25 por ciento de los fondos depositados.

315. Éste es uno de los múltiples atropellos que realizó Carlos I a sus súbditos y por los que se revelaron en 1641, lo que dio lugar a las guerras civiles inglesas que acabaron con la ejecución del monarca en 1649.

libre importación y exportación de metales preciosos (1663) y la eliminación de todo cargo por utilización de la ceca (1666). Esto permitió un mercado monetario mucho más libre, en el que el metal acuñado y no acuñado exhibían un valor relativamente similar y en el que el precio del metal precioso era muy parecido dentro y fuera de Inglaterra. En 1672, además, se estableció una acuñación de monedas de cobre, acuñación que hasta el momento estaba en manos de cecas locales que emitían monedas con diferente peso, tamaño, aleaciones y valor nominal. La homogeneización y expansión del uso de monedas de cobre permitió que la economía monetaria se expandiera a grandes capas de la población y se generalizara el pago con moneda acuñada para la práctica totalidad de los intercambios en los mercados.

## *Las innovaciones de los banqueros-joyeros ingleses*

Muy pronto los joyeros ingleses empezaron a ofrecer todo tipo de servicios financieros que antes realizaban otros intermediarios, de ahí que se popularizara el nombre de «banquero-joyero». Los banqueros-joyeros se inmiscuyeron en el mercado de letras de cambio, y proporcionaron servicios de compensación y descuento, lo que facilitó el intercambio comercial de Inglaterra con Europa. También llevaron a cabo compra y venta de las tablillas talladas de madera emitidas por el gobierno inglés[316] y de otras formas de deuda pública. La intermediación de tablillas de madera del gobierno facilitó el comercio interior en Inglaterra, ya que en esencia cumplían la misma función que las letras de cambio para compensar pagos en Inglaterra. Los banqueros-joyeros también empezaron a realizar préstamos privados y a ofrecer un tipo de interés en depósitos a plazo, lo que implicaba ya una intermediación financiera avanzada.[317] Por último, los banqueros-joyeros generaron innovaciones financieras al emitir los primeros billetes de banco,[318] instrumentos que tenían una enti-

316. Véase capítulo 4.

317. Se captaban depósitos por un plazo y se prestaban a terceros, por lo que intermediaban en el mercado de capitales.

318. Con permiso del Banco de Suecia.

dad similar a los depósitos y eran promesas del banco de entregar moneda acuñada, pero al ser una promesa al portador, y no nominativa como los depósitos, eran transferibles con mucha más facilidad.[319] Algunos banqueros-joyeros se especializaron incluso en ser banqueros de otros banqueros, y establecieron de forma orgánica un centro en el sistema de pagos o un protobanco central privado décadas antes de que apareciera en escena el Banco de Inglaterra. En definitiva, en unos pocos años, los banqueros-joyeros se convirtieron en la base de todo un sistema bancario establecido cuyos integrantes poco a poco dejaron de lado sus actividades de orfebrería para dedicarse plenamente a la intermediación financiera.

Ante la presión de la competencia y viendo el enorme negocio que estaban generando en el mercado financiero, los banqueros-joyeros ampliaron los servicios de depósito facilitando en extremo la transferencia de estos depósitos. A este respecto tuvieron lugar dos innovaciones, por un lado, el desarrollo del cheque, que vio la luz en 1659. El cheque fue diseñado como instrumento casi igual a una letra de cambio. Era una orden escrita de una persona al banco para que hiciera efectiva una suma a otra persona.[320] El cheque evitaba la molestia al cliente del banco de tener que hacer efectivo un depósito para realizar un pago a un tercero.[321] La otra gran innovación fue el billete bancario. El recibo de depósito de los joyeros data del año 1633, antes de que los joyeros fuesen los banqueros más notorios del reino inglés. Estos recibos eran una nota escrita que servía a su poseedor como justificante de capacidad de pago (no como medio de pago). Pero pronto estos recibos empezaron a endorsarse como las letras de cambio, y se convirtieron en una promesa de pago del banquero. En la década de 1660 aparecieron finalmente los primeros

319. Hasta el desarrollo del cheque, transferir depósitos requería o bien que los depositantes se presentaran físicamente en el banco y que ambos declararan su voluntad de transferir los depósitos, o bien un acta notarial. Los billetes de banco solucionaban este inconveniente, y para el tráfico mercantil eran más útiles en la mayoría de las situaciones comerciales.

320. La letra de cambio puede ser entendida de forma muy similar a una orden de pago en la que intervienen tres personas, el comprador, el vendedor y un tercero, que es el obligado al pago.

321. Nuestras modernas tarjetas de débito funcionan exactamente igual que un cheque, sólo que la verificación de fondos ocurre de manera instantánea.

billetes bancarios, ya que los recibos de depósito se emitieron al portador en vez de ser nominativos.[322] Mediante estas dos novedosas formas de transferir depósitos, cheques y billetes, los banqueros-joyeros proporcionaron servicios útiles para transferir depósitos a sus clientes, pero ellos también tenían algo que ganar (además de cuota de mercado). El beneficio para el banquero-joyero de estos instrumentos era que evitaban la conversión de depósitos en moneda física, lo que a su vez provocaba que pudieran mantener en su activo más cantidad de activos remunerados como letras de cambio en vez de efectivo no remunerado. Esto, por supuesto, podría llegar a ser peligroso, en especial si varios depositantes acudían a la vez a hacer efectivo su derecho a la recibir moneda acuñada.

En el siguiente epígrafe veremos cómo los banqueros hicieron frente a este problema.

## *El primer pánico bancario inglés y el impago de la deuda inglesa*

Pero no todo serían buenas noticias para el naciente sistema bancario inglés. En pleno desarrollo de la banca inglesa, la tercera guerra angloneerlandesa (1672-1674) provocó un impago en la deuda inglesa (1672).[323] Muchos banqueros-joyeros ingleses habían extendido crédito al Estado, y como consecuencia del incumplimiento en el pago de la deuda que llevó a cabo Carlos II (1630-1685), durante años no pudieron hacer frente a los compromisos con sus depositantes.[324] Desde la década de 1660, los billetes emitidos por

322. No está claro si el primer billete bancario europeo fue emitido por el Banco de Suecia o por los banqueros-joyeros ingleses.

323. Carlos II, ya muy endeudado, pidió un préstamo para formar una nueva flota, y cuando los banqueros se negaron, en un primer momento declaró una moratoria de un año sobre la mayor parte de la deuda inglesa. A pesar de ello, la deuda no fue saldada hasta el año 1701. Durante años, los deudores intentaron cobrar sus deudas mediante peticiones al Parlamento e incluso demandas judiciales, pero las necesidades de otra guerra (la guerra de los Nueve Años contra Francia) impidieron que existieran fondos suficientes para pagarles.

324. Algunos depositantes aceptaron como pago la deuda en manos de los propios banqueros-joyeros.

los banqueros-joyeros habían ido ganando aceptación como medio de pago entre las clases altas de Inglaterra. Desde 1672 y hasta 1680, estos billetes fueron repudiados como medio de pago por la incapacidad de múltiples banqueros-joyeros de convertirlos en moneda acuñada. Como consecuencia, Londres sufrió un pánico financiero en el que se sucedieron las quiebras bancarias (de 44 banqueros-joyeros registrados en 1677, 25 quebraron en los siguientes diez años).[325] Ésta sería otra instancia más en la que la extensión de préstamos al poder político dio más problemas que beneficios a la banca privada. Las quiebras bancarias exacerbaron los ya omnipresentes reclamos para crear un banco promocionado por el poder político con el fin de que se hiciera cargo de manejar la deuda pública de Inglaterra.[326]

A pesar de todo, en los siguientes años, los banqueros-joyeros que sobrevivieron al impago de deuda inglés hicieron suculentos beneficios con el incremento del comercio inglés. Algunos banqueros no prestaron a la corona y no tuvieron graves problemas, y después de las quiebras iniciales, nuevos banqueros-joyeros abrieron sus puertas, lo que indica que a finales del siglo XVII el negocio bancario fuera de los confines del crédito público era un negocio próspero.

Pese a los reveses, el sistema bancario inglés se desarrolló con la suficiente rapidez como para que a finales de la Edad Moderna la cantidad de crédito monetario en forma de billetes y depósitos fuese superior a la cantidad de dinero existente en forma de mo-

325. Los banqueros-joyeros participaban en el tráfico mercantil bajo su propio nombre. En estas condiciones, su quiebra podría significar la pérdida de todos sus bienes personales. Varios de los banqueros-joyeros quebrados tuvieron que sufrir penas de cárcel por deudas y otros se dieron a la fuga ante las potenciales penas que debían enfrentar.

326. La práctica totalidad de la deuda impagada por el gobierno inglés en 1672 se encontraba en manos de los banqueros-joyeros. Esta eventualidad ocurrió por la naturaleza de esta deuda. La deuda tenía características similares a la de las tablillas de madera que estudiamos en el capítulo anterior: era una especie de deuda flotante que el tesoro entregaba a los trabajadores y proveedores de bienes del gobierno. Los receptores de esta deuda solían venderla, con un descuento, a los banqueros-joyeros. Los banqueros-joyeros que terminaron quebrando fueron los que mayor cantidad de deuda pública acumulaban, mientras que algunos ni siquiera se involucraron en este negocio.

nedas. Más allá de estos avances, los servicios bancarios seguían estando restringidos a las capas más adineradas de la sociedad, mientras que las monedas físicas seguían siendo objeto de intercambio entre las capas más desfavorecidas. Por tanto, las monedas físicas de oro, plata y cobre siguieron teniendo una función monetaria trascendental hasta 1914.

## El Banco de Inglaterra: nace la madre de todos los bancos centrales

A pesar de que el Banco de Inglaterra no fue el primer banco central del mundo —título que podría corresponder al Banco de Ámsterdam, fundado en 1609, o al Banco de Suecia, fundado en 1654—,[327] sí fue muchísimo más importante que sus precursores en la historia monetaria por ser desde su fundación en 1694 hasta bien entrado el siglo XX el banco central «modelo» para el resto de los bancos centrales.

Desde que el malogrado Carlos I «asaltara» la Torre de Londres en 1640 y se apropiara de los metales allí depositados, en Inglaterra existían planes para crear un banco a imagen y semejanza del Banco de Ámsterdam. El interés por la creación de una institución bancaria de este tipo aumentó en 1672 después del impago de deuda inglesa. Llegaron a existir hasta un centenar de propuestas para generar el Banco de Inglaterra, pero su nacimiento tendría que esperar hasta después de la Revolución Gloriosa de 1688. Finalmente, el estallido de la guerra de los Nueve Años (1688-1697) contra la expansio-

327. Aunque el Banco de Suecia fue fundado en 1654, no sería un banco público hasta 1668, momento en que la historiografía económica considera que nació como banco central. A diferencia del Banco de Ámsterdam, el Banco de Suecia sí emitió papel moneda, lo hizo desde 1661, y se considera que fue la primera vez que se hizo en Europa (aunque no está del todo claro que los banqueros-joyeros privados ingleses no lo hicieran antes). Pero el papel moneda del Banco de Suecia fue emitido por períodos limitados y tan sólo para cubrir las graves insuficiencias de la moneda acuñada de plata, insuficiencia que en un primer momento se cubrió con monedas de cobre, pero que resultaban tan pesadas e ineficaces para el comercio de cierta entidad que dicha moneda tuvo que ser complementada con los billetes emitidos por el Banco de Suecia.

nista Francia de Luis XIV tuvo como resultado la creación del Banco de Inglaterra en 1694 para apoyar financieramente el esfuerzo de guerra.

El Banco de Inglaterra vio la luz en 1694 en medio de las convulsiones de la guerra. Inglaterra, al igual que el resto del continente, acumulaba el pesado yugo de la guerra casi ininterrumpida en el siglo XVII. A pesar de que desde 1650 el crecimiento económico de Inglaterra fue considerable, y que esto impactó muy positivamente en sus ingresos públicos, el gasto público derivado de la guerra parecía no tener fin, y en años de guerra los gobiernos tuvieron que recurrir a la deuda. La guerra de los Nueve Años contra Francia puso una presión insoportable sobre el tesoro inglés, las necesidades de fondos no pudieron ser cubiertas por los nuevos tributos aprobados por el Parlamento (que en esta ocasión sí colaboró con el monarca en el esfuerzo de guerra), ni tampoco fueron suficientes los fondos de los banqueros-joyeros. Se temía que pudiera ocurrir un nuevo impago de deuda como el acontecido en 1672. En estas circunstancias surgieron iniciativas diseñadas para que el gobierno inglés pudiera acceder a préstamos a largo plazo, ya que la deuda pública inglesa estaba emitida principalmente a corto plazo.[328] Las iniciativas para fundar un banco al estilo del Banco de Ámsterdam y la financiación a largo plazo del Estado no tardaron en fundirse.

Por tanto, y a pesar de que el propósito de muchos reformadores monetarios ingleses desde 1640 era crear un banco similar al Banco de Ámsterdam, lo que terminaron creando fue algo muy diferente: las necesidades de la guerra y del fisco se impusieron sobre las consideraciones puramente económicas y financieras.

El Banco de Inglaterra nació con el objetivo explícito de financiar al gobierno inglés.[329] En la Edad Moderna, los préstamos a los monarcas en momentos de guerra podían llegar a superar el 50 por ciento anual por el enorme riesgo de impago que implicaban. A pesar de ello, el recién creado Banco de Inglaterra extendió un préstamo por 1,2 millones de libras al gobierno inglés por la módica tasa

328. Todavía en una cuantía considerable en forma de las arcaicas tablillas talladas.

329. La ley por la que se crea el banco deja claro que el objetivo es conseguir financiación a largo plazo para la guerra.

del 8 por ciento anual,[330] pero como en la vida no hay nada gratis, como contrapartida el banco recibiría concesiones monopólicas. El Banco de Inglaterra se fundó como una entidad por acciones constituida gracias a un permiso real (*Royal Charter*) que le permitía constituirse como una sociedad por acciones y que le otorgaba ciertos privilegios (muy similar a las compañías por acciones que dirigían el comercio de Inglaterra, como la Compañía Británica de las Indias Orientales).[331] Estos privilegios consistieron, principalmente, en la prohibición de establecer otros bancos por acciones en Inglaterra que tuvieran más de seis socios. También se prohibió que cualquier compañía no bancaria con más de seis socios pudiera ejercer negocios de índole bancaria. Esto proporcionó durante muchos años al Banco de Inglaterra un monopolio *de facto* en la emisión de billetes en Inglaterra, y fuera de la emisión, la competencia del banco fue lo bastante débil como para no suponer un riesgo (en la práctica, sólo los comparativamente diminutos banqueros-joyeros quedaron como competencia del Banco de Inglaterra).

Los privilegios otorgados al Banco de Inglaterra provocaron una debilidad intrínseca en el sistema bancario de Inglaterra. Cualquier banquero debía actuar en su propio nombre, con los riesgos que ello implicaba (posibilidad de quiebra total e incluso enfrentar una pena de prisión por deudas), riesgos que el Banco de Inglaterra no enfrentaba, o bien sólo podían unirse hasta seis personas para formar un banco por acciones, lo que provocaba que los bancos ingleses tuvieran un grave problema de infracapitalización.

Después de una burbuja financiera mayúscula que explotó en 1720 (la Burbuja de los mares del sur que analizaremos más abajo), el Banco de Inglaterra se convirtió en el agente financiero del gobierno inglés. Desde 1720, el Banco de Inglaterra ejercía de contacto entre los ciudadanos que demandaban deuda pública inglesa y las emisiones de ésta por parte del gobierno inglés. Además, el Banco de Inglaterra ejercía como el banquero en el que el gobierno depositaba sus fondos.

330. En los años siguientes, el Banco de Inglaterra continuó extendiendo los préstamos al gobierno al 8 por ciento de tasa de interés.

331. Por tanto, se puede enmarcar el origen del Banco de Inglaterra en la política mercantilista general de la época, que buscaba incrementar el poder del Estado nación.

Por tanto, el Banco de Inglaterra era una entidad privada por acciones que recibió concesiones monopólicas del Estado inglés. Como contrapartida por los privilegios disfrutados, el Banco de Inglaterra extendió cuantiosos préstamos al poder político, préstamos emitidos a largo plazo[332] y a un tipo de interés blando (muy por debajo del interés de mercado) al Estado inglés. Muy al estilo de lo que ocurría con otros monopolios incentivados por el mercantilismo, el gobierno conseguía un beneficio y los inversores privados también, eso sí, todo a costa de restringir el comercio y la competencia en el ámbito monetario y financiero.

## El Reino Unido entra de forma no oficial en el patrón oro en 1699: la gran reacuñación monetaria

Desde la emisión del primer soberano de oro en 1496, Inglaterra se encontraba en un patrón bimetálico en el que monedas de oro y de plata, y a veces también de cobre, convivían en el sistema de pagos.[333] Este mismo patrón ya existía en lugares del continente europeo desde que a mediados del siglo XIII las ciudades Estado de Florencia y Venecia emitieron sus florines y ducados de oro. Indiscutiblemente, el patrón bimetálico oro-plata fue el patrón monetario de la Edad Moderna, de la misma manera que el patrón oro iba a ser el patrón monetario indiscutible del siglo XIX y parte del XX.

Inglaterra llegó tarde al patrón bimetálico, pero llegaría pronto al patrón monometálico de oro. El Reino Unido no entraría oficialmente en el patrón oro hasta el año 1816, pero adoptó este patrón monetario de forma no oficial en 1699, con más de un siglo de antelación sobre la entrada oficial.

Casi a la vez que se fundaba el Banco de Inglaterra, y debido al mal estado en que se encontraba la moneda de plata en Inglaterra,

332. Los préstamos extendidos por el Banco de Inglaterra al Estado inglés eran tan a largo plazo que habitualmente tomaban la forma de deuda perpetua.

333. Las monedas de oro se utilizaban como medio de pago en el comercio a larga distancia o comercio mayorista, mientras que las monedas de plata y cobre eran utilizadas en el comercio local o para efectuar pagos menudos. Mientras no se estableciera un tipo de cambio fijo entre estas monedas, podían coexistir en el sistema de pagos sin que apareciera la ley de Gresham.

se llevaba a cabo una gran reacuñación monetaria. Esta reacuñación se produjo entre el año 1696 y 1699. La falta de fondos derivada de la guerra de los Nueve Años hizo casi imposible acometer la gran reacuñación en el año 1696, cuando fue planeada. Empero, en ese año las autoridades inglesas sí llevaron a cabo la retirada de moneda de plata en mal estado, pero no estuvieron preparadas para emitir en gran cantidad la nueva moneda de plata de alta calidad. La emisión de moneda de plata de buena calidad tuvo que esperar hasta el final de la guerra en el año 1697 para ser acometida. La gran reacuñación monetaria tuvo un coste enorme para las arcas públicas inglesas, y en sus momentos iniciales tuvo el efecto no deseado de crear una crisis monetaria por falta de efectivo. Esta falta de efectivo incentivó el uso de instrumentos financieros sustitutos, como los nuevos billetes que el Banco de Inglaterra emitía en régimen de monopolio desde su posición privilegiada por la legislación. Por lo tanto, esta gran reacuñación tuvo el efecto de ayudar todavía más a instalar al Banco de Inglaterra en su cómoda posición de monopolista del papel moneda en Inglaterra.

El otro gran efecto de la gran reacuñación monetaria fue establecer un tipo de cambio implícito entre la plata y el oro que *de facto* establecía un patrón oro en Inglaterra. Al establecer el precio de la libra en términos de oro y de plata, la ceca inglesa sobrevaluó el oro e infravaloró la plata, lo que hizo que apareciera de nuevo la ley de Gresham y que el oro fuese la moneda utilizada para el intercambio comercial, mientras que la plata era atesorada y, sobre todo, exportada.[334]

El tipo de cambio implícito que favorecía a las monedas de oro como medio de cambio provocó que el oro fuese enviado de Europa a Inglaterra (ya que la ceca inglesa pagaba el metal oro por encima de su precio de mercado), mientras que la plata era exportada de Inglaterra al continente europeo (ya que la ceca inglesa pagaba el metal de

334. Como en la práctica totalidad de las culturas y en casi cualquier momento del tiempo el oro es más valioso que la plata, en términos de la ley de Gresham solemos considerar que la «moneda buena» es el oro y la «moneda mala» es la plata. Pero la ley de Gresham establece que la moneda sobrevaluada por la autoridad monetaria será la que circule (o, coloquialmente, será la «moneda mala»), mientras que la moneda infravaluada por la autoridad monetaria (coloquialmente, la «moneda buena») será utilizada fuera del intercambio, en concreto, atesorada, fundida o exportada.

plata por debajo de su precio de mercado). Es decir, sin pretenderlo, la ceca inglesa estableció un patrón oro no oficial en Inglaterra más de un siglo antes de que el Reino Unido se adhiriera formalmente al patrón oro. Inglaterra fue el único país del mundo que tuvo un patrón oro no oficial durante el siglo y medio que va desde el año 1699 hasta aproximadamente el año 1850, que fue cuando otras grandes potencias europeas empezaron a abandonar sus patrones plata o bimetálicos en favor del patrón oro.

Por tanto, desde que sir Isaac Newton fue nombrado director de la ceca inglesa (1699), el oro se impuso a la plata como medio de cambio y unidad monetaria base del sistema monetario inglés. Prueba de ello es que, en el siglo XVIII, la práctica totalidad de las acuñaciones en el Reino Unido fueron de monedas de oro, y las acuñaciones de monedas de plata quedaron relegadas a un segundo plano.[335]

El nivel de desarrollo económico y comercial del Reino Unido del siglo XVIII ya justificaba plenamente un patrón monetario basado en el oro, metal mucho más valioso que la plata. Sin embargo, aunque esto es cierto, no deja de serlo que las monedas de oro, por pequeñas que fuesen, contenían un poder adquisitivo demasiado elevado para realizar las compras diarias de la mayor parte de la población. La crisis económica derivada de la gran reacuñación de los años 1696-1699 fue superada gracias a que a diferencia de las acuñaciones de plata, las de monedas de cobre sí continuaron siendo elevadas, y estas monedas de cobre ejercieron la función de medio de cambio para el comercio menudo (monedas fraccionarias).

## La banca libre escocesa (1716-1844)

La posibilidad de crear medios de pago basados en el papel moneda hizo que los soberanos vieran al sector bancario como una amenaza

335. Suele argumentarse que el patrón oro comenzó en el Reino Unido en el año 1716 porque fue el momento en que sir Isaac Newton estableció un tipo de cambio que favorecía la circulación de oro y la exportación de plata. Aunque esto es cierto, no es menos cierto que en 1699 la ceca inglesa ya había establecido unos precios que favorecían la circulación de oro y la exportación de plata. En otras palabras, Newton no hizo nada nuevo a este respecto.

a la prerrogativa real de acuñar moneda en la ceca. Esto provocó que desde el siglo XVII se crearan grandes bancos por acciones dependientes del poder político (como, por ejemplo, el Banco de Ámsterdam, el Banco de Suecia o el Banco de Inglaterra). Controlando el banco central, los Estados volvían a hacerse con el control de la creación de dinero. Por este motivo, en los últimos siglos no existen muchos ejemplos de cómo podría haber evolucionado un sistema bancario sin intervención del Estado. Quizás el ejemplo más claro es el episodio de banca libre escocesa iniciado en 1716 por una casualidad histórica.

Antes de 1707, el estado de la moneda en Escocia había sido históricamente el peor de las islas británicas. En Escocia, la moneda de plata era de mucha peor calidad que la inglesa y la moneda de oro era casi inexistente (era tan escasa la moneda de oro y de plata de calidad que los banqueros-joyeros ingleses apenas aparecieron en Escocia).[336] Adicionalmente, Escocia era un país mucho más pobre que Inglaterra, a finales del siglo XVII, su ingreso per cápita era la mitad que el inglés, lo que dificultaba la implementación de una moneda de oro con más poder adquisitivo que el necesario dado el nivel de desarrollo escocés en ese momento. Estas circunstancias explican por qué inicialmente el papel moneda fue mejor recibido en Escocia que en Inglaterra,[337] pero esto es sólo la punta del iceberg del interesantísimo episodio histórico de la banca libre en Escocia.

## *El Banco de Escocia (1695) y la creación del Reino Unido (1707)*

El sistema bancario de Escocia empezó desarrollándose bajo lineamientos relativamente similares a los ingleses. El Banco de Escocia vio la luz sólo un año después que el Banco de Inglaterra, en 1695, y

336. Cuando en el año 1707 Inglaterra y Escocia se unieron, Escocia recibió una gran compensación económica que le permitió pagar la deuda pública y una reacuñación monetaria que dotó de una moneda de buena calidad al país (bajo el sistema monetario inglés).

337. Es el mismo principio que explica por qué el Banco de Suecia fue pionero en la emisión de billetes bancarios: la carencia de un medio de cambio de calidad.

mediante una carta de privilegio que lo convertía en el banco monopolista de emisión de moneda en el Reino de Escocia, en origen tuvo atribuciones casi idénticas al banco central inglés.

Los bancos centrales anteriores al siglo XX solían recibir cartas de privilegios que duraban un tiempo determinado, habitualmente veinte o treinta años.[338] La curiosidad histórica del Banco de Escocia es que cuando la carta de privilegio del banco expiró en 1716, no había un gobierno ni un parlamento escocés al que pedirle la renovación del privilegio, ya que en el año 1707 las instituciones de gobierno de Escocia habían sido integradas, junto a Inglaterra, en las instituciones del nuevo Reino Unido de Gran Bretaña. Al ser un monopolio que en comparación con el Banco de Inglaterra podía ofrecer poca capacidad de financiación a los políticos de Londres, ni el gobierno ni el Parlamento británico se interesaron demasiado en renovar el monopolio del Banco de Escocia. De forma no intencional, este accidente histórico creó el sistema bancario más libre que ha conocido la humanidad y que duró desde el año 1716 hasta el año 1845.

El sistema monetario escocés se fundió con el inglés en 1707, por lo que en ese año la libra esterlina pasó a ser la moneda de Escocia.[339] Pero el sistema bancario escocés no se integró con el inglés, por lo que si bien los bancos ingleses y escoceses tenían contacto entre sí con frecuencia (derivados de los pagos surgidos del comercio), cada región retuvo un sistema bancario autónomo. Escocia fue el único lugar del Reino Unido, además de Inglaterra, que desarrolló un sistema bancario independiente.

338. El objetivo era que el poder político volviera a pedir favores al banco central, normalmente mediante la concesión de nuevos préstamos blandos como condición para renovar la carta de privilegios. Por lo general, después de una negociación política se renovaban los privilegios. Tal como veremos en el siguiente capítulo, quizás los únicos bancos centrales de países de primera línea que no consiguieron renovar su carta de privilegios fueron el primer y el segundo banco central de Estados Unidos.

339. Hasta 1707, la moneda de Escocia fue la libra escocesa. Aunque originalmente tenía el mismo valor que la libra esterlina y había sido modelada bajo el sistema carolingio al igual que la libra esterlina, las devaluaciones monetarias escocesas fueron mucho más acusadas que las inglesas, por lo que en 1707 el valor de la libra escocesa era de apenas 1/12 el valor de la libra esterlina.

El Acta de Unión de 1707, que creó el Reino Unido, transfirió el derecho público y los asuntos de gobierno de Escocia a las instituciones del Reino Unido, pero mantuvo el derecho privado escocés como un ente separado, y el Reino Unido se contuvo mucho a la hora de cambiarlo.[340] Esto se tradujo en que los privilegios monopólicos del Banco de Inglaterra no eran aplicables a Escocia. Por tanto, en el sistema bancario escocés no operaron ni el monopolio de emisión ni la restricción para abrir bancos por acciones. No obstante, sí se mantuvo en pie la obligación de contar con un permiso para formar una sociedad por acciones, aunque se aplicaron las mismas restricciones al sector bancario que al resto de las compañías.[341] El inusual esquema legal escocés del siglo XVIII provocó que el sistema bancario se moviese en un esquema institucional de gran libertad.

Estas circunstancias provocaron que un grupo de inversores escoceses solicitaran un permiso para abrir en Escocia un segundo banco de emisión por acciones. En 1727 consiguieron este permiso, y fundaron en territorio escocés el Royal Bank of Scotland. Es decir, desde 1727, en Escocia existió competencia en el mercado de emisión de billetes, ahora dos grandes bancos por acciones estaban habilitados para emitir billetes en competencia entre ellos. En 1746, un tercer banco por acciones, la British Linen Company, consiguió el permiso para formarse y emitir billetes.[342]

## *Características del sistema bancario escocés*

Como los bancos de emisión de Escocia no le debían favores políticos a nadie, no tuvieron que extender créditos al Estado como contrapartida a ningún favor. La desconexión de estos bancos de emisión con el Estado fue absoluta, algo que no ocurriría en ningún otro

340. Se temían insurrecciones de los escoceses, como la ocurrida en el año 1715.

341. Esta legislación proviene de 1720, con la Bubble Act publicada para frenar la fiebre especulativa que había creado el crédito barato cuyo origen podría encontrarse en la política monetaria acomodaticia que el Banco de Inglaterra llevó a cabo para ayudar al gobierno británico.

342. La British Linen Company fue fundada originalmente como una compañía industrial dedicada al textil, pero con capacidad para llevar a cabo también negocios bancarios. Desde 1763 se dedicó en exclusiva a los negocios bancarios.

país del mundo, y por eso puede afirmarse que Escocia disfrutó durante casi un siglo y medio del sistema bancario más libre que ha conocido la humanidad.

La competencia entre los bancos de emisión fue feroz. Era común que los bancos acumulasen billetes de la competencia durante un tiempo y los prestaran para cobrar el efectivo (en forma de oro o de billetes del Banco de Inglaterra) con el fin de provocar una suspensión de pagos e incrementar su cuota de mercado a costa de la de la competencia. En más de una ocasión esta práctica y otras similares pusieron en problemas a estos bancos de emisión. Sin embargo, estas prácticas provocaron que el sistema bancario escocés fuese mucho más estable y antifrágil que la banca inglesa, que operaba con el mismo sistema monetario (la libra esterlina), pero en un sistema bancario mucho más libre.[343] En 1810, la capitalización promedio de los bancos escoceses era de 50.000 libras mientras que los bancos ingleses (fuera de Londres) tenían una capitalización de apenas 10.000 libras, esto nos da una idea de lo preparados que estaban los bancos para soportar una situación de estrés financiero.

Lejos de conllevar una inestabilidad financiera y bancaria, la enorme competencia entre bancos de emisión significó todo lo contrario. Bajo la presión de la competencia, los bancos escoceses se mantuvieron muy prudentes, guardaban suficiente efectivo para hacer pagos, pero sobre todo acumulaban activos financieros del mercado monetario de gran calidad en forma de letras de cambio muy líquidas, que podían convertirse en efectivo con gran seguridad y a muy corto plazo.

En este clima de libertad y competencia, las innovaciones financieras y bancarias se sucedieron en Escocia. La primera ocurrió muy pronto, en 1705, y fue desarrollada por el Banco de Escocia durante una crisis de liquidez derivada de la participación del Reino Unido en la guerra de sucesión española (1701-1713). El Banco de Escocia emitió billetes que eran reembolsables a la vista, igual que los billetes del

343. Acuñado por Nassim Nicolas Taleb, el adjetivo *antifrágil* hace referencia a la capacidad de mejorar que adquiere un sistema cuando se le somete a estrés. Los constantes ataques que los bancos escoceses se lanzaban entre sí provocaban que ya estuvieran preparados para afrontar estos ataques. Como consecuencia no buscada, los ataques preparaban a los bancos para afrontar cualquier acontecimiento económico o financiero adverso. Véase Taleb (2012).

Banco de Inglaterra, pero contenían una cláusula especial que estipulaba que el billete podría, a instancias del propio banco, no hacerse efectivo hasta pasados seis meses desde que su deudor lo presentara para el pago en efectivo. Durante el tiempo que el billete no era pagadero a la vista, el banco debía pagar un tipo de interés del 6 por ciento. Esta cláusula era una forma de proteger al banco frente a potenciales pánicos y crisis de liquidez. De esta forma se resarcía a quienes querían disponer de liquidez con un tipo de interés elevado, mientras el banco conseguía tiempo para que sus activos, habitualmente formados por letras de cambio emitidas a corto plazo, maduraran, y el banco recuperaba así el efectivo con el que pagar a sus deudores.

Otra gran innovación financiera fue el desarrollo del sobregiro o líneas de crédito. Este adelanto financiero fue desarrollado por el Royal Bank of Scotland. El banco extendía un crédito máximo a disposición de un cliente, pero en vez de desembolsar completamente el monto en el momento inicial, dejaba a juicio del cliente cuándo utilizar el crédito. En esta modalidad sólo se pagaba interés desde el momento y por el monto en que se utilizara el crédito. Esto daba una flexibilidad enorme a los usuarios del banco, les daba la opción, pero no les imponía la obligación, de utilizar el crédito bancario. Esta innovación fue copiada de inmediato por los bancos escoceses y, más tarde, también por los ingleses, y en el siglo XXI todavía es utilizada de forma habitual por el sector empresarial.

Gracias a la gran libertad de acción concedida a los bancos escoceses, desde muy temprano desarrollaron el primer sistema nacional de agencias bancarias del mundo. Esto permitió crear un eficaz sistema nacional de pagos que permitía enviar de forma rápida, segura y sencilla fondos entre ciudades secundarias y los grandes centros de población de Escocia. Los bancos de las ciudades importantes establecían pequeñas sucursales en las instalaciones de un negocio situado en una ciudad secundaria que «exportaba» parte de su producción a las grandes ciudades. Si la pequeña sucursal así establecida era rentable, se abría una sucursal bancaria completa en la ciudad secundaria.[344] También, los bancos más importantes empezaron a

344. Este modo de operación para abrir sucursales fue muy eficaz, ya que con una inversión relativamente pequeña se podía comprobar si en un lugar concreto existía un mercado rentable de servicios bancarios.

colaborar con los bancos de menor entidad que empezaron a surgir en las ciudades secundarias, y comenzó a desarrollarse lo que más tarde se llamaría la banca corresponsal.[345] Ya sea mediante el sistema de agencias o mediante la banca corresponsal, en sus propios libros contables los bancos empezaron a compensar los pagos que salían y entraban entre diferentes ciudades, saldando en efectivo sólo los saldos remanentes. Este sistema permitió ahorrar el uso de efectivo y su movimiento entre ciudades, lo que hizo muy barato y eficiente efectuar pagos a distancia.

A diferencia de sus homólogos ingleses, los bancos de emisión escoceses emitieron billetes bancarios de baja denominación para el uso de los sectores más humildes de la sociedad. Durante mucho tiempo, los bancos ingleses tuvieron prohibido emitir billetes de baja denominación porque se pensaba que el público menos sofisticado financieramente hablando era más propenso a crear pánicos bancarios, agolpándose para hacer efectivos sus depósitos ante el menor indicio de problemas bancarios. En claro contraste, los bancos escoceses emitieron desde el inicio billetes bancarios de baja denominación para su uso por parte de los habitantes más modestos. Es decir, los servicios bancarios fueron ofrecidos a amplias capas de la población por parte de los bancos escoceses mientras que los ingleses fueron conscientemente restringidos a las capas más adineradas de la sociedad. En términos contemporáneos diríamos que la inclusión financiera del sistema de banca libre escocesa era muy superior a la mostrada por el sistema de concesión de monopolio del sistema bancario inglés. En Escocia llegaron a emitirse billetes por el monto de un chelín, equivalente a 1/20 de libra esterlina (1 chelín de 1750 es equivalente a 14 libras del año 2024), mientras que en Inglaterra el mínimo que permitía la legislación era de 5 libras (5 libras del año 1750 equivalen a 1.400 libras del año 2024).[346]

Aunque Escocia no escapó a las burbujas especulativas y financieras, gracias a su superior sistema bancario pudo soportarlas con

345. La principal característica de la banca corresponsal es la apertura de cuentas de depósito entre bancos para realizar compensaciones de pagos en los libros contables bancarios.

346. A pesar de todo, en 1765 se emitió una legislación que establecía un monto mínimo de 5 libras para los billetes bancarios emitidos por los bancos escoceses.

mucha mayor fortaleza que Inglaterra. Además, el sistema bancario escocés pudo ser un motor de crecimiento. Escocia, en el año 1700 una tierra mucho más empobrecida que sus vecinos ingleses del sur, pudo igualar su ingreso per cápita con el inglés cuando su particular experimento bancario llegó a su fin en 1844. Como veremos en el próximo capítulo, en 1844 se emitió la ley de Peel, que acabó con la libertad bancaria escocesa y unificó el sistema bancario inglés con el escocés, y puso fin al mayor y mejor documentado episodio histórico de banca libre de la historia.

## Las burbujas especulativas de los locos años veinte (1720)

A la hora de inflar las primeras grandes burbujas financieras registradas en la historia, la expansión de la banca, del crédito bancario y del papel moneda tuvieron un importante efecto.

En los años 1630, es probable que la tulipomanía o burbuja especulativa de los tulipanes en los Países Bajos haya sido el primer caso en la historia en el que apareció y explotó una burbuja financiera. Sin embargo, esta burbuja no tuvo nada que ver con el papel moneda. Pero la burbuja inglesa y sobre todo la francesa de la segunda década del siglo XVIII sí estuvieron muy vinculadas al ya desarrollado sistema bancario y a la emisión de papel moneda.

### *La Burbuja de los Mares del Sur en el Reino Unido*

La Burbuja de los Mares del Sur estuvo muy vinculada a la deuda pública y a los bajos tipos de interés promovidos por el Banco de Inglaterra en su afán por ayudar financieramente al Estado británico.

En los primeros años de funcionamiento del Banco de Inglaterra no estaba demasiado claro hasta dónde llegaba el monopolio del banco en asuntos del manejo de la deuda pública, y surgieron múltiples iniciativas dispuestas a arrebatarle algunos de los privilegios de los que gozaba. De esta forma apareció en 1711 la Compañía de los Mares del Sur, una empresa por acciones a la que originalmente le fue concedido el privilegio de comerciar con América del Sur y con Centroamérica. Pero en aquellos años, este comercio no fue demasiado lucrativo y pronto la compañía buscó otras áreas de negocio más vinculadas a las finanzas que al comercio. En concreto, con el objetivo de arrancar algunos privilegios del gobierno británico, la Compañía de los Mares del Sur intentó desplazar al Banco de Inglaterra en su función de agente financiero del Estado inglés.

La fiebre especulativa incentivada por la política de dinero barato del Banco de Inglaterra provocó que las acciones de la Compañía de los Mares del Sur, así como otras muchas compañías por acciones no bancarias formadas en los años 1710, aumentaran muchísimo de precio. La Compañía de los Mares del Sur recibió tantos recursos del público que pudo incluso desplazar al Banco de Inglaterra a la hora de pujar por algunos privilegios de índole financiera que el gobierno inglés otorgaba. Pero la compañía no pudo llegar a hacer efectiva la compra del privilegio porque la burbuja estalló antes de que se cerrara el trato con el gobierno. La burbuja británica explotó en el año 1720 y, curiosamente, el disparador fue una ley emitida a causa de las propias quejas de la Compañía de los Mares del Sur, preocupada por la competencia que otras compañías por acciones ejercían sobre los fondos disponibles para ser invertidos. En 1720 se emitió la Bubble Act, que restringió la formación de nuevas compañías por acciones, que ahora necesitaban de un permiso especial del gobierno para ser incorporadas. La fiebre especulativa se transformó con rapidez en miedo y las ventas se agolparon, el precio de las acciones cayó aún más rápido de lo que había aumentado antes.

Por tanto, el dinero barato del recién estrenado Banco de Inglaterra generó la primera burbuja especulativa que sufrió el Reino Unido, burbuja que apareció apenas una década y media después de la apertura del banco.

### *John Law, la burbuja de Misisipi y el primer banco central francés (Banque Royale)*

Por muy grave que fuese la burbuja especulativa británica, fue muy limitada si la comparamos con la burbuja que sufrió Francia en aquellos mismos años. La burbuja especulativa francesa fue en especial severa, ya que fue alimentada por un esquema de papel moneda explícitamente diseñado para impulsar la burbuja.

A la muerte de Luis XIV, en 1715, Francia se encontraba arruinada y al borde del colapso económico. En ese mismo año, la corona repudió la mitad de la deuda que el Rey Sol había contraído en los años anteriores. Aunque el impago de deuda dio algo de espacio a las finanzas públicas francesas, exacerbó la crisis económica y financiera que Luis XIV y su afán expansionista dejó como herencia a Francia.[347]

En esta desesperada situación económica se presentó John Law ante el regente de Francia (el nuevo rey, Luis XV, era todavía un niño). Law era un banquero escocés aficionado al juego y a las mujeres que contaba con un ambicioso plan para rescatar las maltrechas finanzas públicas francesas. El plan de Law consistía en establecer en Francia un banco de emisión de billetes al estilo del Banco de Inglaterra. Como el Banco de Inglaterra había tenido éxito en su labor de disminuir el coste de la deuda pública, desde fecha muy temprana otros reformistas buscaron copiarlo.

En 1716, el plan de Law fue aprobado: abría sus puertas el Banque Générale Privée (Banco General Privado), un banco privado por acciones con capacidad para emitir billetes y dotado de privilegios gubernamentales. Los privilegios consistieron en que el gobierno exigió que se pagaran los impuestos en los billetes del banco y se le otorgó una exención en el pago de impuestos.[348] En los primeros años de vida del banco, reinó la moderación. Hasta 1718, el banco funcionó como un banco de descuento de letras que entregaba billetes a los comerciantes que las descontaban. Es probable que antes de 1718 el banco no haya aportado, de forma neta, nada a la circulación monetaria.

Pero John Law no permaneció ocioso. Durante los años iniciales del banco, Law empezó a acumular poder en otros ámbitos más allá

347. En 1715, la deuda francesa era impagable y ya mostraba en su precio un descuento del 80 por ciento del valor nominal. Francia acumulaba una deuda de 3.000 millones de libras (*livres*), que en concepto de intereses generaban anualmente gastos por 220 millones de libras, mientras que el ingreso anual de Francia era de apenas 145 millones de libras.

348. Originalmente, el banco de Law sólo recibió el privilegio de no pagar impuestos. Pero como durante ese año el banco no atrajo ningún gran negocio, en 1717 se exigió el pago de impuestos en billetes del banco. En ese momento, la actividad del banco despegó de forma drástica.

del bancario. En concreto, Law se hizo con el control de múltiples sociedades por acciones francesas que eran acreedoras de diferentes monopolios concedidos por la monarquía francesa. En 1717, Law se hizo con el control de una sociedad, la Compañía del Misisipi, que tenía concedidos diversos monopolios de comercio con las colonias francesas en Norteamérica. En los años siguientes, Law se hizo con el control de más compañías que disfrutaban de monopolios comerciales con otras colonias francesas de América, de África y de Asia, y las fundió todas bajo la misma compañía. John Law tuvo bajo su mando la mayor parte del comercio francés con todas sus colonias, e iba a utilizar a su banco para financiar el desarrollo de las operaciones de sus monopolios.

A finales de 1718, Law consiguió el sello o garantía real para su banco de emisión, transformándose en un banco público, lo que lo convirtió *de facto* en el primer banco central de Francia. El Banque Générale fue rebautizado como Banque Royale (Banco Real). Desde este momento, los billetes emitidos por el banco eran sancionados por el Consejo de Estado y tenían la garantía explícita del rey de Francia.

Desde inicios de 1719, Law puso toda la maquinaria del Banque Royale al servicio del aumento de capital de su compañía con el fin de llevar a cabo la explotación de los múltiples monopolios comerciales de los que disfrutaba. El banco hizo préstamos a muy bajos tipos de interés a todos aquellos que compraran acciones de la Compañía del Misisipi.[349] Conforme crecía el precio de las acciones de la compañía, el banco permitía a sus deudores tomar nuevos préstamos para comprar nuevas acciones. Estos préstamos eran extendidos, en su mayor parte, con nuevas emisiones de billetes, por lo que durante el año 1719 la emisión de papel moneda se disparó. Por si fuera poco, también en 1719 Law quiso poner en práctica un plan para comprar toda la deuda pública francesa con la emisión de nuevos billetes. Law no quería sólo devolver el favor al poder político, sino que también tenía la esperanza de que la emisión de nuevos billetes comprase las acciones de su propia compañía y que como consecuencia sus acciones subiesen aún más de precio.

349. Después de haber sido fusionada con otras compañías, el nombre de la compañía fue Compañía de las Indias.

El esquema de John Law no sólo implicó un imprudente esquema financiero, sino que también recurrió al engaño y la manipulación para conseguir recursos para explotar los monopolios que atesoraba. Law emitió rumores falsos sobre las supuestas riquezas encontradas en Luisiana, y engañó deliberadamente al público francés sobre el potencial beneficio futuro que tendría la Compañía del Misisipi.[350] Para seguir inflando el precio de sus acciones, Law prometió dividendos exorbitantes sobre una riqueza que él sabía que ni siquiera existía.

Como es lógico, en los primeros compases de la burbuja creada por John Law mediante el incremento de crédito bancario, los precios de las acciones subieron y en Francia hubo un sentimiento de euforia y optimismo generalizado. En enero de 1720, el precio de la acción de la Compañía del Misisipi, emitida originalmente a un precio de 500 *livres* (libras francesas), llegó a las 18.000 libras.[351] El problema fue que la emisión de billetes era tal que los precios ya habían empezado a dispararse y era más que obvio cuál era la razón. La cantidad de efectivo en Francia se había duplicado en apenas un año, había desaparecido completamente la moneda metálica y en su lugar sólo circulaban billetes. Desde este momento, los poseedores de billetes empezaron a convertirlos en masa en efectivo, y el precio de las acciones de la compañía empezó a hundirse.

John Law hizo todo lo que pudo para evitar que el precio de la acción de su compañía cayera. No sólo extendió los préstamos para la compra de acciones a los que todavía quisieran endeudarse para comprarlas, sino que además hizo que el banco comprara y vendiera las acciones a un precio fijo de 9.000 libras por acción. Como las ventas de acciones se agolpaban, esto resultó en una gigantesca emisión de billetes. La medida tuvo que ser levantada apenas dos meses después de ser impuesta. Más tarde se intentó evitar la escalada de precios retirando billetes de circulación mediante la emisión de nueva deuda pública, pero el intento fue en vano. Los franceses rechazaron los billetes del banco de Law y, a finales de 1720, el banco

350. En concreto, el rumor aseguraba que se había encontrado más oro y plata que el que los españoles habían explotado en sus territorios americanos.

351. La libra francesa era la moneda de plata francesa de la Edad Moderna, todavía basada en el sistema monetario carolingio.

tuvo que cerrar, y para evitar ser encarcelado John Law escapó de Francia hacia el exilio.

Así acabó la historia del primer banco central de Francia, con una gigantesca burbuja financiera alimentada por el crédito barato dirigido hacia monopolios que había concedido el poder político que en apenas un año multiplicó por 2,5 la cantidad de dinero en circulación y por 2 los precios.

A pesar de la enorme burbuja, de los problemas financieros y de la inflación generados por John Law y el primer banco central francés, este episodio histórico estuvo muy lejos de terminar en una hiperinflación. Entre finales de 1718 y principios de 1720, los precios en París se duplicaron,[352] lo que significó un crecimiento de precios desconocido en la historia, pero lejos del umbral de la hiperinflación.[353] Sin embargo, las primeras hiperinflaciones del mundo no iban a tardar demasiado en aparecer, y el episodio de John Law fue un preludio de lo que ocurriría a finales de ese mismo siglo en los lugares que verían nacer las revoluciones que acabaron con la Edad Moderna: Francia y los Estados Unidos de América.

## Las primeras hiperinflaciones del mundo: de los continentales norteamericanos a los asignados franceses

Las dos grandes revoluciones con las que cierra el siglo XVIII ocurrieron en las Trece Colonias norteamericanas y en Francia. Estas revoluciones son de importancia capital para la historia del dinero por los excesos vinculados al papel moneda que conllevaron. Y es que a pesar de que la civilización occidental ya había experimentado con diferentes formas de papel moneda, desde la Edad Media con la letra de cambio y desde 1650 con los billetes bancarios, y a pesar de que ya habían aparecido los primeros abusos de ella con el esquema de John

352. Y parte de este crecimiento de precios puede ser explicado por una devaluación en 1718 de las monedas de oro y plata.

353. Desde la mitad del siglo XX, los académicos consideran que el umbral hiperinflacionario se encuentra en un 50 por ciento de crecimiento de precios en un mes.

Law en Francia, los experimentos que realizarían los revolucionarios americanos y franceses con el papel moneda tomarían un sabor monetario muy amargo.

## *La hiperinflación en los continentales y la Revolución de las Trece Colonias*

El primer episodio de hiperinflación registrado en el mundo ocurrió entre 1775 y 1779 en el contexto de la guerra de Independencia de Estados Unidos (1775-1783). Al igual que otros episodios inflacionarios y desmanes monetarios, la guerra y su necesidad casi infinita de fondos fue el principal motivo de los problemas monetarios de la naciente nación norteamericana.

En 1775, cuando comienza la guerra de independencia, en las Trece Colonias había en circulación cerca de 10 millones de dólares en monedas de oro y, sobre todo, de plata. La mayoría de estas monedas eran reales de plata del sistema monetario español, monedas que provenían del comercio de los colonos ingleses con la América española.[354]

La Declaración de Independencia de Estados Unidos y el estallido de la contienda bélica contra el Reino Unido provocaron que el Congreso Continental (órgano deliberativo, legislativo y de gobierno de los colonos norteamericanos declarados en rebeldía) tuviera que sufragar unos gastos imposibles de afrontar cuando los diferentes estados que más tarde conformarían los Estados Unidos ni siquiera habían establecido un sistema fiscal eficaz. La ausencia de recursos para afrontar el gasto bélico ocasionó que el Congreso Continental recurriera a la emisión de papel moneda para sufragar la guerra: así nació el «continental». El continental era un papel moneda denominado en dólares españoles y respaldado por los ingresos fiscales que

354. Aunque el Reino Unido disfrutó desde mediados del siglo XVII de un comercio libre de oro, la exportación de plata fue restringida desde la gran reacuñación que terminó en el año 1699. Esto provocó una carestía enorme de monedas de plata en las colonias norteamericanas, carestía cubierta principalmente con la importación de reales españoles desde la América española. Los colonos ingleses también utilizaron algunas monedas *commodity*, como el tabaco o las pieles. Asimismo, las colonias inglesas en América recurrieron al papel moneda desde inicios del siglo XVIII.

el Congreso Continental esperaba recibir de los estados en los siguientes años. A mediados de 1775, la emisión inicial de continentales tuvo un valor nominal de 2 millones de dólares. El plan inicial era retirar de la circulación este papel moneda cuando el sistema fiscal de los estados estuviese firmemente establecido en el año 1779.[355]

La emisión inicial de continentales fue un éxito rotundo, incrementando el comercio y la actividad económica de las colonias. Esto permitió a los colonos americanos financiar las fases iniciales de la contienda sin grandes problemas monetarios ni financieros a pesar de no contar con los recursos económicos necesarios para ello.

Pero el éxito inicial de la emisión de los continentales duró poco tiempo. La emisión de continentales se disparó en los años siguientes. La al inicio aparente inocua práctica de financiar monetariamente la guerra se extendió hasta 1779, mientras que el recurso fiscal apenas fue utilizado. Entre 1775 y 1779 se emitieron 200 millones de dólares en continentales, una cifra que multiplicaba por 20 la cantidad de moneda acuñada existente antes de la guerra.

**Tabla 6.5. Emisión de continentales por año (millones de dólares)**

| AÑO | EMISIÓN DE CONTINENTALES |
|---|---|
| 1775 | 5 millones $ |
| 1776 | 19 millones $ |
| 1777 | 13 millones $ |
| 1778 | 63,5 millones $ |
| 1779 | 98,5 millones $ |
| **TOTAL** | **200 MILLONES $** |

*Fuente*: Grubb (2008).

Ante el incremento de la emisión de continentales, su valor empezó a caer en picado. En Pensilvania, el índice de precios creció

355. La idea, empero, era retirarlo con la emisión de deuda a largo plazo por parte del Congreso Continental.

desde 85,2 en diciembre de 1775 hasta 19.888 en abril de 1781 (cuando el continental dejó de circular como moneda).[356] Estas cifras significan una depreciación del 99,5 por ciento del valor del continental en apenas seis años. Es posible que éste haya sido el primer caso documentado de hiperinflación de la historia de la humanidad.[357]

**Tabla 6.6. Multiplicación precios mayoristas de 15 bienes de consumo en Pensilvania (1775-1781)**

| AÑO | MULTIPLICACIÓN PRECIOS CON RELACIÓN A ABRIL DE 1775 |
|---|---|
| 1775 | × 1,0 |
| 1776 | × 1,1 |
| 1777 | × 3,2 |
| 1778 | × 6,6 |
| 1779 | × 25,5 |
| 1780 | × 145,2 |
| 1781 | × 220,0 |

Se elige el mes de abril por ser el mes anterior a las primeras emisiones de continentales en 1775 (y el último antes de que fueran retirados en 1781).
*Fuente*: Elaboración propia desde datos obtenidos en Bezanson (1951).

Desde 1775 hasta 1779, la emisión de continentales cubrió el 77 por ciento de los gastos totales del Congreso Continental. Es decir, el gasto de la guerra y de la nueva administración de los colonos norteamericanos iba a ser financiada en su mayor parte con la emi-

356. Este índice es de precios mayoristas e incluye 15 mercancías de consumo masivo.

357. Aunque la definición «técnica» de hiperinflación conlleva superar un crecimiento en los precios del 50 por ciento mensual, y es una cifra que no se llegó a alcanzar con la emisión de los continentales, creemos que este episodio justifica el uso del término *hiperinflación*. Hasta 1775, la mayor inflación registrada había sido la de John Law en 1720, inflación en la que los precios aumentaron un 100 por ciento en dos años. En la revolución de los precios del siglo XVI, en España los precios se cuadruplicaron en un siglo. En claro contraste con las inflaciones del pasado, en las colonias americanas, los precios se multiplicaron por 220 en apenas seis años.

sión de un papel moneda cuyo único respaldo era la promesa, más o menos creíble, de los estados para restaurar el patrimonio al Congreso Continental una vez que hubieran conseguido establecer un sistema fiscal.

En 1777, y ante la fuerte inflación que ya sufrían las Trece Colonias americanas, los continentales empezaron a ser rechazados por la población, en especial por los comerciantes. En este momento, el Congreso Continental pidió a los estados que hicieran a los continentales moneda de curso legal en sus territorios. Los estados aceptaron, y desde ese momento convirtieron en ilegal negarse a recibir el depreciado papel moneda como forma de pago. Esto pretendía evitar una depreciación muy acelerada al incrementar la demanda de continentales. Pero las emisiones de continentales crecieron tanto que esta medida sólo sirvió para que apareciera la ley de Gresham y todo el *stock* de monedas de plata y oro desaparecieran por completo de circulación.[358]

Originalmente, los continentales pudieron ser emitidos como una forma de deuda pública sin interés explícito (emitida con descuento), y no como papel moneda. Sin embargo, desde 1777, con la implementación del curso legal, adquieren definitivamente el estatus de papel moneda.[359]

El Congreso Continental estableció la fecha de 1779 como el momento inicial en que los estados deberían transferir sus ingresos fiscales para retirar de circulación los continentales (en el plan original, la amortización debía terminar en el año 1797). El problema es

358. Cuando se implementa el curso legal, el efecto más comentado suele ser el de la obligación de recibir en pago la moneda objeto de la medida. En un régimen de papel moneda y moneda acuñada, también implica una prohibición de recibir el papel moneda a un precio diferente de la moneda acuñada. Si la calidad del papel moneda es deficiente y aparece la inflación en papel, entonces es normal que se rompa el precio par (precio entre la moneda física y la moneda papel entendida como forma de crédito). Si en esta última instancia se obliga a recibir las dos monedas al mismo precio, la moneda metálica no depreciada, será infravalorada por la autoridad monetaria y desaparecerá de circulación.

359. Entre 1775 y 1777, los principales receptores del papel moneda fueron los soldados, a los que se les pagaba con continentales. Sin embargo, desde 1777, los insumos de guerra empezaron a pagarse con continentales, y ante la creciente negativa de los comerciantes a aceptarlos, se decretó su curso forzoso. Desde este momento, sin duda alguna, los continentales se convirtieron en papel moneda.

que los ingresos fiscales con los que redimir los continentales no existían. Con la emisión de continentales llevada a cabo, el ritmo de amortización necesario en 1779 era de aproximadamente veinte veces los ingresos fiscales de ese año. Ante la imposibilidad de repagar la deuda, en 1779 y 1780 se emitieron resoluciones por parte del Congreso Continental en las que se establecía que los estados recibirían los continentales en concepto de impuestos por un valor de 40 continentales por dólar en moneda de plata. Es decir, Estados Unidos repudió su propia deuda y no cumplió el compromiso de entregar un dólar de plata por cada dólar papel que había adquirido en 1775. El impago fue equivalente al 97,5 por ciento del valor que prometían entregar los continentales. En este momento, los continentales se siguieron depreciando a pesar de que su emisión ya había cesado. Desde 1779, la depreciación de los continentales se explica por el deterioro de su calidad que significó el repudio del 97,5 por ciento de su valor en moneda metálica que realizó el Congreso Continental. Es decir, estamos frente a otro episodio en el que a la hora de explicar los desarrollos monetarios, la teoría cuantitativa y la teoría cualitativa del dinero son complementarias.

Desde 1780, por tanto, los estados recibían los depreciados continentales en concepto de impuestos y a pesar de que parte del gasto de guerra había sido realizado antes de que los continentales se devaluaran, los sacaban de circulación a su precio devaluado de 40 a 1. Muchos comerciantes y soldados aceptaron los continentales pensando que en el futuro serían pagados en moneda metálica. Pero nada más lejos de la realidad, el Congreso Continental emitió una moneda de papel pagadera en plata, emitió muchos más billetes de los que humanamente podía redimir en moneda de plata, repudió su deuda y, por último, recompró (mediante el sistema fiscal) esa moneda devaluada a sus empobrecidos ciudadanos para finalmente retirarla de circulación. El Congreso Continental norteamericano realizó el crimen monetario perfecto: la guerra de Independencia se pagó con inflación, no con impuestos.

En 1781 se levantó el curso legal de los continentales en los estados, el papel moneda ya no debía ser aceptado obligatoriamente por los ciudadanos como pago, aunque el Estado siguió aceptándolos para descargar deudas. Desde mayo de 1781, el continental dejó de funcionar como moneda, y el dólar español de plata recuperó su estatus de moneda de uso común en el territorio que en pocos años se convertiría en los Estados Unidos de América.

El episodio de los continentales tuvo repercusiones monetarias y financieras de largo alcance. Los problemas monetarios y la animadversión que generaron los continentales llevaron a los padres fundadores de Estados Unidos a introducir en la Constitución la prohibición de que el Congreso emita papel moneda. El amargo sabor que dejaron los continentales en los norteamericanos les provocaría un recelo hacia el papel moneda que duraría hasta el siglo XX y, tal como veremos en el siguiente capítulo, pudo lastrar mucho el desarrollo del sistema bancario en Estados Unidos.

## *La hiperinflación de los asignados en la Revolución francesa*

El segundo gran episodio inflacionario que sufrió el mundo coincidió con la segunda gran revolución que acabó con la Edad Moderna: la Revolución francesa. Los paralelismos de la hiperinflación de los asignados franceses con la hiperinflación norteamericana de los continentales son tan numerosos que es difícil no ver una relación y justificarlos simplemente como resultado del azar.

Ya hemos visto que algunos de los motivos que hicieron estallar la Revolución francesa fueron la crisis económica y la crisis fiscal por la que atravesaba la Francia de Luis XVI. Ante la alarmante falta de fondos, las autoridades revolucionarias francesas recurrieron, al igual que los colonos ingleses, a la emisión de papel moneda. De esta manera, en 1790 nacen los asignados. El asignado era un papel moneda denominado en libras francesas y pagadero en moneda acuñada de plata.

La historia de los asignados comienza a finales del año 1789, momento en que los revolucionarios decretaron la expropiación sin compensación de los bienes de la Iglesia católica francesa, del rey y de algunos de los aristócratas considerados enemigos de la revolución.[360]

360. Quizás, expropiación sin compensación es una forma demasiado refinada de expresar una idea bastante simple: los revolucionarios robaron los bienes de la Iglesia y de los aristócratas no alineados con el poder.

Esta nueva riqueza en manos de los revolucionarios fue rebautizada como «bienes nacionales». La riqueza expropiada fue gigantesca, pero tenía un grave problema: sus rentas producían un flujo de ingresos modesto, a todas luces insuficiente para llevar a cabo la revolución y la guerra interna y externa que ella conllevaba.[361]

Los asignados fueron emitidos originalmente como deuda pública con un interés explícito, no como papel moneda. A diferencia de los continentales norteamericanos, los asignados sí contaron con un respaldo explícito: los bienes nacionales recién confiscados. Es decir, en un primer momento parecía que sí había un respaldo sólido para la emisión de los asignados.[362] La venta de los bienes de la Iglesia podría proporcionar los recursos en forma de monedas de oro y plata con los que retirar los asignados de circulación. A diferencia de la situación con los continentales, los asignados no estaban basados en la promesa de una riqueza futura de dudosa de realización, sino que estaban basados en una riqueza que ya existía, pero que todavía no había sido puesta a la venta.

En principio, la venta de los bienes confiscados debería haber sido suficiente para cubrir la emisión de los asignados y cualquier agujero fiscal que pudiera existir. Las tierras confiscadas tenían un valor estimado de unos 2.400 millones de libras francesas, mientras que los gastos públicos del año 1789 eran de 600 millones (mientras que la deuda pública era de 2.000 millones y el déficit de unos 160 millones).[363] En el primer año se emitieron asignados por un valor de 500 millones de libras, una cuantía relativamente pequeña para el nivel de riquezas colocadas detrás del asignado. En consecuencia, los asignados tuvieron una buena aceptación inicial, ya que la riqueza para respaldarlos era más que suficiente.

361. Los revolucionarios necesitaban fondos para luchar contra los enemigos internos (nobleza, burgueses y, en general, cualquiera que se opusiera a los dictados de los nuevos gobernantes) y los enemigos externos (otras potencias que veían con preocupación el baño de sangre que ocurría en Francia).

362. Es dudoso que la tierra y, en general, los bienes inmuebles sean un buen respaldo monetario. La moneda es el bien móvil por excelencia, por lo que respaldar la moneda con bienes inmuebles puede generar graves problemas de descalce de plazos, tal como se argumenta desde la teoría de la liquidez.

363. En el plan original, se pretendía acabar con la deuda pública cuando se vendieran todos los bienes confiscados.

Por tanto, inicialmente los asignados no fueron diseñados para actuar como papel moneda. En sus primeros meses de vida, los asignados solamente se aceptaban como pago por deudas tributarias con el propio Estado revolucionario francés y como forma de pagar por las propiedades confiscadas cuando eran vendidas en subastas.

De igual manera que con los continentales, los asignados fueron un éxito inicial. Se consiguió movilizar unos recursos económicos que no parecía que existieran y en los primeros compases el impacto en la inflación fue mínimo. Pero la inflación suele ser una variable económica rezagada; es decir, la inflación reacciona con un retardo a las condiciones que la generan.[364]

Pero el plan trazado para los asignados se desvió muy rápido. El deterioro económico, político y social de la Francia revolucionaria generó una espectacular caída en los ingresos fiscales. En 1789, los ingresos fiscales cayeron hasta un 75 por ciento en comparación con el año anterior, y hasta que Napoleón entró en escena en 1799, se mantuvieron sobre la mitad de la cifra registrada en 1788.[365] Adicionalmente, hubo menos demanda de la esperada para comprar los bienes nacionales.[366] Para mayor desgracia monetaria, los gastos públicos se dispararon, en el primer año de gobierno revolucionario se multiplicaron por dos y en los años siguientes fueron muchísimo más elevados que los ingresos. Esta situación provocó que los asignados no pudieran ser canjeados por monedas de oro y plata como estaba planificado en 1790. Así que en fecha tan temprana como 1790, apenas unos meses después de su emisión, se estableció el curso legal para los asignados, y se convirtieron *de facto* en papel moneda de forzosa aceptación en el tráfico mercantil en Francia bajo severas penas en caso de que alguien no los aceptara como pago (más tarde, en 1793, durante el terror revolucionario de Robespierre, negarse a

364. Milton Friedman calculaba el rezago de la inflación con respecto a la política monetaria en 18 meses, aunque reconoce que este rezago es variable.

365. No es, curiosamente, hasta la contrarrevolución napoleónica cuando las finanzas públicas se recuperan. Lo mismo ocurre con los ingresos reales de los franceses, se desploman y no se empiezan a recuperar hasta el año 1800, y tardaron una década en llegar a su punto anterior a la revolución.

366. No parece que comprar terrenos que podían ser expropiados y que podían acabar con la muerte de su dueño fuese algo en particular atractivo en un período tan convulso como la Revolución francesa.

aceptar asignados como pago o hacerlo con descuento sobre el valor de la moneda de plata estaba penado con la muerte).[367]

Ante las necesidades de gasto de la guerra y la insuficiencia fiscal que provocó la Revolución francesa, el recurso a la emisión de asignados se disparó y muy rápido dejó de tener relación con el valor realizable de las riquezas expropiadas que hacían de respaldo a los asignados. Desde 1793, el valor del papel moneda superó las estimaciones iniciales del valor por el que se podrían vender los bienes expropiados, desatándose desde ese momento un movimiento inflacionario notable.

Ante el preocupante crecimiento en los precios, en el año 1793, coincidiendo con la época del terror revolucionario y el baño de sangre llevado a cabo por Robespierre y sus secuaces, el gobierno revolucionario implementó un control de precios. Durante un tiempo, el terror revolucionario pudo contener la escalada de precios. La inflación reprimida a sangre y fuego provocó que los franceses acumularan millones de libras en un papel moneda que no podían gastar ni los comerciantes recibir por miedo a la guillotina.

## Gráfico 6.3. Papel moneda en circulación e índice de precios Francia (1790-1796)

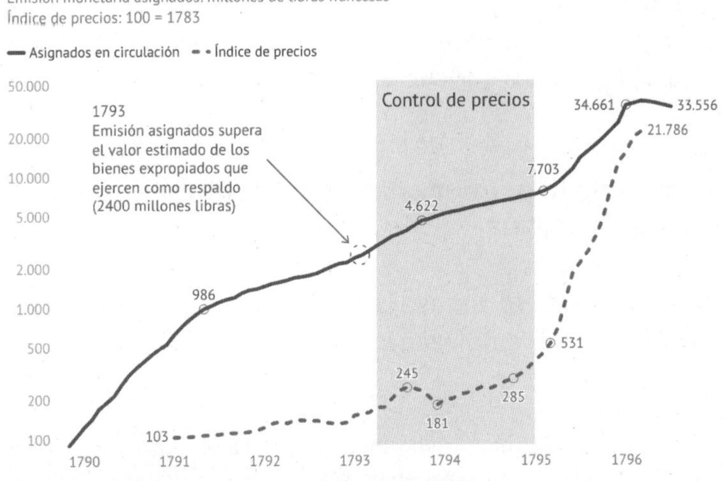


*Fuente*: Sargent y Veide (1995).

367. En tono jocoso, Sargent argumenta que en 1793 el respaldo de los asignados pasó de ser la tierra a la guillotina.

El solapamiento del rezago en la emisión sobre los precios, del equilibrio entre el valor de los bienes nacionales y la emisión de asignados hasta 1793 y del férreo control de precios que operó desde 1793 hasta 1795 explica que entre los años 1791 y 1795 los precios «sólo» se multiplicaran por 4,5. A partir de 1795, y coincidiendo con el levantamiento de los controles de precios, en Francia aparece una fuerte hiperinflación que durará hasta 1797.[368]

El experimento con los asignados acabó en 1797, cuando el gobierno revolucionario los repudió. En 1797, el gobierno revolucionario francés impagó el 66 por ciento de la deuda que representaban los asignados, y cerró así este infeliz capítulo de la historia monetaria francesa.

El episodio hiperinflacionario de los asignados franceses acabó de la misma manera que en el futuro acabarían la mayoría de los casos de hiperinflación: con un repudio de la deuda y un reinicio monetario. En 1797, cansada de los desajustes monetarios, Francia volvió a un patrón metálico con la creación de una nueva moneda en sustitución de la libra francesa: el franco francés.[369] Después de la mala experiencia con los asignados, durante todo el período de guerras napoleónicas, Francia se mantuvo en un patrón metálico. Curiosamente, uno de los grandes enemigos de la Francia revolucionaria, el Reino Unido, tomó la senda contraria y abandonó el patrón oro en 1797 para no volver a él hasta 1821. Tal como veremos en el siguiente capítulo, este episodio del Reino Unido con el papel moneda y la suspensión de pagos en moneda acuñada tuvo muchos mejores resultados que sus antecesores en Francia y Norteamérica.

## La creación de la primera cámara de compensación interbancaria (1770)

Con el despegue de la industrialización inglesa, desde la segunda mitad del siglo XVIII, empiezan a aparecer múltiples bancos por todo

368. En esta ocasión, el episodio inflacionario en algunos meses sí superó el 50 por ciento de inflación mensual, lo que cumple con la definición técnica de hiperinflación proporcionada por Cagan.

369. La libra francesa se mantuvo como moneda desde el año 1450 hasta el año 1797. En términos de plata, el nuevo franco tendría prácticamente el mismo contenido metálico que la antigua libra (4,5 gramos y 4,45 gramos).

el Reino Unido. La necesidad de facilidades de pago y de financiar el capital de trabajo de las nuevas empresas que empiezan a aparecer por todo el Reino Unido provoca la proliferación de pequeños bancos que proporcionan estos servicios financieros y monetarios.

En los epígrafes anteriores ya hemos visto que fundar un banco en el Reino Unido del siglo XVIII (con excepción de Escocia) era una actividad arriesgada y sujeta a las restricciones que el monopolio del Banco de Inglaterra imponía al resto de sus potenciales competidores. Por esta razón, la mayoría de los bancos de este siglo, en especial fuera del área de Londres, nacieron como un negocio vinculado a una actividad industrial determinada. Cada comerciante o empresario localizado en ciudades secundarias inglesas (e incluso en pueblos) que tenía necesidad de acceder a servicios bancarios encontraba un vacío enorme en esta actividad. Por esta razón, muchos de ellos iniciaron por sí mismos esta actividad bancaria como un negocio paralelo o secundario a su actividad principal. Poco a poco, algunos de estos empresarios empezaron a ver que su actividad bancaria comenzaba a ser más importante que su actividad original y poco a poco algunos terminaron convirtiéndose principalmente, y a veces exclusivamente, en un banco. Es así como antes de que comenzara el siglo XIX, en el interior del Reino Unido se desarrolla una ferviente actividad bancaria.

Desde que en 1720 el Banco de Inglaterra se hizo cargo de la gestión de la deuda pública del gobierno británico, gran parte de las tablillas talladas desaparecieron de la circulación y el mecanismo de compensación de pagos empezó a ser principalmente la letra de cambio. La letra de cambio fue un instrumento monetario que al igual que ocurrió en el continente durante siglos, circuló autónomamente en el Reino Unido como medio de pago y sirvió para realizar y compensar pagos tanto de forma internacional como entre ciudades y regiones británicas. Los nacientes bancos provinciales a los que acabamos de hacer alusión utilizaron mayoritariamente estas letras de cambio para compensar pagos entre ellos y, sobre todo, con los bancos de Londres. También los bancos ubicados en Londres utilizaron las letras de cambio para hacerse pagos entre ellos. Pero el sistema distaba mucho de ser perfecto y tenía importantes duplicidades, en especial debido a la excesiva fragmentación que la legislación inglesa imponía en sus bancos (cosa que no pasaba con los bancos escoceses). Al existir tantos bancos diminutos, realizar compensaciones multilaterales entre ellos se tornaba muy complicado, por lo que todavía existían emisarios que enviaban de forma constante cheques y efectivo entre diferentes bancos.

Cansados de ir y venir con cheques y efectivo entre las agencias bancarias, los emisarios de los banqueros de Londres tuvieron la idea de reunirse en una taberna al final del día para compensar de forma más eficiente los cheques y el efectivo que debían intercambiar. Esto ocurrió en el año 1770. Poco tiempo después, la reunión se hizo más formal, y a inicios del siglo XIX los banqueros de Londres establecieron la primera cámara de compensación del mundo para poder compensar de forma multilateral y eficiente los pagos que los bancos debían hacerse entre sí (y que, a su vez, los clientes de los bancos se hacían entre sí).

De esta forma, completamente espontánea y privada, nació una de las funciones que más tarde serían catalogadas como propias de la banca central. Como en otras muchas funciones sobrevenidas de la banca central, aquí también fueron desarrolladas de manera completamente espontánea.

# Capítulo 7

# Edad Contemporánea

> In democracies the Welfare State is the beginning, and the Police State the end.
>
> MELCHIOR PALYI

## Introducción

La Revolución francesa fue un acontecimiento que sacudió al mundo occidental de forma tan drástica que la historiografía lo considera como el último gran cambio de era. La Revolución francesa hace de parteaguas entre la Edad Moderna y la Edad Contemporánea. La Edad Contemporánea es el período en el que nos encontramos en la actualidad en el siglo XXI (con permiso de los historiadores del futuro).

El Congreso de Viena, celebrado en 1815, fue el lugar donde se diseñó el nuevo mundo geopolítico que reinó durante el siglo XIX.

El siglo XIX es el siglo del Reino Unido y del Imperio británico. La Revolución Industrial, que ya había comenzado desde la segunda mitad del siglo XVIII, había colocado al pueblo británico a la cabeza del desarrollo económico mundial. Con la nueva potencia industrial también se desarrolló la potencia militar. Después de perder sus colonias norteamericanas, el Reino Unido conquistó y colonizó gran parte de África y de Oriente Medio, y fue capaz de ejercer una influencia política decisiva en lugares que no dominaba militarmente, como es el caso de la América española independizada desde los años 1820. Este período de dominación británica ha recibido el nombre de Pax Britannica porque estuvo marcado por la paz entre las grandes naciones (con algunas excepciones) y por un avance muy fuerte en el desarrollo económico de los países occidentales.

En el siglo XIX, las finanzas del Reino Unido fueron indiscutiblemente las más desarrolladas del planeta. La primacía financiera británica, junto a la revolución de los transportes derivada de la Revolución Industrial, provocó la segunda gran globalización mundial. El mundo estuvo por vez primera integrado financieramente en la segunda mitad del siglo XIX. El patrón oro se instauró como el sistema monetario mundial, sistema monetario que tendría a Londres y su poderoso sistema bancario como el centro de pagos internacional.

Económicamente, el siglo XIX vio nacer un fenómeno nuevo: las recesiones económicas no agrícolas. Hasta el siglo XIX, el desempeño de las cosechas marcaba lo bien o mal que lo hacía una economía. Gracias a la revolución agrícola e industrial, por primera vez en la historia de la humanidad el sector agrícola dejó de ser el único gran sector económico. Desde este momento, la economía parecía estar sujeta a vaivenes cíclicos recurrentes causados por oleadas de entusiasmo y de pesimismo generalizados.

Historiográficamente, el siglo XIX es uno de esos siglos largos o muy largos. En concreto, el siglo XIX no terminó hasta el año 1914. La Primera Guerra Mundial generó un cambio tan profundo en el mundo como el que un siglo atrás había provocado la Revolución francesa.

El siglo XX vería que el hegemón del mundo cambió de país, aunque no de cultura. El dominio económico y cultural del Reino Unido en el siglo XIX dio paso al dominio en esos mismos ámbitos de Estados Unidos en el siglo XX. Aunque el hegemón del planeta cambió, la cultura anglosajona siguió siendo la dominante en el mundo. El descalabro económico del período de entreguerras y la destrucción provocada por la Segunda Guerra Mundial movieron definitivamente el centro de gravedad político al otro lado del Atlántico.

De la Segunda Guerra Mundial surgieron dos grupos de países antagónicos que formarían la base de una rivalidad denominada Guerra Fría. Estos bloques estaban capitaneados por Estados Unidos y la Unión Soviética, y su antagonismo más pronunciado se encontraba en las instituciones económicas. Estados Unidos y su bloque conformaban una visión descentralizada de la economía y, políticamente, una defensa del individualismo y de la propiedad privada sobre la voluntad del Estado. De forma contrapuesta, la Unión Soviética y su bloque conformaban una visión centralizada de la economía y la política en la que un consejo de gobernantes tomaba las decisiones más relevantes para una sociedad con muy poca consideración por los derechos y propiedad individual de los gobernados.

Monetariamente, la Primera Guerra Mundial acabó con el patrón oro, y aunque en el siglo XX hubo intentos por recuperarlo, fueron sonados fracasos. El siglo XX vería cómo el centro monetario y financiero del mundo se movió de Londres a Nueva York. El patrón oro del siglo XIX dio paso al patrón dólar en el siglo XX. Si el siglo XIX fue el siglo de la libra esterlina, el XX fue el siglo del dólar norteamericano. Si el siglo XIX fue el de la estabilidad monetaria, el XX sería el de las convulsiones monetarias. Empero, en la última parte del siglo XX se inició una nueva era de estabilidad monetaria, aunque puede ser que haya sido de corta duración.

Si en el siglo XIX las recesiones económicas no agrícolas eran algo no visto, el desempleo masivo no hizo su aparición hasta el siglo XX. Las crisis económicas han sido mucho menos frecuentes en el siglo XX que en el XIX, pero su poder destructivo es varias veces más potente que en el pasado.

## Contexto histórico: Edad Contemporánea (1815-2025)

### *El nuevo mundo del siglo XIX surgido del Congreso de Viena (1815)*

La fase contrarrevolucionaria por la que transcurre toda revolución apareció en Francia desde 1799 con el ascenso al poder de Napoleón, primero como cónsul y más tarde como emperador. En los siguientes años, el genio militar de Napoleón iba a ser capaz de conquistar gran parte de Europa, mientras que su genio civil consiguió pacificar y restaurar el orden interno en Francia.

De igual manera que en el siglo anterior lo habían hecho contra la Francia de Luis XIV, diferentes potencias formaron coaliciones en contra de la Francia napoleónica. El resultado fue similar, al final

Napoleón fue vencido en 1815 y las aspiraciones imperialistas de Francia contenidas.

Después de la derrota del ejército francés napoleónico, y debido a la necesidad de rehacer el devastado mundo político europeo, los diplomáticos europeos decidieron reunirse en el Congreso de Viena celebrado en el año 1815.[370] El objetivo de este encuentro diplomático internacional era restablecer el orden después de las convulsiones políticas y militares que provocaron la Revolución francesa y las guerras napoleónicas. De este Congreso salió el mundo político del siglo XIX, y en él las fronteras europeas fueron modificadas sustancialmente.[371]

La principal característica del Congreso de Viena fue su marcado carácter antirrevolucionario. Las cicatrices que había dejado la Revolución francesa estaban demasiado frescas como para que las potencias europeas no establecieran formas de cooperación que evitaran su reproducción en cualquier otro país europeo. De esta manera, se estableció un pacto para apoyar militarmente a los países que sufrieran el azote de nuevas revoluciones. Este pacto antirrevolucionario no logró evitar las múltiples revoluciones de las décadas siguientes en Europa, aunque todas ellas fueron de mucho menor entidad que la Revolución francesa de 1789. Donde sí tuvo éxito el Congreso de Viena fue en su objetivo de preservar el equilibrio de poder en Europa para evitar grandes conflictos, éxito que cosechó durante todo un siglo.

Los acuerdos de Viena se mantuvieron en pie hasta que estalló la Primera Guerra Mundial en el año 1914.

### *La Revolución Industrial: causas*

La serie de acontecimientos económicos que más ha transformado la vida de los seres humanos (con permiso de la revolución agrícola iniciada en el 10000 a. C.) ha sido la revolución industrial ocurrida en

370. Aunque la formación del Congreso de Viena antecedió a la batalla de Waterloo, en la que Napoleón fue finalmente vencido, una coalición de países ya había logrado doblegar al insigne emperador entre 1812 y 1814 (Guerra de la Sexta Coalición).

371. En el Congreso de Viena desapareció definitivamente el Sacro Imperio Romano Germánico, creció el ámbito territorial de Prusia y de Austria, Polonia y Finlandia fueron anexionadas a Rusia y Dinamarca perdió Noruega (que fue anexionada a Suecia).

Inglaterra en la segunda mitad del siglo XVIII, que en el siglo XIX desató una fuerza gigantesca en el Reino Unido y muchos otros países de Europa occidental y a partir del siglo XX en gran parte del planeta.

El consenso historiográfico acerca de la importancia de la Revolución Industrial es unánime, aunque a la hora de analizar sus causas, desarrollo o consecuencias, los historiadores no coinciden. En el último medio siglo se ha popularizado una visión muy interesante sobre el desarrollo de la Revolución Industrial. Algunos historiadores de la economía afirman que la Revolución Industrial inglesa no fue una revolución (sino un proceso gradual que venía gestándose durante décadas), que no fue industrial (sino que comenzó siendo eminentemente agrícola) y que no fue inglesa (ya que los cambios agrícolas que la propician se iniciaron en los Países Bajos). A pesar de todo, no cabe duda de que el despegue industrial, la mecanización, el uso masivo de nuevas fuentes de energía y del motor a vapor sí ocurrió originalmente en Inglaterra, por lo que todavía tiene sentido hablar de Revolución Industrial inglesa con las acotaciones pertinentes.

En los últimos años, una de las causas de la Revolución Industrial que más tracción ha ganado es la hipótesis ecológica o ambiental. Según está visión, los grandes saltos adelante civilizatorios, entre ellos la Revolución Industrial, ocurren en un lugar determinado debido a las características geográficas y a la disponibilidad de recursos naturales. De esta manera, se argumenta que la Revolución Industrial ocurrió en el Reino Unido porque la energía era mucho más barata, principalmente debido a que era el lugar con mayor cantidad de carbón del continente. Además, antes de ser utilizado para generar movimiento en la Revolución Industrial, el carbón inglés ya estaba siendo explotado como fuente de energía para generar calor. A la vez, en comparación con el salario de los trabajadores de Europa continental, el salario de los trabajadores ingleses era relativamente elevado, lo que provocaba que fuese mucho más rentable invertir en tecnologías que mecanizasen la producción para ahorrar en el uso de mano de obra.[372]

La hipótesis ambiental tiene la ventaja de explicar con detalle el proceso por el que un desarrollo histórico se desenvuelve.[373] Pero tie-

372. Véase Allen (2011).

373. Jared Diamond (1997) puede ser considerado uno de los máximos exponentes que defienden la hipótesis ambiental o ecológica del desarrollo económico.

ne la desventaja de esconder o minusvalorar los supuestos sobre los que se asienta. En el caso de la Revolución Industrial, para que la tesis ambiental tenga sentido hay que explicitar varios supuestos ocultos.

**Gráfico 7.1. Salarios relativos al coste de capital en el Reino Unido y Francia (1582-1827)**

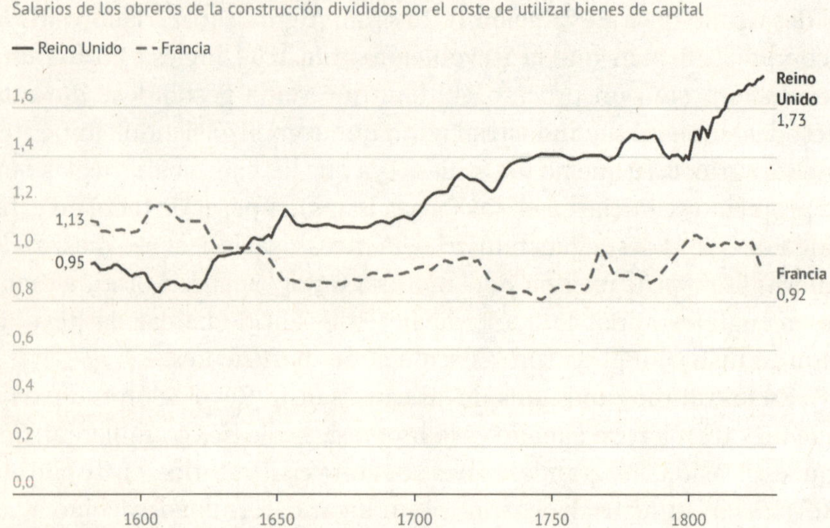


Datos y gráfico extraídos de la página Ourworldindata.org
*Fuente:* Allen (2009).

En primer lugar, sin la globalización y la expansión del comercio que vivió el mundo desde el siglo XVI, no habría aparecido el incentivo para producir más barato mediante la inversión en maquinaria. Simplemente, los consumidores ingleses hubieran tenido que soportar precios muy elevados por sus manufacturas sin poder acceder a los bienes producidos en otros lugares y los consumidores del resto del mundo habrían sufrido por no poder acceder a los productos ingleses. Pongamos como ejemplo la industria del algodón, que fue la primera en desarrollarse en la Revolución Industrial. En Europa, esta

---

En su libro más famoso, *Armas, gérmenes y acero: el destino de las sociedades humanas*, defiende que la gran divergencia europea ocurrió por una combinación de factores ambientales como plagas, la variedad de cultivos y animales para ser domesticados, el acceso a metales y diferentes consideraciones geográficas.

industria fue crecientemente ocupada por los textiles originarios de la India, producción importada desde el siglo xvii a Europa por las Compañías de las Indias Orientales europeas. La manufactura textil india desplazó a la manufactura de lino y lana europea e introdujo incentivos para mejorar la producción en la industrial del algodón. Sin este comercio, es posible que la industrialización nunca hubiera aparecido. Y precisamente gracias a este comercio, cuando la industria del algodón inglesa fue lo suficientemente potente, su producción pudo ser exportada a todo el mundo. Por lo tanto, podemos argumentar que la globalización fue una de las causas, y requisito fundamental para que la industrialización tuviera lugar.

En segundo lugar, para que grandes masas de población pudieran ser empleadas en el sector industrial, la productividad agrícola debería haber crecido con anterioridad. Y este salto en la productividad agrícola sólo ocurrió en los Países Bajos y en el Reino Unido. La revolución agrícola precedió en un siglo a la Revolución Industrial, y esta revolución agrícola poco o nada tuvo que ver con la energía barata y, además, se produjo en un momento en que los salarios ingleses se encontraban en un nivel muy similar al de los salarios franceses (véase gráfico 6.1). Por lo tanto, los defensores de la tesis ambiental deberían encontrar otra hipótesis *ad hoc* para explicar el desarrollo de la revolución agrícola que tuvo lugar en Inglaterra y en los Países Bajos desde mediados del siglo xvii. Por consiguiente, podemos argumentar que la revolución agrícola fue una de las causas, y un requisito fundamental para que tuviera lugar la Revolución Industrial.

Pero es probable que las causas últimas que explican mejor la emergencia de la Revolución Industrial sean la relativa debilidad y fragmentación del poder político en el Reino Unido y la seguridad jurídica existente en las islas británicas en el siglo xviii. El poder político británico fue lo suficientemente fuerte como para evitar la fragmentación de su mercado (como ocurría en Alemania), pero lo suficientemente débil para evitar las pesadas regulaciones y arbitrarias imposiciones que los monarcas absolutos del continente podían obligar a cumplir a sus súbditos (como ocurría en Francia). Es decir, en esencia, las causas que mejor explican el despegue británico son de índole institucional.

La hipótesis institucional no niega que puedan existir otras causas que ayudaron al despegue económico inglés, como, por ejemplo, el magnífico sistema bancario desarrollado en el siglo xviii, o la generación de una red de caminos y canales construidos y operados por capital privado que hizo muy eficaz y relativamente barato el transporte por tierra, o la potente marina de guerra británica, que incluso muy lejos de sus fronteras podía defender con la espada la pericia de los comerciantes ingleses. Lo que la hipótesis institucional asegura es que incluso estas causas que en el desarrollo económico británico podrían considerarse secundarias, pueden tener detrás, a su vez, factores institucionales que expliquen su mejor desarrollo en el Reino Unido que en otras partes del planeta en el siglo XVIII.

### *La Revolución Industrial: consecuencias*

El salto en la productividad industrial que tuvo lugar en el Reino Unido merece sin duda el apelativo de revolución. El salto en la productividad de los trabajadores británicos se trasladó en el primer tercio del siglo XIX a otros países europeos como Francia, Bélgica y la futura Alemania. La Revolución Industrial también llegaría en el siglo XIX a los recién creados Estados Unidos de América.

Es difícil minusvalorar el impacto de la Revolución Industrial en la calidad de vida de la mayoría de los ciudadanos del planeta. En cualquier lugar y momento histórico anterior a 1750, la mitad de los seres humanos nacidos no conseguían sobrevivir hasta la edad adulta. Incluso en los lugares más prósperos ubicados en Europa, la práctica totalidad de la población vivía al borde de la inanición. Cualquier evento inesperado que impactara de forma negativa en las cosechas podía traer hambre, enfermedades y muerte a la población que lo sufría. Estas durísimas condiciones de vida que tuvo que soportar la humanidad apenas cambiaron hasta el año 1750, y apenas variaban en diferentes regiones del planeta. Sin embargo, desde 1750 hasta hoy, paulatinamente la prosperidad y la mejora en las condiciones materiales de vida ha ido tocando todos los rincones del planeta. Incluso los países más atrasados en el año 2024 tienen niveles de bienestar varias veces superiores al que tenían los países más prósperos del año 1750. Por eso la Revolución Industrial es una de las áreas de estudio más fructíferas de la historia económica.

El gigantesco salto de la productividad laboral que disfrutaron los países occidentales provocó un desplazamiento casi completo de la manufactura asiática a favor de la europea y la norteamericana. En 1750, la India era el gran productor textil del planeta. En ese año, la región de Bengala (actual Bangladés y parte de la India) producía casi 30 veces más prendas de algodón que Inglaterra.[374] Sin embargo, a inicios del siglo XIX, la industria textil del algodón de la India casi había desaparecido, debido principalmente a que los productos textiles ingleses tenían un precio que era aproximadamente la mitad que el de los productos indios (a pesar de que el salario de un trabajador inglés era unas 15 veces superior al del trabajador indio).[375] Sólo el magnífico incremento de la productividad que trajo la Revolución Industrial puede explicar que el producto de un trabajador inglés fuese más barato que el de un trabajador indio a pesar de tener un salario 15 veces mayor.

El movimiento del eje económico desde Asia hacia los países occidentales provocó también un movimiento del eje político. La India se mantuvo durante este tiempo y los siglos siguientes bajo una administración británica. El otro gran gigante asiático, China, sería derrotado militarmente por Gran Bretaña y, aunque no fue administrado directamente por ésta, China se plegaría, hasta muy entrado el siglo XX, a los deseos británicos. Por su parte, Japón cayó bajo la esfera de influencia de Estados Unidos y, de igual forma que China, si bien no fue administrado directamente por Estados Unidos, los japoneses se vieron obligados a plegarse a los dictados de los norteamericanos ante la amenaza de intervención militar. La Revolución Industrial hizo poderoso a Occidente, que lo aprovechó para expandir sus instituciones y su voluntad a gran parte del planeta.

## *La época victoriana, la hegemonía decimonónica de Gran Bretaña y la Pax Britannica*

Para el Imperio británico, el siglo XVIII acabó de la peor manera: con la pérdida de las colonias inglesas en Norteamérica, dando por finalizado lo que los historiadores llaman «el Primer Imperio británico». Después de este grave golpe, nada hacía presagiar que el siglo XIX sería brillante para Gran Bretaña. Pero la geopolítica de inicios del

374. Véase Allen (2011).
375. Véase Bhadra (2014).

siglo XIX daría muchas alegrías a los británicos. El siglo XIX empieza con el Imperio español desmembrado, Francia derrotada y contenida militarmente y los Países Bajos ya ampliamente superados económicamente por Gran Bretaña.

El Imperio británico aprovechó la ventaja que le dio ser pionero en la aplicación de los nuevos métodos industriales para superar el golpe sufrido en Norteamérica, y se expandió colonialmente allí donde las potencias europeas todavía no habían puesto el pie. La capacidad económica de Gran Bretaña le permitió incrementar muchísimo sus ingresos públicos y, con ellos, su capacidad militar, que utilizó para dominar a otras potencias europeas y para llevar su bandera a lugares a los que el hombre blanco todavía no había llegado. Éste sería el inicio del «Segundo Imperio Británico». Este segundo período colonial británico se distinguiría del primero por una marcada tendencia a implementar políticas librecambistas y poco intervencionistas, políticas posiblemente empujadas por el cambio de actitud de la élite británica frente al mercantilismo provocado por la mordaz crítica de Adam Smith en su célebre obra *La riqueza de las naciones*.[376] La libertad económica promocionada por los británicos en sus colonias fue, en ocasiones, compaginada con políticas tendentes a la libertad política y a la autogestión de los territorios ingleses de ultramar. La política interna británica también reflejó el cambio de actitud frente al dirigismo económico, y la Gran Bretaña victoriana se convirtió en el máximo exponente de las políticas del liberalismo clásico.

Uno de los objetivos tempranos de la administración colonial británica en el siglo XIX fue Oceanía y Asia. Se establecieron asentamientos en Australia (1788) y Nueva Zelanda (1840). Además, en el año 1858, después de que soldados indios al servicio de la Compañía de las Indias Occidentales (que todavía controlaba el territorio como si de un Estado se tratase) se rebelaron contra la dominación británica, el Reino Unido tomará el control directo de la India. China no fue controlada nunca directamente por Gran Bretaña (más allá de la región de Hong Kong), pero sí fue obligada a comerciar en los términos impuestos por la espada británica. Los territorios asiáticos pertenecientes al Reino Unido fueron muy numerosos.

Desde mediados del siglo XIX, Gran Bretaña introdujo el concepto

376. Y tal vez también por el aporte de sus discípulos.

de colonia autogobernada (los denominados dominios), incrementando la libertad política en aquellos lugares que ya disfrutaban de libertad económica. A pesar de todo, no todas las colonias británicas consiguieron el autogobierno de la metrópoli, y los casos de Canadá, Australia y Nueva Zelanda fueron quizás más excepciones que la constitución de una regla.

Uno de los objetivos del Segundo Imperio británico fue colonizar el interior de África, labor que después de que se celebrase la Conferencia de Berlín en el año 1884 compartió con otras potencias europeas. Desde el inicio de la época de los descubrimientos en el siglo XVI, portugueses y neerlandeses habían establecido pequeños enclaves comerciales en las costas africanas, pero estos enclaves eran poco más que lugares por los que pasaban los barcos en su ruta hacia Asia o un lugar desde el que llevar a cabo el lucrativo comercio de esclavos hacia América y hacia territorios musulmanes. Curiosamente, en este momento de la colonización de África, los británicos ya habían prohibido una de las principales actividades económicas de África, la exportación de esclavos. El comercio de esclavos fue prohibido por los británicos en 1807, y desde 1834 la esclavitud estuvo prohibida en cualquier colonia británica.

La hegemonía militar y económica del Imperio inglés, unida a los avances en el transporte y a la política librecambista seguida por el Segundo Imperio británico, llevó a que el planeta viviera una segunda gran globalización.[377] Esta segunda gran globalización, capitaneada ahora por los británicos, sería no sólo una globalización comercial, sino también una globalización financiera. El Reino Unido llevó su sistema monetario, el patrón oro, a gran parte del planeta mientras que el sistema financiero de Londres, con la libra esterlina al frente, fue capaz de hacer de cámara de compensación mundial del comercio de bienes y de los flujos de capitales que se movían de forma prácticamente libre por la mayor parte del planeta. El siglo XIX fue el siglo del Reino Unido, fue el siglo de los avances técnicos y del desarrollo económico, el siglo de la globalización financiera y el siglo del libre mercado. Es posible que haya sido una feliz coincidencia que el Reino Unido capitaneara esta globalización y política librecambista, ya que

377. Como vimos en el capítulo 6, la primera gran globalización se produjo en el siglo XVI con la era de los descubrimientos llevada a cabo por las potencias europeas.

ni el Reino Unido del siglo XVIII ni el del siglo XX fueron conocidos por sus políticas librecambistas, más bien todo lo contrario.

El período comprendido entre 1815 (Congreso de Viena) y 1914 (Primera Guerra Mundial) es conocido como la Pax Britannica, período caracterizado por la prosperidad, desarrollo tecnológico y optimismo generalizado que vivió el mundo occidental. Ese mundo caería en el año 1914, para no volver jamás.

## *Los nacionalismos y el surgimiento de Alemania e Italia*

Con el triunfo y la popularización del Estado nación como forma política desde finales del siglo XV, la mayoría de los territorios que contenían una nación en Europa habían conseguido formar un Estado relativamente centralizado.[378] En Europa occidental, empero, existían dos grandes excepciones: la nación alemana y la nación italiana, en ambos casos, una miríada de entidades políticas poblaba un escenario en el que las gentes que compartían rasgos culturales comunes no compartían una entidad política común.[379]

A finales del siglo XVIII surge el romanticismo, un movimiento antiilustrado que restaba legitimidad a los universalismos preconizados por los autores pertenecientes a la Ilustración. El romanticismo fue en especial crítico con la primacía de la razón universalista. El romanticismo daba importancia a los localismos, siendo uno de ellos la nación. Otra característica definitoria del romanticismo fue la preeminencia de lo emocional sobre lo racional, característica que llevó a vincular a este movimiento con el concepto de nación y a formar la

378. El concepto de *nación* es muy escurridizo, muy difícil de definir de manera objetiva. Teniendo en cuenta la relativa homogeneidad étnica de la población indígena europea del siglo XIX, aplicado a este territorio el concepto de nación es más útil si se vincula con elementos culturales que con elementos étnicos. Desde este punto de vista, la nación puede ser definida como un grupo poblacional que comparte lengua, raíces, historia y tradiciones.

379. A la hora de hacer la guerra, quizás la dispersión política es un problema, pero económicamente no lo es. Por ejemplo, las diminutas ciudades Estado del norte de Italia, aunque no llevaron a cabo una industrialización exitosa, sí consiguieron mantener su privilegiada posición como uno de los lugares más desarrollados del planeta hasta su desaparición definitiva con las invasiones napoleónicas.

base para la explosión del nacionalismo decimonónico. En este romanticismo nacionalista, se desvanece la autoridad de un monarca para gobernar varios pueblos en una forma de gobierno imperial y se acentúa la visión de que cada nación debía tener su propia entidad política, su propio Estado, y la forma de gobierno adoptada para ello era un elemento relativamente secundario.[380]

El auge del romanticismo generó una ola de reclamos para formar nuevas naciones, entre ellas, por supuesto, se encontraban Alemania e Italia. La disolución del Sacro Imperio Romano Germánico después de las invasiones napoleónicas provocó el enfrentamiento entre Austria y Prusia por la primacía a la hora de formar la nueva nación alemana. Prusia consiguió formar una unión aduanera, el Zollverein, que creó un mercado común interior en Alemania, eliminando gran parte de las ineficientes trabas aduaneras locales.[381] El libre mercado que impulsó el Zollverein entre los pueblos alemanes fue un éxito económico casi instantáneo. Antes de que Prusia lograra crear Alemania en 1871, las repúblicas alemanas, que eran uno de los lugares menos desarrollados de Europa occidental, se convirtieron en un lugar próspero.[382] La unificación económica precedió a la unificación política alemana. Después de la victoria de Prusia contra Austria (1866) y de la victoria prusiana contra Francia (1871), el sentimiento romántico-nacionalista alemán estaba en tal punto de ebullición que la creación de Alemania tuvo lugar en el mismo instante en que Prusia ganó la guerra franco-prusiana.

Por su parte, Italia consiguió formarse como Estado centralizado en el año 1861. El romanticismo italiano tuvo como inspiración la gloria pasada de Roma que sería identificada con el nuevo Estado italiano. El empuje de la unificación italiana fue llevado a cabo por la

380. Aunque éstas sean algunas características generales del romanticismo, este movimiento tuvo marcadas características particulares locales.

381. Hacia el final del Sacro Imperio Romano Germánico existían unas mil ochocientas aduanas interiores repartidas en 314 principados soberanos, la mayoría de ellos con varios príncipes que tenían alguna jurisdicción fiscal, casi siempre ejercida en forma de aranceles al tráfico mercantil. Este esquema político limitaba, cuando no prácticamente impedía, el comercio dentro de lo que sería la futura Alemania.

382. Una homogeneización monetaria derivada del acuerdo de libre comercio de 1833 también ayudó al despegue alemán. Además, en 1857 tuvo lugar una unión monetaria que también facilitó de forma mayúscula el comercio, lo que redundó en un mayor desarrollo económico.

República de Cerdeña-Piamonte. De forma curiosa, la unificación italiana, al igual que la alemana, tuvo como principal enemigo a Austria, que poseía territorios en la parte norte de lo que hoy es Italia y que llevarían a tres guerras entre repúblicas y reinos italianos y sus aliados, entre los que se encontraba Francia, y el Imperio austríaco. Estas guerras tuvieron lugar entre los años 1848 y 1866 y tuvieron un desenlace favorable para Italia, que consiguió unificarse y expulsar a los austríacos de los territorios culturalmente italianos del norte.

## *Primera Guerra Mundial: el fin de una época (1914-1918)*

La Primera Guerra Mundial acabó con el consenso diplomático del Congreso de Viena y con la Pax Britannica. Las potencias europeas, y más tarde también Estados Unidos, se lanzaron a una guerra que pondría fin al período de mayor prosperidad que había disfrutado la humanidad hasta ese momento.

La ausencia de guerras de entidad en el último siglo había provocado cierta idealización romántica de la guerra debido al menosprecio, cuando no a la ignorancia, casi total de las desgracias que las contiendas bélicas acarrean. En la Primera Guerra Mundial, los adelantos técnicos de la industrialización fueron puestos al servicio de la destrucción y, como suele ocurrir en las guerras, la necesidad de acabar con el enemigo y el instinto de supervivencia, agudizaron el ingenio humano. Esto provocó que la contienda fuese en especial sangrienta, y hasta hoy sigue siendo la segunda guerra más sangrienta que ha conocido la humanidad, con nueve millones de personas muertas en combate y siete millones de civiles muertos como consecuencia de la guerra, además de unos veinte millones de heridos.

El gigantesco coste de la Primera Guerra Mundial no se limitó a la trágica pérdida de vidas humanas, sino que la destrucción económica, financiera y monetaria de las potencias europeas fue mayúscula. Las potencias europeas se lanzaron a la guerra pensando que la contienda sería muy corta. Los principios de unas finanzas y dinero sano estaban tan imbuidos en la mentalidad colectiva decimonónica que los analistas del momento estimaban que la guerra la ganaría la alianza formada por Francia, el Reino Unido y Rusia porque contaban con mayor cantidad de reservas de oro disponible para pagar la guerra que sus enemigos de la alianza formada por Alemania, Austria-Hungría e Italia. Pero los analistas y expertos de la época se equivocaron: el esfuerzo de guerra no se pagó en absoluto con impuestos ni con riqueza acumulada en forma de oro, sino que fue mayoritariamente financiada con deuda e inflación. Esto hizo que la guerra pudiera extenderse en el tiempo mucho más de lo que nadie fue capaz de prever a su inicio.

Cuando acabó la Primera Guerra Mundial, a la destrucción económica, a la pérdida de millones de hombres jóvenes y a la pérdida de la riqueza en forma de infraestructuras destruidas se sumó la destrucción financiera y monetaria de Europa, destrucción de la que el viejo continente no se recuperaría, y que a la postre significó la pérdida de la hegemonía mundial, que fue paulatinamente transferida a los Estados Unidos de América, proceso que culminó después de la Segunda Guerra Mundial.

## *El convulso período de entreguerras (1918-1939): la débil paz de París, movimientos revolucionarios y el crac del 29*

La Europa del siglo XX intentó recuperar el espíritu del Congreso de Viena y reorganizarse en una nueva conferencia celebrada en París una vez finalizada la Primera Guerra Mundial. La Conferencia de París, que dio nacimiento al Tratado de Versalles (1919), fue mucho menos exitosa que la celebrada más de un siglo atrás en Viena, y apenas consiguió mantener la paz durante dos décadas. Los resultados de la conferencia fueron el desmembramiento del Imperio austrohúngaro, que no volvería a existir jamás como entidad política, y considerar a Alemania la principal causante de la guerra, lo que en la práctica implicó condenarla a pagar las reparaciones de guerra a los países vencedores, con mención especial de Francia, ya que gran parte de la contienda se libró en suelo francés, lo que provocó que la destrucción física se concentrara principalmente en Francia.

Para una Alemania derrotada y asfixiada económicamente, el coste impuesto fue inasumible. Desde el primer momento, la maltrecha economía alemana fue incapaz de cumplir con los pagos de las reparaciones de guerra, lo que provocó que en 1923 el ejército francés invadiera la cuenca del Ruhr, la zona más industrializada de Alemania. Como tendremos ocasión de analizar más abajo, la huelga de brazos cruzados que llevaron a cabo los alemanes, unido al gigantesco déficit y su monetización en el banco central provocaron una hiperinflación como nunca había conocido el mundo. En los años siguientes, los pagos de Alemania fueron cubiertos con la acumulación de nueva deuda extendida por las potencias ganadoras de la guerra, con mención especial de Estados Unidos.

El final de la Primera Guerra Mundial dio origen a una fiebre revolucionaria que tocó gran parte de los países europeos. La destrucción económica, social y humana de la guerra se tornó en contra de los gobernantes que la habían provocado. La ola revolucionaria en Europa terminó de formas muy diferentes. Una posible salida fue el compromiso, en el que se mantuvieron los regímenes existentes, aunque con concesiones a los revolucionarios, como fue el caso del Reino Unido y su potente movimiento sindical. Otra posible salida fue el triunfo de la revolución, como fue el caso de Rusia desde 1917 y su transformación en la Unión Soviética, situación que provocó el nacimiento de un bloque antagonista de los países occidentales capitalistas. La tercera vía fue la contrarrevolución, con la aparición de regímenes autocráticos o totalitarios nacidos para poner orden después de los disturbios revolucionarios, fue el caso de Alemania, Italia y España.

Si en Europa se acumulaban los problemas políticos, sociales y económicos, al otro lado del Atlántico se vivían los felices (y locos) años veinte. Estados Unidos crecía económicamente como nunca, el crecimiento de la producción agrícola e industrial norteamericana se produjo, en parte, a expensas de las maltrechas economías europeas, que habían dedicado la mayor parte de su producción a la industria armamentística. Durante la Primera Guerra Mundial, Nueva York, que antes de la guerra ya era el corazón financiero de Estados Unidos, había emergido como un centro financiero de carácter mundial que ya era capaz de opacar a la otrora todopoderosa Londres. Estados Unidos había pasado de ser un país deudor en el concierto internacional a ser el país con más capacidad acreedora del planeta. Pero la alegría no iba a tardar en convertirse en tragedia. En 1929, la Bolsa de Nueva York se hundió y al año siguiente la economía norteamericana se desplomaba. La recesión económica y financiera que recibió el nombre de Gran Depresión duró años y no se consiguió salir definitivamente de ella hasta 1940. La recesión originada en Estados Unidos saltó el océano Atlántico e impactó en las ya maltrechas economías europeas, deprimiendo todavía más la actividad y el ánimo de los ciudadanos europeos, que en los siguientes años caerían en las garras de otra amarga, larga y letal guerra que arrasaría gran parte de Europa.

La asfixia económica alemana de los años veinte, la hiperinflación sufrida, el altísimo coste y humillación de las reparaciones de guerra y, por último, la recesión que asoló Europa desde 1931 provocaron un auge rápido de su particular movimiento antirrevolucionario: el partido nazi dirigido por Adolf Hitler. En los siguientes años, Alemania dejó de pagar las reparaciones de guerra, rechazó los términos de la paz impuestos en el Tratado de Versalles de 1919 e inició una agresiva política expansionista que en el año 1939 condujo a la Segunda Guerra Mundial.

## *La Segunda Guerra Mundial (1939-1945) y la devastación de Europa*

La Segunda Guerra Mundial fue el evento más devastador que ha conocido la humanidad. Durante seis años tuvo lugar un estado de guerra total, en el que la guerra se movió desde el frente a la práctica totalidad del territorio debido a que los avances en aviación permitían el bombardeo a distancias mucho mayores de lo que antes permitía la artillería. La pérdida de vidas humanas en combate se cifra entre veinte y treinta millones de personas y el conteo de fallecidos totales, entre civiles y militares, ascendió a entre cincuenta y setenta millones de personas. Aproximadamente el 2,5 por ciento de la población mundial murió a causa de la Segunda Guerra Mundial.

Al igual que ocurrió en 1914, el coste de la guerra no se limitó a la trágica pérdida de vidas humanas, sino que gran parte de Europa y amplias zonas de Asia quedaron completamente devastadas.

En lo social, las postrimerías de la guerra y los primeros años de la paz fueron en especial duros. Erradicadas en la Europa industrializada desde hacía casi un siglo y medio, las hambrunas volvieron a hacer su aparición en el continente. Además, las hambrunas fueron sufridas en otras muchas regiones del planeta. Estas hambrunas fueron provocadas de forma directa por los bloqueos militares y la economía planificada de guerra, que priorizaba la producción de material bélico sobre la producción agrícola. El empobrecimiento general y la destrucción de la capacidad productiva de los países que participaron en la contienda explican que estas hambrunas se extendieran después del fin de las hostilidades.

Si después de la Primera Guerra Mundial el poderío industrial y militar de Europa fue herido de muerte, la puntilla final la trajo la Segunda Guerra Mundial. El Reino Unido, la gran potencia y la pionera industrial, salió en particular debilitada de esta guerra.[383] En 1945, Alemania, la segunda potencia industrial europea (y tal vez en vías de convertirse en la primera antes de 1914), estaba completamente devastada. Aunque en los siguientes años algunas potencias europeas conseguirían levantarse económicamente, su irrelevancia internacional era ya más que patente. Entre 1914 y 1945, los países europeos dejaron de ser el centro del mundo para pasar a ser un lugar más en el que los nuevos dueños del planeta, Estados Unidos y la Unión Soviética, dirimirían sus diferencias: la Guerra Fría había comenzado.

## *Un nuevo orden mundial: la Guerra Fría (1945-1989)*

Con la debilidad económica de Europa no tardó en llegar la debilidad política. Poco después de 1945, Europa sería dividida en dos mitades: los aliados de Estados Unidos, situados en Europa occidental, y los aliados de la Unión Soviética, situados en Europa oriental. Fueron los años del telón de acero en Europa. La época en que los asuntos internacionales se dirimían en despachos de Londres, París o Viena habían quedado atrás, ahora los reyes del mundo eran Washington y Moscú.

Durante las siguientes décadas, Estados Unidos y sus aliados, agrupados bajo el paraguas de la OTAN,[384] se enfrentarían con la Unión Soviética y sus aliados, agrupados bajo el paraguas del Pacto de Varsovia.[385] El enfrentamiento entre estos grupos se desenvolvió como una serie de guerras *proxy*, guerras que nunca terminaron en

383. El Reino Unido estuvo al borde de declararse en quiebra en 1946, situación que fue evitada *in extremis* por un préstamo de emergencia extendido por Estados Unidos.

384. La OTAN fue creada en 1949.

385. El Pacto de Varsovia fue creado en 1955.

un confrontamiento directo y total entre las partes. De ahí surge el nombre de Guerra Fría, que fue una guerra que no llegó a desarrollarse por completo. Debido a la presencia de un gigantesco arsenal nuclear por parte de los dos bloques, el temor a la destrucción que podría significar un enfrentamiento directo provocó una mesura diplomática y militar inusitada y sin precedentes en la historia de los conflictos armados.

Además de la competencia y rivalidad militar entre Estados Unidos y la Unión Soviética, se desarrolló una rivalidad por ejercer la hegemonía en regiones del planeta más allá de Europa. Estados Unidos consiguió poner bajo su égida a casi todos los países del continente americano y algunos países africanos, mientras que la Unión Soviética consiguió dominar a una parte sustancial de África e, inicialmente, también a China.[386]

En los años cincuenta, la debilidad europea, en especial acusada en el caso del Reino Unido, y la decidida política anticolonialista de Estados Unidos provocó el inicio de un potente movimiento de descolonización que llevó a la independencia de múltiples países a lo largo y ancho del globo, proceso que estuvo prácticamente finalizado a mediados de la década de 1960. En 1945, el Imperio británico todavía era inmenso, contaba con nada menos que 700 millones de almas bajo su administración (fuera del Reino Unido). En 1965, apenas quedaban 5 millones de personas en las colonias británicas (la mayoría de ellas afincadas en Hong Kong). El proceso de descolonización británico fue en su mayoría voluntario y pacífico. Los políticos británicos conocían perfectamente la debilidad de su país y su incapacidad para llevar a cabo una guerra de defensa colonial a la que Estados Unidos se opondría. En claro contraste, los políticos franceses no tuvieron la capacidad de medir las fuerzas de su propio país, por lo que decidieron arrastrar a Francia hacia unas costosas guerras de defensa de sus colonias ante los movimientos independentistas. Francia libró guerras como la de Vietnam (1946-1954) o la de Argelia (1954-1962). El esfuerzo de guerra francés fue en vano, ya que, con contadas excep-

386. Aunque en sus primeros años China implementó una dictadura de corte comunista relativamente similar a la de la Unión Soviética y recibió ayuda de ésta, diferentes disputas y desencuentros estuvieron a punto de llevar a una guerra entre las dos potencias comunistas en el año 1969.

ciones, no consiguieron evitar la independencia de sus colonias en los siguientes años.

A finales de los años ochenta, la economía soviética y de sus satélites del Pacto de Varsovia empezaron a mostrar síntomas de agotamiento. En realidad, la economía soviética siempre fue un gigante con pies de barro. Las contradicciones intrínsecas de un sistema económico basado en la economía de guerra de forma permanente llevaron a que la Unión Soviética pudiera permitirse un programa espacial, pero que sus gentes tuvieran que sufrir una carestía crónica de bienes de consumo. Este débil sistema económico no pudo hacer frente a los enormes costes de la guerra de Afganistán (1978-1989), una guerra que perderían los soviéticos y que conllevó un esfuerzo económico para el que la ya renqueante economía soviética no estaba preparada.[387]

La debilidad de la Unión Soviética fue percibida por sus líderes. Como consecuencia, en 1985, el político reformador Mijaíl Gorbachov llegó a la cúspide del poder soviético con un ambicioso plan de reformas (la perestroika). El plan de reforma de Gorbachov tenía la intención de evitar el colapso económico soviético convirtiendo a la economía soviética en una economía de mercado. Unos años atrás, en 1978, China había iniciado un proceso similar impulsado por otro político reformador, Deng Xiaoping. Después del desastre económico que la economía planificada había provocado en China, el plan de liberalización económica parecía estar funcionando muy bien en ese país. Sin embargo, el plan de Gorbachov en la Unión Soviética enfrentaría muchos más problemas que el de Deng Xiaoping en China.

Un problema que enfrentó Gorbachov fue que la debilidad de la Unión Soviética no sólo fue percibida por sus líderes, sino también por sus aliados. Para su mayor desventura, en los años ochenta muchos de los aliados soviéticos podían considerarse rehenes después de que en Europa del Este, varias insurrecciones en favor de la libertad económica y política fueron aplastadas sin miramientos por las tropas soviéticas. Una vez sofocadas las rebeliones, se reforzó el control de la Unión Soviética sobre los países que estaban bajo su órbita.

387. La guerra de Vietnam llevada a cabo por Estados Unidos (1955-1975) tuvo un desenlace similar a la afgana para la Unión Soviética, pero el sistema económico norteamericano y de sus aliados fue capaz de evitar el colapso, aunque a costa de destruir la estabilidad monetaria occidental, como veremos más abajo.

Cuando la Unión Soviética mostró su debilidad en Afganistán, tuvieron lugar varios movimientos de liberación en los países dominados y, en esta ocasión, muchos triunfarían y conseguirían su independencia, liberándose del yugo soviético.

Los problemas que enfrentó Gorbachov fueron tanto internos y como externos. Las reformas aperturistas generaron una fuerte oposición, tanto de los reformistas que deseaban que fuesen más rápidas como de los inmovilistas. Los inmovilistas dieron un golpe de Estado en 1991, golpe que fracasó, pero aceleró los movimientos separatistas y el colapso final de la Unión Soviética, que tuvo lugar a finales de 1991. Con este colapso terminó la Guerra Fría, desde ese momento, Estados Unidos sería el hegemón absoluto del planeta.

### *El Imperio norteamericano como hegemón del planeta (1991-2024)*

Con la caída de la Unión Soviética, el mundo dejó de ser bipolar para ser dirigido políticamente por los Estados Unidos de América. Estados Unidos y su bloque salieron victoriosos de la Guerra Fría, y en términos geopolíticos se quedaron «solos» en la lucha por la hegemonía mundial.

La caída del Muro de Berlín y la reunificación alemana y los procesos de liberalización económica y política de las recién liberadas repúblicas del yugo soviético crearon un consenso mundial sobre la idoneidad de la democracia como forma política y de un sistema económico regido por los principios del libre mercado, aunque asistido por el Estado allí donde se supone que existan fallos de mercado. En los años noventa, estas políticas económicas tendentes al libre mercado se resumieron en lo que se denominó el Consenso de Washington.

En el año 2008, las políticas del Consenso de Washington se rompieron con la explosión de la burbuja inmobiliaria que azotó a Estados Unidos y gran parte de los países occidentales, evento que dio origen a la Gran Recesión, que en Europa no se cerraría totalmente hasta el año 2015. El recurso al gasto público y la deuda pública como forma de financiarlo parecen no tener fin, y desde la recesión de la COVID-19 del año 2020, la estabilidad monetaria y fiscal de los Estados se encuentra en creciente peligro.

Por último, desde la segunda década del siglo XXI, la hegemonía de Estados Unidos está siendo disputada. China ha emergido como una potencia económica de primer orden, con un PIB (nominal) igual al de toda la Unión Europea, un nivel que significa un 60 por ciento del PIB de Estados Unidos. Adicionalmente, otros países se están uniendo en coaliciones, como los BRICS, que buscan limitar la hegemonía financiera y monetaria que Estados Unidos ejerce sobre ellos. A pesar de todo, en el año 2024, la supremacía en política internacional de Estados Unidos permanece inalterada, por lo que la potencia norteamericana sigue siendo el hegemón del planeta.

## Las grandes controversias bullionistas y los grandes debates monetarios del siglo XIX inglés (escuela monetaria frente a escuela bancaria)

Debido a las guerras napoleónicas, el Reino Unido decretó el fin del patrón oro e instauró un régimen de papel moneda inconvertible. En el período que va de 1797 a 1821, el valor de la libra esterlina en papel o en depósitos se divorció temporalmente del oro.

A diferencia de lo ocurrido con los asignados franceses y los continentales de las Trece Colonias, en este período de papel moneda inconvertible el Reino Unido consiguió evitar la hiperinflación. A pesar de ello, la libra esterlina sufrió una depreciación con respecto a su valor nominal en oro. Durante este tiempo, el Reino Unido también sufrió una tasa de inflación mayor que la del período anterior y que la del posterior.

Durante prácticamente todo el siglo XIX, la pérdida de valor de la libra provocó encendidos debates. Pero antes de profundizar en estos debates, analicemos la situación que dio pie al régimen de inconvertibilidad de la libra esterlina.

### *La guerra con Francia y la inconvertibilidad de los billetes del Banco de Inglaterra en moneda de oro*

La guerra del Reino Unido con la Francia revolucionaria comenzó en el año 1793. Una vez más, el Banco de Inglaterra sería protagonista de la financiación de una guerra contra Francia (recordemos que un siglo atrás, otra guerra contra Francia explica el origen del Banco de Inglaterra).

Coincidiendo con el inicio de la guerra, en el año 1793 se produce un pánico bancario en el Reino Unido que afectó en especial a los bancos más pequeños situados fuera de Londres. De forma inmediata se produjo una carestía de medio circulante por la desaparición de los billetes emitidos por esos bancos.[388] El Banco de Inglaterra emitió nuevos billetes de 5 libras para aliviar la carestía de efectivo y extendió crédito a algunos bancos locales para evitar su quiebra. La ayuda prestada por el Banco de Inglaterra y la emisión de los nuevos billetes generó una fuerte demanda del público para convertir los billetes del Banco de Inglaterra en moneda acuñada, lo que provocó una considerable salida de metal precioso del banco central. El Banco de Inglaterra había ejercido por vez primera una función que sería imitada en el futuro por todos los bancos centrales del planeta: se había convertido en el prestamista de última instancia de un sector bancario en apuros. Pero el Banco de Inglaterra pagó cara la novatada, ya que tuvo que soportar una salida de metal amonedado de sus bóvedas para la que apenas estaba preparado: las personas que vieron cómo crecía el papel moneda del Banco de Inglaterra no se contentaron con tener en su posesión los billetes del banco, sino que demandaron el oro al que los billetes daban derecho.

Pero el drenaje de las reservas metálicas del Banco de Inglaterra no acabaría ahí. A petición del gobierno, el Banco de Inglaterra transfirió ingentes sumas a sus aliados en el continente para llevar a cabo la guerra contra Francia.[389] Además, el gobierno debía realizar los pagos en metálico a sus tropas, parte de ellas estacionadas en el extranjero. La salida de fondos desde el Reino Unido hacia Europa conllevó un drenaje constante de las reservas metálicas del Banco de Inglaterra. Estas reservas del banco estaban bajo mínimos cuando un conato

388. Adicionalmente, las monedas de cobre y de plata casi habían desaparecido de circulación en Gran Bretaña, ya que durante un siglo la acuñación de moneda se había restringido casi totalmente a las de oro.

389. Desde 1783 hasta 1815, la deuda pública británica se multiplicó por 3. Hubiera sido impensable colocar toda esa deuda en el mercado, por lo que la ayuda del Banco de Inglaterra comprando parte de la deuda fue imprescindible para sostener el esfuerzo de guerra contra Francia.

de invasión de Francia al Reino Unido provocó un pánico bancario que llevó a una masiva conversión de billetes del banco en moneda acuñada. Ante el miedo a que el banco se quedara completamente sin reservas, en 1797 se suspendió la convertibilidad de los billetes del Banco de Inglaterra en moneda de oro. En este momento se estimaba que la inconvertibilidad de la libra esterlina en oro sería una medida de muy corta duración. Sin embargo, y como suele ocurrir con las medidas temporales que decretan los gobiernos, la inconvertibilidad de la libra en oro se hizo casi eterna, y los billetes del Banco de Inglaterra no volverían a ser convertibles hasta el año 1821, veinticuatro años después.

Los efectos económicos y monetarios de la inconvertibilidad de los billetes bancarios en moneda de oro fueron objeto de múltiples y encendidos debates monetarios que recibieron el nombre de «primera controversia bullionista».

### *Primera controversia bullionista (1797-1821)*

La primera controversia bullionista se inicia con la depreciación de la libra que tiene lugar después de que en el año 1797 fuese declarada inconvertible en oro. El debate alcanza su cénit con la publicación en 1810 de uno de los documentos económicos más famosos de la historia: el *Bullion Report*.[390] Los autores de este informe intentaban desentrañar las causas por las que en los años anteriores la libra esterlina se había depreciado de forma notoria, aunque no espectacular.

La libra esterlina, que en aquel momento llevaba de forma no oficial más un siglo en el patrón oro, estuvo sujeta en el patrón oro a variaciones de su valor que podían ser positivas o negativas en el corto plazo, pero que no seguían una senda de apreciación o depreciación a lo largo de los años. Es decir, el valor de la libra era ligeramente volátil en el corto plazo y muy estable en el largo plazo.

Aunque en comparación con la depreciación monetaria sufrida en los siglos XX y XXI, la inflación sufrida por el Reino Unido al inicio del siglo XIX en el período de inconvertibilidad de la libra fue insignifi-

390. Uno de los autores fue el famoso banquero y economista monetario Henry Thornton.

cante, lo cierto es que para los habitantes británicos de la época una inflación sostenida, incluso si era moderada, era algo prácticamente desconocido. La pérdida sostenida de valor de la libra provocó un malestar social generalizado, malestar que llevó a múltiples comentaristas a plantear su particular teoría del porqué de esta situación. Esto son las famosas controversias bullionistas.

Hay que recordar que estar en un patrón oro significaba que la unidad monetaria se definía en función de un peso de oro. Este peso de oro que define la unidad monetaria es el valor de la paridad. Cuando la libra de papel se depreciaba con relación a una cantidad de oro, significaba que perdía valor el papel moneda o, alternativamente, que ganaba valor el oro. Cuando existe convertibilidad, los ciudadanos pueden arbitrar los cambios de precios entre la libra y el oro vendiendo y comprando libras y oro (o mediante una operación análoga en el mercado de divisas). Como desde 1797 los ciudadanos británicos no podían intercambiar por oro su papel moneda o los depósitos denominados en libras en el Banco de Inglaterra, debían hacerlo en los mercados de oro a los precios que se determinaran en cada momento, y durante estos años, los precios del oro fueron crecientes, mostrando la debilidad de la libra de papel.

Los autores del *Bullion Report* defendían que la depreciación de la libra frente a otras monedas y el oro se debía al exceso de crédito otorgado por el Banco de Inglaterra, hecho que le había llevado a emitir demasiados billetes. Estar fuera del patrón oro desde 1797 y no tener la presión de tener que convertir sus billetes en oro, había provocado un exceso de complacencia en los directores del Banco de Inglaterra, y el único remedio a esta situación era la vuelta lo antes posible a la convertibilidad de la libra.

Otros economistas y comentaristas de la época dieron su respaldo al *Bullion Report*, formando el grupo de los bullionistas. Entre ellos se destacó el famoso economista David Ricardo, que introdujo en el análisis algunos otros elementos que dieron origen a una corriente que podría llamarse «bullionismo estricto».[391] Ricardo defendía que la libra esterlina se había depreciado porque la rotura del vínculo con el oro había provocado que se emitieran billetes en una cuantía mayor que la que el oro disponible hubiera permitido. Para Ricardo, la utili-

391. Alternativamente se podría denominar cuantitativismo estricto.

dad del oro provenía de la restricción cuantitativa que ejercía sobre la cantidad de dinero en circulación.

Enfrente de los bullionistas se colocaron los antibullionistas, autores que normalmente estaban vinculados a puestos de dirección en el Banco de Inglaterra o de importantes bancos de la City londinense. Los antibullionistas eran los financieros, mientras que los bullionistas tendieron a ser los economistas.

Los antibullionistas reclamaban que en la medida en que los bancos sólo descontasen letras de cambio de alta calidad,[392] no podría ocurrir la sobreemisión de papel moneda de la que amargamente se quejaban los bullionistas. Para los antibullionistas, la relación de la libra con el oro era algo irrelevante, ya que la cantidad de papel moneda sólo debía vincularse con el volumen de letras de cambio reales existentes en el mercado, volumen de letras sobre el que la banca no tenía, nos dicen los antibullionistas, ninguna capacidad de modificar. Entonces, a ojos de los antibullionistas, el descuento de letras de alta calidad era la única garantía válida que evitaba una sobreemisión de papel moneda.

Por tanto, el bullionismo estricto reclamaba que el papel del oro en el sistema monetario era garantizar una simple restricción cuantitativa en la emisión de moneda, mientras que el antibullionismo no le daba ningún papel al oro, porque la restricción cuantitativa a la emisión de papel moneda provenía de la existencia de letras de cambio que se generaban autónomamente en el comercio. Existe una tercera posición, explicitada tanto en el *Bullion Report* como en el siguiente gran debate monetario por parte de la escuela bancaria, que defendía que la importancia del oro era establecer una restricción cualitativa a la moneda. Esta tercera vía podría recibir el nombre de bullionismo moderado.[393]

392. Las letras de cambio de alta calidad son aquellas que representan transacciones en las que han sido objeto de compraventa entre comerciantes mayoristas y minoristas de bienes de consumo o semiterminados que cuentan con alta demanda en el mercado de bienes finales. De esta manera, coinciden en el tiempo la llegada al mercado de nuevos bienes y de nuevas disponibilidades monetarias. Las letras de cambio de alta calidad son emitidas a corto plazo, lo que asegura que el dinero creado sea retirado de circulación en el corto plazo, tan pronto como los bienes finales han sido vendidos a su consumidor final.

393. La taxonomía, bullionismo estricto, bullionismo moderado y antibullionis-

Desde el bullionismo (moderado y estricto) se criticaba al Banco de Inglaterra por mantener el tipo de descuento demasiado bajo con el fin de ayudar a un gobierno excesivamente endeudado por las necesidades de gasto de las guerras napoleónicas. Desde el antibullionismo se contraargumentaba que las subidas o bajadas del tipo de descuento no tenían un efecto sobre la cantidad de letras de cambio descontadas, y, por ende, sobre la cantidad de billetes o depósitos creados por el Banco de Inglaterra. Es probable que éste sea uno de los argumentos más insostenibles de la posición antibullionista, ya que una caída en cualquier precio, en este caso el tipo de descuento, provoca un crecimiento en la cantidad demandada y de la cantidad efectivamente transada.

Un análisis de los activos en el balance del Banco de Inglaterra en estos años no deja lugar a dudas. El Banco de Inglaterra incrementó de forma acelerada la deuda en su balance, tanto la extendida a su gobierno como la extendida al sector privado (esta última principalmente mediante el descuento de letras de cambio a tipos de cambio muy bajos).

**Gráfico. 7.2. Activos seleccionados del Banco de Inglaterra (1790-1821)**

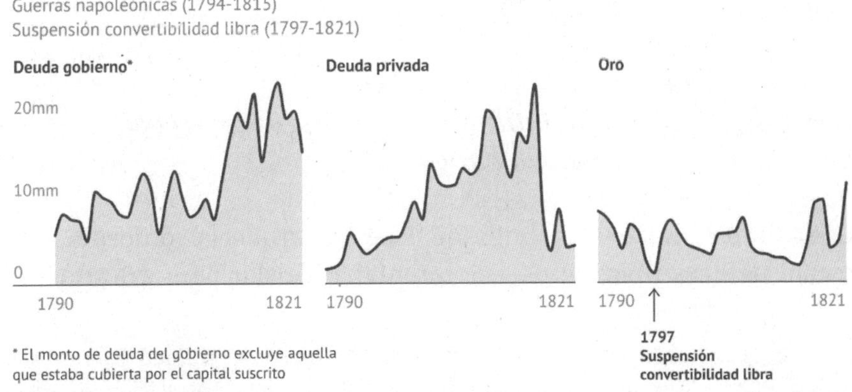


*Fuente:* Banco de Inglaterra.

Argumentalmente, este primer gran debate monetario fue ganado por los bullionistas moderados, en especial después de la publicación

mo es obra de Juan Ramón Rallo (2013). La taxonomía que utilizan la mayoría de los historiadores de la economía es simplemente bullionismo y antibullionismo.

del *Bullion Report*. Pero las necesidades financieras de la guerra se impusieron sobre la buena economía y las finanzas sanas. Por este motivo, al menos antes del cese de hostilidades que tuvo lugar en 1815, políticamente los vencedores fueron los antibullionistas. Mientras duró la guerra con Francia, el Banco de Inglaterra siguió apoyando una política de crédito barato que provocó un exceso de deuda pública y de letras de cambio en el balance del Banco de Inglaterra, todo ello financiado principalmente mediante la emisión de nuevos billetes.

En 1816, una vez que la amenaza de la Francia napoleónica ya no existía, se inició el camino para volver al patrón oro. En ese año se aprobó una ley que formalmente introducía al Reino Unido en el patrón oro. La libra esterlina se vinculó exclusivamente con una cantidad determinada de oro: una onza de oro equivalía a 3 libras, 17 chelines y 10 peniques (casi 4 libras).[394] Pero no sería hasta que se acumuló el suficiente oro en los cofres del Banco de Inglaterra, en el año 1821, cuando finalmente se volvió a hacer convertible en oro a la libra esterlina.[395] El Banco de Inglaterra volvió a entregar oro a todos los poseedores de sus billetes que así lo exigieran. La medida temporal de suspender la convertibilidad de la libra, que se esperaba que estuviese en vigor unos meses, terminó durando nada menos que veinticuatro años (de 1797 a 1821).

## *Segunda controversia bullionista (1826-1844): escuela monetaria contra escuela bancaria*

La segunda controversia bullionista se desarrollaría conforme aparecían pánicos financieros y se intentaba legislar para evitarlos. El

394. Hasta 1816, la libra esterlina fue definida como una cantidad determinada de oro y también como una cantidad determinada de plata. La relación oro-plata establecida y ley de Gresham provocaron que el Reino Unido estuviese, *de facto*, en un patrón oro durante todo el siglo XVIII. Pero es desde 1816 cuando oficialmente se inicia el patrón oro en el Reino Unido.

395. La ley que establecía el regreso a la convertibilidad de la libra en oro data de 1819, y originalmente establecía 1823 como el momento de volver a la convertibilidad. El temprano restablecimiento de las reservas de oro del Banco de Inglaterra permitió que el Reino Unido volviera a la convertibilidad en 1821.

impacto en la legislación bancaria era el objetivo de puntos de vista encontrados sobre el carácter de la actividad bancaria y su impacto en la estabilidad monetaria y bancaria.

Una vez restablecida la convertibilidad de la libra, se esperaba que reinara un clima de estabilidad monetaria y bancaria. Pero nada más lejos de la realidad, en los años siguientes, los pánicos bancarios y las crisis financieras se sucederían, por lo que las controversias y los debates monetarios volverían con una inusitada fuerza a la sociedad victoriana británica.

En esta segunda ronda de debates, los grupos en disputa pasaron a denominarse escuelas. La escuela monetaria se enfrentaba a la escuela bancaria. Uno de los puntos centrales del debate era la propia función del dinero y del crédito monetario en la economía. Los autores pertenecientes a la escuela monetaria defendían una visión estrecha del concepto de dinero, sólo las monedas y los billetes del Banco de Inglaterra podían ser considerados dinero. En la visión de la escuela monetaria, la principal característica que daba valor al dinero era su escasez, por tanto, estos autores reclamarán la restricción cuantitativa del dinero como forma de asegurar la estabilidad monetaria. Por su parte, los autores de la escuela bancaria defendían un concepto mucho más amplio de dinero, en el que cabían las monedas y los billetes, pero también otros muchos instrumentos financieros, como los billetes de otros bancos y también los depósitos bancarios. Empero, los autores de la escuela bancaria distinguían diferentes calidades de estos dineros, el de mayor calidad posible era el oro, ya que era un activo que no era pasivo de nadie más (es decir, por no ser un instrumento de crédito), mientras que otros instrumentos monetarios, aquellos basados en el crédito, consistían en su amplia mayoría en promesas de entregar el dinero de mayor calidad: el oro. Para los autores de la escuela bancaria, la calidad del crédito monetario era tan buena como la capacidad de hacer efectiva la cantidad de oro que prometían entregar. De modo que los autores de la escuela bancaria ponían un énfasis especial en analizar la calidad del dinero y no tanto su cantidad, según ellos una variable secundaria, en el mejor de los casos.

En lo que tiene que ver con el uso y función del crédito monetario, la idea de la escuela monetaria es que la multiplicidad de emisiones de sustitutos monetarios provocaba los ciclos de auge y recesión que se podían observar en la realidad. Desde la escuela monetaria se defendía la hipótesis de que la emisión descentralizada de billetes bancarios provocaba al principio un auge económico y, más tarde, un pánico bancario cuando se ponía de manifiesto que no había suficiente oro para respaldar las emisiones de papel moneda. Los autores de la escuela monetaria estaban preocupados, casi obsesionados, por la posibilidad de que el país se quedara sin oro por la exportación de este metal al no estar totalmente vinculado el oro con la cantidad de billetes bancarios. En lo que tiene que ver con el uso y función del crédito monetario, la escuela bancaria resaltaba que los bancos creaban y destruían medios de pago en función de las necesidades del comercio, y que de esta forma se autorregulaba la cantidad de dinero en circulación con relación a su demanda. Estos autores recalcaban que esta afirmación sólo sería cierta bajo un sistema de convertibilidad de la libra esterlina en oro. En un régimen de convertibilidad, la sobreemisión de dinero bancario era imposible si se respetaba la teoría de las letras reales (esto es, si sólo se descontaban letras de cambio reales, instrumento que ya pertenecían al ámbito monetario).[396] Estas letras se denominan reales porque eran la constatación de que existe una riqueza real, ya producida, que existe antes de la emisión de la letra de cambio. Si los bancos sólo descuentan estas letras reales, se crean nuevos billetes o depósitos bancarios a la vez que llegan nuevas mercancías a los consumidores, por lo que el incremento de la oferta monetaria se compensa con un crecimiento de la demanda de moneda para hacerse con los nuevos bienes disponibles en el mercado. Por tanto, esto tendría un efecto inflacionario neto nulo.[397]

En lo que tiene que ver con la política pública, la escuela moneta-

396. Entre comerciantes, las letras de cambio reales circulaban autónomamente mediante su endoso. Por lo que bajo el prisma de la escuela bancaria, ya eran una forma de dinero, una forma de instrumentar pagos basados en el crédito monetario o promesa de entregar el mejor dinero, el oro.

397. En contraste con las letras reales, existen las letras financieras, que serían aquellas en las que la riqueza objeto de intercambio no existe todavía, aunque sí existe una expectativa de que esa riqueza existirá en el futuro. Si se monetizan las letras financieras, en un primer momento se producirá un pico inflacionario (por la existencia de más crédito monetario sin que exista más riqueza en el presente para ser intercambiada) y en el futuro, un pico deflacionario (cuando la letra se pague y caiga el crédito monetario a la vez que crece la riqueza objeto de intercambio).

ria proponía regular la actividad monetaria sobre la base del principio monetario. El principio monetario preconizaba que la cantidad de billetes en circulación debería comportarse de forma idéntica a como se hubiera comportado la moneda metálica. Bajo el principio monetario, la circulación de billetes se debería aumentar si se incrementaba el oro disponible, y debería caer si el oro salía de circulación (habitualmente por el comercio exterior y por la balanza financiera). Por su parte, la escuela bancaria proponía regular la actividad monetaria y bancaria a partir del principio bancario. El principio bancario proponía que la emisión de billetes se autorregulaba si existía una convertibilidad en oro y si se seguía la doctrina de las letras reales gracias al mecanismo del reflujo. En cuanto a política pública se refiere, no hubo recomendaciones unánimes por parte de la escuela bancaria. Algunos autores recomendaban incrementar en lo posible la competencia entre bancos y eliminar los criterios que impedían crear bancos suficientemente grandes y solventes, otros proponían incrementar las reservas de oro y otros estaban a favor del monopolio del Banco de Inglaterra para que regulara la actividad de descuento de letras.

En 1826, 1833 y 1844 hubo tres crisis financieras y económicas de entidad. En todas ellas, la crisis estuvo precedida por una bajada del tipo de descuento y una expansión del crédito, tanto a corto como a largo plazo, del Banco de Inglaterra. En todas las crisis se produjo una importante pérdida de reservas del Banco de Inglaterra que obligó a subir el tipo de descuento y a frenar la expansión de crédito y, con él, la actividad económica que dependía de ese crédito y, por un efecto de demanda derivada, también de otros sectores económicos. En los momentos de expansión económica, el gobierno también se embarcaba con frecuencia en el estímulo de la economía con una política fiscal expansiva, lo que provocó un efecto todavía más acusado en el ciclo de auge-crisis-recuperación vivido en estos años.

A pesar de la más que evidente deficiente política pública (tanto en el ámbito monetario como en el fiscal), la mayor parte de la culpa y de los ataques de los comentaristas recayeron sobre los pequeños bancos fuera del área de Londres. En la crisis de 1826, hasta sesenta pequeños bancos ingleses quebraron, lo que exacerbó la crisis de confianza. Curiosamente, estos problemas fueron muchísimo más suaves en Escocia, lugar en el que entre 1816 y 1826 sólo quebró un banco. Como vimos en el capítulo anterior, el monopolio del Banco de Inglaterra implicaba que en Inglaterra no se podían crear bancos por acciones que tuvieran más de seis socios (restricción que no se aplicaba a Escocia). De forma correcta, los legisladores llegaron a la conclusión de que ésta era la causa principal de los problemas de los bancos ingleses, que eran demasiado pequeños e infracapitalizados porque la ley dificultaba, cuando no impedía, crear bancos estables y solventes. Por este motivo, en 1826 se emitió una nueva ley que rompió parcialmente el monopolio del Banco de Inglaterra al estipular que la restricción para crear bancos por acciones con más de seis socios sólo se aplicaba al área de Londres, y desde ese momento su creación era libre en el resto del territorio británico.[398] Después de aprobada la ley, en apenas seis años se crearon 50 bancos por acciones en Inglaterra. De esta forma se esperaba que las ciudades de Inglaterra pudiesen contar con un sistema bancario estable igual al que ya disfrutaban los escoceses.

Pero las crisis bancarias y económicas no desaparecieron. Una bajada excesiva del tipo de descuento del Banco de Inglaterra disparó un nuevo ciclo de auge y crisis, proceso que culminó en 1833 en una nueva crisis. Esta nueva crisis bancaria surgió a la vez que se debatían los términos en los que se renovaría la carta de privilegios de los que disfrutaba el Banco de Inglaterra. El monopolio del Banco de Inglaterra, que había sido disminuido en 1826, consiguió una nueva prerrogativa en el año 1833: poniendo en práctica los preceptos de la escuela monetaria sobre qué se consideraba dinero en una economía, se hizo a los billetes del Banco de Inglaterra moneda de curso legal junto a las monedas de oro. Este cambio legislativo significaba que desde ese momento, el billete del Banco de Inglaterra debía ser aceptado obligatoriamente para saldar cualquier tipo de deuda contraída en el Reino Unido.[399] Esto era un ataque directo al mecanismo autorregulador del dinero crédito propuesto por la escuela bancaria al establecer un privilegio legal a un tipo de crédito monetario sobre el resto.

En 1844, y al calor de otra recesión económica, se emitió la famosa ley de Peel. Es probable que desde la ley que creó el Banco de In-

398. En concreto, se estipuló un radio de 65 millas desde el centro de Londres.

399. La ley hacía moneda de curso legal a los billetes del Banco de Inglaterra en Inglaterra y Gales, pero no en Escocia e Irlanda.

glaterra en el año 1694, la ley de Peel haya sido la que más cambió el sistema bancario del Reino Unido. Ante la recurrencia de las crisis bancarias por sobreemisión de billetes, se buscó explícitamente, por un lado, centralizar la emisión de billetes en el Banco de Inglaterra y, por otro, vincular la cantidad de billetes a la cantidad de oro que entraba y salía del país.[400] Esta ley significó el triunfo definitivo de la escuela monetaria en la política pública del Reino Unido, ya que destruyó la poca libertad de emisión de billetes que existía y haciendo caso omiso de su calidad tal como reclamaba la escuela bancaria, buscó limitar la cantidad de billetes en circulación.

El resultado práctico de la ley de Peel fue que otorgó el monopolio exclusivo de emisión de billetes al Banco de Inglaterra.[401] Con este fin se congelaron las emisiones de billetes de todos los bancos al nivel existente en 1844, y se establecieron mecanismos para sustituir paulatinamente esta emisión de billetes descentralizada por la emisión de billetes del Banco de Inglaterra: por ejemplo, cuando se produjera una fusión entre bancos, la emisión de billetes de cada uno de ellos debía desaparecer.[402] Por un lado, esto provocó un nuevo retraso en el proceso de consolidación bancaria que siguió haciendo relativamente débiles y poco estables a los bancos ingleses y, por otro, la expansión del cheque como forma de realizar pagos transfiriendo depósitos en sustitución de los ahora restringidos billetes bancarios.

Otro punto central de la ley de Peel fue la separación del Banco de Inglaterra en dos departamentos: el departamento de emisión y el departamento bancario. El departamento de emisión se encargaría de controlar en exclusiva la emisión de billetes bancarios mientras que el departamento bancario se encargaría del resto de las actividades bancarias, como el descuento de letras, la concesión de préstamos al go-

400. Lo que explica el intento de establecer un vínculo estricto entre la cantidad de billetes emitidos (dinero nacional) y la cantidad de oro en circulación (dinero internacional) es la teoría de David Hume del movimiento que gobierna la dinámica de precios y del movimiento de metales preciosos que recibió el nombre de teoría flujo especie-dinero o teoría de los vasos comunicantes.

401. Hasta este momento, los bancos escoceses podían emitir billetes y los bancos ingleses situados fuera del área de Londres también podían hacerlo. En Londres sólo los bancos con menos de seis socios podían emitir billetes.

402. El Banco de Inglaterra estuvo autorizado a emitir 2/3 del montante retirado por parte del resto de los bancos de emisión.

bierno o la aceptación de depósitos del público. En el departamento de emisión se estableció una regla monetaria en la que parte de la emisión de billetes, llamada fiduciaria, estaría respaldada por deuda del gobierno británico. La parte fiduciaria de la emisión de billetes permanecería completamente fija. El resto de la emisión de billetes sería variable y respondería a las entradas y salidas de oro que tuviera el banco. Ésta fue una forma de implementar el principio monetario que pretendía vincular de forma estrecha la cantidad de billetes bancarios emitidos con la cantidad de oro disponible en la economía. Una vez más, el principio bancario, más centrado en la calidad de la moneda que en su cantidad, fue completamente ignorado por la política pública.

La propia división del Banco de Inglaterra en los departamentos de emisión y bancario respondía a la visión de la escuela monetaria de la economía, que no consideraba los depósitos y otras formas de crédito monetario como dinero y que prescribía una restricción cuantitativa estricta para la emisión de lo que consideraban dinero (de hecho, el propio plan de separar el banco se basó en un escrito de David Ricardo, quizás el cuantitativista más extremo que participó en estos debates monetarios).[403]

Es difícil saber qué escuela, la monetaria o la bancaria, ganó argumentativamente el debate (en opinión del autor de estas líneas, la visión de la escuela bancaria es mucho más completa y acertada). De lo que no cabe ninguna duda es de que políticamente los vencedores de los debates fueron los integrantes de la escuela monetaria. La mayoría de las leyes aprobadas en estos años tuvieron un marcado carácter monetarista, hecho en especial cierto con la ley de Peel de 1844.

Es de destacar también que en 1845 se aprobó la «versión» de la ley de Peel aplicable a Escocia, ley que acabó con la libertad bancaria que tan bien había funcionado. A la hora de acabar con el sistema bancario más libre y que más contribuyó a la prosperidad de la historia de la humanidad, la escuela monetaria no tuvo miramientos.

Por desgracia, los remedios de la escuela monetaria no surtieron efecto, y no sólo es que las crisis no desaparecieron, sino que es muy probable que se han hecho todavía más graves debido al más que me-

403. El texto de David Ricardo que recomienda dividir el banco en dos departamentos fue publicado a título póstumo en 1824. El célebre economista falleció en 1823.

jorable sistema bancario implementado. En 1847, 1856 y 1866 tuvieron lugar tres crisis bancarias graves, y sólo pudieron ser atajadas mediante la suspensión temporal de la ley de Peel de 1844, haciendo emisiones de emergencia no respaldadas por oro de billetes del Banco de Inglaterra. En las crisis de 1847 y de 1866 no hizo ni siquiera falta emitir un solo billete, ya que la crisis amainó en el preciso momento en que se supo que la ley de Peel iba a ser temporalmente levantada. Esto implica la posibilidad de que el problema fuese la insuficiente elasticidad de los medios de pago.

Después de la ley de Peel, el sistema bancario inglés nunca volvió a ser el mismo. A pesar de todo, la banca privada empezó a desarrollarse sobre la base de los depósitos bancarios y del cheque como forma de transferirlos, mientras que en el lado del activo siguieron realizando actividades relativamente similares a las anteriores; esto es, principalmente el descuento de letras de cambio. Algunos autores se quejan de la falta de compromiso de la banca inglesa del siglo XIX con su industria, porque precisamente los bancos ingleses estaban más centrados en la financiación del comercio mediante su descuento de letras de cambio.

## El inicio de la banca norteamericana y el fracaso de los dos primeros bancos centrales de Estados Unidos (1791-1836)

En los primeros cincuenta años de vida de la joven república, en Estados Unidos fracasaron dos intentos de instalar permanentemente un banco central al estilo europeo. El primer banco de Estados Unidos fue establecido en 1791 y operó hasta 1811.[404] El segundo banco nació en 1816 y operó hasta 1836.[405]

404. La ley que habilitaba la creación del primer banco de Estados Unidos establecía un período de veinte años para su operación. Pasado este tiempo, el Congreso debía renovar o denegar el permiso. En 1811, el Congreso decidió no renovar el permiso de este banco.

405. Apenas cinco años después del cierre del primer banco de Estados Unidos, el segundo banco consiguió en 1816 la aprobación del Congreso para operar durante veinte años. En 1836, y después de una dura batalla política, este banco tampoco consiguió que el Congreso le renovara la licencia, por lo que también tuvo que cesar sus operaciones.

Los motivos del fracaso de estas instituciones son dos. Por un lado, el primer experimento con el papel moneda de Estados Unidos en su guerra de independencia contra el Imperio británico fue muy problemático. La hiperinflación de los continentales provocó que la población norteamericana se volviera muy escéptica frente al papel moneda, al poder de creación de moneda del gobierno federal y al sistema bancario en general.

A esta situación histórica se añade en los primeros años de vida de Estados Unidos la lucha por la supremacía política entre el gobierno federal y los estados. La pugna política entre federalistas y antifederalistas tuvo su reflejo en los asuntos monetarios y bancarios.[406] En el ámbito monetario, antes de la guerra de Secesión norteamericana (1861-1865), la descentralización del poder en los estados que proponían los antifederalistas tuvo su reflejo en un período denominado de banca libre, que analizaremos más abajo. Después de la guerra, la tendencia general a la centralización del poder en el gobierno federal incluyó también asuntos monetarios y bancarios.

El establecimiento de los dos primeros bancos centrales en Estados Unidos puede ser entendido como una de las batallas políticas que ganaron los federalistas. Y la disolución de estos bancos puede ser entendida como una victoria del ala antifederalista o descentralizadora que reclamaba la primacía de los estados sobre el gobierno federal.

Después de 1783, el naciente sistema bancario norteamericano tuvo un marcado carácter centrado en los estados y no en el Gobierno federal. La desconfianza de los norteamericanos hacia los bancos hizo que la libertad de empresa característica de Estados Unidos no estuviese garantizada para los nacientes bancos norteamericanos. Se requirieron permisos especiales emitidos por los estados para fundar bancos.[407] Estos permisos solían consistir en una licencia para operar

406. Los federalistas apoyaron la elaboración de una nueva constitución después de ganar la guerra contra el Imperio británico, mientras que los antifederalistas se opusieron a una constitución federal por temer una excesiva concentración de poder en manos del gobierno federal. Si bien con la aprobación de la constitución en el año 1788, los federalistas pudieron imponer su criterio en la arena política, en los años siguientes los antifederalistas consiguieron importantes victorias políticas que generaron un poder relativamente elevado de los estados en comparación con uno relativamente débil gobierno federal.

407. A menudo esto dio lugar a graves casos de corrupción debido a que la con-

una única sucursal en un estado. Estas características darían una forma particular al sistema bancario de Estados Unidos, que desde este momento contaría con una cantidad gigantesca de microbancos con una limitadísima capacidad de diversificar activos, tanto en el ámbito geográfico como sectorial.[408] Esto provocaría que los bancos norteamericanos fuesen muy débiles y excesivamente proclives a sufrir corridas y pánicos bancarios. Esta debilidad, fruto de una deficiente legislación, justificaba la existencia de un banco central federal que ayudara a evitar las corridas bancarias.

Por tanto, en Estados Unidos, los bancos privados establecidos antes de la aprobación de los bancos centrales eran en su mayoría de carácter estrictamente local. En este esquema, realizar pagos entre estados era muy complicado. La dificultad para expandir operaciones por lo limitado del permiso bancario hacía muy difícil la aparición de un banco de bancos, tal como había ocurrido de forma orgánica con los banqueros-joyeros ingleses dos siglos antes. Tampoco pudo aparecer un sistema de sucursales bancarias en diferentes estados, tal como había surgido en la Europa continental del siglo XVI o en la Escocia del siglo XVIII, sistemas que habilitaban los pagos a grandes distancias sin necesidad de transportar físicamente oro. La incapacidad de levantar centros en los sistemas de pagos provocó que fuese en extremo complejo realizar pagos bancarios fuera de la propia localidad en la que estaba situado cada banco y casi imposible realizar pagos bancarios entre Estados. Una vez más, esto justificaba que se estableciera un banco central federal.

Por tanto, la deficiente legislación bancaria de Estados Unidos, curiosamente emitida por el miedo a los abusos bancarios, provocó que Estados Unidos estuviera infrabancarizado y su sistema de pagos exhibiera un crónico subdesarrollo en comparación con las instituciones monetarias y bancarias existentes al otro lado del océano Atlántico. En esta situación, en vez de derogar la deficiente legislación ban-

---

cesión de licencias bancarias estatales estuvo supeditada no sólo a la extensión de créditos al poder político (como solía pasar con los bancos centrales), sino también al enriquecimiento personal de los políticos que tenían en su mano conceder estos permisos.

408. Incluso un banco con varias sucursales en un estado podía abrir sucursales en varias ciudades.

caria existente, los federalistas, encabezados por el célebre Alexander Hamilton, propusieron la creación de un banco central federal a imagen y semejanza del Banco de Inglaterra.

Los bancos centrales diseñados por Hamilton fueron instituciones privadas por acciones, participadas en parte por el propio Estado federal y estaban diseñados para operar en un régimen de monopolio. Se les dio en exclusiva una licencia para operar en el ámbito federal. Por consiguiente, se convertían en el único banco con capacidad para operar en todo el territorio de Estados Unidos. Se esperaba que de esta forma se convirtieran en el centro del sistema de pagos entre bancos, cosa que no ocurrió debido a la revocación de las licencias de estos bancos centrales en 1811 y 1836.

## Banca libre en Estados Unidos (1836-1860)

Después de la lucha política que tuvo lugar por la continuación/cese de las operaciones del Segundo Banco de Estados Unidos en el año 1836, la parte vencedora, los antifederalistas, logró no sólo cerrar el banco central, sino también hacer que el gobierno federal se retirara por completo de los asuntos bancarios. En consecuencia, quedaba en manos de cada estado regular su propia banca. Esto dio inicio al período conocido como de banca libre, período que duraría desde el año 1837 hasta 1860.

A pesar de su denominación, no necesariamente implicó que existiera libertad bancaria en todos los rincones de Estados Unidos, sino que hubo una descentralización de los asuntos bancarios. Esto implicó que algunos estados regularan poco a su sector bancario y aprobaran nuevos bancos con pocas restricciones, mientras que otros estados tomaron un modelo más dirigista de la actividad bancaria. La descentralización, no la libertad, fue la característica más destacable de este período histórico.

El modelo más exitoso de banca libre fue el adoptado en Nueva York. Antes del período de banca libre, Nueva York había tenido graves problemas de corrupción con el régimen de concesiones estatales de licencias bancarias. Esto llevó a que fuese uno de los primeros lugares donde se liberó la concesión de licencias bancarias y la regulación fue menos restringida. Se puede decir que Nueva York fue el primer lugar en el que imperó el régimen de banca libre en Estados Unidos. El buen funcionamiento del sistema bancario en Nueva York llevó a que fuese ampliamente imitado, 18 estados (de los 33 existentes en 1860) adoptaron sistemas similares, hasta que en 1860 el régimen de banca libre terminó. El buen funcionamiento del sistema bancario libre de Nueva York también llevó a que ganara un predominio sobre el resto de los sistemas bancarios norteamericanos, predominio que de forma no planificada y ante la inexistencia de un banco central, en las décadas siguientes lo encumbró a ejercer la función de centro del sistema de pagos de Estados Unidos.

El modelo más problemático de banca libre fue el implementado en el estado de Míchigan. Míchigan fue el primer estado en liberalizar la concesión de licencias bancarias en el año 1837. En apenas un año, 40 nuevos bancos abrieron sus puertas, pero todos ellos quebraron antes de que pudieran siquiera cumplir un año de operaciones. En 1838, la ley de banca libre fue suspendida en Míchigan y definitivamente abolida en 1839. En claro contraste con el éxito de Nueva York y otros estados, el fracaso del sistema de banca libre en Míchigan está relacionado con la aprobación, apenas tres meses después de la promulgación de la ley de banca libre, de una ley que permitía a los bancos dejar de pagar en moneda acuñada los billetes. Se hizo *de facto* a los billetes de estos bancos inconvertibles en moneda metálica. Esto retiró el principal incentivo que tenían los bancos de Míchigan para restringir la emisión de billetes. El resto de los estados tenían la obligación de entregar moneda metálica cuando se presentaran sus billetes ante ellos, Míchigan fue el único estado donde esta obligación no existía. El fracaso de la banca libre en Míchigan está vinculado con la inconvertibilidad de los billetes bancarios y no necesariamente con el régimen de banca libre.

A pesar de todo, incluso en los estados en que no hubo restricciones a la formación de bancos, y en aquellos lugares donde menos se los reguló y más libre fue la emisión de billetes, la libertad bancaria fue mucho más restringida de lo que el nombre «período banca libre» da a entender. Con frecuencia, los estados exigían que las emisiones de billetes estuviesen respaldadas por activos sólidos depositados en dependencias del propio estado. Esta medida pretendía dar seguridad a los usuarios de los billetes, que veían que en caso de quiebra del banco había activos de calidad que les harían recuperar su dinero. El problema se encuentra en la definición de «activo de calidad» que utilizaban los estados. Casualmente, la mayoría de los estados establecían que el activo de calidad que hiciese de respaldo a los billetes bancarios fuese la deuda del propio estado. Por supuesto, la elección no era inocente, el objetivo era incrementar la demanda de la deuda pública para poder incrementar el gasto público y el endeudamiento del estado. La seguridad de los usuarios de billetes bancarios nunca estuvo en la mente de los políticos norteamericanos que diseñaron estas leyes. En 1860, justo antes de que el período de banca libre llegase a su fin, el sistema bancario de Nueva York poseía al menos el 57 por ciento de toda la deuda emitida por el estado de Nueva York. Una vez más, quizás el nombre de «banca libre» que recibe este período lleve a confusiones sobre la verdadera naturaleza del sistema bancario norteamericano entre los años 1837 y 1860.

Por tanto, en el sistema de banca libre norteamericano, los bancos estaban obligados a comprar deuda pública del estado en el que operaban como condición para emitir billetes.[409] Los bancos se habían convertido en agencias de compra de deuda pública estatal. Incluso en los estados en que existía libertad de emisión y libre entrada bancaria, esta restricción provocaba que la estabilidad bancaria estuviera ligada a la sostenibilidad de la deuda pública. Al inicio del período de libertad bancaria, en los años 1830 y 1840, hubo una oleada de impagos de deuda por parte de los estados del sur y del oeste. Estos impagos de deuda pública provocaron una oleada de quiebras bancarias. En la época, esto fue utilizado como prueba de lo inadecuado de un sistema de banca libre. Sin embargo, fue la legislación la que ató la fortuna de los bancos a la de la deuda pública, y fueron los excesos de la deuda los que provocan los impagos de deuda pública que generan crisis bancarias.

En este esquema legal, no sólo la quiebra de un estado podía provocar quiebras bancarias. Una caída en el precio de los bonos podía crear un agujero insalvable en el balance de los bancos y hacerlos quebrar. Emitir un billete bancario respaldado por un activo a muy largo plazo con alto riesgo de crédito y alto riesgo de tipo de interés era tan

409. Ésta es una de las razones que explican la rápida expansión de este sistema desde Nueva York al resto de los estados.

mala idea en el siglo XIX como lo es en el siglo XXI. Cuando en el año 1861 estalló la guerra civil, de inmediato cayó en picado el precio de los bonos de gran parte de los estados de Estados Unidos. Como la legislación obligaba a los bancos a invertir en bonos como respaldo de los billetes emitidos, la caída del precio de los bonos provocó quiebras bancarias y enormes pérdidas a los poseedores de billetes bancarios. Esto, que a simple vista podría parecer un problema derivado del sistema de banca libre, era un problema de la deficiente regulación del sistema bancario norteamericano bajo el mal llamado sistema de banca libre.

Pero en este sistema bancario, las restricciones a la libertad bancaria se extendieron a todavía más ámbitos. La restricción de emisión de billetes estuvo a la orden del día en la práctica totalidad de los estados, y se fundamentaba en diferentes criterios considerados prudentes, como la relación con el capital del banco o el tipo de activos en los que podía invertir el propio banco. Pero quizás una de las restricciones más importantes fue permitir que se mantuviera en pie la anterior legislación bancaria, legislación que dificultaba cuando no directamente impedía abrir sucursales a los bancos. Como ya hemos argumentado, esto provocó que el sistema bancario de Estados Unidos estuviera plagado de bancos muy pequeños, infracapitalizados y poco diversificados. A su vez, esto exacerbó los problemas ya existentes de estabilidad bancaria y de posibilidad de compensación de pagos entre ciudades y estados.[410]

Por consiguiente, sobre todo si lo comparamos con la situación bancaria escocesa que perduró hasta el año 1844, es muy discutible que siquiera se pueda hablar de sistema de banca libre en Estados Unidos.

El sistema de banca libre terminó con el inicio de la guerra de Secesión, en la que las disputas entre federalistas y antifederalistas se llevarían desde el campo de la política al campo de la contienda béli-

410. Debido a que en Estados Unidos los pagos entre estados utilizando el sistema bancario o la compensación de títulos de crédito fueron muy complicados o casi imposibles por los problemas de legislación bancaria que aquí comentamos, son perfectamente plausibles las escenas de las películas del oeste en las que unos bandidos atracan un carro lleno de oro. Antes de la creación de la Reserva Federal, los banqueros europeos se referían a sus contrapartes norteamericanas como bárbaros.

ca. Con la victoria de los federalistas, el estado federal se convertiría en el rector absoluto de la legislación bancaria.

## Los «clubes» de bancos: aparecen los bancos centrales privados en Estados Unidos

Ante los problemas que la legislación bancaria creaba, en concreto, evitar la apertura de sucursales bancarias y la fusión de bancos que permitieran generar un sistema estatal o federal de pagos, la necesidad y la inventiva de los banqueros norteamericanos les permitió generar una forma de llevar a cabo por otros medios esta indispensable función monetaria y bancaria.[411] A pesar de las dificultades, un eficaz sistema federal de pagos consiguió emerger primero en Nueva Inglaterra y, más tarde, en Nueva York.[412]

Tanto el sistema de Suffolk como la Cámara de Compensación de Nueva York tomaron la forma de «clubes» privados de bancos.

### *El sistema de pagos Suffolk en Boston (1825-1860)*

El banco de Suffolk generó la que podría ser considerado la primera cámara de compensación privada de Estados Unidos y, dependiendo de nuestra definición de banco central, podría ser considerado como un banco central privado en Estados Unidos.

El banco de Suffolk fue fundado en Boston en 1818. Poco tiempo después de su fundación empezó un lucrativo negocio. El banco compraba los billetes bancarios emitidos por bancos de otras ciudades, billetes que habitualmente circulaban con descuento por la dificultad de

411. Tampoco ayudaron las dificultades por las que pasaron los dos primeros bancos centrales de Estados Unidos y que evitaron que se estableciera un sistema de compensación patrocinado por el gobierno federal con el fracaso de sus bancos centrales.

412. No es casualidad que estas dos instituciones aparecieran en los estados del norte. Las leyes bancarias en los estados del norte eran mucho más restrictivas con los procesos de apertura de sucursales bancarias y de fusión. Por tanto, los bancos de los estados del sur tendieron a ser más grandes y, en consecuencia, la necesidad de una cámara de compensación era mucho menor.

los ciudadanos de Boston de saber si el billete era emitido por un banco sólido.[413] Una vez recogidos estos billetes, se presentaban ante el banco emisor, que debía hacerlos efectivos al precio par. La compra de billetes con descuento y su posterior cobro completo en moneda metálica daba un ingente beneficio al banco, que tenía la ventaja de retirar de circulación los billetes que menos confianza despertaban en el público.

Debido a que la naturaleza del negocio del banco de Suffolk era lidiar con billetes, pronto estableció relaciones con los bancos que emitían billetes. El banco de Suffolk les ofrecía recomprar sus billetes a los bancos emisores al mismo descuento que los había comprado el propio banco de Suffolk (renunciando a su propio beneficio y entregándoselo a otros bancos) si éstos mantenían un depósito lo suficientemente elevado en el banco de Suffolk. De esta forma, el banco de Suffolk accedía a una fuente de financiación gratuita y los bancos emisores podían recomprar sus pasivos a un precio menor al emitido, por lo que todos ganaban con la transacción.

Con este esquema y en pocos años, el banco de Suffolk evolucionó hasta proporcionar el servicio de cámara de compensación multilateral, primero en Boston y extendió gradualmente su radio de acción hasta que en los primeros años de la década de 1830 prácticamente todos los bancos de Nueva Inglaterra eran parte del «sistema Suffolk».[414] Como la mayoría de los bancos tenían cuenta en el banco de Suffolk, se pudo compensar los pagos entre diferentes bancos mediante anotaciones en cuenta que realizaba el propio banco de Suffolk; es decir, mediante el incremento o caída en los depósitos de cada banco participante en el sistema. Cada banco llevaba al banco de Suffolk los billetes recibidos de otros bancos y se les acreditaban los saldos en su propia cuenta en el banco de Suffolk, mientras que los billetes emitidos por el propio banco y que eran llevados a la cámara eran debitados de esa misma cuenta.

El sistema Suffolk provocó que los billetes de múltiples bancos que circulaban lejos de su emisor fueran aceptados por su valor nominal y no fueran objeto de descuento, de la misma manera que hoy en

413. El Suffolk Bank no fue el primer banco en llevar a cabo esta actividad en Boston.

414. Nueva Inglaterra es un territorio situado al norte de la costa este de Estados Unidos y comprende seis estados (en los años de 1830, en Estados Unidos existían 24 estados).

día los depósitos de diferentes bancos son aceptados sin descuento. Es decir, el resultado del sistema Suffolk fue exactamente el mismo que contar con un banco central que emitiera en régimen de monopolio estos billetes y ejerciera la función de ser cámara de compensación del resto de los bancos o contar con varios bancos privados con libertad para abrir sucursales que ejercieran las mismas funciones.

El sistema Suffolk también desarrolló una forma de supervisión bancaria. Incluir a un banco en el sistema Suffolk significaba que sus billetes serían aceptados por su valor nominal muy lejos del radio de acción del banco, lo que incrementaba tanto el prestigio como la capacidad de aumentar los préstamos del propio banco emisor (y disminuía los costes de transporte de monedas). Pero esto también conllevaba la posibilidad de una sobreemisión de billetes. Por este motivo se desarrolló un sistema de vigilancia por parte del banco de Suffolk hacia aquellos bancos que participaban en el sistema.

Posteriormente, el banco de Suffolk empezó a ofrecer al resto de los bancos la posibilidad de pedir prestado si tenían deficiencias en el depósito mínimo que debían mantener para operar en el sistema de Suffolk. Ésta fue una de las primeras iniciativas de la función de prestamista de última instancia por parte de un banco central o protobanco central.

En 1858, el banco de Suffolk y su sistema fueron desplazados por la competencia. Un segundo banco nació con el objetivo explícito de convertirse en una cámara de compensación en la región de Nueva Inglaterra, en la que ya operaba el banco de Suffolk. A pesar de que el nuevo banco tuvo éxito desplazando al banco de Suffolk, el nuevo sistema de compensación de billetes caería en el año 1860 con el estallido de la guerra de Secesión y las nuevas directivas del sistema bancario nacional.

### *La Cámara de Compensación de Nueva York (1853-)*

La Cámara de Compensación de Nueva York nació en el año 1853, en pleno sistema de banca libre en Estados Unidos. A diferencia del sistema Suffolk, esta institución consiguió sobrevivir a la guerra civil norteamericana y mantenerse con vida hasta el día de hoy, y en el 2024 es la cámara de compensación más grande del mundo.[415]

415. En el año 2024, son compensados cada día cerca de dos billones de dólares.

Desde que en 1838 se aprobó su ley de banca libre, en Nueva York el número de bancos creció con rapidez. El sistema de Suffolk establecido al norte no expandió sus operaciones hasta llegar a Nueva York, así que las relaciones e intercambios entre los numerosos bancos eran caóticos, con decenas de empleados de los bancos llevando cheques, billetes y bolsas de monedas por toda la ciudad de Nueva York. Los banqueros norteamericanos copiaron la cámara de compensación privada establecida informalmente en Londres en 1770. Los banqueros se reunían e intercambiaban y compensaban los cheques y los billetes que cada uno poseía de otros bancos y, finalmente, los saldos restantes eran pagados entre ellos en moneda metálica.

De igual manera que ocurrió con el banco de Suffolk, esta cámara de compensación comenzó a recibir la moneda metálica de los bancos privados en depósito y a emitir certificados de la cámara de compensación (que no eran más que una promesa de la cámara de entregar una cantidad de moneda metálica). Era mucho más eficaz y barato operar en el balance de la propia cámara de compensación que intercambiar físicamente las monedas de metal precioso. De esta manera, pronto los certificados de la cámara sustituyeron los movimientos de oro como forma de realizar pagos entre bancos.

En 1857 hubo una crisis bancaria, y la Cámara de Compensación de Nueva York emitió un tipo de papel moneda ligeramente diferente. En vez de emitir certificados de depósito en la cámara, emitió certificados de préstamo. Esto permitió hacer frente a la escasez de moneda en momentos de crisis y también que los pagos entre bancos siguieran funcionando. Éste es un nuevo caso de la función de prestamista de última instancia, una vez más, realizada por un banco central o protobanco central privado.

La Cámara de Compensación de Nueva York era una entidad jurídica cuyos dueños eran (y son) los propios banqueros que forman parte de ella. Como la cámara guarda en forma de depósito el oro y la plata de los banqueros, y como la cámara empezó a realizar préstamos que podían comprometer ese oro, se restringió de manera notable la entrada a ella, no cualquier banco podía formar parte de la cámara, sólo eran aceptados los bancos lo suficientemente grandes y, sobre todo, solventes. Por tanto, al igual que el banco de Suffolk, la Cámara de Compensación de Nueva York desarrolló labores de vigilancia bancaria. Más cámaras de compensación empezaron a establecerse en otros estados, habitualmente con las mismas características que la de Nueva York: eran un club exclusivo de banqueros al que no podían entrar los bancos con más riesgo y posibilidad de desestabilizar al resto.

## La guerra de Secesión de Estados Unidos, el sistema bancario nacional y los *greenbacks* (1861-1914)

El primer experimento con papel moneda en Estados Unidos dejó una profunda marca en los norteamericanos. El segundo experimento con la emisión de billetes bancarios funcionó algo mejor, aunque la experiencia del mal llamado sistema bancario libre de Míchigan debería haber enseñado a los norteamericanos el peligro de emitir papel moneda inconvertible en moneda metálica (en el período de banca libre, los continentales y los billetes bancarios de Míchigan compartían esta característica de la inconvertibilidad). Sin embargo, una vez más, en las casi tres décadas que van desde 1861 hasta 1879, Estados Unidos sufriría los problemas de una nueva forma de papel moneda inconvertible.

Como casi siempre ocurre, los excesos monetarios vinculados con el papel moneda aparecen en momentos de guerra, y esta vez no sería una excepción. La guerra de Secesión de Estados Unidos (1861-1865) sería financiada, al menos parcialmente, recurriendo al mecanismo monetario tanto por los estados federalistas del norte como por los estados antifederalistas del sur.[416]

Los estados federalistas crearon un nuevo papel moneda, los *greenbacks*. Ante la necesidad urgente de fondos, se aprobó una ley que facultaba al gobierno federal de Estados Unidos para emitir 150 millones de dólares en papel moneda. Entre 1862 y 1863 se aprobó la emisión de un total de 450 millones de dólares en papel moneda del Estado o *greenbacks* para financiar el gasto de guerra.

El precio de los *greenbacks* llegó a caer más de un 60 por ciento con relación a su valor nominal expresado en dólares de plata. Pero a

416. Los estados confederados del sur tenían menos capacidad fiscal y de endeudamiento, por lo que recurrieron en mayor medida a la financiación monetaria de la guerra, lo que provocó una inflación mucho mayor del dinero confederado del sur de la que sufriría el dinero de los unionistas del norte.

diferencia de lo que pasó con los continentales, también emitidos por el gobierno federal casi un siglo atrás, los *greenbacks* no fueron repudiados, y el gobierno federal pagó en moneda metálica o hizo convertibles en oro, después de años, todos los billetes emitidos para financiar la guerra de Secesión. Desde 1878, los *greenbacks* siguieron circulando, pero fueron redimibles por oro a petición de su tenedor por parte del Tesoro de Estados Unidos.

Durante la guerra ocurrió algo muy curioso con la cotización de los *greenbacks*: su precio se movía no tanto en función de la cantidad de su emisión, sino en función del resultado de las batallas de la guerra. Cuando los federalistas ganaban una batalla importante, el precio de los *greenbacks* subía (su descuento sobre la moneda que prometía entregar disminuía) mientras que las batallas perdidas llevaban a una caída en su precio. Esto podría ser visto como un evento en el que la teoría cualitativa del dinero tiene mejor poder explicativo que la teoría cuantitativa. Y es que en las circunstancias de la guerra de Secesión norteamericana, parecía claro que uno de los Estados que emitía la moneda iba a desaparecer, por lo que o bien el dinero del norte o bien el dinero del sur debían acabar con un valor cero con independencia de la cantidad de dinero emitida.[417]

Además de crear nuevos impuestos para sufragar la contienda bélica, el gobierno federal de Estados Unidos también emitió enormes cantidades de deuda pública. Las primeras emisiones de deuda en forma de bonos fueron por un valor de 500 millones de dólares (superior al monto de los *greenbacks*). Estas emisiones iniciales de deuda tuvieron un gran éxito y fueron sobresuscritas (la demanda superó a la oferta de bonos). Pero en una guerra que se extiende durante años, las necesidades de fondos son casi ilimitadas mientras que la disposición y capacidad del público para financiar la guerra es limitada. Por esta razón, cuando en el año 1863 el gobierno federal emitió otros 900 millones de dólares en bonos, hubo que

417. Sólo si existe el compromiso del Estado vencedor de hacerse cargo, total o parcialmente, de las emisiones de papel moneda o deuda podrían retener algo de su valor en caso de desaparición del Estado que las emite. En un caso extremo, el papel moneda de un Estado desaparecido podría retener un valor muy residual si es que no existe ningún otro medio de cambio eficaz para sustituirlo (tal podría ser el caso de algunas regiones de Somalia desde el año 1991).

recurrir a otra forma de financiamiento, fue en ese momento cuando se modificó por entero la legislación bancaria y fue creado el sistema bancario nacional norteamericano (1863-1914).

En este nuevo sistema bancario nacional, las reglas que debían seguir los bancos eran, en la práctica, bastante similares a las que ya existían en el mal llamado sistema de banca libre. La principal diferencia fue que ahora los nuevos bancos nacionales podían operar en todo el territorio de Estados Unidos y se estandarizaba el diseño del billete que creaban (la única diferencia entre billetes era el nombre del banco emisor inscrito en ellos). Se prohibía la circulación de billetes con descuento para evitar el inconveniente que tenían los billetes bancarios de la época anterior cuando circulaban lejos de su banco emisor (el descuento); aunque, como hemos visto, la aparición de cámaras de compensación ya había solucionado este problema.

La gran similitud entre el sistema monetario nacional y el período de banca libre anterior consistía en la regulación relativa de la emisión de billetes bancarios. Los nuevos bancos nacionales debían comprar deuda pública y depositarla en una nueva institución federal dependiente del departamento del Tesoro creada para tal efecto (Office of the Comptroller of the Currency). El objetivo era político, se buscaba en concreto crear una demanda monetaria de la deuda pública emitida para sufragar la guerra. En el período de banca libre existía esta misma regulación, con la salvedad de que la legislación bancaria estatal exigía respaldar la emisión de billetes con la deuda del propio Estado.[418] Tanto en el caso de la nueva banca nacional como en el de la banca libre, el propósito de la regla de creación de billetes bancarios era exactamente el mismo: incrementar la demanda de la deuda pública. La única gran diferencia es quién se beneficiaría de la emisión bancaria: en el nuevo sistema bancario nacional, el ente beneficiado sería el gobierno federal, mientras que en el anterior sistema de banca libre los beneficiados de la demanda monetaria de la deuda pública eran los estados. He aquí un caso más de las batallas que libraron los federalistas y los antifederalistas en arenas diferentes a la contienda bélica.

418. En algunos estados también se admitía el depósito de deuda del gobierno federal para respaldar la emisión de billetes bancarios.

Este sistema de banca nacional, creado en mitad de una guerra con el objetivo explícito de incrementar la demanda de deuda pública, generó enormes problemas monetarios una vez que llegó la paz. Hasta 1914, Estados Unidos sufrió crónicas y recurrentes crisis de liquidez por la falta de elasticidad de la moneda. La ausencia de una regla de monetización de letras de cambio similar a la del Reino Unido provocaba que cuando aumentaba la necesidad estacional de moneda, en especial en el momento de recogida de cosechas, se generaba una falta de efectivo que tendía a provocar recurrentes crisis de liquidez en el sistema bancario. La cantidad de billetes bancarios emitidos en Estados Unidos estaba vinculada de forma estrecha a la cantidad de deuda pública, deuda que no crecía ni decrecía estacionalmente con las necesidades del comercio como sí sucedía con las letras de cambio.

Además, en los años posteriores a la guerra de Secesión, la deuda pública de Estados Unidos cayó de forma drástica, lo que provocó en el país un profundo movimiento deflacionario que se unió al movimiento deflacionario que tuvo lugar en la primera parte del patrón oro clásico por el incremento del poder adquisitivo del oro (hasta el año 1900 aproximadamente). Es decir, Estados Unidos tuvo que hacer frente a un doble movimiento deflacionario, el internacional y el nacional. Esto provocó un fuerte movimiento político en contra del patrón oro (en lugar de focalizarse contra el ineficaz sistema bancario nacional) y una presión política para monetizar cantidades ingentes de los productores de plata norteamericanos, movimiento que tuvo bastante éxito y que estuvo a punto de sacar del patrón oro a Estados Unidos antes de 1893 (Estados Unidos se unió al patrón oro en 1879).

A la hora de suministrar los medios de pago que estacionalmente requería su economía, el sistema bancario nacional era tan deficiente que la primera ley de la Reserva Federal que creó el tercer banco central de Estados Unidos declaraba explícitamente que el propósito de la ley era establecer una moneda elástica. Pero esta necesaria elasticidad estacional de la moneda muy pronto sería malinterpretada y entendida como una capacidad de aumentar siempre la moneda, cosa que poco o nada tenía que ver con la sana elasticidad que exhibía el patrón oro clásico.

## La primera gran globalización financiera: el patrón oro clásico (1871-1914)

De la mano de algunos avances en telecomunicaciones, con mención especial al telégrafo,[419] desde la segunda mitad del siglo XIX se fue fraguando la primera gran globalización financiera de la historia, globalización que sería bruscamente detenida con el inicio de la Primera Guerra Mundial en el año 1914.

La primera gran globalización financiera de la historia no se produjo gracias a la genialidad de un gran hombre. Esta globalización no fue diseñada por nadie, no salió de un comité de expertos ni fue fruto de un gran acuerdo entre países. La primera gran globalización financiera, y su indisoluble compañero, el patrón oro clásico, fueron, principalmente, un desarrollo evolutivo: un desarrollo que fue fruto de la acción humana, pero no del diseño humano intencional.[420]

El período del patrón oro clásico inició su andadura en la década de 1870. Es complicado establecer una fecha concreta para fijar el inicio del patrón oro clásico, ya que su adopción fue un proceso gradual que se extendió a lo largo de la segunda parte del siglo XIX.

419. El telégrafo existe desde la década de 1830, y en apenas veinte años su uso se había extendido a gran parte de Norteamérica y Europa. A pesar de ello, la comunicación trasatlántica estable por telégrafo mediante cable submarino tendría que esperar hasta el año 1866. Desde esa fecha, la comunicación de información fue prácticamente instantánea entre Europa y Norteamérica. En los siguientes años se instalaron cables submarinos por todo el mundo. Desde fecha tan temprana como 1872, el telégrafo unía el centro del Imperio británico con Estados Unidos, Australia e India. Hacia 1911, la práctica totalidad del Imperio británico estaba conectado por el telégrafo (al conjunto de cables submarinos británicos se le conoció como *All Red Line* por la práctica de colorear en rojo los territorios británicos en los mapas). Por tanto, desde los años 1860, la información que antes necesitaba semanas o meses para recorrer el mundo, ahora lo hacía en minutos. Sin el desarrollo del telégrafo, la primera gran globalización financiera nunca hubiera ocurrido.

420. En el ámbito evolutivo, se entiende el concepto «institución» como normas de comportamiento pautado. Inspirado por la Ilustración escocesa, en especial por Adam Ferguson, Hayek consideraba que las instituciones sociales evolutivas son fruto de la constante interacción humana y de la espontánea generación de normas de convivencia que tienden a evitar los conflictos sociales antes de que aparezcan o que los solucionan cuando ya se han hecho presentes. A menudo el intento consciente de mejorar las instituciones es posterior a su desarrollo evolutivo, y suele terminar empeorándolas o incluso destruyéndolas.

A pesar de ello, suele considerarse que el patrón oro clásico empieza después de que desde 1870 múltiples países vayan vinculando sus monedas al oro. En 1880, la práctica totalidad de los países desarrollados se encontraban bajo el régimen monetario del patrón oro clásico. El ocaso del patrón oro clásico tuvo lugar en el año 1914 y se debió al estallido de la Primera Guerra Mundial. En aquel momento, 59 países se encontraban en el patrón oro clásico (de aproximadamente 90 países soberanos existentes entonces). Es decir, el patrón oro clásico fue realmente un patrón mundial.

**Tabla 7.1. Año de adopción del patrón oro clásico de una selección de países**

| PAÍS | AÑO DE ADOPCIÓN |
|---|---|
| Reino Unido | 1816 |
| Suecia | 1873 |
| Alemania | 1871 |
| Países Bajos | 1875 |
| Bélgica | 1874 |
| Francia | 1878 |
| Estados Unidos | 1879 |
| Italia | 1884 |
| Austria-Hungría | 1892 |
| Rusia | 1897 |
| Argentina | 1899* |
| México | 1904 |

* Argentina entró en el patrón oro en 1881, pero sólo permaneció dos años.
*Fuente*: Diebold, Husted y Rush (1991); Accominotti, Flandreau y Rezzik's (2010); Riad Martínez-Ruiz y Nogueres-Marco (2014).

Incluso países que no estuvieron formalmente en el patrón oro, como fue el caso de España,[421] tuvieron un régimen monetario que podría denominarse «patrón oro en la sombra», con reglas relativa-

421. España entró en el patrón oro clásico en 1873 de la mano de la Unión Monetaria Latina; sin embargo, en el año 1883 salió del patrón oro para nunca regresar.

mente similares a las del patrón oro clásico (si bien, más laxas).[422] Alternativamente, en este período algunos países adoptaron un régimen monetario denominado «patrón cambio oro».[423] El patrón cambio oro sería el esquema monetario dominante en el tiempo de entreguerras. Por tanto, entre los países que estaban formalmente en el patrón oro y los países que seguían alguna forma de regla monetaria basada en el oro, podemos afirmar que antes de 1914 el oro fue el patrón monetario mundial.

Tan imbuido estaba el patrón oro clásico en la mentalidad colectiva del inicio del siglo XX, que cuando estalló la Primera Guerra Mundial los comentaristas consideraban que sería una guerra relámpago ya que las reservas de oro de Alemania y Austria-Hungría eran relativamente pequeñas. En consecuencia, tanto Alemania como el Imperio austrohúngaro serían vencidos por los países de la Entente, pero no serían vencidos militarmente, sino que serían doblegados económicamente. A ojos de los analistas y especialistas del momento, contar con unas reservas monetarias de oro mucho menores provocaría la derrota de Alemania y Austria-Hungría en la Primera Guerra Mundial. Por desgracia para los europeos de la época, los expertos erraron estrepitosamente en sus pronósticos. A pesar de que era cierto que Alemania y Austria-Hungría tuvieron problemas financieros mucho más graves que sus rivales en la contienda,[424] estos problemas no conllevaron una capitulación militar.[425]

422. Durante la mayor parte del período, España cubrió la emisión de billetes con 1/3 de reservas, de las cuales la mitad serían en oro. Véase Martínez-Ruiz y Nogueres-Marco (2014). Por lo tanto, el oro actuaba como respaldo parcial de los billetes del Banco de España. Es probable que durante estos años, la vinculación al sistema monetario internacional se tuviese como objetivo lejano de la política pública. Una vez que España se desvinculó completamente del oro en 1883, y después de que gastara en 1890 la mayor parte de sus reservas de oro intentando sostener el precio internacional de la peseta, nunca pudo volver al sistema monetario internacional, tal vez debido a los elevados y constantes déficits fiscales y de la balanza por cuenta corriente, situación incompatible con el régimen de patrón oro clásico. Véase Roldán (2019). A pesar de ello, desde 1890 se inicia una fase de acumulación de reservas de oro que quizás buscaba el restablecimiento de la convertibilidad de la peseta en oro.

423. Desde 1893 es el caso, por ejemplo, de India y de otros países asiáticos. Véase Keynes (1913).

424. Véase Holden (1915).

425. A pesar de ello, los problemas financieros de Alemania y Austria-Hungría

Los países beligerantes no iban apenas a financiar la Gran Guerra con impuestos ni con la utilización de sus reservas de oro, sino principalmente mediante la emisión de deuda pública y su posterior monetización.

Para financiar monetariamente una guerra, el patrón oro era un obstáculo insalvable, así que desde que las grandes potencias se declararon la guerra entre sí, el patrón no duró ni una semana.[426] En Gran Bretaña y Estados Unidos los impuestos apenas pagaron un 25 por ciento de los esfuerzos de guerra; en Italia y Alemania, menos del 15 por ciento; y en Austria-Hungría, Rusia y Francia, los impuestos no pagarían casi nada del esfuerzo bélico.[427]

Como veremos más abajo, los países que más recurrieron a la deuda para pagar la guerra fueron los que más sufrieron la inflación.

## *El rol del oro en el patrón oro clásico (1871-1914): dinero físico frente a dinero representativo*

El patrón oro clásico fue, por tanto, un sistema monetario de alcance mundial. Pero a pesar de las apariencias, en el patrón oro clásico el oro físico ejercía un papel relativamente secundario en el sistema monetario nacional e internacional. El patrón oro clásico vinculaba las unidades de cuenta de los diferentes países (libras, dólares, francos...) a un activo externo: el oro.

Sin embargo, las monedas nacionales podían ser físicamente una cantidad de oro o representar esa cantidad de oro. En este epígrafe veremos la diferencia entre estos tipos de moneda (física y representativa).

La siguiente tabla muestra las cantidades de oro que las principales monedas nacionales contenían o representaban en el patrón oro clásico.

durante la guerra sí tuvieron efectos económicos devastadores en los años posteriores a la guerra.

426. Véase Roberts (2013).

427. Véase Mulder (2018).

## Tabla 7.2. Cantidad de oro por unidad monetaria en el patrón oro clásico

| PAÍS | UNIDAD MONETARIA | GRAMOS DE ORO |
|---|---|---|
| Reino Unido | Libra esterlina | 7,3224 |
| Estados Unidos | Dólar | 1,5046 |
| Países Bajos | Florín | 0,6048 |
| Alemania | Marco | 0,3584 |
| Francia | Franco | 0,2903 |
| España | Peseta | 0,2903 |

*Fuente*: Brittanica; Scott (1902); Wikipedia.

En el patrón oro clásico, las monedas nacionales podían consistir en monedas metálicas de oro, en ese caso circulaban por el valor del oro contenido en ellas. Pero las monedas nacionales también podían consistir en moneda con un sustrato diferente al oro, circulando entonces en representación del oro. La forma más famosa de dinero representativo en el patrón oro clásico era el billete bancario. El emisor del billete bancario o de cualquier forma de papel moneda se obligaba a entregar la moneda de oro físico o la cantidad de oro determinada por la unidad monetaria a petición del tenedor del billete. En consecuencia, el papel moneda representaba una cantidad de oro y solía circular con el mismo valor que las monedas de oro representadas. Solamente en caso de ruptura de confianza en la capacidad de pago del oro (o de la buena fe) del emisor del papel moneda hacía que el papel moneda que representaba una cantidad de oro pudiera circular por un valor diferente al del oro que representaba.

Adicionalmente a las monedas de oro y billetes bancarios, en el patrón oro clásico circulaban monedas fraccionarias o fiduciarias, de plata y bronce, que en el comercio minorista servían para realizar pagos pequeños. Se llamaban monedas fraccionarias o fiduciarias porque el contenido metálico que poseían tenía un valor sustancialmente menor que su valor nominal. Por consiguiente, el valor de la moneda fraccionaria era mayor que su valor metálico, y el resto del valor lo constituía su componente fiduciario. Las monedas fiduciarias mantenían su valor debido a la obligación de su emisor (típicamente la ceca o Casa de la Moneda) de redimirlas en oro. En este sentido, a pesar de que su sustrato físico era radicalmente diferente, para el análisis, las monedas de plata y bronce eran idénticas a los billetes de banco. En otras palabras, en el patrón oro clásico, las monedas de oro y plata, aunque similares en su forma, eran radicalmente diferentes en su fondo (moneda metálica frente a moneda fiduciaria). Mientras que las monedas de plata y los billetes eran similares en su fondo (moneda fiduciaria), a pesar de ser radicalmente diferentes en su forma. Las monedas fiduciarias tenían lo que en la época se denominaba un poder liberatorio limitado. Como se pretendía restringir su uso al comercio minorista, tenían capacidad legal para descargar deudas sólo hasta un monto, usualmente muy pequeño. A partir de cierta cantidad, la moneda fiduciaria podía ser rechazada por un deudor y exigir su pago en oro o papel moneda.[428]

Los depósitos bancarios eran otra forma de dinero representativo que circulaba mediante el uso del cheque en el período del patrón

428. La moneda fraccionaria de plata con poder liberatorio limitado es un desarrollo monetario del siglo XIX. Durante siglos, la plata y el oro habían ejercido funciones monetarias en los regímenes monetarios denominados bimetálicos. Bajo el bimetalismo, la plata tendía a ser utilizada para pagos pequeños y el oro para pagos más grandes. En lugares y épocas más prósperas se tendía a utilizar más el oro, mientras que en lugares y épocas más humildes predominaba el uso de la plata. Pero cuando el precio relativo de los dos metales se movía, contar con dos unidades de cuenta generaba ciertos problemas económicos (por ejemplo, para el pago de deudas, de impuestos o el cálculo de beneficios y costes). Para evitar estos problemas, las autoridades, de forma miope, tendían a establecer por ley un precio fijo entre el oro y la plata. Mientras el precio de mercado se mantuviera cerca del precio fijado por la autoridad monetaria, nada ocurría. Cuando el precio de mercado se separaba del precio fijado, aparecía la famosa ley de Gresham. La ley de Gresham establece que ante la existencia de un precio fijo entre dos monedas, la moneda que tiene un mayor valor de mercado que el establecido por ley desaparece de la circulación mientras que la moneda que tiene un menor valor que el establecido por ley es la que circula. La ley de Gresham es bastante sencilla, y su contribución se puede resumir diciendo que las personas prefieren no vender sus bienes (en este caso su dinero) a un precio menor que su precio de mercado. La aparición de la ley de Gresham generaba *de facto* un sistema monometálico por desaparición de las monedas de uno de los metales monetarios. Esto a su vez generaba un problema para realizar pagos pequeños si el patrón monetario *de facto* era el oro y un problema para realizar grandes pagos si el patrón monetario *de facto* era la plata. La moneda fraccionaria de plata fue una innovación monetaria diseñada para solucionar el problema de la ley de Gresham.

oro clásico, en especial desde 1844.[429] El depósito en el patrón oro clásico tomaba la forma de promesa del depositario de entregar al depositante una suma de dinero físico que podía ser a su vez dinero metálico o papel moneda. El depósito era, y es, un medio de pago sin sustrato físico; es decir, es un dinero completamente inmaterial. Por supuesto, en los tiempos en que reinaba el patrón oro clásico, existía la necesidad de documentar el depósito de manera física, pero la documentación es un hecho diferente del sustrato físico de la cosa documentada. Por su parte, los depósitos se transferían mediante el uso del cheque, que sí tiene un sustrato físico, pero el cheque es sólo el instrumento que permite la circulación del dinero representativo del depósito.[430]

De este modo, en el patrón oro clásico coexistieron varios tipos de dinero. El dinero metálico que circulaba por su valor intrínseco; es decir, por el valor del metal contenido en él. A su lado nos encontramos con dinero representativo pagadero en oro, dinero que puede tomar diferentes formas: billetes de banco, ya sea de un banco central o de un banco privado, depósitos bancarios y monedas de plata y bronce con poder liberatorio limitado.

En el patrón oro clásico, por tanto, el rol del oro físico era doble, por un lado, circulaba como moneda y, por otro lado, hacía de respaldo de diferentes tipos de dineros representativos.

## *Oro y funciones monetarias en el patrón oro clásico*

Por consiguiente, en el patrón oro clásico, el oro ejercía la función de ser medio de cambio, pero era un medio de cambio secundario (véase tabla 7.3). En el patrón oro clásico, las monedas de oro no fueron nunca el medio de cambio más importante. En este período, lo que más se utilizaba en el tráfico mercantil eran billetes bancarios y de-

429. En 1844, la ley de Peel restringió en el Reino Unido el uso del billete bancario. En Estados Unidos, la emisión de billetes estuvo vinculada a una deuda pública decreciente desde el año 1865.

430. En la actualidad, las tarjetas de débito o las transferencias bancarias mediante una orden telemática han sustituido casi completamente el uso del cheque, pero su función es la misma, aunque perfeccionada, transferir los depósitos.

pósitos que se transferían mediante cheque, y lo que más se utilizaba en el tráfico minorista eran monedas fraccionarias de plata y de cobre. Esto es lo que podríamos llamar desdoblamiento monetario: diferentes funciones monetarias son llevadas a cabo por diferentes entidades.

En la tabla 7.3 podemos ver que ni siquiera al inicio del período del patrón oro clásico el oro ocupaba un papel preponderante como instrumento monetario. En el año 1885, sólo el 17 por ciento de la masa monetaria mundial estaba compuesta por oro, y en esa fecha cualquier otro instrumento monetario era más numeroso que el propio oro. En 1913, la importancia de las monedas de oro seguiría cayendo hasta constituir apenas el 10 por ciento de la masa monetaria mundial.

**Tabla 7.3. Oferta monetaria mundial (M1) por tipo de instrumento en 1885 y 1913**

| TIPO DE DINERO | 1885 | 1913 |
|---|---|---|
| Oro | 17 % | 10 % |
| Plata | 21 % | 7 % |
| Billetes | 27 % | 25 % |
| Depósitos | 35 % | 58 % |

*Fuente*: Triffin (1964).

Por tanto, en el patrón oro clásico, el oro no ejercía la función monetaria de ser unidad de cuenta ni la de ser medio de intercambio. A pesar de ello, en el patrón oro clásico el oro retuvo dos funciones esenciales.

*1. El oro fijaba el precio de las unidades de cuenta nacionales (oro como unidad de cuenta internacional)*

Como ya hemos comentado, en el patrón oro clásico las unidades de cuenta nacionales estaban vinculadas a una cantidad de oro. Ésta es una de las características que daba una estabilidad enorme a los intercambios internacionales bajo el patrón oro clásico. Y es que existía una casi completa estabilidad entre tipos de cambio entre diferentes países. Incluso si fluctuaba el precio del oro, los tipos de cambio no lo hacían porque la mayoría de las monedas estaban vinculadas con el oro.

Se podría incluso defender que, en el patrón oro, el oro hacía las veces de unidad de cuenta internacional al estar el resto de las unidades de cuenta fijadas en función a este metal. En consecuencia, el oro era la unidad de cuenta universal (a pesar de no ser una unidad de cuenta nacional).

*2. El oro ejercía la función de liquidador universal (nacional e internacional)*

En el patrón oro clásico, tanto en el mercado nacional como en el mercado internacional, el oro es la mercancía que en definitiva extingue las deudas.

En el patrón oro clásico, los movimientos de oro entre países no eran muy comunes. Los pagos internacionales no se hacían principalmente en oro,[431] sino en promesas de entregar oro, promesas que, a su vez, se compensaban entre sí. Incluso cuando no se podían compensar las deudas surgidas del comercio internacional, algunos mecanismos se ponían en marcha antes de que el oro se moviera de lugar. Si todo lo demás fallaba, el movimiento de oro hacía de forma de pago última entre países. El movimiento de oro era la *última ratio* del comercio y de las finanzas internacionales, no la *prima ratio*.[432]

El oro sólo se movía de lugar entre países cuando se habían agotado el resto de las opciones. En concreto, en la época se hablaba de los «puntos oro». Los puntos oro marcaban el coste de mover oro físicamente en función del tipo de cambio teórico. El tipo de cambio teórico o de paridad era simplemente la relación de la cantidad de oro que contenía o representaba cada par de unidades monetarias (véase tabla 6.2). Los costes de mover físicamente el oro estaban formados por los costes de transporte, los de seguro y el coste de oportunidad de tener invertidos los fondos durante el tiempo que durara el transporte (tipo de interés). Estos costes se añadían al tipo

431. A pesar de que la teoría más aceptada sobre el patrón oro clásico es la del flujo especie de Hume, dicha teoría explica, de forma muy parcial, el desarrollo de los eventos monetarios en el período 1870-1914.

432. El movimiento de oro es costoso, por lo tanto, tiene todo el sentido del mundo, en la medida de lo posible, evitarlo.

de cambio teórico y se pueden obtener los puntos oro. Si los costes de utilizar el sistema de crédito eran inferiores a los de mover el oro físicamente, se utilizaría el sistema de crédito para realizar los pagos entre países. Y, efectivamente, casi siempre los costes de utilizar el sistema de crédito fueron inferiores a los de mover el oro, por lo que en el período del patrón oro clásico, el oro apenas se movía de lugar.

En consecuencia, y a pesar de las apariencias, el papel del oro físico, aunque crucial para el funcionamiento del régimen monetario del patrón oro clásico, no fue el de ejercer la función de unidad de cuenta ni tampoco la función de medio de intercambio generalmente aceptado. En la época de patrón oro clásico, el desdoblamiento monetario provocó que el oro ejerciera muchas menos funciones monetarias que las que pareciera en un primer momento.

A pesar de ello, el oro físico todavía retenía dos funciones monetarias esenciales: liquidador último de deudas y fijar el precio de las unidades monetarias nacionales (siendo redimibles las unidades monetarias nacionales en oro físico).

## *La estabilidad monetaria del patrón oro clásico*

En los cuarenta y cinco años que duró el patrón oro clásico, las buenas propiedades monetarias del oro y el vínculo de la moneda nacional con el oro (en la forma ya comentada de desdoblamiento monetario entre dinero metálico y dinero representativo) provocaron una estabilidad monetaria mayúscula.

El patrón oro clásico fue, por tanto, un período de estabilidad monetaria muy elevada. No sólo los precios no crecieron en cuarenta y cinco años, sino que apenas crecían o decrecían año tras año (es decir, la volatilidad de precios también era muy baja).

En el gráfico 7.3 podemos ver que en el período del patrón oro clásico, la estabilidad monetaria del Reino Unido fue mayúscula. En comparación con el período anterior, la volatilidad disminuyó muchísimo, aunque la estabilidad monetaria de largo plazo fuese prácticamente idéntica. La gran divergencia aparece en el período de cuarenta y cinco años posterior al patrón oro clásico, en el que la depreciación monetaria es mayúscula cuando la comparamos con el período del patrón oro clásico.[433] La Gran Guerra fue el gran parteaguas monetario del siglo xx.[434]

**Gráfico 7.3. Nivel precios en los cuarenta y cinco años del patrón oro clásico (1870-1914)**

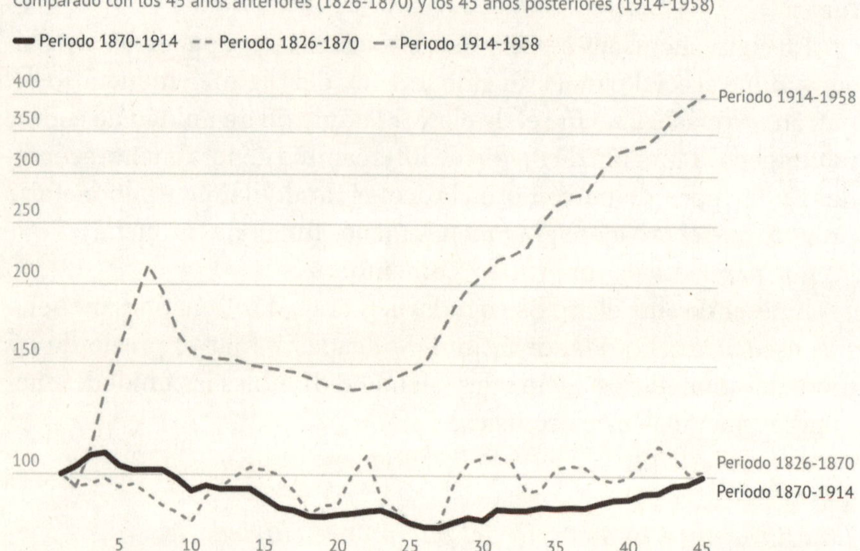


Cada periodo inicia en 100. Un nivel de 200 implica que los precios se han duplicado.
*Fuente*: Thomas y Dimsdale (2017).

Durante el patrón oro clásico, los tipos de cambio efectivos de cada par de monedas se mantuvo increíblemente estable durante todo el período. Las fluctuaciones en los tipos de cambio eran mínimas. Los tipos de cambio entre cada par de monedas casi siempre se mantenían cerca de la relación de oro que cada moneda prometía entregar. Como la libra estaba definida como 7,3 gramos de oro y el

433. En el gráfico 7.3 están incluidos períodos monetarios muy dispares, entre ellos dos guerras mundiales, por lo que la comparativa con el período del patrón oro clásico podría no ser completamente imparcial, al menos después de 1918 y antes de 1945. En cualquier caso, la divergencia en la estabilidad monetaria entre ambos intervalos es tan mayúscula que he creído interesante incluirla en el gráfico.

434. De este modo, el gráfico 7.3 y su interpretación pretenden ser expositivos de una realidad que aconteció, no hacer inferencias sobre las causas de la inestabilidad monetaria posterior al patrón oro clásico.

dólar estaba definido como 1,5 gramos, el tipo de cambio teórico o par entre la libra esterlina británica y el dólar norteamericano era la división entre ambas cantidades de oro, o lo que es lo mismo, el precio par era de 4,86 dólares por libra.

**Gráfico 7.4. Tipo de cambio dólar-libra (1826-1958)**

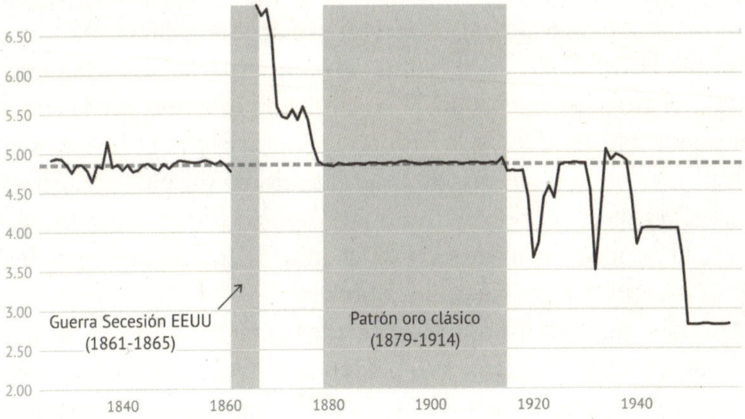

*Fuente*: Thomas y Dimsdale (2017).[435]

En el gráfico 7.4 podemos ver que en el período del patrón oro clásico, el precio al que se intercambiaban el dólar y la libra permaneció prácticamente inalterado durante cuatro décadas, siempre rondando el precio par determinado por su cantidad relativa de oro, estabilidad que no aparece ni el período anterior ni el posterior al patrón oro clásico.

## *El patrón oro clásico como el mejor sistema monetario que ha existido*

Hoy sabemos que el patrón oro clásico fue un sistema monetario que gracias a las facilidades para realizar pagos internacionales y a la

435. En el gráfico 7.4 se establece el inicio del patrón oro clásico en 1879. En el resto del libro hemos supuesto el inicio del período en el año 1870. En el gráfico 7.3 es relevante incluir la fecha de 1879, ya que es el momento en que Estados Unidos se incorpora al patrón oro (y el momento en que se terminan de pagar o se hacen redimibles en oro los *greenbacks*.

enorme estabilidad de precios y de tipos de cambio provocó una expansión nunca vista en el comercio internacional. Entre 1880 y 1910, el volumen del comercio mundial creció entre un 20 y un 30 por ciento sólo debido al efecto del patrón oro.

No es una casualidad que el patrón oro incremente el comercio y el nivel de división del trabajo y del conocimiento internacional. Los tipos de cambio estables son un prerrequisito para que se pueda discernir el patrón de especialización de cada economía o zona económica y para el desarrollo de las ventajas competitivas de cada lugar.

Bajo el patrón oro clásico, la ausencia de movimientos repentinos en el poder adquisitivo de la unidad monetaria y la práctica ausencia de cambios en los términos de intercambio de un país con otro favorecieron la inversión productiva a largo plazo y el crecimiento económico, y la acumulación de capital es uno de los mejores predictores del crecimiento futuro de una economía.

Además, proporcionó un límite a los movimientos especulativos. El oro es un activo que no es el pasivo de nadie más. Con el oro en la cúspide del sistema monetario, cuando los agentes económicos quieren ganar liquidez pueden hacerlo «hasta el final», hasta recuperar el activo que hace de liquidador último de deuda y evitar la expansión del crédito y de los medios de pago que utilizan como reserva última al oro. En un régimen de patrón oro, los diferentes intermediarios en el mercado de crédito utilizaban el oro como base en la que apalancar la creación de nuevo crédito. Cuando algunos agentes económicos se percataban de un incremento en la actividad especulativa o un exceso de creación de crédito, y por precaución convierten sus activos en forma de crédito monetario (como los depósitos y billetes bancarios) por oro físico, ponen un límite claro a la actividad especulativa y crediticia al privar a los intermediarios financieros de la base de todo el sistema de crédito. Siempre que mantuviera la convertibilidad de sus billetes bancarios en oro, el banco central también estaba limitado en su capacidad de acción. El patrón oro clásico era un magnífico disciplinador de la creación de crédito monetario, disciplina que incluía la actividad y capacidad de expansión crediticia de la autoridad monetaria.

En un régimen de inconvertibilidad del dinero representativo en oro (o en cualquier otro bien presente), no existe un activo que ejerza la función de ser liquidador último y que, a la vez, no sea el pasivo de nadie más. Esto implica que la retirada de financiación (o ganancia de liquidez) de unos agentes económicos puede ser contrarrestada por la pérdida de liquidez de otros agentes. En caso de sobreespeculación en el sistema bancario, podría ocurrir una huida de los depositantes hacia los billetes del banco central. En este caso, el banco central recibe nueva financiación (más demanda para sus pasivos), y si el banco central no está obligado a entregar oro o cualquier otro activo, puede extender toda la nueva financiación al sistema bancario del que huyen los depositantes. De esta manera, la sobreespeculación puede continuar y alcanzar cotas nunca imaginadas en un patrón oro en el que el exceso de creación de crédito del banco central podía conllevar una conversión masiva de sus billetes en oro. En otras palabras, destruir la inconvertibilidad de la moneda significaba retirar el disciplinador de la actividad crediticia y de la autoridad monetaria y abría la puerta para que los Estados perpetraran descarados abusos monetarios que en el siglo XX terminaron en grandes depreciaciones monetarias.

Se podría afirmar que la función principal del patrón oro nunca fue la estabilización de precios, como argumentan una parte de los defensores del patrón oro, sino que el objetivo explícito de la autoridad monetaria sólo fue la convertibilidad monetaria del dinero representativo en oro. Para ello, la autoridad monetaria utilizaba como herramienta de política monetaria el movimiento del tipo de descuento (tipo de interés a muy corto plazo). La estabilización de precios internos y del tipo de cambio fueron subproductos de permanecer en el patrón oro clásico y de mantener bajo límites adecuados el flujo de crédito monetario.

El «centro» del patrón oro clásico fue el Banco de Inglaterra. El Banco de Inglaterra y los bancos de comercio de la City londinense se convirtieron en la cámara de compensación mundial de letras de cambio. El increíble desarrollo del sistema bancario inglés antes de que se implementara el patrón oro clásico permitió que Londres fuese capaz de operar el sistema de pagos internacional mejor que ningún otro lugar en aquel momento. En el pico de su influencia, el sistema bancario inglés llegó a financiar el 60 por ciento del comercio internacional. Quizás todavía más increíble es que en la primera globalización financiera de la historia, una parte sustancial del trabajo de compensar gran parte de los pagos que cruzaban el planeta fuese realizado por apenas unas veinte casas de descuento con no más de trescientas o cuatrocientas personas trabajando en ellas.[436]

La Primera Guerra Mundial prácticamente destruyó el patrón oro clásico. Los mercados financieros internacionales, con sede en Londres, se volvieron muy inestables y desorganizados. Aunque se consideraba que la salida del patrón oro sería temporal, hasta que se acabara la guerra (y se esperaba una guerra corta), los países tardaron muchos años en volver a vincular sus monedas al oro, y además lo hicieron en un clima de grandes desequilibrios económicos. Aunque hubo intentos por recuperar el patrón oro, y de alguna manera el oro subsistió en el sistema monetario internacional hasta 1971, la estabilidad monetaria del patrón oro clásico no sería recuperada nunca más. Las instituciones monetarias de la época victoriana se fueron para no volver más.

## La creación de la Fed (1914)

Uno de los grandes cambios que trajo el final del «largo siglo XIX» fue el traslado del centro financiero y económico del planeta desde el viejo mundo europeo hasta el nuevo mundo americano. El Reino Unido perdería su importancia no en favor de Alemania o Francia, como muchos preveían en el momento, sino en favor de Estados Unidos. Este movimiento implicó que Londres dejaría de ser el centro de compensación de pagos del planeta, función que sería crecientemente asumida por Nueva York. Mientras el poderío económico y militar británico se deterioraba, el centenario y a primera vista todopoderoso Banco de Inglaterra fue cayendo paulatinamente en la irrelevancia. La sustitución de la libra por el dólar en el comercio mundial fue un trago muy difícil para el orgullo británico.

436. Las casas de descuento se aseguraban de que las letras fuesen de buena calidad. Cuando las casas de descuento aceptaban (aseguraban) una letra de cambio, el resto del sistema financiero británico tenía la seguridad de que la letra era de primera calidad. Este sistema implicaba también la participación de bancos privados que utilizaban sus excesos de tesorería para descontar las letras que estas casas de descuento garantizaban. Por último, este sistema también incluía al Banco de Inglaterra que redescontaba las letras y facilitaba los fondos en oro en el improbable caso de que fueran necesarios (por desbalances en la compensación de letras).

La paulatina pérdida de importancia del Banco de Inglaterra fue sustituida por la creciente importancia de la Reserva Federal (la Fed), el nuevo y flamante banco central de Estados Unidos creado en el año 1914.

Como ya hemos visto, una de las características centrales del Estados Unidos decimonónico fue la desconfianza de sus ciudadanos en el papel moneda, los bancos y, en especial, la institución de la banca central. Por este motivo, la creación de un banco central en Estados Unidos se tornaba una misión titánica, casi imposible de llevar a cabo, máxime si tenemos en cuenta que los dos bancos centrales anteriores habían sido clausurados. Sin la necesidad de contar con un banco central, Estados Unidos había conseguido desarrollar una economía que en muchos aspectos ya superaba a sus contrapartes europeas. Pero los especialistas bancarios sabían perfectamente que, a pesar de su desarrollo económico, Estados Unidos contaba con un sistema monetario y bancario menos avanzado que el existente en la mayoría de los países europeos y, por supuesto, muy inferior al del Reino Unido. Como suele ocurrir de forma repetida en la política pública, darse cuenta de un problema real no conlleva que las soluciones planteadas sean las correctas. En este sentido, en vez de asumir que el sistema bancario nacional surgido de la guerra civil norteamericana contenía un esquema institucional claramente deficiente, propusieron que lo que le hacía falta a Estados Unidos para superar el *gap* entre el desarrollo de su sistema bancario y su contraparte europea era un banco central.

El impulso definitivo para fundar la Fed vino tras la recesión de 1907. Después de esta recesión se sucedieron los planes para crear un nuevo banco central en Estados Unidos. En esta recesión de 1907 se llegó a romper el precio par (el precio entre la moneda metálica de oro y los depósitos bancarios que prometían entregar a esta moneda de oro). En su mayoría, los banqueros de Nueva York consiguieron esquivar de forma exitosa la crisis. Lo consiguieron mediante la puesta en común de recursos para afrontar la masiva salida de depósitos que estaban sufriendo. Esta puesta en común de recursos se produjo bajo la dirección de un banco, J. P. Morgan, que de forma privada coordinó el servicio o función de prestamista de última instancia, función que al otro lado del Atlántico proporcionaban los bancos centrales controlados por el poder político. Esta función de prestamista de última instancia se extendió a todos los bancos que formasen parte de la cámara de compensación de Nueva York y que no tuvieran problemas de solvencia. Para asegurarse de que los préstamos de emergencia a los bancos en problemas serían devueltos con sus correspondientes intereses, se exigía a los bancos enseñar sus balances, poniendo de relieve la calidad de sus activos y la solidez de sus inversiones. De esta forma, los bancos que proporcionaban sus recursos al fondo común, fondo del que salían los préstamos a los bancos en problemas, se aseguraban de que sólo los bancos más solventes recibieran financiación y, por tanto, se minimizaba la posibilidad de perder estos recursos.

El funcionamiento de este sistema de ayuda mutua entre bancos en tiempos de crisis desarrollado en el pánico de 1907 animaría a los reformadores a crear un sistema similar en 1914 mediante la apertura de un banco central: la Reserva Federal. En su provisión de ayuda de emergencia, el principio rector de la Fed era muy similar al utilizado en la crisis de 1907: se creó una especie de «club» de bancos privados que ponían en común unos recursos para ser utilizados en caso de que alguno de sus miembros sufriera una crisis de liquidez. La gran diferencia entre el sistema puesto en práctica en 1907 y el que se implementaría con la Reserva Federal es que el «club» de banqueros privados era muy exclusivo, y la posibilidad del resto de los bancos de perder recursos provocaba que formaran parte sólo los bancos más solventes y menos especulativos. El «club» formado por la Reserva Federal era mucho más «democrático», casi cualquier banco podría participar (en su inicio era obligatorio para los bancos federales y opcional para los estatales). Durante las siguientes décadas se puso de manifiesto que la Fed era un club en el que la posibilidad de externalizar costes sobre terceros hacía rentable y muy apetecible tomar excesivos riesgos bancarios. Los incentivos que introduce la banca central privada y los que introduce la banca central pública son muy diferentes.

El plan original de los creadores de la Reserva Federal consistía en que fuese lo más parecido posible al Banco de Inglaterra. En aquel momento aún operaba el patrón oro clásico, por lo que la supremacía financiera británica todavía no había sido puesta en tela de juicio. En la ley original de la Reserva Federal, este banco central debía principalmente descontar letras de cambio reales, tal como solía hacer el Banco de Inglaterra. Además, en el diseño original se propuso crear un banco de bancos para facilitar las transferencias entre diferentes partes de Estados Unidos, con el objeto de solucionar el problema del sistema de pagos que el país arrastraba desde hacía décadas.[437]

Pero la Primera Guerra Mundial se interpuso entre los planes originales de la Reserva Federal y la realidad de la economía de guerra. Aunque Estados Unidos no se involucró hasta 1917 en la Primera Guerra Mundial, los preparativos habían empezado desde antes. Ya hemos visto que la guerra y el gasto que ella conlleva son incompatibles con las finanzas y una moneda sana y estable en su valor, y este episodio histórico no será una excepción al respecto. En el año 1916, la ley de la Reserva Federal fue enmendada para cambiar los criterios de monetización de deuda que tenía establecidos el banco central de Estados Unidos. En concreto, se incluyó a la deuda pública federal como activo monetizable y descontable en el banco central.[438] Desde este momento, la Reserva Federal se puso al servicio del Estado federal y paulatinamente se fueron eliminando los frenos que impedían al poder político abusar monetariamente de los ciudadanos.[439]

Como veremos en los siguientes epígrafes, paulatinamente la Fed ganaría protagonismo conforme en el siglo xx Estados Unidos se imponía como el hegemón del mundo, transformándose en el banco central más poderoso del planeta en detrimento de un ya agotado Banco de Inglaterra.

437. Todavía hoy la Reserva Federal mantiene nominalmente su estructura original de doce bancos que actúan como bancos centrales regionales. Debido a la importancia financiera de Nueva York (desde su período de banca libre), la Reserva Federal de Nueva York operó desde un inicio como un «centro» del sistema (a pesar de que el diseño original no incluía esta circunstancia de la importancia de Nueva York). Es decir, la Reserva Federal de Nueva York puede ser vista como el banco central de los once bancos centrales regionales.

438. La inclusión de la deuda federal y no de la deuda estatal en el criterio de monetización de deuda puede ser entendida como un episodio más de la guerra política que en Estados Unidos se libraba entre federalistas y antifederalistas, y que terminaron ganando los primeros, partidarios de un Estado federal poderoso en detrimento de los estados.

439. El cambio en los criterios de monetización también ayudó a que la Reserva Federal de Nueva York se impusiera a los otros once bancos del sistema. Esto restó importancia al plan original de la Fed que preveía que cada uno de los doce bancos podría redescontar letras a tipos de descuento que podían diferir en función de las necesidades regionales de comercio.

## La Gran Guerra y la fallida vuelta al patrón oro (1914-1931)

El período de entreguerras ha sido el más convulso monetariamente hablando de la Edad Contemporánea. El patrón oro se reinstauró a mediados de los años veinte, pero los desequilibrios de la Primera Guerra Mundial y los defectos de diseño del nuevo patrón cambio-oro hicieron que este nuevo patrón oro se rompiera con rapidez por varios lugares. Es probable que la salida del patrón oro del Reino Unido en septiembre de 1931 haya sido el suceso más trascendental que puso fin a este efímero patrón oro. Pero veamos primero cómo se rompió el patrón oro clásico en 1914.

### *La guerra total y la salida del patrón oro clásico (1914)*

Cuando estalló la Primera Guerra Mundial, el patrón oro clásico no resistió ni una semana. En la última semana de julio de 1914 se vivió un pánico financiero casi sin precedentes. Alemania, Austria-Hungría, Rusia y Francia suspendieron la convertibilidad en oro de sus monedas justo después de las declaraciones de guerra. Los británicos mantuvieron la convertibilidad en oro de la libra esterlina, aunque más como una ficción legal que como una realidad. En la práctica, se pusieron tantas restricciones a quien quisiera convertir la libra en oro que se puede afirmar que una vez que estalló la Gran Guerra, el Reino Unido salió casi de inmediato del patrón oro.

Los motivos por los que el patrón oro cae casi de inmediato son dos:

1. El sistema de crédito era una parte inseparable del patrón oro. El patrón oro necesitaba de un sistema de crédito funcional para su correcto desempeño. El crédito se basa en la confianza y no se puede esperar que un sistema de pagos basado en la confianza se mantenga intacto en medio de una guerra mundial.
2. El patrón oro es incompatible con un déficit público masivo. Los enormes gastos surgidos con motivo de la Gran Guerra iban a ser financiados mediante emisiones de deuda pública. Esta deuda pública sería comprada, en su mayor parte, por los bancos

centrales de los respectivos países beligerantes. Los bancos centrales pagan sus compras, principalmente, mediante nueva emisión monetaria.

Las tendencias inflacionarias que provoca la monetización de deuda pública son incompatibles con el mantenimiento de la convertibilidad de la moneda en oro. En estos casos, es habitual que la inflación aparezca en las promesas de entregar oro (es decir, en el papel moneda nacional) y no necesariamente en términos de las monedas de oro. Este tipo de inflación lleva con rapidez al público a exigir el oro prometido.

Para evitar agotar las reservas de oro, los países beligerantes terminaron con la convertibilidad de las monedas nacionales en oro, acabaron con la libre exportación e importación de oro e impusieron férreos controles de divisas para evitar que sus ciudadanos hicieran pagos en el exterior. Cualquiera de estas tres medidas sería suficiente, de forma aislada, para afirmar que un país ha salido del patrón oro. Pues bien, la mayoría de los beligerantes adoptaron las tres medidas.

En algunos casos, el esfuerzo bélico sería pagado casi completamente mediante la monetización de deuda pública. El esfuerzo bélico de la Primera Guerra Mundial se pagó principalmente mediante inflación. La enorme monetización de deuda pública que llevaron a cabo todas las potencias causaría enormes desórdenes monetarios de los que el mundo no se recuperaría hasta pasada la Segunda Guerra Mundial.

Por tanto, el primer motivo por el que cayó el patrón oro clásico, la caída del sistema de crédito internacional, hizo que colapsara el sistema de pagos entre países. El segundo motivo que derribó al patrón oro, la enorme monetización de deuda pública, hizo que se disparara la inflación en los países beligerantes. Los precios en Reino Unido eran 2,5 veces superiores en 1919 que en 1913, en Francia 3 veces y en el mismo período en Alemania se multiplicaron por 8.

### *La posguerra y los problemas de volver al patrón oro*

El patrón oro de entreguerras, que recibió el nombre de patrón cambio-oro fue bastante diferente al patrón oro de la preguerra (patrón oro clásico). El nuevo patrón cambio-oro era mucho menos automático que el patrón anterior. El patrón cambio-oro necesitaba de una constante cooperación entre bancos centrales, cooperación que siempre fue complicada en los convulsos años veinte.

Después de la Gran Guerra, casi nadie dudaba de la necesidad de volver a la estabilidad monetaria que proporcionaba el patrón oro. Las enormes inflaciones y los desórdenes monetarios que habían sufrido los países que participaron en la guerra hicieron que la vuelta al patrón oro no fuera puesta en tela de juicio por prácticamente nadie. El primer problema que enfrentaron los países que pretendían volver al patrón oro fue que las depreciaciones monetarias y los controles de divisas que se levantaron durante la Primera Guerra Mundial dejaron un mundo monetario muy «desordenado». Los precios de las diferentes monedas en los mercados de divisas internacionales tenían poco o nada que ver con su poder de compra real. Tampoco el mercado del oro reflejaba el precio real de este metal ni la depreciación de las monedas frente al oro era un indicativo de su pérdida de poder adquisitivo debido a las prohibiciones levantadas para operar en el mercado del oro. Los mecanismos de mercado habían desaparecido durante años de los mercados monetarios y, en consecuencia, nadie sabía el precio real de las monedas ni del oro ni de unas monedas con relación a otras.

Existía un problema adicional: las reservas de oro de los países beligerantes habían sido diezmadas. Además, los países beligerantes se encontraban fuertemente endeudados con los países no beligerantes, sobre todo con Estados Unidos, que, aunque sí participó en la contienda bélica, su esfuerzo de guerra fue muy limitado en comparación con el de los países europeos. Por tanto, existían pocas reservas de oro, y las pocas que existían estaban comprometidas en los pagos de la deuda de guerra. En otras palabras, existía una carestía enorme de reservas de oro que dieran estabilidad a las monedas europeas.

Estados Unidos, por su parte, pasó de ser un país deudor neto con el resto del mundo antes de la Primera Guerra Mundial a ser un acreedor neto después. Durante este período, Estados Unidos acumuló unas enormes reservas de oro. En 1914, contaba con el 26,5 por ciento de las reservas mundiales de oro, en 1918 la cifra subió hasta el 40 por ciento y en 1923 llegó a ser del 44 por ciento.

Los diferentes países que pretendían volver al patrón oro debían levantar las restricciones impuestas para operar en el mercado de oro y de divisas, acumular reservas de oro y volver a fijar una paridad o tipo de cambio con el oro. Una tarea harto complicada en el inestable mundo monetario y económico de la década de 1920.

## *El problema de la nueva paridad con el oro*

La nueva paridad con el oro fue uno de los problemas monetarios que más quebraderos de cabeza dieron a los líderes europeos durante el período de entreguerras. Este problema de la paridad con el oro consistió en que los gobernantes debían decidir qué cantidad de oro representaría la moneda nacional cuando se restableciera la convertibilidad.

El nivel al que se establecería la nueva paridad con el oro era un asunto complejo. La pérdida de poder adquisitivo de las monedas hacía difícil para algunos países volver a establecer la paridad existente antes de la guerra. Algunos países, como Francia, decidieron establecer una nueva paridad con el oro que significaba una devaluación sustancial de su moneda. Desde finales de 1926, el gobierno francés estableció que el franco representaría una cantidad de oro que era aproximadamente el 20 por ciento del oro que representaba el franco en 1914. Por consiguiente, el gobierno francés realizó una devaluación del franco del 80 por ciento.[440]

Después de la Primera Guerra Mundial, Estados Unidos poseía las mayores reservas de oro del mundo, por lo que el gigante norteamericano no tuvo demasiados problemas para volver al patrón oro en 1919 con la misma paridad que existía antes de la guerra. Estados Unidos salió del patrón oro en el mismo año en que se involucró en la Primera Guerra Mundial, en 1917. Pero el dólar, a diferencia de las monedas europeas, nunca circuló con descuento frente al oro.

En el gráfico 7.5 podemos ver que en cuanto después del final de la guerra se levantaron los controles de capitales, el valor con relación al oro de las principales monedas de los países europeos empezó a caer con rapidez.

440. Con el tipo de cambio que operaba antes de la estabilización monetaria, el gobierno de Poincaré realizó una revaluación del franco del 50 por ciento. La devaluación del 80 por ciento sólo es cierta si comparamos la cantidad de oro que representaba un franco en 1914 y en 1928 (momento en que finaliza la reforma monetaria francesa).

**Gráfico 7.5. Depreciación de monedas sobre paridad preguerra (1918-1925)**

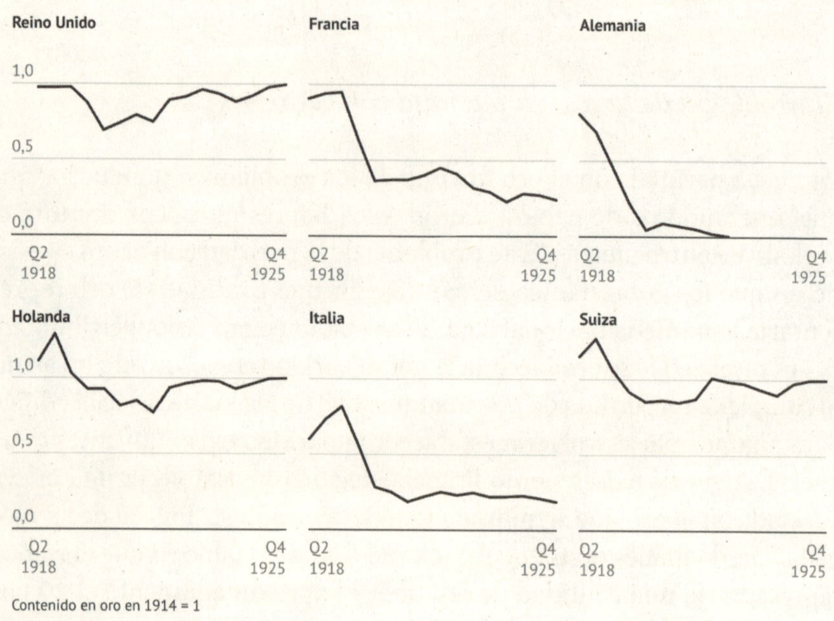


*Fuente*: Palyi (1972).

Ante semejante depreciación monetaria, muchos países decidieron volver al patrón oro a una paridad menor que antes de la guerra. Esto significaba, *de facto*, una devaluación de la moneda con respecto al oro. La «sabiduría convencional» del momento consideraba que si la moneda se había depreciado en más de un 60 por ciento con respecto a la paridad de preguerra, sería prácticamente imposible volver a dicha paridad. Si la moneda se había depreciado menos de un 60 por ciento, volver a la paridad de preguerra era algo factible.

Después de sopesar el potencial golpe a la credibilidad de su sistema bancario en caso de que se decidiera devaluar la libra, que se había depreciado menos de un 40 por ciento en comparación con la paridad de preguerra, el Reino Unido decidió volver a la paridad con el oro de preguerra; es decir, al precio por onza de oro de 3 libras, 17 chelines y 10 peniques.[441] Esto generó una controversia mayúscula sobre la nece-

441. Muchos consideraban que la emergencia de Nueva York como nuevo centro financiero internacional era algo pasajero y que cuando el nuevo patrón oro se pusie-

sidad de llevar a cabo una deflación interna y sobre el sufrimiento que debería afrontar la economía británica por este motivo. En realidad, los problemas británicos del período de entreguerras poco tuvieron que ver con asuntos monetarios, y es probable que hayan estado más relacionados con la destrucción del mercado de trabajo que conllevó que el poder político se plegara a las demandas de los sindicatos. Los drásticos efectos del establecimiento por vez primera del subsidio de desempleo en el Reino Unido fueron devastadores.[442]

## *El nuevo y descafeinado patrón cambio-oro*

A inicios de los años veinte, el dólar norteamericano era la única moneda importante ligada realmente al oro. Esta eventualidad, unida a que Estados Unidos poseía el 40 por ciento de las reservas monetarias mundiales de oro, provocó que el resto de los países que buscaban volver al patrón oro lo hicieran intentando estabilizar sus monedas en función del dólar norteamericano y no tanto en función del precio del oro. Este régimen monetario se llamaría patrón cambio-oro. Con el objeto de estabilizar su moneda, los bancos centrales de medio mundo empezaron a guardar dólares (y activos denominados en dólares) en vez de oro como reservas internacionales. Por tanto, la estabilización de las monedas nacionales se daba contra el dólar y no contra el oro. El dólar se había convertido en lo que se llamó una «moneda de reserva», una moneda que sustituía a la reserva monetaria por excelencia, al oro, como forma de conservar las reservas internacionales de los países.

Adicionalmente, y debido a la expectativa de que el Reino Unido volviese a revivir como centro financiero internacional, otros países también eligieron la libra esterlina como forma de guardar sus reservas internacionales. En consecuencia, la libra esterlina fue la otra

ra en funcionamiento, Londres recuperaría la gloria perdida. Ante esta expectativa, y teniendo en cuenta que el patrón oro descansaba en gran parte en la compensación de crédito y, por tanto, en la confianza, se estimaba que lo más adecuado era volver a la paridad de preguerra o, lo que es lo mismo, al precio que la libra había mantenido durante doscientos años.

442. A este respecto, véase Fernández-Méndez (2019b).

gran moneda de reserva en el patrón cambio-oro. Por consiguiente, en el patrón cambio-oro las monedas de reserva fueron el dólar norteamericano y la libra esterlina.

Derivado de la posición central que ocupaban el dólar y la libra en el nuevo patrón cambio-oro, las reservas de oro mundiales tendieron a concentrarse en la Reserva Federal de Estados Unidos y en el Banco de Inglaterra del Reino Unido. Mientras tanto, los bancos centrales del resto de los países acumulaban dólares y libras en lugar de oro. En el momento se consideró que esta acumulación de divisas era una alternativa perfectamente válida, ya que desde el año 1919 el dólar era convertible en oro y la libra lo fue desde 1926. Además, en ambos casos se decidió volver el patrón oro a la paridad de preguerra, por lo que parecía que el compromiso de estos bancos centrales para cumplir con la convertibilidad en oro de sus monedas era total. Para sorpresa de propios y extraños, en 1931 el Reino Unido incumplió su compromiso y declaró a la libra esterlina inconvertible en oro y, en 1933, Estados Unidos hizo lo propio con el dólar norteamericano.

Se adujo que el motivo para implementar este sistema monetario era la escasez de oro.[443] Se aludía a la escasez de oro para justificar la utilización de divisas de otros países como reservas monetarias internacionales en vez de utilizar oro, como ocurría en el patrón oro de preguerra. Es muy posible que lo que existiera en los años veinte fuese un exceso de papel moneda en circulación y no tanto una escasez del metal oro. Y es que a diferencia de lo que hizo Estados Unidos en los años posteriores a su guerra civil (1865 en adelante), gran parte de los países europeos prefirieron repudiar en parte sus compromisos de entregar oro (esto y no otra cosa fue devaluar la moneda) y persiguieron una política que de manera explícita evitaba la deflación que suele producirse cuando vuelve a instaurarse un régimen monetario metálico después de suspenderlo para financiar el gasto de una guerra. Es posible que la Gran Depresión de los años treinta fuese el natural cierre defla-

443. Curiosamente, desde aproximadamente el año 1900 la crítica al oro fue que era demasiado abundante. Antes de 1900, la crítica al oro coincidía con la de los años veinte en que era demasiado escaso. Lo único claro es que la producción y descubrimiento de nuevos yacimientos de oro reaccionan con cierta lentitud a su precio. Como ya hemos visto, a pesar de todo, la estabilidad monetaria bajo el patrón oro clásico fue mayúscula.

cionario de la Primera Guerra Mundial, cierre que la política monetaria reinflacionista de los años veinte intentó evitar por todos los medios.

En 1928, con la estabilización monetaria y vuelta al patrón oro de Francia, su banco central empezó a canjear por oro físico las monedas de reserva que mantenía en su activo como reservas. El Banco de Francia pasó de tener el 7,7 por ciento de las reservas mundiales de oro en el año 1927 al 28,4 por ciento en 1932. Es posible que la historia francesa con el papel moneda les haya enseñado que un papel que promete entregar oro nunca es tan bueno como el propio oro. También es posible que simplemente el gobierno francés fuera capaz de anticipar que este patrón oro era mucho menos estable que el anterior y que la libra esterlina era una promesa de entregar oro mucho menos creíble en los años veinte que antes de la Primera Guerra Mundial. Sea como fuere, desde el año 1928, con la acumulación de oro de Francia, la demanda de oro en el mundo empezó a dispararse. Gracias a sus enormes reservas de oro, Estados Unidos no tuvo gran problema para cumplir con sus compromisos, pero el Banco de Inglaterra empezó a ver que sus ya escasas reservas de oro se esfumaban. El Banco de Inglaterra hizo todo lo posible por evitar la salida de su oro, llegando a flotar préstamos bilaterales con otros bancos centrales, aunque todo el esfuerzo fue en vano.

Por último, el pobre rendimiento económico del Reino Unido en la era de posguerra, unido a la Gran Depresión que a inicios de los años treinta empezó a asolar el mundo, provocó en el año 1931 la caída del patrón cambio-oro cuando el gobierno británico decidió desvincular la libra esterlina del oro. Desde ese momento, la mayoría de los países abandonaron el patrón oro y comenzó la época de nacionalismo económico y monetario que pavimentaría el camino hacia una nueva guerra que empezaría sólo ocho años después.

### *Los graves problemas del patrón cambio-oro que provocaron su rápido colapso*

La acumulación de reservas en forma de divisas provocó que el patrón cambio-oro fuese un sistema monetario mucho menos eficaz que el patrón oro clásico al que sustituyó. En el patrón oro clásico el liquidador último de deuda y de saldos no compensables entre países era el oro, que es un bien presente escaso muy valioso. En el patrón cambio-oro, además del oro, ejercía la función de liquidador último de deuda tanto la libra como el dólar. Pero el dólar y la libra eran promesas de entregar oro. El dólar y la libra eran promesas de recibir un bien, no un bien en sí mismas. A diferencia del oro, los dólares y las libras eran promesas que podían aumentar a voluntad en caso de necesidad de su emisor.

En el patrón oro clásico, todos los países debían entregar oro para saldar sus pagos si es que las salidas de fondos no compensables movían el tipo de cambio fuera de los puntos oro. Bajo el patrón cambio-oro, tanto el Reino Unido como Estados Unidos podían hacer frente a los pagos salientes simplemente incrementando la emisión de libras esterlinas o de dólares norteamericanos. Por esta razón, el genial economista Jacques Rueff solía argumentar que en este sistema monetario algunos países gozaban del privilegio de comprar sin pagar. Rueff se refería a la capacidad que tenían algunos países de utilizar sus propios pasivos, la libra o el dólar, como una forma de pago internacional. El resto de los países se daban por pagados cuando recibían los dólares y las libras y simplemente los guardaban como si de un bien presente valioso se tratara, se guardaban como los países solían guardar oro antes de la Primera Guerra Mundial.

En el patrón oro clásico, la provisión de crédito monetario era elástica, y el crédito se podía incrementar cuando las necesidades del comercio así lo exigieran, pero la cúspide del sistema monetario, el oro, era un bien presente muy demandado cuya oferta sólo podía crecer de forma muy lenta. De esta manera se conseguía en el sistema monetario un equilibrio entre elasticidad y disciplina. La estabilidad a largo plazo de la unidad monetaria venía dada por la provisión de oro, mientras que la elasticidad a corto plazo necesaria para cubrir la demanda estacional de moneda venía dada por la provisión de crédito monetario. El patrón oro clásico estabilizaba el valor de la unidad monetaria tanto a largo como a corto plazo.

El patrón cambio-oro de los años veinte comparte con su antecesor la posibilidad de aumentar el crédito monetario para hacer frente a la demanda estacional de medios de pago. Pero en el nuevo patrón oro la cúspide del sistema monetario también estaba formada por crédito monetario, crédito que podía ser incrementado de forma rápida y que, además, con frecuencia se aumentaba para suplir las necesidades financieras del propio gobierno, lo que implica que potencialmente este crédito podría llegar a crecer sin fin.

Una gran desventaja del patrón cambio-oro en comparación con el patrón clásico es la ausencia absoluta de la moneda de oro como medio de pago. Esto fue resultado de la práctica incapacidad que tenían los ciudadanos para convertir sus billetes bancarios en oro. En el Reino Unido, si un ciudadano quería convertir sus libras en oro, debía entregar el equivalente en libras esterlinas a unos 12 kilogramos de oro (lo que equivale a casi un millón de dólares del año 2024). Evidentemente, esto impedía que la práctica totalidad de los ciudadanos pudieran acceder al oro y de esta forma disciplinar a la autoridad monetaria tal como ocurría en el patrón oro clásico. Esto fue un resultado buscado de manera explícita por los diseñadores del sistema monetario de entreguerras, pretendían dar más capacidad de acción a los bancos centrales, restringiendo la de los ciudadanos. Adoptar estas medidas tan restrictivas antes de 1914 habría sido impensable en el Reino Unido, y hubiese sido suficiente para asegurar que un país se encontraba fuera del patrón oro. Por estos motivos, es posible que sea una equivocación llamar «patrón oro» a este patrón monetario de entreguerras. En los años veinte, qué duda cabe, el oro desempeñaba un papel monetario, pero mucho más modesto que antes de la Primera Guerra Mundial.

## La hiperinflación alemana de la República de Weimar (1922-1924)

A pesar de no haber sido la primera hiperinflación del mundo, y ni siquiera haber sido la más virulenta (título que recae en la hiperinflación de Hungría de 1945-1946),[444] la hiperinflación alemana, ha sido la hiperinflación a la que más páginas han dedicado historiadores y economistas. La razón del interés por este episodio histórico radica en que ningún otro país con el nivel de desarrollo de la Alemania de inicios del siglo XX, que es probable que en 1914 ya rivalizara en

444. En el peor momento de la hiperinflación húngara, los precios llegaron a duplicarse cada quince horas.

bienestar material con el Reino Unido, ha sufrido una hiperinflación de similares características. Además, la hiperinflación alemana se cuenta entre las causas que llevaron al ascenso del partido nazi al poder, hecho que le imprime todavía más interés a este episodio histórico.

La Primera Guerra Mundial dejó una Alemania sin apenas destrucción física, pero con una pesada losa en forma de reparaciones de guerra, losa que no conseguiría superar hasta que en el año 1933 Hitler decidió dejar de pagarlas definitivamente.[445]

La pesada carga de las reparaciones de guerra lastró sobremanera a la economía y a las finanzas alemanas. La situación financiera alemana, además, se vio muy perjudicada por la inflación de posguerra. Alemania recurrió a la financiación monetaria de la guerra mucho más que otros países, los impuestos apenas pagaron el 13 por ciento del esfuerzo de guerra alemán. La forma de financiación preferida de Alemania fue la deuda pública, deuda que en gran medida fue comprada por su banco central, el Reichsbank.

Tal como podemos ver en el gráfico 7.5, en 1918 el marco alemán se había depreciado apenas un 20 por ciento con relación a la paridad de preguerra. Sin embargo, cuando acaba la guerra y se levantan los controles de capitales, el marco cayó en picado en los mercados de divisas, y fue la moneda europea que más se depreció entre los años 1918 y 1920. La inflación, que fue reprimida con medidas restrictivas como los controles de precios mientras duró la guerra, se desató tan pronto como fueron levantadas estas restricciones. Agobiado por las reparaciones de guerra y en el límite de su capacidad de endeudamiento, el gobierno alemán siguió utilizando, al igual que durante la guerra, la financiación monetaria de la deuda pública para conseguir hacerse con nuevos recursos. Esto provocaría que entre 1918 y 1922 los alemanes sufrieran una inflación muy fuerte, aunque la situación estaba todavía muy lejos de una hiperinflación. La hiperinflación alemana no apareció hasta que en el año 1923 las tropas francesas invadieron la cuenca alemana del Ruhr.

445. En 1931, con motivo de la Gran Depresión, primero se declaró una moratoria de un año sobre estas reparaciones de guerra. En 1932, con la profundización de la depresión y, más tarde, con el ascenso de Hitler al poder, las reparaciones de guerra no se reanudaron.

La invasión francesa estuvo relacionada con las reparaciones de guerra. Las reparaciones fueron tan elevadas que impusieron una carga casi insoportable en la balanza de pagos alemana. Alemania no exportaba lo suficiente como para hacerse con la cantidad de oro y divisas suficiente para pagar las reparaciones de guerra. Además, Alemania se atrasaba constantemente en el pago de las reparaciones pagaderas en especie, como fue el caso del carbón, el estaño o la madera. Las reservas internacionales o los bienes que los alemanes entregaban a los vencedores de la guerra eran muy necesarios para importar bienes de primera necesidad o para ser utilizados directamente por una población alemana muy empobrecida por el esfuerzo de la guerra.[446]

En 1923, y ante los constantes retrasos e insuficiencia en el pago de reparaciones, Francia y Bélgica, en contra de la voluntad del Reino Unido, invadieron la cuenca del Ruhr, la región más industrializada de Alemania. El objetivo era forzar al gobierno alemán a que acelerara los pagos de las reparaciones de guerra. El gobierno alemán se negó a colaborar y tomó la decisión de financiar la resistencia pasiva de los trabajadores alemanes de las zonas invadidas. El gobierno alemán pagó el salario de los obreros alemanes de las zonas ocupadas. Alemania, que apenas contaba con recursos para pagar las reparaciones de guerra, tampoco los tenía para financiar esta resistencia pasiva. La única salida que se les ocurrió a los políticos alemanes de la época fue recurrir a la financiación monetaria de esta medida. Adicionalmente, Francia bloqueó el pago de impuestos de la región invadida al gobierno alemán, lo que provocó un déficit fiscal mayor que también fue cubierto mediante nueva emisión monetaria. Este episodio de la invasión francesa sería la gota que colmó el vaso monetario y lo que desató la hiperinflación en Alemania.

La hiperinflación fue tal que en 1923 los salarios se negociaban antes de cada jornada de trabajo y eran pagados dos veces al día. Una vez que se pagaban los salarios, los trabajadores los gastaban en me-

446. Es de destacar que hasta los británicos, que estaban en contra de la invasión del Ruhr, aseguraban que el impago de las reparaciones era por mala fe de los alemanes. Pero esta mala fe podría simplemente significar que Alemania desvío parte de sus recursos comprometidos con las reparaciones de guerra para atender las necesidades de sus ciudadanos.

nos de una hora. En las cervecerías se instalaron pizarras en las que cambiaba el precio de la cerveza cada pocos minutos, lo que llevó a la práctica de pedir una cerveza y pagarla antes de beberla.

La hiperinflación alemana se acabó tan pronto como un nuevo gobierno llegó al poder a finales de 1923 y acabó con la política de subsidiar la resistencia pasiva de los obreros alemanes. Al final, la solución fue tan sencilla como «parar la impresora» y volver a poner a trabajar a la industria alemana, cosa a la que ayudó el nombramiento en diciembre de 1923 del histórico director del Reichsbank, Hjalmar Schacht. Se aprobó un nuevo plan de pago de las reparaciones y aunque en los años siguientes continuó sufriendo económicamente, Alemania pudo recuperarse de la hiperinflación del año 1923.

## El crac del 29 y el inicio de la Gran Depresión

La Gran Depresión (1929-1939) es el período económico de mayor caída de la actividad económica desde la Revolución Industrial, y es posible que haya sido uno de los mayores de la historia del ser humano desde que existe agricultura sedentaria. En Estados Unidos, ya convertida en la primera potencia económica del mundo, la actividad económica cayó casi un 30 por ciento entre 1929 y 1932, mientras que en esos mismos años la producción industrial lo hizo en nada menos que un 50 por ciento. El PIB norteamericano tardó más de una década en recuperar el nivel alcanzado en 1929. Estados Unidos y el mundo occidental en general vivieron un verdadero colapso económico, un colapso que en tiempos de paz no tiene parangón en la historia contemporánea.

Ninguna recesión económica puede entenderse sin examinar el período de expansión que la precede, ya que es típicamente el momento en que aparecen los desajustes económicos. En el caso de la Gran Depresión, las políticas de dinero barato de la recién creada Reserva Federal tuvieron mucho que ver con el *boom* económico de los felices años veinte en Estados Unidos.

El histórico gobernador de la Fed de Nueva York, Benjamin Strong, consiguió, gracias a su magnética personalidad, concentrar en su propia persona el poder de los doce bancos de la Reserva Federal.[447] Strong no sólo veía con buenos ojos la política de dinero barato que habilitaba e incentivaba una expansión económica interna en Estados Unidos, sino que también consideraba que esta política de dinero barato era necesaria para ayudar a los países europeos a volver al patrón oro. Strong fue muy cercano al también histórico gobernador del Banco de Inglaterra en los años de entreguerras, Montagu Norman, e hizo todo lo posible por ayudar a su homólogo británico a superar los problemas monetarios y financieros del Reino Unido. El clima de cooperación entre bancos centrales llevó a Strong a facilitar préstamos al Banco de Inglaterra, a mantener una política monetaria muy laxa para conservar el tipo de descuento muy bajo y evitar que las reservas de oro internacionales fluyeran hacia Estados Unidos, y hacer posible que esas reservas buscaran acomodo en el Reino Unido, lo que a su vez facilitaba la reincorporación británica al patrón oro, acontecimiento que, como ya hemos visto, ocurrió en 1926. La política de dinero barato de Strong se mantuvo después de 1926 porque a pesar de haber vuelto al patrón oro, el Reino Unido continuó sufriendo graves problemas para mantener la convertibilidad de la libra.

Además, el tipo de descuento demasiado bajo patrocinado por Strong se complementó con otra política monetaria laxa, las compras de activos. La Reserva Federal realizó en estos años de expansión económica frecuentes compras de activos, lo que impulsó todavía más el *boom* económico y especulativo de los años veinte. Por consiguiente, las políticas de Benjamin Strong generaron en Estados Unidos una sobreespeculación sin parangón que se frenó de golpe con el crac de finales del año 1929.

La Fed, que había sido capitaneada por Strong desde su nacimiento, perdió su liderazgo en 1928 con su muerte. Desde este momento, en la Fed hubo muchos titubeos y luchas de poder internas, no supo tomar decisiones para frenar la ya más que evidente burbuja financiera que existía en 1928, y fue incapaz de abortar la manía especulativa, ni siquiera de verla, hasta que fue demasiado tarde.

Hay voces que afirman que la muerte de Strong y la ausencia de liderazgo provocaron el crac del 29 y la Gran Depresión. Es posible que Strong hubiera manejado la crisis y la recesión mejor que sus

447. Benjamin Strong fue el presidente (entonces gobernador) de la Reserva Federal desde 1914 hasta su muerte en 1928.

sucesores, nunca lo sabremos. Pero de lo que no cabe duda es de que Strong y la Reserva Federal tuvieron un papel protagonista en la sobreexpansión financiera y especulación desmedida que tuvo lugar en los años veinte, que fueron la principal razón del colapso económico y financiero de los años treinta.

## Roosevelt, el nuevo sistema bancario y la expropiación del oro en Estados Unidos (1933)

Estados Unidos ha sido históricamente conocida, no sin razón, como la tierra de la libertad. Sin embargo, en asuntos monetarios la exactitud de esta afirmación es mucho más discutible. Ya hemos visto que ni siquiera el período de banca libre en Estados Unidos merece llevar en su nombre el adjetivo *libre*. Pero el siglo XX iba a presenciar varios atropellos monetarios perpetrados contra los ciudadanos norteamericanos por parte de sus autoridades, el primero de ellos fue la expropiación del oro realizada por el presidente Franklin Delano Roosevelt en 1933.

Apenas una semana después de tomar el poder, el presidente Roosevelt decretó unas vacaciones bancarias, término que no es más que un eufemismo para decretar que los bancos no debían hacer efectivo el pago del oro a sus depositantes. Era la primera vez en la historia de Estados Unidos que se paralizaba la operativa de todos los bancos.[448]

En el año 1933, la situación de los bancos en Estados Unidos era crítica. Entre 1930 y 1933 habían quebrado casi 9.000 bancos de los 25.000 existentes en 1929; es decir, uno de cada tres bancos quebró en estos cuatro años. Entre 1929 y 1933, los depósitos, la principal fuente de financiación de los bancos, cayeron nada menos que un 42 por ciento.

Aunque las vacaciones bancarias de Roosevelt duraron oficialmente diez días, después de ese período sólo se permitió abrir las puertas a la mitad de los bancos. En algunas regiones y ciudades los habitantes tuvieron que soportar varios meses sin servicios bancarios y sin poder acceder a sus depósitos.

La administración Roosevelt, y también durante el último año de

448. Algunos estados habían impuesto unas vacaciones bancarias parciales con anterioridad, pero nunca había tenido lugar unas vacaciones bancarias en todo el país.

la administración Hoover, implementaron toda una serie de políticas bancarias y crearon una miríada de instituciones bancarias públicas o patrocinadas por el poder político destinadas a evitar las quiebras bancarias. Estas instituciones bancarias públicas proveyeron de amplios fondos a los bancos a los que se permitió abrir después de las vacaciones bancarias.

A la hora de evitar las quiebras bancarias durante las siguientes décadas, las instituciones y leyes creadas por Hoover y Roosevelt tuvieron éxito. Sin embargo, estas medidas provocaron un cambio radical en el sistema bancario. Se instituyó un régimen en el que se producía una sobrerregulación y un rescate casi indiscriminado del sector bancario privado. La socialización de las potenciales pérdidas de bancos y la expropiación del oro de los norteamericanos provocaron que la deflación prácticamente desapareciese del mapa.[449] Desde 1933, el dólar pierde valor año tras año, y entre 1933 y 2024, la depreciación acumulada del dólar es de casi el 96 por ciento.[450]

Adicionalmente, Roosevelt decidió sacar a Estados Unidos del patrón oro al decretar que los dólares no serían convertibles en oro a petición de los ciudadanos. Roosevelt sí dejó abiertos, aunque con restricciones, los pagos internacionales de oro con el fin de habilitar los pagos por las importaciones. A pesar de todo, las restricciones al comercio implementadas durante los años treinta provocaron que las salidas de oro de Estados Unidos estuvieran muy controladas.

Pero Roosevelt fue mucho más allá de suspender los pagos en oro. En abril de 1933, apenas un mes después de decretar las vacaciones bancarias, el gobierno de Estados Unidos emitió la orden ejecutiva 6102, orden que decretaba una expropiación del oro privado. La orden requería que, con contadas excepciones, el oro y la plata de los ciudadanos debían ser entregados a las autoridades. A cambio, las autoridades daban 20,67 dólares por cada onza de oro.[451] Los castigos por no entregar voluntariamente la riqueza privada en forma de oro y

449. En los noventa y dos años que van desde 1933 hasta 2024, sólo en tres años ha habido una deflación en Estados Unidos.

450. La depreciación del dólar ha sido calculada con el índice de precios al consumo en las ciudades de Estados Unidos.

451. La orden ejecutiva 6102 obligó a entregar el oro en 1933. Otra orden ejecutiva, la 6814, emitida en 1934, decretó la expropiación de toda la plata en Estados Unidos.

plata fueron muy severos, y podían llegar hasta a diez años de cárcel y 10.000 dólares de multa (equivalentes a casi 250.000 dólares del año 2024). Esta medida confiscatoria del dinero privado es más propia de un régimen totalitario que de una sociedad que se jacta de proteger la libertad de sus ciudadanos, y es posible que sitúe a Roosevelt como el mayor tirano que ha presidido los Estados Unidos de América.[452]

Por si la expropiación del dinero privado no fuera suficiente, una vez llevada a cabo, el gobierno de Estados Unidos decretó una devaluación del dólar, desde 20,67 dólares la onza existentes hasta los 35 dólares la onza. Es decir, primero el gobierno retiró la riqueza de los ciudadanos y la sustituyó por un papel equivalente en valor para, acto seguido, devaluar el valor del papel más de un 40 por ciento.

Si la devaluación de Roosevelt hubiera ocurrido con anterioridad a la expropiación del oro, podría argumentarse que la ignorancia tuvo un papel predominante en su nefasta política monetaria. Pero al devaluar el papel después de confiscar el oro quedaba claro que el expolio a los ciudadanos fue una política deliberada de la administración demócrata de Roosevelt.

Por tanto, con la orden ejecutiva 6102, Roosevelt llevó a cabo un expolio consciente de sus ciudadanos. Poseer oro y plata en Estados Unidos estuvo prohibido hasta el año 1975, después de que en 1971 se cortara el último vínculo del sistema monetario internacional con el oro.

## La muerte del multilateralismo y el triunfo del bilateralismo y del nacionalismo monetario (1931-1939)

El patrón oro era un sistema de intercambio internacional que permitía el desarrollo de profundas y complejas relaciones multilaterales, tanto en el ámbito comercial como en el mercado de capitales. Cuando en 1931 el Reino Unido salió del patrón oro y en los años siguientes

452. En las décadas posteriores, otros países copiarían la autoritaria medida de Estados Unidos. En 1959, Australia sancionó una ley que permitía expropiar el oro a sus ciudadanos si se consideraba oportuno para la estabilidad monetaria. En 1966, el gobierno inglés emitió una legislación que impedía a sus ciudadanos importar oro o poseer más de cuatro monedas de oro o plata.

el resto de los países siguieron su ejemplo, este sistema de relaciones multilaterales se rompió.

En un sistema de pagos multilateral, un país podía tener un déficit comercial con otro país a la vez que tenía superávit comercial con un tercer país. No era necesario balancear el comercio y los pagos correspondientes a ese comercio entre cada par de países. En un sistema de pagos multilateral, los desbalances en los pagos entre dos países concretos carecen de importancia siempre que esos desbalances bilaterales se compensen con otros desbalances de signo contrario con terceros países. De esta forma, aunque existan desbalances entre los pagos de cada par de países, el sistema en conjunto es estable.

La caída del patrón oro de entreguerras causó un colapso del sistema mundial de pagos. Un nacionalismo muy mal entendido se apoderó de la política monetaria y económica de la práctica totalidad de los países del mundo, y se levantaron enormes barreras al comercio. El comercio pasó a estar regulado y supervisado por las autoridades de cada país. Con el fin de dirigir el comercio hacia los fines políticos que las autoridades consideraban importantes, los países firmaban acuerdos bilaterales de comercio. Estos acuerdos servían para hacer las compensaciones de pagos que antes hacía el patrón oro, sólo que en vez de hacerse en un sistema multilateral complejo, ahora solamente se harían por cada par de países.

El bilateralismo, obviamente, limitó muchísimo el comercio y los movimientos de capitales. Si dos países no habían firmado un acuerdo bilateral, si bien no era imposible comerciar, se hacía increíblemente complicado. Y lo que quizás es peor, sólo se podía comerciar en los términos restringidos que establecía el tratado bilateral, por lo que estaba a la orden del día establecer cuotas o topes a los productos comerciados, así como fijar precios para los productos. Esto generaba enormes ineficiencias en la economía, ineficiencias generadas por un sistema de pagos dirigido políticamente.

Este sistema de pagos bilateral carecía de las compensaciones múltiples que se daban entre países bajo el multilateralismo. Bajo el bilateralismo, el comercio y los pagos derivados del comercio, y también de los movimientos de capitales, deberían estar en equilibrio entre cada par de países.

De forma bastante curiosa, en este sistema bilateral de comercio regulado y restringido entre países se seguía utilizando el oro para hacer intercambios. A pesar de que los países no tenían vinculadas sus monedas al oro, se hacían entre sí pagos en oro. Como el sistema bilateral carecía de las compensaciones que llevaba a cabo el multilateral, sucedió que a pesar de que el comercio cayó en picado, la necesidad de utilizar oro físico para realizar pagos aumentó de forma extraordinaria. En el sistema multilateral, la posibilidad de hacer constantes compensaciones entre países minimizaba la transferencia de oro entre ellos. Ahora, paradójicamente, y a pesar de que los países no estaban en el patrón oro, se incrementó la necesidad de hacer pagos con oro. Este hecho puede explicar el gran pico de producción de oro que tuvo lugar durante los años treinta.

En este mundo de comercio restringido y bilateral empieza la Segunda Guerra Mundial. En claro contraste con la situación de la Gran Guerra, el estallido de la Segunda Guerra Mundial no provocó graves problemas monetarios. La razón es bastante simple, la Primera Guerra Mundial rompió el sistema de pagos internacional, la Segunda Guerra Mundial empezó con un sistema de pagos ya roto. Alternativamente, también se puede ver de esta forma: los principales países del mundo ya se habían declarado la guerra económica al inicio de la década de 1930. En 1939 decidieron llevar esa guerra económica un paso más allá, decidieron iniciar una contienda bélica a gran escala.[453]

## El sistema de Bretton Woods (1944-1971)

La Segunda Guerra Mundial impuso nuevamente una presión desmedida sobre las finanzas públicas de los países beligerantes. La guerra más destructiva que ha conocido la humanidad también sería financiada, al menos parcialmente, mediante mecanismos monetarios.

Los países beligerantes emitieron bonos de guerra y pidieron a su población un esfuerzo patriótico para que compraran estos bonos a tipos de interés bajos. Los países que participaron en la Segunda Guerra Mundial también incrementaron los impuestos hasta niveles nunca vistos y crearon nuevas figuras impositivas. Sin embargo, nada de esto fue suficiente, por lo que el mecanismo monetario fue tam-

453. La economía alemana, por ejemplo, ya se encontraba financiando monetariamente el rearme de su ejército desde hacía años.

bién utilizado para financiar la guerra, en concreto mediante la compra de deuda pública por parte de los bancos centrales. Los bancos centrales también mantuvieron intervenidos los tipos de interés en niveles extremadamente bajos para favorecer a las finanzas públicas. Para esquivar, al menos durante algún tiempo, la inevitable inflación que conlleva la monetización indiscriminada de deuda pública, los países impusieron controles de precios, de salarios y de movimiento de capitales. En los países beligerantes los precios apenas subían, pero los productos desaparecían de las estanterías de las tiendas minoristas y solían estar racionados por los gobiernos. Esto se denomina un régimen de represión de precios, régimen que con diferentes variaciones e instrumentos, fue aplicado en la Segunda Guerra Mundial tanto en Estados Unidos como en la Alemania nazi.

Cuando terminó la guerra, no sólo Europa y grandes partes de Asia estaban físicamente destruidas, sino que financieramente el mundo estaba, una vez más, al borde del colapso. Incluso los países a los que la destrucción de la guerra no les había afectado directamente se encontraban agotados económica y financieramente. En 1944, cuando ya parecía claro que las potencias aliadas ganarían la guerra, se celebró una cumbre en Estados Unidos que diseñaría el sistema monetario que reinaría en el período de posguerra. El objetivo de la cumbre era evitar repetir los problemas monetarios de la década de 1920 y evitar que surgiera un nuevo régimen de relaciones bilaterales entre países, régimen que tantos problemas había causado para coordinar el sistema de pagos internacional en los años treinta.

## *Bretton Woods como un* déjà vu *monetario: un nuevo patrón cambio-oro*

De la conferencia monetaria que diseñaría el futuro monetario del planeta nació en 1944 el sistema de Bretton Woods. Este sistema monetario fue el último de los patrones oro que ha conocido la humanidad. Esta variante de patrón oro colapsaría en 1971 como resultado de sus contradicciones internas y del esfuerzo que conllevó una nueva guerra, la de Vietnam (1955-1975).

El sistema de Bretton Woods tomó una forma muy similar a la del patrón cambio-oro. A pesar de los nefastos resultados que el patrón cambio-oro tuvo en el período de entreguerras, en Bretton Woods se decidió probar suerte de nuevo. El sistema de Bretton Woods se denominó «patrón cambio-dólar» debido a que el dólar se convirtió en la única gran moneda directamente vinculada con el oro. Tanto en la variante de Bretton Woods como en la del período de entreguerras, el patrón cambio-oro consistía en que una o unas pocas monedas se encontraban directamente vinculadas con el oro mediante la acumulación de oro por parte de sus bancos centrales. El resto de las monedas del sistema monetario sólo estaban vinculadas indirectamente con el oro, ya que sus bancos centrales acumulaban en su activo divisas, y estas divisas eran las que estaban vinculadas con el oro.

El sistema de Bretton Woods, por tanto, se articulaba como una pirámide de medios de pago en la que el oro se encontraba en la cúspide del sistema monetario. La moneda de reserva mundial —es decir, el dólar norteamericano— se encontraba en un segundo escalón. En el tercer escalón monetario se encontraban el resto de las monedas nacionales. La moneda de reserva, el dólar, era una promesa de entregar oro, mientras que el resto de las monedas nacionales eran promesas de entregar dólares.

Es de destacar también que en un sistema de patrón cambio-oro se restringe, cuando no directamente se prohíbe, la tenencia de oro monetario por parte de los ciudadanos. En un patrón cambio-oro, el intercambio físico de monedas de oro, la función de depósito de valor líquido y la de disciplinador del sistema monetario y financiero del oro físico prácticamente desaparecen del mapa.

**Tabla 7.4. Proporción de reservas monetarias conservadas por parte de los bancos centrales en oro y divisas en diferentes patrones oro (1913-1957)**

| AÑO Y PATRÓN MONETARIO | ORO | DIVISAS |
|---|---|---|
| 1913 (patrón oro clásico) | 84 % | 16 % |
| 1928 (patrón cambio-oro) | 62 % | 38 % |
| 1938 (nacionalismo monetario) | 82 % | 18 % |
| 1957 (patrón cambio-dólar) | 45 % | 55 % |

Datos relativos a bancos centrales (exceptuando Fed y Banco de Inglaterra).
*Fuente*: Triffin (1960).

En la tabla 7.4 podemos ver cómo en los dos patrones cambio-oro (después de sendas guerras mundiales) la proporción de reservas monetarias que se mantienen en divisas extranjeras por parte de los bancos centrales se dispara en comparación con otros períodos.

### *El sistema de Bretton Woods como un subtipo de patrón cambio-oro*

Por consiguiente, el sistema de Bretton Woods fue un subtipo de patrón cambio-oro que vinculaba al dólar norteamericano directamente con el oro. El precio del dólar quedó fijado en términos de oro a 35 dólares la onza, el mismo precio que había establecido Roosevelt en el año 1933.

El resto de las monedas de los países participantes en el sistema de Bretton Woods quedaron vinculadas al oro sólo de forma indirecta, mediante la fijación de su precio con el dólar (es decir, mediante un tipo de cambio fijo con el dólar). En consecuencia, en Bretton Woods el oro seguía siendo el activo monetario por excelencia, pero el dólar norteamericano se coronó como la moneda de reserva mundial; es decir, el activo preferido para guardar las reservas monetarias de terceros países.

Durante el siglo xx, el concepto de convertibilidad de la moneda se fue restringiendo paulatinamente desde la convertibilidad absoluta del patrón oro clásico, pasando por la convertibilidad muy restringida del patrón cambio-oro hasta finalizar con el sistema de Bretton Woods, en el que la convertibilidad fue imposible para todo agente económico que no fuese un Estado soberano: sólo terceros países podían exigir el pago de dólares por oro.

En la tabla 7.5 podemos ver que el oro en circulación era casi tan grande como las reservas monetarias guardadas en bancos centrales bajo el patrón oro clásico. En el patrón cambio-oro de entreguerras, el oro en manos del público cayó con fuerza, y fue apenas una décima parte del oro acumulado en bancos centrales. En Bretton Woods, la circulación monetaria de oro desaparece completamente.

Los controles de capitales fueron otra gran novedad del sistema de Bretton Woods. El patrón oro clásico funcionó con una libertad de capitales casi absoluta. Incluso el Fondo Monetario Internacional (institución surgida de Bretton Woods) exigía esquemas preconcebidos de control de capitales a los países como requisito para incorporarse a su sistema de pagos.

## Tabla 7.5. Oro en reservas monetarias y en manos del público en diferentes patrones oro

| AÑO Y PATRÓN MONETARIO | RESERVAS MONETARIAS | CIRCULACIÓN MONETARIA |
|---|---|---|
| 1913 (patrón oro clásico) | 4,03 $ | 3,57 $ |
| 1928 (patrón cambio-oro) | 9,76 $ | 1,04 $ |
| 1957 (patrón cambio-dólar) | 37,36 $ | N/A |

Miles de millones de dólares corrientes.
Hay que tener cuidado al interpretar el valor de 1957, ya que una parte del crecimiento en las reservas monetarias es atribuible a la devaluación del dólar en 1934.
*Fuente*: Triffin (1960).

Como podemos ver en el gráfico 7.6, medida como activos externos sobre PIB de las diferentes economías mundiales, la globalización financiera cayó en picado cuando colapsó el patrón oro clásico y no se consiguió recuperar el valor de inicios de siglo hasta después de que cayera el sistema de Bretton Woods en 1971.

## Gráfico 7.6. Globalización financiera (1870-1990)

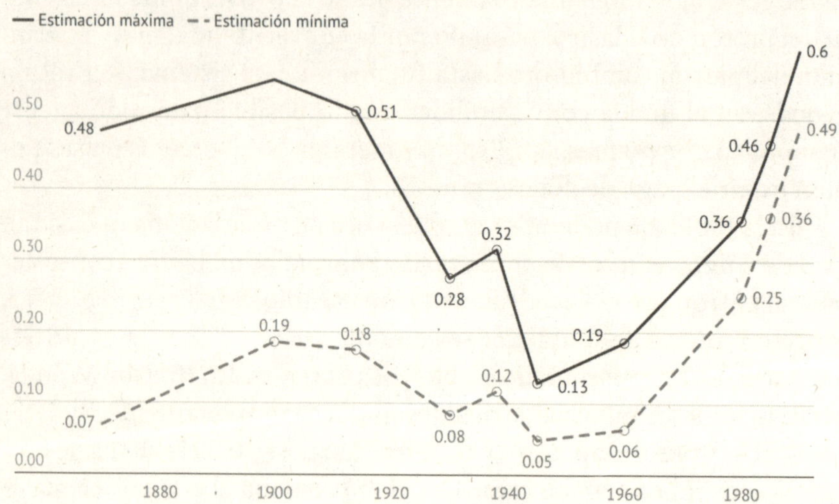


*Fuente*: Obstfeld y Taylor (2003).

A pesar de todo, el sistema de Bretton Woods fue un hijo de su tiempo. Sus creadores eran perfectamente conscientes de los problemas que tuvo el patrón cambio-oro de los años veinte. Uno de esos graves problemas fue la vuelta escalonada de los países al patrón oro. Esto generó violentos movimientos de oro que no pudieron ser compensados por el sistema de crédito. Con buen juicio, en Bretton Woods se decidió generar un sistema internacional de pagos que se pusiera en marcha tan rápido como acabara la Segunda Guerra Mundial y al que la mayoría de los países se adhirieran desde su establecimiento.

De forma similar a lo que ocurrió en 1918, después de la Segunda Guerra Mundial Estados Unidos era el país que tenía la mayor parte de las reservas de oro, que llegaron a ser el 75 por ciento de las reservas mundiales. Por tanto, parecía lógico que fuera Estados Unidos el que volviera con rapidez al patrón oro por tener disponible de manera inmediata reservas más que suficientes para dar estabilidad a su moneda. El resto de los países estabilizaron sus monedas contra el dólar, evitando la espera hasta contar con suficientes reservas de oro para reanudar la convertibilidad.

## *El papel del Reino Unido en el sistema de Bretton Woods*

En su plan original, el sistema de Bretton Woods no sólo incorporaba al dólar norteamericano como moneda de reserva. En Bretton Woods, y al igual que en el patrón oro de entreguerras, se incluía a la libra esterlina como moneda de reserva.

Por este motivo, y con el objeto de devolver a la libra esterlina el orgullo del pasado convirtiéndose en una moneda central en el nuevo sistema de pagos, el Reino Unido intentó volver lo antes posible a la convertibilidad contra el oro.

En fecha tan temprana como 1947, el gobierno británico intentó volver a la convertibilidad de la libra con el oro; sin embargo, la tentativa fue un fracaso rotundo. Los problemas económicos y monetarios del Reino Unido no acabaron ahí, ya que ante una marcada balanza de pagos negativa y la presión que los pagos salientes ejercían sobre sus débiles reservas, en 1949 tomaron la decisión de devaluar la libra esterlina. Con esta devaluación se desvaneció cualquier esperanza británica de volver a contar con una moneda de referencia mundial. El Londres que orgullosamente ocupaba el centro de pagos internacional era ya cosa del pasado.

A pesar del ya más que evidente declive monetario y financiero del Reino Unido después de 1945, la inclusión de la libra como moneda de reserva en Bretton Woods tampoco era un disparate cuando se celebró esta conferencia en el año 1944. El Reino Unido todavía mantenía un imperio gigantesco y las autoridades británicas obligaban a sus colonias a guardar sus reservas monetarias en libras esterlinas en Londres. Como consecuencia, cuando se inició el sistema de Bretton Woods, la libra esterlina era la moneda de reserva más utilizada. En el año 1949, el 71 por ciento de las reservas en divisas de bancos centrales se encontraban denominadas en libras esterlinas y sólo el 25 por ciento en dólares norteamericanos. Por tanto, no parecía descabellado que la libra mantuviera su posición central en el nuevo sistema mundial de pagos. A pesar de ello, las bajas reservas en oro del Reino Unido y la débil situación económica por la que atravesaba terminaron por imponer la dura realidad a las ensoñaciones basadas en tiempos gloriosos que, por desgracia para los británicos, ya formaban parte del pasado.

De este modo, desde 1949 el sistema monetario mundial tendría un solo rey: el dólar norteamericano.

### *Los problemas del sistema de Bretton Woods: la emisión y exportación de dólares seguía una senda no sostenible*

Al crear un sistema de pagos de alcance mundial que permitía compensar pagos de una manera muy eficaz, el sistema de Bretton Woods sirvió para recuperar el multilateralismo. En este sentido, tal como se puede ver en el gráfico 7.7, el establecimiento de este sistema monetario fue, sin duda alguna, un éxito que consiguió recuperar gran parte del comercio mundial que se había perdido después del colapso del patrón oro.

Pero el sistema de Bretton Woods contenía contradicciones y problemas internos demasiado acusados como para sobrevivir largo tiempo.

## Gráfico 7.7. Globalización comercial (1830-1990)

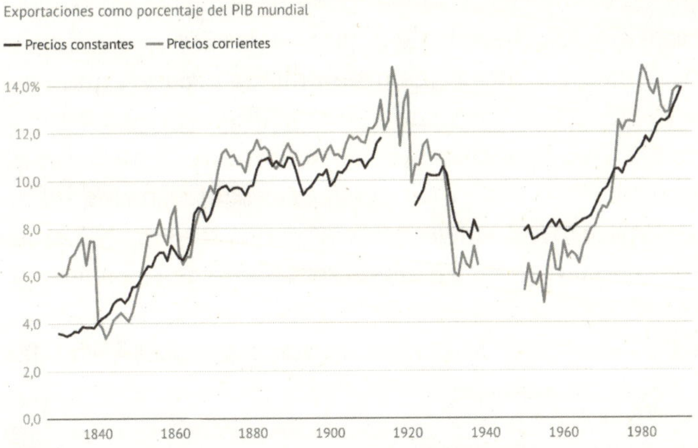


*Fuente*: Federico-Tena World Trade Historical Database (2018).

En el sistema de Bretton Woods, Estados Unidos creaba dólares y los exportaba al resto del planeta. El problema es que la senda de creación de dólares por parte de Estados Unidos no era sostenible. Los dólares, que no eran más que promesas de entregar oro, se creaban por encima de la capacidad de Estados Unidos para generar ese oro o su equivalente en valor. En otras palabras, Estados Unidos debía sostener los dólares con la capacidad de su economía para generar actividad económica y de su gobierno para gravarla mediante impuestos.

Los problemas se encuentran en el mecanismo por el cual se creaban los dólares en el sistema de Bretton Woods. Antes de 1914, en el patrón oro clásico, el principal mecanismo por el que el Banco de Inglaterra creaba nuevos pasivos monetarios (billetes y depósitos) era el redescuento de letras de cambio (además de la compra de oro). En este esquema, a la hora de mantener la estabilidad monetaria, la capacidad de extraer ingresos a los ciudadanos por parte del gobierno no era primordial, lo realmente importante era la calidad de las letras de cambio descontadas por el sector bancario privado y redescontadas por el banco central. Por el contrario, en el sistema de Bretton Woods la creación de pasivos monetarios por parte de la Reserva Federal se hacía principalmente mediante la monetización de deuda pública (característica que sigue compartiendo nuestro sistema monetario contemporáneo). Por consiguiente, ya desde esta fecha tenía sentido afirmar que la estabilidad monetaria dependía de la estabilidad fiscal y de la capacidad de generar impuestos por parte del gobierno.[454]

La creación insostenible de dólares se puso de manifiesto desde la década de 1950. La exportación de dólares provocó que las reservas netas de Estados Unidos cayeran, hasta tal punto que se tornaron negativas desde 1960. Las reservas de oro brutas se mantuvieron relativamente constantes hasta el año 1957, momento en que empezaron a caer, primero de forma suave y ya en los años sesenta de forma acelerada, tal como podemos ver en el gráfico 7.8.

**Gráfico 7.8. Reservas de oro brutas y netas en EE. UU. (1928-1971)**

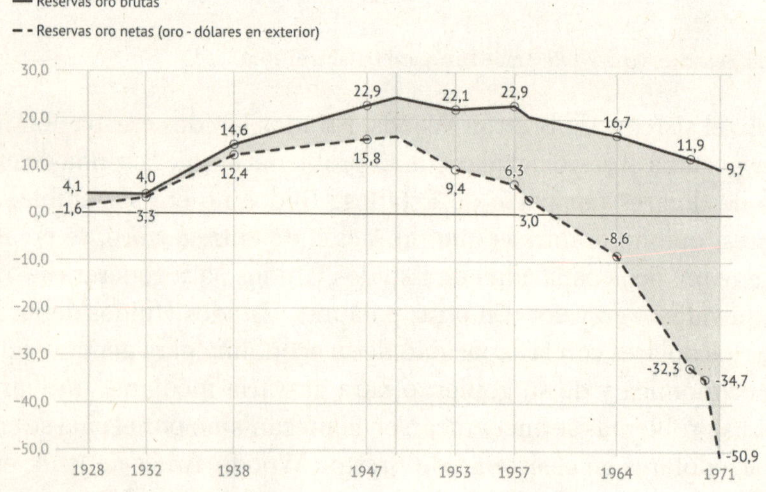


Datos en miles de millones de dólares.
*Fuente*: Triffin (1960); Triffin (1969); FMI Annual Reports 1960-1971.

## *Los problemas del sistema de Bretton Woods: la degradación de la calidad del dólar*

El problema de la emisión y exportación de dólares no estuvo relacionado solamente con su cantidad, sino también con su calidad. En el sistema de Bretton Woods, el respaldo de los dólares fue cada vez de peor calidad.

454. Esta explicación recibe el nombre de teoría fiscal del precio de la moneda.

Existen al menos dos causas que explican la caída del sistema de Bretton Woods. Una aparente e inmediata, la guerra de Vietnam; y otra en parte derivada de la anterior, aunque diferente en el fondo, la monetización de la deuda pública.

En la época y en repetidas ocasiones, la guerra de Vietnam fue utilizada como pretexto para explicar la debilidad del dólar en los mercados internacionales, sobre todo desde el año 1968. Precisamente 1968 fue el año en el que más creció la deuda pública de Estados Unidos desde la Segunda Guerra Mundial. Una parte importante de la deuda pública era monetizada por la Reserva Federal o por el sistema bancario norteamericano (a su vez incentivado por su banco central). La Reserva Federal o bien compraba la deuda pública, introduciéndola en su balance, o bien se comprometía a hacerlo si los bancos privados tenían problemas, actuando de comprador de última instancia de la deuda pública en manos del sector bancario. La compra de deuda pública por parte del banco central o del sector bancario norteamericano ocurría principalmente mediante la creación de nuevos medios de pago en forma de billetes y depósitos (en última instancia, esos medios de pago eran promesas de entregar oro). Por lo tanto, el incremento de la deuda pública para financiar la guerra de Vietnam implicaba la promesa del gobierno norteamericano de entregar oro.

Los problemas en el valor del dólar empezaron a aparecer en el año 1958. Desde esa fecha, el precio del dólar en términos de oro se «pegó» al límite superior de la banda de flotación que establecía la Reserva Federal. Cuando el precio del oro superaba el límite establecido, la Fed intervenía el mercado con ventas de oro (y recompras de dólares) para estabilizar el precio del oro cerca de los 35 dólares la onza. Casualmente, en 1958 se produjo un cambio en la política de la Fed, desde ese momento en su balance se empezó a acumular deuda pública de forma acelerada. Es decir, tal como puede verse en el gráfico 7.9, desde 1958 se degradó la calidad de los activos que respaldan al dólar.

Es notable observar que exactamente en la misma fecha en que se produce el cambio de política de la Fed, momento en que crece de forma acelerada la deuda pública en su balance, es también el momento en que las reservas de oro de Estados Unidos empiezan a abandonar el país. Y es que desde 1958, Estados Unidos se vio obligado a realizar ventas de oro para estabilizar su precio (o el precio del dólar en términos de oro) y mantener en pie el sistema de Bretton Woods. No es una casualidad que en el mismo año en que la Fed empieza a acumular deuda pública, el precio del oro comienza a crecer en los mercados y la misma Reserva Federal deba evitar el aumento de su precio mediante ventas masivas del oro disponible en sus bóvedas.

**Gráfico 7.9. Activos balance Fed (1945-1971)**

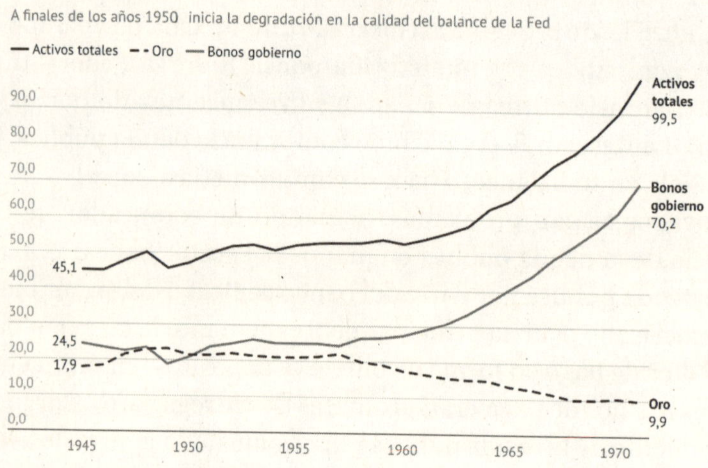


Datos en miles de millones de dólares.
*Fuente*: Annual Reports of the Board of Governors of the Federal Reserve System.

Después del recrudecimiento de la guerra de Vietnam y de la constante venta de oro de las reservas norteamericanas, la diplomacia norteamericana consiguió un gran éxito en 1962 al acordar con varios bancos centrales sostener el precio del oro. Mediante la venta concertada de oro en el mercado de Londres, estos bancos centrales intervinieron en el precio del oro. Este acuerdo duró hasta 1968, cuando la presión compradora de oro provocó primero la ruptura del acuerdo y, después, la ruptura del sistema de Bretton Woods.

## La salida del patrón oro de Nixon (1971)

Desde el momento en que se rompió el acuerdo entre bancos centrales, el precio del oro empezó a dispararse muy por encima de la paridad de 35 dólares por onza, tal como puede verse en el gráfico 7.10.

**Gráfico 7.10. Precio de la onza de oro en Londres (1966-1971)**

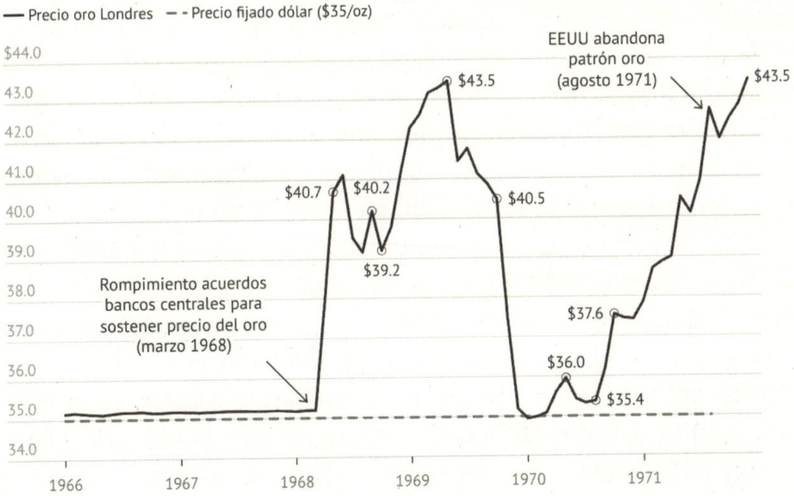

*Fuente*: International Monetary Fund Annual Report 1970; Bundesbank.

Para recuperar el precio fijado de 35 dólares la onza, la Reserva Federal se vio obligada a vender en menos de un año nada menos que el 5 por ciento de sus reservas de oro. A inicios del año 1970, la venta de oro y la recompra de dólares que realizó la Reserva Federal surtió efecto y el precio del oro volvió al precio fijado de 35 dólares la onza.

Para desgracia de la administración Nixon, el precio del oro sólo pudo ser contenido durante algunos meses. Desde julio de 1970, el precio del oro volvió a subir con fuerza, y en agosto de 1971, en vez de volver a defender el dólar con nuevas ventas de oro, o de devaluar el dólar (es decir, repudiando parcialmente su deuda) y reconocer que había financiado la guerra de Vietnam mediante el mecanismo monetario, el gobierno de Estados Unidos decidió culpar de los problemas a los especuladores y «cerrar la ventana del oro». Esta expresión, «cerrar la ventana del oro», no era más que un subterfugio que escondía lo que en realidad estaba ocurriendo: el presidente Nixon estaba llevando a cabo el que es probable que haya sido el mayor impago de deuda de la historia de la humanidad.

La presión sobre las reservas de oro de Estados Unidos no provenía únicamente del mercado y de los agentes privados. En los años sesenta fueron famosos los problemas diplomáticos que ocasionó la

Francia del general De Gaulle al reclamar la conversión en oro de grandes cantidades de dólares que tenía el Banco de Francia en sus reservas.[455] En julio de 1971, un mes antes de la salida de Estados Unidos del patrón oro, Suiza convirtió en oro 50 millones de dólares y Francia hizo lo propio con 191 millones. La expectativa de que se agolparan diferentes Estados pidiendo la conversión de sus dólares en oro también ayudó, cuando no provocó directamente, la salida de un patrón oro que Estados Unidos ya no se podía permitir.

Como siempre ocurre en estos casos, la salida del patrón oro se anunció como una medida temporal. Una de esas medidas temporales infinitas a las que quienes manipulan la moneda nos tienen acostumbrados.

Antes de 1971, era una opinión muy habitual entre economistas que si Estados Unidos abandonaba el patrón oro, el valor del oro caería en picado. La tesis tenía todo el sentido del mundo. En Bretton Woods, una parte muy importante de la producción de oro, hasta la mitad, se dirigía a usos monetarios (principalmente a ser guardado por bancos centrales como reserva monetaria para respaldar el valor de su moneda). Si la demanda de oro como reserva monetaria desaparecía, incluso si sólo desaparecía parcialmente, era lógico pensar que el precio del oro debería caer en picado. La realidad, empero, es que una vez que se salió del patrón oro, el precio de este metal se disparó. El error de estos economistas consistió en suponer que el oro no iba a retener funciones monetarias fuera de los bancos centrales. Y es que a pesar de la salida del patrón cambio-dólar, desde 1971 entre el 40 por ciento y el 50 por ciento de la producción anual de oro es utilizada para fines monetarios, en concreto, compras de bancos centrales y atesoramiento privado.[456]

455. El verdadero cerebro de estas conversiones de dólares por oro fue el genial economista monetario Jacques Rueff, asesor en asuntos monetarios del presidente De Gaulle. En cualquier caso, se puede entender el malestar diplomático del gobierno de Estados Unidos ya que la principal causa de los problemas norteamericanos con el dólar fue la financiación monetaria de la guerra de Vietnam, guerra que empezó siendo un problema colonial francés. Vietnam era parte de la Indochina francesa, y al comienzo ésta era una guerra de Francia.

456. La otra mitad se utiliza para joyería y, en mucha menor medida, para usos industriales.

## Los convulsos años setenta: inflación y tipos de cambio flexibles

Cuando en el año 1971 el oro se desmonetizó, los agentes económicos entendieron mejor que muchos economistas lo que estaba ocurriendo: Estados Unidos, al desvincular el dólar del oro, había impagado sus promesas de entregar oro, por lo que el dólar se convirtió en una deuda en *default* (en la actualidad, en 2024, conserva ese estado).

Las deudas impagadas pueden retener parte de su valor original si existe una expectativa de recuperar algo de valor del deudor. Cuando vende sus activos, la Reserva Federal acepta sus propios dólares como forma de pago, por tanto, podemos decir que la expectativa de recuperar algo de valor de cada dólar tiene sentido y, en consecuencia, aunque haya perdido el «ancla» del oro, el dólar sigue reteniendo su característica de deuda.

A pesar de todo, es lógico pensar que una deuda impagada tiene menor valor que una deuda no impagada equivalente, por lo que el valor del dólar, y con él el del resto de las monedas del planeta, se desplomó.[457] En la década siguiente a 1971, en Estados Unidos la inflación anual fue en tres ocasiones superior al 10 por ciento. Entre 1971 y 1981, la inflación acumulada del dólar fue del 128 por ciento; es decir, los precios más que se duplicaron en Estados Unidos. En la mayor parte del mundo, las cifras fueron incluso peores.

El sistema monetario había perdido de repente su «ancla», el oro. Nunca antes había existido, fuera de un período de guerra, un sistema monetario que no tuviese un bien presente, casi siempre en forma de un metal precioso, como su base. El sistema monetario del planeta se enfrentaba a un futuro desconocido: ¿cuál sería la nueva ancla del sistema monetario?

457. Al ser el resto de las monedas nacionales, hasta 1971, una promesa de entregar dólares, los bancos centrales guardaban esta moneda en su activo. Cuando el dólar se hizo inconvertible en oro y empezó a perder valor, el respaldo de las monedas nacionales perdía valor.

## El *shock* de Volcker (1979-1982)

Después de casi una década a la deriva y de pérdida acelerada del poder adquisitivo de las monedas nacionales, en 1979 Paul Volcker implementó su doctrina del *shock* como nuevo presidente de la Reserva Federal.

Volcker salvó la posición de moneda de reserva del dólar norteamericano gracias a implementar una política monetaria muy agresiva consistente en una subida del tipo de descuento para controlar una inflación que en Estados Unidos y en el resto del planeta ya se había convertido en el «enemigo público número uno».

Volcker incrementó el tipo de descuento de la Reserva Federal de manera muy rápida hasta su máximo histórico, que en 1980 llegó a ser del 20 por ciento. Además, restringió el crecimiento del dinero emitido por la Reserva Federal. La política de contraer los dólares creados por la Fed, unida a un tipo de descuento tan elevado que desincentivaba la creación de dinero bancario en forma de depósitos (y otras formas de crédito monetario) consiguió controlar de manera relativamente rápida la inflación en Estados Unidos. Volcker consiguió que la inflación descendiera desde el 13,3 por ciento registrado en el año 1979 hasta el 3,8 por ciento del año 1982. Desde 1982, la inflación se mantuvo relativamente controlada, y desde ese año nunca volvió a aparecer una inflación de doble dígito en Estados Unidos.

Pero la doctrina del *shock* de Volcker no fue, ni mucho menos, gratuita. La dura política monetaria, que se mantuvo entre 1979 y 1982, generó en los años 1981 y 1982 una profunda crisis económica en Estados Unidos. La crisis llevó el desempleo hasta casi el 11 por ciento de la fuerza laboral, un nivel no visto desde el año 1940 (al final de la Gran Depresión).

En la arena internacional, es posible que la doctrina del *shock* implementada por Volcker haya sido aún más destructiva. Los altos tipos de interés y la escasez de dólares, moneda que todavía retenía su posición como moneda de reserva, generaron una crisis internacional en el pago de deuda pública y en la balanza de pagos que afectó sobre todo a los países en desarrollo. Los países subdesarrollados, por norma general, se habían beneficiado anteriormente de la debilidad del dólar para incrementar sus exportaciones[458] y para endeudarse en dólares a tipos de interés reales negativos. Después de 1979, los países que implementaron estas políticas pagaron las consecuencias en forma de un pago en concepto de interés prohibitivo sobre la deuda y de una crisis en el tipo de cambio por insuficiencia de entrada de dólares. Estas eventualidades terminaron quebrando a múltiples países en desarrollo y generando enormes devaluaciones e inflaciones.

A pesar de los altísimos costes pagados, el beneficio para Estados Unidos fue más que evidente, y es que la doctrina del *shock* de Paul Volcker salvó al dólar norteamericano. Desde ese momento, el dólar volvería a ocupar el puesto de líder indiscutible de un renovado sistema monetario internacional.

## El nuevo mundo monetario: el patrón dólar (1982-)

Después de que Estados Unidos saliera del patrón oro, el sistema monetario quedó sin un ancla en forma de bien presente. Pero la doctrina del *shock* de Volcker recuperó la estabilidad monetaria del dólar. Por esta razón, el dólar consiguió mantener su posición como moneda de reserva internacional en un nuevo sistema monetario que compartía instituciones y forma organizativa con el antiguo, pero que también contaba con clarísimos elementos distintivos.

### *La nueva ancla abstracta de la moneda: el régimen de metas de inflación*

El nuevo sistema monetario surgido de los años ochenta seguía teniendo como protagonistas a Estados Unidos y al dólar norteamericano. Tanto es así que podemos llamar a este sistema monetario el

458. Por los rezagos en la transmisión de la política monetaria, un dólar débil conllevaba una ganancia de competitividad de las exportaciones de terceros países en el corto y medio plazo. Desde 1979, el dólar fuerte trajo aparejado una pérdida repentina de la competitividad de terceros países, lo que en algunos de ellos implicó una crisis en la balanza de pagos por insuficiencia en la entrada de divisas por exportación.

patrón dólar. Pero a diferencia del sistema de Bretton Woods, en la actualidad el dólar no tiene un ancla en forma de bien presente. El ancla monetaria u objetivo de la política monetaria ha cambiado.

Después de un breve período a finales de los años setenta en el que se intentó implementar un régimen de control de la oferta monetaria, con resultados mejorables, se impuso en la práctica totalidad del mundo un régimen de estabilización de una canasta de bienes (habitualmente aquella que se utiliza para calcular el índice de precios al consumo o una muy similar). Este esquema monetario recibió el nombre de régimen de metas de inflación. Hoy en día, el objetivo explícito de la política monetaria es hacer que el precio de esta canasta suba un 2 por ciento al año.[459] El objetivo de estabilizar el precio de la canasta de bienes suele ser compartido con otros objetivos, y el objetivo secundario (explícito o implícito) de la mayoría de los bancos centrales es incentivar el crecimiento económico.

Por tanto, el mundo monetario contemporáneo ha cambiado el ancla concreta del oro por el ancla abstracta de la estabilización en el precio de una cesta de bienes. Este cambio ha dado pie a críticas debido a la constante modificación de los bienes de la cesta que hay que estabilizar, modificación que, según los críticos, podría estar fundamentada en motivos políticos y que podrían hacer que la tasa de inflación real fuese superior a la registrada (lo que daría más capacidad de acción al banco central). Por otro lado, también existen críticas de signo contrario. Los bienes y servicios sólo entran en la cesta de la inflación cuando son bienes de consumo masivos, lo que a menudo implica que con anterioridad han caído de precio lo suficiente como para que las masas de ciudadanos se lo puedan permitir. Esta última visión implicaría que la inflación real es menor que la registrada en la cesta que estabilizan los bancos centrales. Como vemos, la nueva ancla monetaria abstracta no está, ni mucho menos, exenta de problemas y críticas.

A su vez, el régimen de metas de inflación cuenta con una característica muy curiosa. Y es que el concepto de «estabilización» parece no ser del todo compatible con el objetivo de que una cesta pierda valor de forma constante. La inflación que sufren las economías con-

459. En países en desarrollo, con frecuencia el objetivo de inflación es del 4 por ciento.

temporáneas desde los años ochenta ha recibido el nombre de «moderada», e incluso el período ha recibido el nombre de «gran moderación», pero esto sólo es cierto si lo comparamos con los excesos monetarios que el mundo sufrió durante el siglo xx. En el siglo xvi, una inflación relativamente similar a la del patrón dólar contemporáneo recibió el nombre de «revolución de los precios». En el patrón oro clásico decimonónico, la estabilidad de precios fue casi absoluta, por lo que a los ciudadanos de la época victoriana les parecería muy extraño el concepto de estabilidad que manejan los economistas monetarios contemporáneos.

## *La centralidad del dólar y la nueva cúspide monetaria*

Una característica que comparte el patrón dólar con el sistema de Bretton Woods que lo precedió es que el dólar es la única moneda de reserva verdaderamente importante. Otros bancos centrales suelen guardan dólares en su activo para dar estabilidad a sus propias monedas. En 2024, cerca del 60 por ciento de las reservas oficiales de divisas de los bancos centrales consisten en dólares o títulos pagaderos en dólares.

El patrón dólar es un sistema que también podemos llamar multilateral. En su función de moneda de reserva internacional, el dólar opera como liquidador último de deuda en unos pagos internacionales que se liquidan constantemente por compensación entre múltiples países. De igual forma que en el sistema de Bretton Woods, en el patrón dólar contemporáneo la mayoría de los pagos, ya sean del comercio internacional, de los flujos de capitales o incluso de las donaciones y ayuda al desarrollo, son compensados por el sistema de crédito y sus operadores. Los métodos contemporáneos para compensar los pagos pueden ser mucho más rápidos que los de antaño, pero en el fondo son muy parecidos a los de hace un siglo, simplemente se compensan los títulos que dan derecho a pagos entrantes con los que dan derecho a pagos en el extranjero, y cuando existe un desbalance, se acumulan o desacumulan dólares. A su vez, los dólares de las reservas internacionales de los países suelen estar depositados en cuentas en alguna institución financiera, a menudo situada en Estados Unidos, por lo que ni siquiera el liquidador último, el dólar, debe ahora moverse de lugar tal como ocurría en el patrón oro.

Pero la cúspide monetaria actual, el dólar, es muy diferente a la cúspide monetaria del pasado, el oro. El oro es un bien presente, escaso y difícil de conseguir, que sólo puede ser adquirido con un esfuerzo económico considerable. Aunque en el mercado del oro puedan existir jugadores importantes que al menos a corto plazo pueden mover el precio del oro (como, por ejemplo, bancos centrales), a largo plazo está gobernado por las acciones de millones de personas que habitualmente operan en este mercado. Desde compradores de pequeñas joyas, pasando por ensambladores de dispositivos electrónicos hasta ahorradores escépticos con el sistema monetario actual, las acciones y expectativas de todos ellos tienen voz y voto en el precio del oro. El dólar, en cambio, es una forma de crédito monetario. El dólar es un activo financiero, lo que implica que, a diferencia del oro, es un pasivo de otro agente. En consecuencia, aunque millones de personas también operan en el mercado del dólar y tienen voz y voto a la hora de determinar su valor, en este caso un solo agente económico puede si así lo desea mover de forma drástica su valor de la noche a la mañana. Si la Reserva Federal decide destruir el valor del dólar, puede hacerlo en tiempo récord, sólo tiene que dar crédito de forma masiva a acreedores poco solventes. Destruir el valor del oro es algo que ningún agente económico aislado tiene capacidad para hacer, destruir el valor del dólar es una tarea que puede llevar a cabo la Reserva Federal.

Que la cúspide del sistema monetario sea una forma de crédito monetario tiene repercusiones muy importantes para la estabilidad de largo plazo del sistema monetario. La cantidad de dólares emitidos no necesariamente responde en exclusiva a criterios económicos, sino también a criterios políticos. Ante una necesidad de fondos por parte del gobierno federal, la cantidad de dólares en circulación podría crecer todo lo que la Reserva Federal deseara. Ni siquiera hace falta que la Reserva Federal compre directamente los títulos del gobierno, basta con que declare que cualquier activo emitido por el Estado federal puede ser utilizado para conseguir crédito en el banco central, o que se comprometa a comprar esos títulos si otros agentes se lo ofrecen, para que se convierta en el activo preferido de las instituciones financieras. En este estado de cosas, no nos debe extrañar que lo normal es que el dólar, y el resto de las monedas del planeta sólo se deprecien y prácticamente nunca incrementen su valor (como sí ocurría con el oro).

## *En el patrón dólar, los tipos de cambio flexibles sustituyen a los tipos de cambio fijos*

En comparación con los patrones precedentes, una característica muy diferente del nuevo patrón dólar es la existencia de tipos de cambio flexibles implementados desde el año 1973.

En el nuevo sistema de tipos de cambio flexibles, los bancos centrales no se ven obligados a entregar en cambio por su moneda una cantidad de dólares fija, como ocurría en el sistema de Bretton Woods ni una cantidad de oro fija, como ocurría en el patrón cambio oro, sino que dejan a la moneda nacional «flotar» libremente contra otras monedas.

Los tipos de cambio flexibles eliminan la restricción externa que tenían los bancos centrales para llevar a cabo la política monetaria que desearan. Con un tipo de cambio fijo, si la autoridad monetaria decide financiar a su gobierno de forma masiva, normalmente crece de manera desmedida la cantidad de dinero y aparece inflación en la economía. Una inflación elevada (caída en el precio interno de la moneda) pone presión sobre el tipo de cambio (precio externo de la moneda). El exceso de moneda derivado de la monetización de deuda conlleva que parte de los ciudadanos quieran utilizar este exceso de moneda en el exterior, para lo cual necesitan de las reservas del banco central.

En un sistema de tipo de cambio fijo, una política monetaria excesivamente expansiva llevada a cabo para financiar al gobierno conlleva una salida de reservas monetarias. Pero en un régimen de tipo de cambio flexible, lo que tiende a ocurrir es que la sobreventa en los mercados de la moneda internacional provoca una depreciación en el tipo de cambio. Por tanto, en un régimen de tipo de cambio flexible, la política monetaria excesivamente expansiva no necesariamente conlleva la pérdida de reservas monetarias, pero sí la depreciación de la moneda, depreciación que se produce porque el banco central no se compromete a defender el valor de su moneda tal como ocurre en un régimen de tipo de cambio fijo. Con tipos de cambio flexibles, por consiguiente, la autoridad monetaria no siente la presión de la salida de reservas, y cuando la moneda se deprecia, siempre puede culpar a los especuladores o a las fuerzas de mercado y evitar la crítica derivada de ello.

## *La ubicuidad del dólar*

Una de las nuevas características del patrón dólar es la ubicuidad del dólar. Existen intermediarios financieros situados en todas partes del planeta, entre ellos bancos, pero también muchos otros, como fondos del mercado monetario, que crean promesas de entregar dólares que son utilizadas para realizar pagos. Es decir, los dólares son creados fuera de Estados Unidos para realizar pagos fuera de Estados Unidos.

El origen de este sistema financiero internacional que crea dólares fuera de Estados Unidos lo encontramos en las enormes restricciones que Roosevelt impuso a los bancos norteamericanos en la oleada regulatoria de los años treinta. Entre estas restricciones destaca la «regulación Q», que impedía pagar interés a los depósitos a la vista e imponía tipos máximos a los depósitos a plazo y a las cuentas de ahorro. Durante décadas, mientras la inflación se mantuvo relativamente controlada, la regulación Q no provocó demasiados problemas, simplemente los bancos empezaron a ofrecer servicios gratuitos a sus clientes (como las transferencias, por ejemplo) como forma de compensar la pérdida de interés que éstos sufrían. Pero desde la segunda mitad de los años sesenta, la inflación hizo su aparición y empezó a erosionar de forma constante el poder adquisitivo de los depositantes. En este momento empezaron a aparecer otras alternativas al sector bancario. Con la expansión del comercio y la expansión de las finanzas internacionales una vez que se levantaron los controles de capitales en los años setenta, estos intermediarios financieros no tradicionales empezaron a aparecer en gran parte del planeta. La aparición de episodios hiperinflacionarios en países del tercer mundo también llevó a que su sector bancario empezara a ofrecer cuentas en dólares que daban a los ciudadanos la esperanza de poder escapar a la depreciación de las monedas nacionales.

De esta forma, el dólar se ha convertido en el rey indiscutible del mundo monetario contemporáneo. No es sólo que se coloque en el centro del sistema de pagos, es que es capaz de llegar a prácticamente todos los rincones del planeta.

## *Las criptomonedas y Bitcoin como la piedra en el zapato del patrón dólar*

El patrón dólar sigue siendo indiscutiblemente el patrón monetario del planeta en el primer cuarto del siglo XXI.

Sin embargo, después de la explosión de la crisis inmobiliaria que afectó a amplias zonas económicas del planeta en el año 2008 y el inicio de la Gran Recesión (2008-2015),[460] que provocó una caída sustancial de la actividad económica, tal vez la mayor del mundo en período de paz desde la Gran Depresión de los años treinta, se abrió una época que podríamos denominar de represión financiera.

Como respuesta a la recesión, los bancos centrales de la mayor parte del planeta pusieron en marcha desde el año 2008 una serie de medidas monetarias y financieras que se denominaron «política monetaria no convencional». El autor de estas líneas cree que este término es simplemente un nuevo subterfugio, una forma en apariencia inocente de denominar a las medidas represivas que implementaron los bancos centrales en el ámbito financiero.

El elemento más característico de esta represión financiera es el tipo de interés real negativo.[461] En el período que va desde 2008 hasta 2024, algunas zonas del planeta han tenido que soportar incluso varios años de tipos de interés nominales negativos.[462] Un mundo de tipos de interés negativos es un mundo en el que los deudores son pagados por endeudarse y los acreedores pagan por arriesgar su ahorro extendiendo un préstamo a un tercero. Es decir, el tipo de interés negativo es el mundo al revés. Las medidas de represión financiera no son nuevas en la historia, pero habitualmente han sido implementadas en tiempos de guerra o por tiranos. Lo extraño del período actual es que la represión financiera ha sido implementada en tiempos de paz por gobiernos que se jactan de proteger las libertades de sus ciudadanos.

460. La Gran Recesión se cierra en Estados Unidos en 2012, pero en Europa tuvo repercusiones directas hasta al menos 2015.

461. El tipo de interés real se calcula como el tipo de interés nominal menos la tasa de inflación.

462. A los que si sumamos la inflación, son tipos de interés reales todavía más negativos que los nominales.

Los economistas nos dijimos a nosotros mismos, o quisimos inocentemente creer, que los tipos de interés negativos eran una situación normal. Una situación en la que un prestamista paga al que se endeuda es poco menos que una abominación económica, pero durante algún tiempo parecía que no ocurría nada. Si no ocurre nada durante suficiente tiempo, los economistas se olvidan de que ese algo puede ser la raíz de problemas futuros. Y es justamente aquí donde podemos encontrar la piedra del zapato del patrón dólar actual.

De la misma manera que las medidas de represión financiera implementadas por Roosevelt en los años treinta[463] provocaron una huida desde el sistema bancario hacia otras alternativas cuando apareció la inflación en los años sesenta, la represión financiera implementada desde el año 2009 ha provocado idéntico resultado. No es de extrañar que el bitcoin, la moneda digital más popular y la que quizás más se parece por sus características al oro, se diseñara en el 2008 y se empezara a utilizar en el 2009, justo a la vez que comenzaba el último período de represión financiera.

Una vez que en el mercado existe una alternativa, que deje de existir la causa que generó la alternativa no hace que ésta desaparezca. A los fondos del mercado monetario no les importó que en los años ochenta se levantara parcialmente la regulación Q que eliminaba gran parte de las restricciones para pagar interés en las cuentas de depósito. Los fondos monetarios son una alternativa que en múltiples aspectos es superior a los propios depósitos bancarios, así que siguieron compitiendo de forma bastante exitosa contra los bancos tradicionales. En el caso de las monedas digitales y de bitcoin, ocurre algo muy parecido, incluso si hubiera llegado a su fin el período de represión financiera llevado a cabo de forma concertada por la mayoría de los bancos centrales del planeta desde el 2009, la alternativa ya está encima de la mesa, ni bitcoin ni otras monedas digitales privadas y descentralizadas desaparecerán de forma mágica del mercado. Queda por ver si desde el punto de vista monetario esta alternativa es tan superior al patrón dólar como para desplazarlo definitivamente como patrón monetario mundial.

463. Roosevelt implementó estas medidas de represión financiera en tiempos de paz. Esto implicaría, siguiendo nuestra afirmación de que la represión financiera se aplica en tiempos de guerra o por tiranos, que el presidente Roosevelt fue un tirano.

# Agradecimientos

Quiero agradecer a todos aquellos que tuvieron que soportarme mientras escribía estas páginas, en especial a mi mujer, María Andrea, y a mi hija, Isabel, que supieron tenerme paciencia en todo momento y me arroparon con el calor y la seguridad que sólo un hogar feliz puede proporcionar.

También quiero agradecer los amables comentarios a algunas partes de este texto que mis apreciados amigos Will Ogilvie y Luis Espinosa Goded hicieron. Cualquier error contenido en el texto es única y exclusivamente responsabilidad mía.

Por último, quiero agradecer a la Universidad Francisco Marroquín, y en especial a su rector, Ricardo Castillo, por su apoyo mientras llevaba a cabo este trabajo.

# Bibliografía

Accominotti, Oliver, Flandreau, Marc, y Rezzik's, Riad (2010), *The Spread of Empire: Clio and the Measurement of Colonial Borrowing Costs.*

Agger, Eugene (1914), *The Commercial Paper Debate.*

Algaze, Guillermo (2008), *Ancient Mesopotamia at the Dawn of Civilization: The Evolution of an Urban Landscape.*

Allen, Robert C. (2009), *The British Industrial Revolution in Global Perspective.*

— (2011), *Global Economic History: A Very Short Introduction.*

Anderson, Perry (1974), *Passages from Antiquity to Feudalism.*

Andreau, Jean (1999), *Banking and Business in the Roman World.*

Aristófanes (405 a. C.), *Las ranas.*

Bagehot, Walter (1873), *Lombard Street.*

Barceló, Pedro (2007), *Breve historia de Grecia y Roma.*

Bauer, Susan Wise (2007), *The History of the Ancient World: From the Earliest Accounts to the Fall of Rome.*

— (2010), *History of the Medieval World: From the Conversion of Constantine to the First Crusade.*

— (2013), *The History of the Renaissance World: From the Rediscovery of Aristotle to the Conquest of Constantinople.*

Beltrán Martínez, Antonio (1984), *Moneda hispano-americana.*

Bernholz, Peter (2003), *Monetary Regimes and Inflation.*

Bernstein, William J. (2008), *A Splendind Exchange. How Trade Shaped the World.*

Bertman, Stephen (2003), *Handbook to Life in Ancient Mesopotamia.*

Bezanson, Anne (1951), *Price and Inflation during the American Revolution, Pennsylvania, 1770-1790.*

Bhadra, Siddhartha (2014), *The Impact of British Industrial Revolution on a Bengal Industry.*

Bolt, J., y Van Zanden, J. L. (2024), *Maddison-style estimates of the evolution of the world economy: A new 2023 update.*

Buchanan, James M. (2003), *Public Choice: The Origins and Development of a Research Program.*

Buckley, Terry (1996), *Aspects of Greek history 750-323 BC: a source-based approach.*

Butt, Arsland; Tabassum, Pakeeza, y Saeed Imran, Farhat (2023), *Exploring the Mesopotamian Trade (C. 6000-539 BCE): Types, Organization and Expansion.*

Cagan, Phillip (1956), *The Monetary Dynamics of Hyperinflation.*

Carandini, Andrea, y Sartarelli, Stephen (2011), *Rome: Day One.*

Cervantes, Miguel de (1605), *Don Quijote la Mancha.*

Charpin, D. (1995), *The History of Ancient Mesopotamia: An Overview.*

Christien, Jacqueline (2002), *Iron Money in Sparta: Myth and History.*

Clarke, Stephen V. O. (1967), *Central Bank Cooperation 1924-31.*

Clough, Shepard B., y Rapp, Richard T. (1968), *European Economic History: The Economic Development of Western Civilization.*

Cohen, Edward E. (2008), *Elasticity of the Money Supply at Athens.*

Crabble, Leland (1989), *The International Gold Standard and U.S. Monetary Policy from World War I to the New Deal.*

Crawford, Harriet (1991), *Sumer and the Sumerians.*

Davies, Glynn (2002), *A History of Money: From Ancient Times to the Present Day.*

Diamond, Jared (1997), *Guns, Germs, and Steel: The Fates of Human Societies.*

Dowd, Kevin (1992), *US Banking in the Free Banking Period.*

Dunbar, Charles F. (1892), *The Bank of Venice.*

Dunbar, Robin, y Barrett, Louise (2005), *Evolutionary Psychology: A Beginner's Guide (Beginner's Guides).*

Duncan-Jones, Richard P. (1982), *The Economy of the Roman Empire: Quantitative Studies.*

— (1994), *Weight-loss as an index of Coin Wear in the Roman Principate.*

— (2004), *Economic change and the transition to Late Antiquity.*

Engen, Darel T. (2005), *«Ancient Greenbaks»: Athenian Owls, the Law of Nikophon, and the Greek Economy.*

Enzig, Paul (1929), *International Gold Movements.*

Federico, Giovanni, y Tena Junguito, Antonio (2018), *Federico-Tena World Trade Historical Database: Openness.*

Fekete, Antal (2007), *Interest and Discount and the continental divide between them.*

Fekete, Antal (2014), *Why Gold Standard.*

Fernández-Méndez, Daniel (2019a), *El funcionamiento del patrón oro clásico: más allá de David Hume.*

— (2019b), *Tres hipótesis sobre la caída del Reino Unido y del patrón oro en 1931.*

— (2021a), *El (falso) dilema de Triffin y la caída de Bretton Woods.*

— (2021b), *Historia monetaria de Guatemala.*

Figueira, Thomas J. (2002), *Iron Money and the Ideology of Consumption in Laconia.*

Foster, Benjamin R. (1977), *Commercial Activity in Sargonic Mesopotamia.*

Friedman, Milton (1961), *The Lag in Effect of Monetary Policy.*

Friedman, Milton; Schwartz, Anna (1963), *A Monetary History of the United States, 1867-1960.*

Frum, David (2000), *How We Got Here: The 70s The Decade that Brought You Modern Life—for Better or Worse.*

Fullarton, John (1844), *On the Regulation of Currencies.*

Fullola, Josep Maria, y Nadal, Jordi (2005), *Introducción a la prehistoria. La evolución de la cultura humana.*

Gabrielsen, Vincent (2007), *Finance and Taxes.*

Garrido, Andoni [Pero eso es otra historia] (2021), *La Historia del Imperio bizantino-Imperio Romano de Oriente (Documental Historia resumen).*

Garnsey, Peter (2004), *Roman Citizenship and Roman Law in the Late Empire.*

Gibbons, Edward (1776), *The History of the Decline and Fall of the Roman Empire.*

Glasner, David (1989), *Free Banking and Monetary Reform.*

Goody, Jack; Watt, Ian (1963), *The Consequences of Literacy.*

Graeber, David (2011), *Debt, the First 5,000 years.*

Grinin, Leonid, y Korotayev, Andrey (2015), *Great Divergence and Great Converge: A Global Perspective.*

Grubb, Farley (2008), *The Continental Dollar: How Much Was Really Issued?*

— (2011), *The Continental Dollar: Initial Design, Ideal Performance, and the Credibility of Congressional Commitment.*

Gurevich, Aaron Ja. (1990), «The Merchant», en Jacques Le Goff (ed.), *The Medieval World.*

Haberler, Gottfried (1936), *The Theory of International Trade.*

Haidt, Jonathan (2012), *The Righteous Mind: Why Good People Are Divided by Politics and Religion.*

Haklai-Rotenberg, Merav (1970), *Aurelian's Monetary Reform: Between Debasement and Public Trust.*

Hamilton, Earl J. (1931), *Monetary Inflation in Castile, 1598-1660.*

Haklai-Rotenberg, Merav (1936), *Prices and Wages in Paris under John Law's System.*

— (1969), *The Political Economy of France at the Time of John Law.*
Harl, Kenneth W. (1996), *Coinage in the Roman Economy, 300 B.C. to A.D. 700.*
Hawtrey, Ralph (1918), *The Collapse of the French Assignats.*
— (1927), *The Gold Standard in theory and practice.*
— (1932), *The Art of Central Banking.*
Hayek, Frederich von (1967), *The Result of Human Action but not of Human Design.*
— (1973), *Rules and Order. Law, Legislation and Liberty (Vol. 1).*
Hicks, John (1989), *A Market Theory of Money.*
Holden, E (1915), *The Foreign Exchanges and British Credit in Time of War.*
Horsefield, J. Keith (1982), *The «Stop of the Exchequer» Revisited.*
Hume, David (1752), *On Money.*
Humphrey, C. (1985), *Barter and Economic Disintegration.*
Kemmerer, Edwin W. (1944), *Gold and the Gold Standard: The Story of Gold Money Past, Present and Future.*
Keynes, John M. (1913), *Indian Currency and Finance.*
— (1919), *Las consecuencias económicas de la paz.*
Kindleberger (1984), *A Financial History of Western Europe.*
King, W. T. C (1935), *History of the London Discount Market.*
Kissinger, Henry (2014), *World Order.*
Knapp, Georg Friedrich (1905), *The State Theory of Money.*
Kroll, John H. (1993), *The Greek Coins.*
— (2008), *The Monetary Use of Weighed Bullion in Archaic Greece.*
Kynaston, David (1995), *The City of London, Vol. 1: World of its Own 1815-1890 (History of the City).*
Jones, A. H. M. (1952), *The Economic Basis of the Athenian Democracy.*
Jongman, Willem M. (2003), *A Golden Age: Death, Money Supply and Social Succession in the Roman Empire.*
— (2014), *Re-constructing the Roman economy.*
Johnson, H. C. (1997), *Gold, France, and the Great Depression, 1919-1932.*
Le Goff, Jacques (2012), *La Edad Media y el dinero: Ensayo de antropología histórica.*
Liverani, Mario (2014), *The Ancient Near East: History, Society and Economy.*
López-Córdova, J. Ernesto, y Meissner, Christopher M. (2003), *Exchange-Rate Regimes and International Trade: Evidence from the Classical Gold Standard Era.*
Manning, J. G. (2008), *Coining as «Code» in Ptolemaic Egypt.*
Marks, Sally (1978), *The Myths of Reparations.*
Martínez Ruiz, Eduardo (2018), *Historia moderna: el apogeo de Europa.*
Marx, Karl (1867), *El Capital: crítica de la economía política.*
McBride, William Bran (1977), *Import-Export Business Operation in Early Mesopotamia.*

Mehrling, P. (2016), *The Economics of Money and Banking.*

Menger, Carl (1892), *On the Origins of Money.*

Mitchell Innes (1913), *What is Money.*

Mises, Ludwig von (1934), *Theory of Money and Credit.*

— (1949), *Human Action: A Treatise on Economics.*

Möll, Bruno (1938), *La moneda.*

Moncada, Ignacio (2023), *La odisea del dinero.*

Monroe, C. M. (2005), «Money and Trade», en D. C. Snell (ed.), *A Companion to the Ancient Near East.*

Moorey, Peter R. (1994), *Ancient Mesopotamian Materials and Industries: The Archeological Evidence.*

Morgenstern, Oskar (1959), *International Financial Transactions and Business Cycles.*

Mørkholm, Otto (1982), *Some Reflections on the Production and Use of Coinage in Ancient Greece.*

Morrisson, Cécile (2007), *One Money for an Empire: Achievements and Limitations of Byzantium's Currency from Constantine the Great to the Fall of Constantinople.*

Mulder, Nicholas (2018), *War Finance.*

Murray, Stuart A. P. (2009), *The Library: An Illustrated History.*

Narron, James, y Skeie, David (2013), *Crisis Chronicles: The «Not So Great» Re-Coinage of 1696.*

North, Douglas (1981), *Structure and Change in Economic History.*

— (1983), *The Rise of the Western World: A New Economic History.*

Obstfeld, Maurice, y Taylor, Alan M. (2003), *Globalization and Capital Markets.*

Ortega y Gasset, José (1927), *Cuestiones novelescas.*

— (1930), *La rebelión de las masas.*

Palyi, Melchior (1972), *The Twilight of Gold, 1914-1936: Myths and Realities.*

Papi, Emanuele (2004), *A New Golden Age? The Northern Praefectura Orbi from the Severans to Diocletian.*

Pirenne, Henry (1933), *Historia económica y social de la Edad Media.*

— (1937), *Mohammed and Charlemagne.*

Polanyi, Karl (1944), *The Great Transformation.*

Pomeranz, Kenneth (2000), *The Great Divergence: China, Europe, and the Making of the Modern World Economy.*

Postgate, John N. (1992), *Early Mesopotamia. Society and economy at the dawn of history.*

Powell, Marvin A. (1977), *Sumerian Merchants and the Problem of Profit.*

— (1996), *Money in Mesopotamia.*

Quinn, Stephen, y Roberds, William (2006), *An Economic Explanation of the Early Bank of Amsterdam, Debasement, Bills of Exchange, and the Emergence of the First Central Bank.*

Rallo, Juan Ramón (2012), *Lección 4: Los grandes debates monetarios en la Inglaterra del siglo XIX*.
— (2015), *Contra la Modern Monetary Theory: Los siete fraudes inflacionistas de Warren Mosler*.
— (2020), *Una crítica a la teoría monetaria de Mises: Un replanteamiento de la teoría del dinero y del crédito dentro de la escuela austríaca de economía*.
Redden, Sitta von (2010), *Money in Classical Antiquity*.
Reinhart, C. M., y Rogoff, K. S. (2009), *This Time Is Different: Eight Centuries of Financial Folly*.
Ridley, Matt (1998), *The Origins of Virtue: Human Instincts and the Evolution of Cooperation*.
Ridley, Matt (2020), *How Innovation Works: And Why It Flourishes in Freedom*.
Rigas, Costas. A., y Riga, Eleni (2003), *Banks in Ancient Greece*.
Roberts, Richard (2013), *Saving the City: The Great Financial Crisis of 1914*.
Rolnick, A. J.; Smith, B. D., y Weber, W. E. (1998), *Lessons from a laissez-faire payments system: The Suffolk Banking System (1825-58)*.
Rothbard, Murray N. (1950), *Not Worth a Continental*.
Rozas, Ángel (2017), *La ruta atlántica (siglos XIII-XIV): análisis de la formación de una ruta comercial*.
Rueff, Jacques (1967), *La época de la inflación*.
— (1972), *The Monetary Sin of the West*.
Sargent, Thomas J., y Velde, Francois R. (1995), *Macroeconomic Features of the French Revolution*.
Schaps, David M. (2008), *What Was Money in Ancient Greece?*
Scheidel, Walter (1999), *The Slave Population of Roman Italy. Speculation and Constraints*.
— (2008), *Divergent Evolution of Coinage: Eurasia*.
Scherman, Harry (1938), *The Promises Men Live By*.
Scott, James C. (2017), *Against the Grain: A Deep History of the Earliest States*.
Scott, William A. (1903), *Money and Banking*.
Sheppard, David K. (1971), *The growth and role of U.K. financial institutions, 1880-1962*.
Smith, Adam (1776), *The Wealth of Nations*.
Sorokin, Pitirim A. (1925), *The Sociology of Revolution*.
Stanley, Robinson (1960), *Some Problems in the Later Fifth Century Coinage of Athens*.
Stein, Gil J. (2005), *The Political Economy of Mesopotamian Colonial Encounters*.
Svizzero, Serge, y Tisdell, Clement (2019), *Barter and the Origin of Money*

*and Some Insights from the Ancient Palatial Economies of Mesopotamia and Egipt.*

Taleb, Nassim Nicholas (2012), *Antifragile: Things That Gain From Disorder.*

Temin, Peter (2012), *The Roman Market Economy.*

Thomas, R., y Dimsdale, N. (2017), «A Millennium of UK Data», *Bank of England OBRA dataset.*

Tobalina, Eva (2017), *El Imperio Romano: modelo de integración, crecimiento y seguridad* [Vídeo].

— (2018), *Roma y las invasiones germánicas* [Vídeo].

— (2021), *Sumer y los sumerios: Donde «todo» empezó* [Vídeo].

Triffin, Robert (1960), *Gold and the Dollar Crisis: the Future of Convertibility.*

— (1964), *The Evolution of the International Monetary System. Historical Reappraisal and Future Perspectives.*

— (1970), *The international monetary scene today and tomorrow.*

Veenhof, Klaas R. (2014), «Silver in Old Assyrian Trade», en Z. Csabai (ed.), *Ancient Near Eastern and Mediterranean Studies, vol. 2.*

Warburton, David A. (2014), «Understanding Economic Growth: The Importance of Money in Economic History and Theory», en Z. Csabai (ed.), *Ancient Near Eastern and Mediterranean Studies, vol. 2.*

Wasson, Donald L. (2016.), *The Extent of the Roman Empire.*

White, Lawrence H. (1984), *Free Banking in Britain: Theory, Experience, and Debate, 1800-1845.*

Wittfogel, K. 1957, *Oriental Despotism.*